全国中等职业教育水利类专业规划教材

水利水电工程基础（上册）

主　编　黄功学
副主编　温淑桥　马顺营

中国水利水电出版社
www.waterpub.com.cn

内 容 提 要

本书是全国中等职业教育水利类专业规划教材之一，是根据全国水利中等职业教育研究会制定的《水利水电工程基础》课程教学大纲编写的。全书分为5个单元共15章，主要介绍水利水电工程的基础知识，其内容包括工程力学基础知识、建筑结构基础知识、水力学基础知识、工程水文学基础知识、工程地质学基础知识等。每章有例题和习题。

本书除可作为中等职业学校水利水电类专业的教材外，也可作为水利基层单位职工的岗位培训教材和有关技术及管理人员的学习用书。

图书在版编目（CIP）数据

水利水电工程基础．上册/黄功学主编．—北京：中国水利水电出版社，2010.1（2025.8重印）.
全国中等职业教育水利类专业规划教材
ISBN 978-7-5084-7212-6

Ⅰ.①水… Ⅱ.②黄… Ⅲ.①水利工程－专业学校－教材②水力发电工程－专业学校－教材 Ⅳ.①TV

中国版本图书馆CIP数据核字（2010）第023316号

书　　名	全国中等职业教育水利类专业规划教材 **水利水电工程基础（上册）**
作　　者	主编　黄功学　副主编　温淑桥　马顺营
出版发行	中国水利水电出版社 （北京市海淀区玉渊潭南路1号D座　100038） 网址：www.waterpub.com.cn E-mail：sales@mwr.gov.cn 电话：（010）68545888（营销中心）
经　　售	北京科水图书销售有限公司 电话：（010）68545874、63202643 全国各地新华书店和相关出版物销售网点
排　　版	中国水利水电出版社微机排版中心
印　　刷	清淞永业（天津）印务有限公司
规　　格	184mm×260mm　16开本　16印张　379千字
版　　次	2010年1月第1版　2025年8月第7次印刷
印　　数	13501—15000册
定　　价	**53.00**元

凡购买我社图书，如有缺页、倒页、脱页的，本社营销中心负责调换

前　言

教材事关国家和民族的前途命运，教材建设必须坚持正确的政治方向和价值导向。本书坚持党的二十大精神，全面贯彻党的教育方针，落实立德树人根本任务，为党育人，为国育才，弘扬劳动光荣、技能宝贵、创造伟大的时代风尚。

本书是根据教育部《关于进一步深化中等职业教育教学改革的若干意见》（教职成〔2008〕8号）及全国水利中等职业教育研究会2009年7月于郑州组织的中等职业教育水利水电工程技术专业教材编写会议的精神组织编写的，是全国水利中等职业教育新一轮教学改革规划教材，适用于中等职业学校水利水电类专业教学。

为了推进教学改革，促进教学过程与生产实际紧密结合，培养学生专业技能，本书对与专业技能培养有关的教学内容实行综合化。在编写过程中，本着“必须、够用、实用”的原则，贯彻素质教育和能力本位思想，紧紧围绕着中职教育的培养目标，遵循职业教育规律，从满足行业发展对高素质劳动者和技能型人才的需求出发，降低理论深度和难度，注重针对性、应用性，力求体现中职教育特色和创新精神，尽可能地反映本专业发展动态和当前水利水电工程技术的新理论、新工艺、新方法，这些必将为学生综合职业能力形成打下良好基础。

全书共分15章，其中第一章、第二章由河南省郑州水利学校佟新老师编写，第三章由河南省水利水电学校马顺营老师编写，第四章、第六章由河南省郑州水利学校蔡小超老师编写，第五章、第七章由河南省郑州水利学校黄功学老师编写，第八章至第十章由河南省郑州水利学校刘艳芳老师编写，第十一章至第十三章由甘肃省水利水电学校温淑桥老师编写，第十四章、第十五章由河南省郑州水利学校侯广贤老师编写。全书由河南省郑州水利学校黄功学老师任主编，由甘肃省水利水电学校温淑桥老师、河南省水利水电学校马顺营老师任副主编，由河南省水利水电工程建设质量监测监督站王银山高级工程师任主审。

本书在编写过程中，参考并引用了有关院校编写的教材和生产单位的文献资料，得到了全国水利中等职业教育研究会的大力支持和帮助，在此一并表示感谢！

由于编者水平有限，书中难免存在不足之处，敬请读者批评指正。

编　者

2025 年 8 月

目录

第三单元　水力学基础知识

第四单元　工程水文学基础知识

第五单元　工程地质学基础知识

第一单元　工程力学基础知识

工程力学是工程技术人员从事结构设计和施工所必须具备的理论基础，为工程结构受力分析和计算提供依据，为解决结构设计和施工过程中受力问题打开大门。

第一章　力学基础及物体受力分析

【重点内容】　力的概念，静力学公理，力在坐标轴上的投影、力对点之矩、合力矩定理、力偶，平面约束的结构特点和反力特点，单一物体和物体系统受力图的绘制方法，选取结构计算简图的方法。

【学习目标】　掌握力、平衡、刚体和约束的概念，了解荷载的分类。掌握静力学公理及其推论。掌握力的投影、力矩和力偶矩的计算方法，掌握力偶的性质。掌握平面约束的结构特点和反力特点。掌握单一物体和物体系统受力图的绘制方法。熟悉选取结构计算简图的方法。

第一节　力的概念及基本公理

一、力

（一）力及其效果

人们对力的认识是在长期的生产实践中逐步形成的。人们从推车、提重物、抛掷物体等活动时感到手臂的肌肉紧张，就是说手臂正在用力。而手臂所起的作用也可以用其他物体代替，比如，手可以拿住物体，绳子也可以拴住物体，在生产劳动中用手推车、起吊重物和锻压工件、水流冲击水轮机叶片带动发电机转子转动等等都离不开“力”，这说明不仅人能对物体有力的作用，物体之间也有力的作用。

力对物体的作用产生两种效应：

(1) 改变物体的运动形态——运动效应。

(2) 使物体产生变形。如弹簧受拉力会伸长，起重机梁在起吊重物时要弯曲——变形效应。

总之，力是物体之间的相互机械作用，这种作用使物体的运动状态发生变化（运动效应），或者使物体的形状发生改变（变形效应）。所以力不能离开相互作用的物体而单独存在。力是物体改变形状和运动状态的原因。

力是物体与物体之间的相互作用，有受力体时必定有施力体。在工程力学中，力的作用方式一般有两种情况：一种是两物体相互接触时，它们之间相互产生的拉力或压力；另一种是物体与地球之间相互产生的吸引力，对物体来说，这吸引力就是重力。

（二）力的三要素

力对物体作用的效应与力的大小、力作用的方向和力作用点有关。如这三者中任何一个发生改变时力的作用效果也就不同。因此，通常把力的大小、方向和作用点叫做力的三要素。

力的大小是指物体间相互作用的强弱程度。在国际单位制中，力的单位是牛顿（N）或千牛顿（kN）。力的方向包含方位和指向两个含义。例如，重力的方向是铅垂向下的，“铅垂”指其方位，即重力的作用线，“向下”为其箭头指向。力的作用点就是力对物体作用的位置。力的作用位置实际上有一定的范围，不过当作用范围与物体相比很小时，可近似地看作是一个点。作用于一点的力，称为集中力。

在力的三要素中，有任一要素改变时，力对物体的作用效果随之改变。

力是既有大小又有方向的量，这样的量称为矢量。用字母符号表示力矢量时，常用黑体字如 $\boldsymbol{F}$ 或加一横线的细体字如 $\overline{F}$。而 F 只表示力矢量的大小。

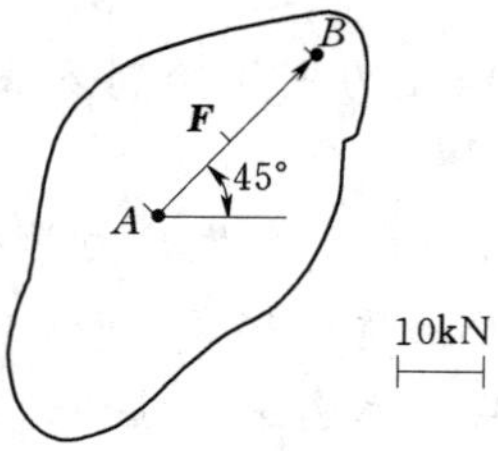

图 1-1 力的表示方法

通常用一段带箭头的线段表示力的三要素。线段的长度（按选定的比例）表示力的大小；线段与某定直线的夹角表示力的方位，箭头表示力的指向；带箭头线段的起点或终点表示力的作用点。如图 1-1 所示，按比例画出力 $\boldsymbol{F}$ 的大小 20kN，力的方向与水平线成 45°角，指向右上方，作用在物体的 A 点上。

有时物体上有若干力作用，就把作用在指定物体上的一组力称为力系。力系中各力都作用在同一平面内称为平面力系。如果物体在某一力系作用下保持平衡，则该力系称为平衡力系。一个力系对物体的作用效果如果能用一个力代替时，这个力就叫做该力系的合力。这个力系中的每一个力都是合力的分力。用一个力代替一个力系的过程叫力系的合成；用一力系代替一个力的过程叫力的分解。如果一个力和一个力系等效，则该力为此力系的合力，而力系中的各个力称为这个力的分力。对物体作用效果相同的力系，称为等效力系。

二、静力学的基本公理

（一）作用力和反作用力定律

根据牛顿第三定律，任何一个物体对其他物体有力作用时，它必定受到一个反作用力。如推车时，对车施加作用力 $\boldsymbol{F}$，手上则受到车的反作用力 $\boldsymbol{F}'$ 的作用。作用力和反作用力总是同时出现的，它们大小相等，方向相反，沿同一直线分别作用在两个相互作用的物体上。当我们分析小车的受力情况时，其上只有力 $\boldsymbol{F}$，没有 $\boldsymbol{F}'$，$\boldsymbol{F}'$ 不是作用在小车上的力。

（二）二力平衡公理

平衡是指物体相对惯性参考系（如地面）静止或做匀速直线运动。

在刚体上受 $\boldsymbol{F}_1$、$\boldsymbol{F}_2$ 两个力作用，要使刚体平衡，其必要和充分条件是这两个力大小相等，方向相反，作用在同一直线上，如图 1-2 所示，即

$$\boldsymbol{F}_1 = \boldsymbol{F}_2$$

二力平衡条件是力系平衡中最简单、最基本的情况。

对于刚体，只要满足了这个条件，它就一定是平衡的，对于变形体来说，两个力等值、反向、共线的条件只能是二力平衡的必要条件而不是充分条件。例如，绳索的两端受到等值、反向、共线的两个拉力作用时处于平衡状态，但如受到等值、反向、共线的两个压力作用时，就不能平衡，如图 1-3 所示。

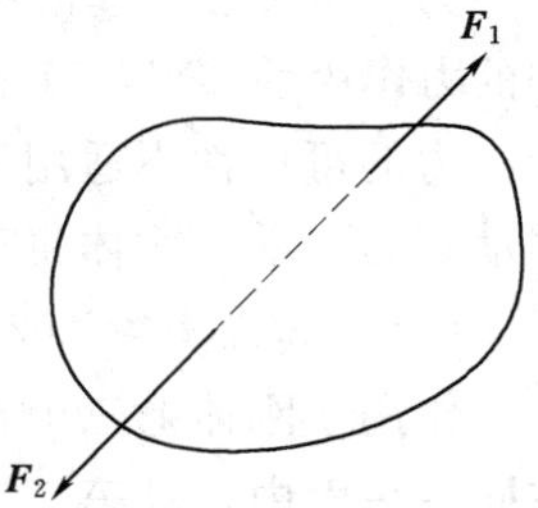

图 1-2　刚体二力平衡

（三）力的平行四边形法则

作用于物体上同一点的两个力 $\boldsymbol{F}_1$、$\boldsymbol{F}_2$ 可以合成为一个合力 $\boldsymbol{F}_R$，合力也作用于该点，合力的大小和方向由这两个力为邻边所构成的平行四边形的对角线来表示，如图 1-4 所示。

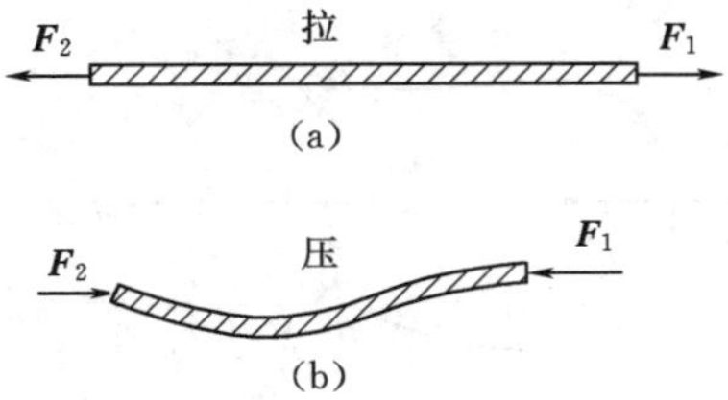

图 1-3　变形体拉、压状态

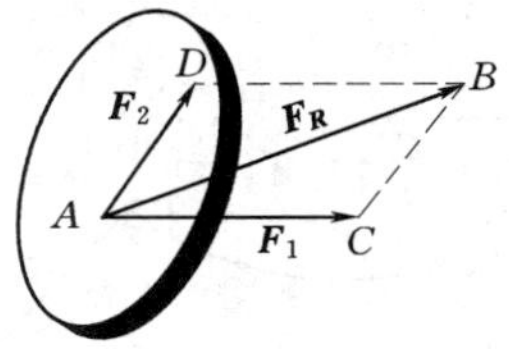

图 1-4　力的合成

根据平行四边形公理也可将一力分解为作用在同一点的两个分力，即

$$\boldsymbol{F}_R = \boldsymbol{F}_1 + \boldsymbol{F}_2 \tag{1-1}$$

两个交于一点力的合力，等于这两个力的矢量和。

此公理表明了最简单力系的简化规律，是复杂力系简化的基础。作用于物体上同一点的 n 个力组成的力系，采用两两合成的方法，最终可合成为一个合力 $\boldsymbol{F}_R$。

（四）加减平衡力系公理

在作用于刚体的任意力系中，加上或去掉任何一个平衡力系，并不改变原力系对刚体的作用效果。

因为平衡力系不会改变刚体原来的运动状态，也就是说，平衡力系对刚体的运动效果为零。所以在刚体上加上或去掉一个平衡力系，不会改变刚体原来的运动状态。

（五）力的可传性原理

作用于刚体上的力可沿其作用线移动到刚体内任意一点，而不会改变该力对刚体的作用效果，如图 1-5 所示。

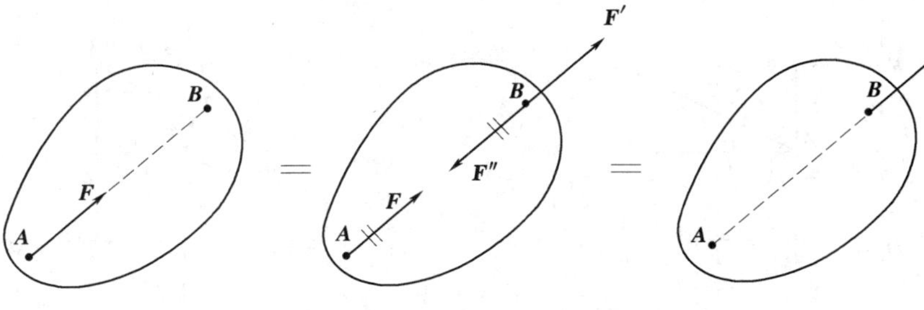

图 1-5　刚体上力的可传性

力的可传性原理很容易为实践所验证。例如，用绳拉车，或者沿绳子同一方向以相同大小的力作用手推车，对车产生的运动效果相同。应当指出，力的可传性只适用于一个刚体。

力的可传性不适用于变形体。如一个变形体受拉力作用将产生伸长变形，沿其作用线移动到另一端，物体将产生压缩变形，变形形式发生变化，作用效果发生改变。

（六）三力平衡汇交定理

作用于刚体上三个相互平衡的力，若其中两个力的作用线汇交于一点，则此三个力必在同一平面内，且第三个力的作用线通过汇交点。如图 1-6 所示，平衡时 $\boldsymbol{F}_3$ 必与 $\boldsymbol{F}_{12}$ 共线，则三力必汇交 O 点，且共面。

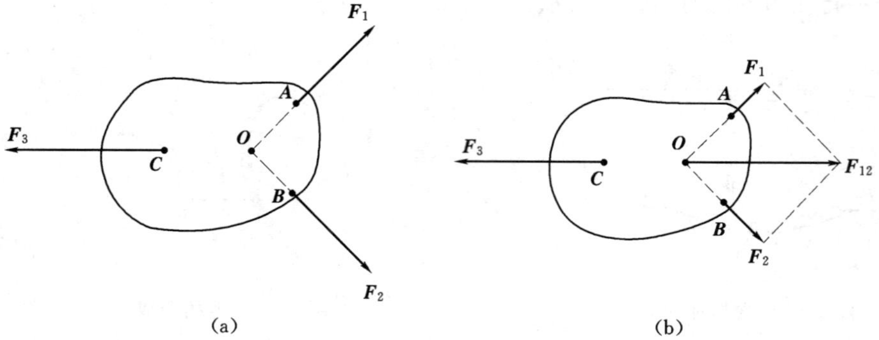

图 1-6 刚体上三力平衡汇交

第二节 力在坐标轴上的投影

一、力在直角坐标轴上的投影

由于力是矢量，而矢量在运算中很不方便，在力学计算中常常是将矢量运算转化为代数运算，力在直角坐标轴上的投影就是转化的基础。

设力 $\boldsymbol{F}$ 作用于物体的 A 点，如图 1-7 所示。在力 $\boldsymbol{F}$ 作用线所在平面内取直角坐标系 Oxy，从力 $\boldsymbol{F}$ 的起点 A 和终点 B 分别向 x 轴和 y 轴作垂线，得垂足 a、b 和 a'、b'，线段 ab 称为力 $\boldsymbol{F}$ 在 x 轴上的投影，用 F_x 或 X 表示。线段 $a'b'$ 称为力 $\boldsymbol{F}$ 在 y 轴上的投影，用 F_y 或 Y 表示。并规定：从力的起点投影（a 或 a'）到终点投影（b 或 b'）的方向与投影轴

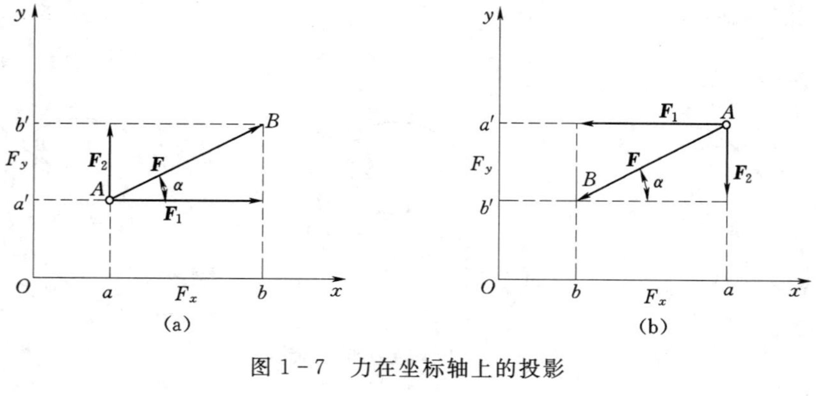

图 1-7 力在坐标轴上的投影

的正向一致时，力的投影取正值；反之，取负值。力在坐标轴上的投影是代数量。

若已知力 $\boldsymbol{F}$ 的大小及其与 x 轴所夹的锐角 α，则力 $\boldsymbol{F}$ 在坐标轴上的投影 F_x 和 F_y 可按下式计算：

$$\begin{matrix} F_x = \pm F\cos\alpha \\ F_y = \pm F\sin\alpha \end{matrix} \quad \text{也可表示为} \quad \begin{matrix} X = \pm F\cos\alpha \\ Y = \pm F\sin\alpha \end{matrix} \tag{1-2}$$

注意：(1) 当力与坐标轴垂直时，力在该轴上的投影等于零。

(2) 当力与坐标轴平行时，力在该轴上的投影的绝对值等于力的大小。

如已知力 $\boldsymbol{F}$ 在直角坐标轴上的投影 F_x 和 F_y，则力 $\boldsymbol{F}$ 的大小和方向可由下式确定

$$\begin{aligned} F &= \sqrt{F_x^2 + F_y^2} \\ \tan\alpha &= \left|\frac{F_y}{F_x}\right| \end{aligned} \tag{1-3}$$

式 (1-3) 中 α 为力 $\boldsymbol{F}$ 与 x 轴所夹的锐角，具体力的指向可通过投影的正负值来判定，如图 1-8 所示。

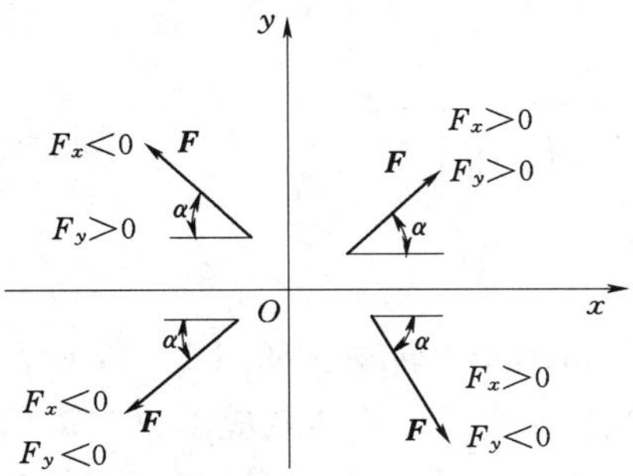

图 1-8 合力指向判定

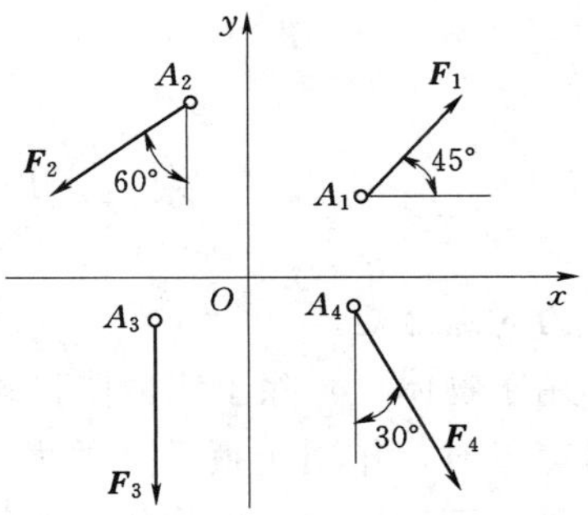

图 1-9 [例 1-1] 图

【例 1-1】 试分别求出图中各力在 x 轴和 y 轴上投影。已知 $F_1=100\text{N}$，$F_2=150\text{N}$，$F_3=200\text{N}$，$F_4=200\text{N}$，各力方向如图 1-9 所示。

解： 由式 (1-2) 可得出各力在 x、y 轴上的投影为

$$\begin{aligned} X_1 &= F_1\cos45° = 100\times0.707 = 70.7(\text{N}) \\ Y_1 &= F_1\sin45° = 100\times0.707 = 70.7(\text{N}) \\ X_2 &= -F_2\cos30° = -150\times0.866 = -129.9(\text{N}) \\ Y_2 &= -F_2\sin30° = -150\times0.5 = -75.0(\text{N}) \\ X_3 &= -F_3\cos90° = -200\times0 = 0 \\ Y_3 &= -F_3\sin90° = -200\times1.0 = -200(\text{N}) \\ X_4 &= F_4\cos60° = 200\times0.5 = 100(\text{N}) \\ Y_4 &= -F_4\sin60° = -200\times0.866 = -173.2(\text{N}) \end{aligned}$$

二、合力投影定理

合力在直角坐标轴上的投影等于各分力在同一轴上投影的代数和，即

$$\sum X = F_{Rx} = F_{1x} + F_{2x} + \cdots + F_{nx} = \sum_{i=1}^{n} F_{ix}$$
$$\sum Y = F_{Ry} = F_{1y} + F_{2y} + \cdots + F_{ny} = \sum_{i=1}^{n} F_{iy} \tag{1-4}$$

【例 1-2】 试分别求出图中各力的合力在 x 轴和 y 轴上投影。已知 $F_1=20\text{kN}$，$F_2=40\text{kN}$，$F_3=50\text{kN}$，各力方向如图 1-10 所示。

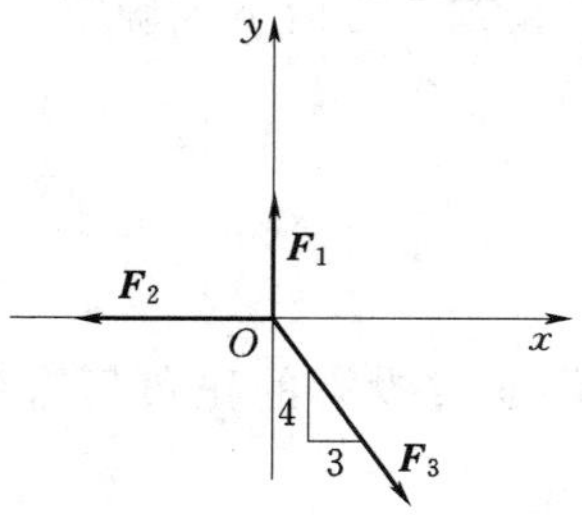

图 1-10 ［例 1-2］图

解： 由式（1-4）可得出各力的合力在 x、y 轴上的投影为

$$\sum X = F_1\cos90° - F_2\cos0° + F_3 \times \frac{3}{\sqrt{3^2+4^2}}$$
$$= 0 - 40 + 50 \times \frac{3}{5} = -10(\text{kN})$$
$$\sum Y = F_1\sin90° + F_2\sin0° - F_3 \times \frac{4}{\sqrt{3^2+4^2}}$$
$$= 20 + 0 - 50 \times \frac{4}{5} = -20(\text{kN})$$

第三节 力矩和力偶

一、力对点之矩

力作用于物体上，除了使物体移动外，还可以使物体发生转动。如图 1-11 所示，用扳手拧紧螺母时，作用于扳手上的力 $\boldsymbol{F}$ 使扳手绕 O 点转动，其转动效应不仅与力的大小和方向有关，而且与 O 点到力作用线的垂直距离 d 有关。将乘积 Fd 再冠以适当的正、负号对应力绕 O 点的转向，称为力 $\boldsymbol{F}$ 对 O 点的矩，简称力矩，它是力 $\boldsymbol{F}$ 使物体绕 O 点转动效应的度量，用 $M_O(\boldsymbol{F})$ 表示，即

$$M_O(\boldsymbol{F}) = \pm Fd \tag{1-5}$$

O 点称为矩心，d 称为力臂。

$\boldsymbol{F}$ 使物体绕矩心 O 点逆时针转动时 $M_O(\boldsymbol{F})$ 为正，反之 $M_O(\boldsymbol{F})$ 为负。

力矩的单位常用 N·m 或 kN·m，有时为运算方便也采用 N·mm 的单位。其中，$1\text{kN}\cdot\text{m}=10^3\text{N}\cdot\text{m}=10^6\text{N}\cdot\text{mm}$。

力矩在下列两种情况下等于零：力等于零或力的作用线通过矩心（即力臂等于零）。

当力沿作用线移动时，不会改变它对矩心的力矩。这是由于力的大小、方向及力臂的大小均未改变的缘故。

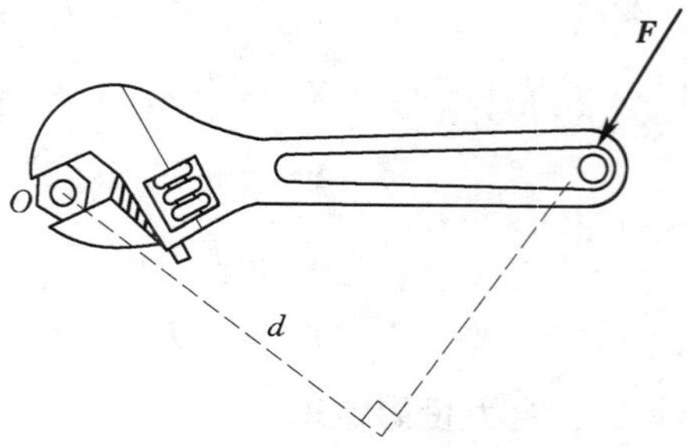

图 1-11 扳手旋转螺母

【例 1-3】 如图 1-12 所示，当扳手分别受 $\boldsymbol{F}_1$、$\boldsymbol{F}_2$、$\boldsymbol{F}_3$ 作用时，求各力分别对螺帽中心 O 点的力矩。已知 $F_1=F_2=F_3=100\text{N}$。

解： 根据力矩的定义可知

$$M_O(\boldsymbol{F}_1) = -F_1 d_1 = -100 \times 0.2$$
$$= -20(\mathrm{N \cdot m})$$
$$M_O(\boldsymbol{F}_2) = F_2 d_2 = 100 \times \frac{0.2}{\cos 30^\circ}$$
$$= 23.1(\mathrm{N \cdot m})$$
$$M_O(\boldsymbol{F}_3) = F_3 d_3 = 100 \times 0 = 0$$

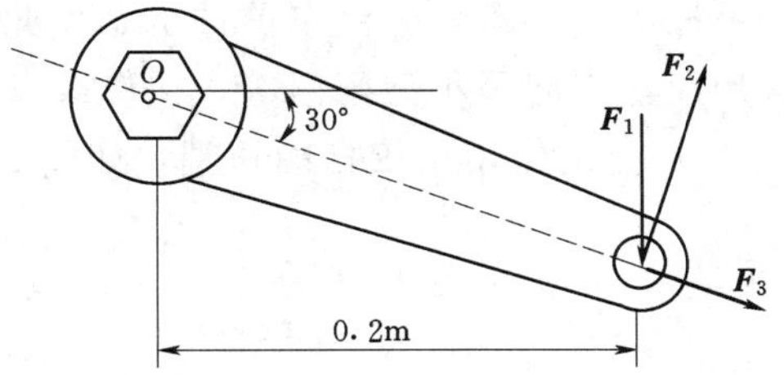

图 1-12　[例 1-3] 图

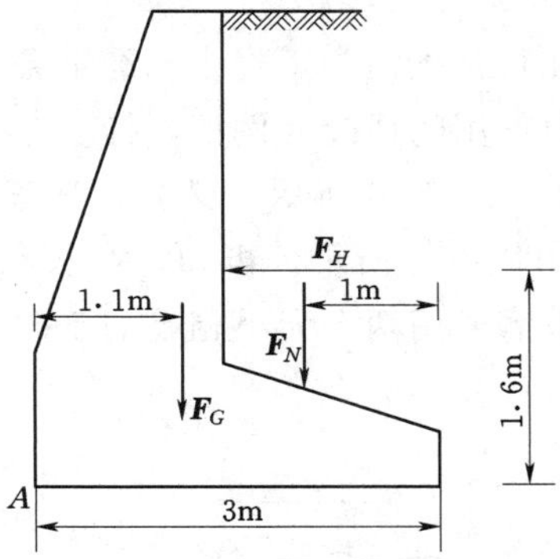

图 1-13　[例 1-4] 图

【例 1-4】　已知挡土墙重 $F_G=75\mathrm{kN}$，铅垂土压力 $F_N=120\mathrm{kN}$，水平土压力 $F_H=90\mathrm{kN}$，如图 1-13 所示。试分别求这三个力对 A 点之矩。

解： 分别求各力对 A 点之矩

$$M_A(\boldsymbol{F_G}) = -75 \times 1.1 = -82.5(\mathrm{kN \cdot m})$$
$$M_A(\boldsymbol{F_N}) = -120 \times (3-1) = -240(\mathrm{kN \cdot m})$$
$$M_A(\boldsymbol{F_H}) = 90 \times 1.6 = 144(\mathrm{kN \cdot m})$$

二、合力矩定理

由于一个力系的合力产生的效应是和力系中各个分力产生的总效应是一样的。因此，合力对平面上任一点的矩等于各分力对同一点的矩的代数和。这就是合力矩定理。

$$M_O(\boldsymbol{F_R}) = M_O(\boldsymbol{F}_1) + M_O(\boldsymbol{F}_2) + \cdots M_O(\boldsymbol{F_n}) = \sum_{i=1}^{n} M_O(\boldsymbol{F_i}) \tag{1-6}$$

应用合力矩定理可以简化力矩的计算。在求一个力对某点的矩时，若力臂不易计算，可将该力分解为两个相互垂直的分力，使两分力对某点的力臂容易计算，求出两分力对该点矩的代数和就等于原力对该点之矩。

【例 1-5】　如图 1-14 所示每 1m 长挡土墙所受土压力的合力为 $\boldsymbol{F_R}$，如 $F_R=150\mathrm{kN}$，方向如图示。求土压力使墙倾覆的力矩。

解： 土压力 $\boldsymbol{F_R}$ 可使挡土墙绕 A 点倾覆，故求土压力 $\boldsymbol{F_R}$ 使墙倾覆的力矩，就是求 $\boldsymbol{F_R}$ 对 A 点的力矩。由已知条件求力臂 d 不方便，但如果将 $\boldsymbol{F_R}$ 分解为两分力 $\boldsymbol{F}_1$ 和 $\boldsymbol{F}_2$，则两分力的力臂是已知的，故由式 (1-5) 可得

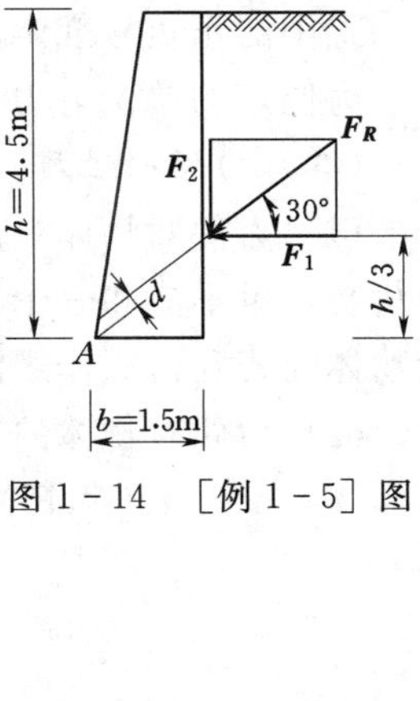

图 1-14　[例 1-5] 图

$$\begin{aligned} M_A(\boldsymbol{F_R}) &= M_A(\boldsymbol{F_1}) + M_A(\boldsymbol{F_2}) \\ &= F_1 \times \frac{h}{3} - F_2 \times b \\ &= 150\cos30° \times 1.5 - 150\sin30° \times 1.5 \\ &= 82.4(\text{kN} \cdot \text{m}) \end{aligned}$$

三、力偶

（一）力偶的概念

在日常生活和工程中，经常会遇到物体受到大小相等、方向相反、作用线互相平行的两个力作用的情况。例如，拧水龙头时，人手作用在开关上的两个力 $\boldsymbol{F}$ 和 $\boldsymbol{F}'$ 就是这样的，如图 1－15（a）所示。又如，汽车司机用两只手操纵方向盘驾驶汽车前进也是如此，如图 1－15（b）所示。再如，在水利工程中，常用绞盘来起吊小型闸门等，在使绞盘旋转时，也需要用两个大小相等的反向平行力（$\boldsymbol{F}$，$\boldsymbol{F}'$）分别作用于绞杠的两端，如图 1－15（c）所示。

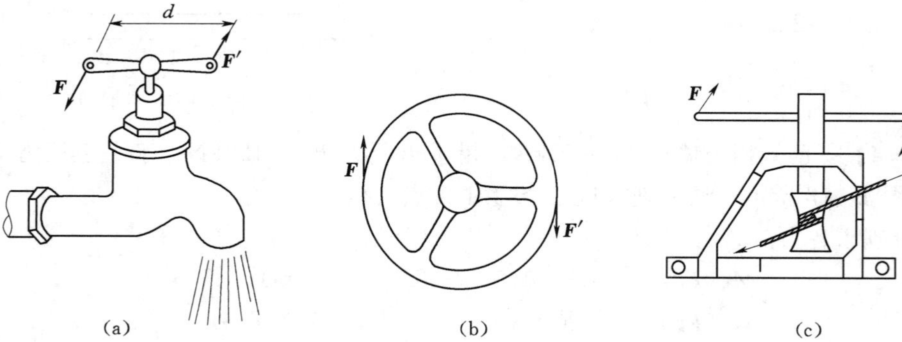

图 1－15 力偶实例

我们将大小相等、方向相反、作用线平行而不重合的两个力称为力偶，用符号（$\boldsymbol{F}$，$\boldsymbol{F}'$）表示，如图 1－16 所示。力偶使物体只产生转动效应，而不产生移动效应。力偶所在平面称为力偶作用面。作用面不同，力偶对物体的作用效果也不相同。力偶的两个力作用线之间的垂直距离 d 称为力偶臂。

将力偶的力 $\boldsymbol{F}$ 与力偶臂 d 的乘积冠以正负号对应力偶的转向，作为力偶对物体转动效应的度量，称为力偶矩，用 m 表示，即

$$m = \pm Fd \tag{1-7}$$

式中的正负号规定为：力偶的转向是逆时针时为正，反之为负。

力偶矩的单位与力矩的单位相同，也是 N·m 或 kN·m，也采用 N·mm。

（二）力偶的性质

（1）力偶对物体只产生转动效应，而不产生移动效应，因此，一个力偶既不能用一个力代替，也不能和一个力平衡（力偶在任何一个坐标轴上的投影等于零）。力与力偶是表示物体间相互机械作用的两个基本元素。

（2）力偶对物体的转动效应，用力偶矩度量而与矩心的位置无关，如图 1－16 所示。

$$M_O(\boldsymbol{F},\boldsymbol{F}') = M_O(\boldsymbol{F}) + M_O(\boldsymbol{F}') = F \cdot (d + x_1) - F \cdot x_1 = Fd$$

如果在同一平面内的两个力偶，它们的力偶矩彼此相等，那么它们对物体的效应完全相同，则二力偶互为等效。

（3）在保持力偶矩大小和力偶转向不变的情况下，力偶可在其作用面内任意搬移，或者可任意改变力偶中力的大小和力偶臂的长短，力偶对物体的转动效应不变。

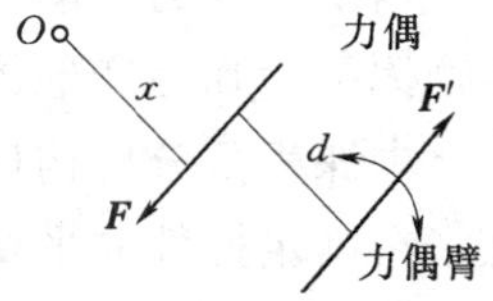

图 1-16　力偶性质示意图

根据这一性质，可在力偶作用面内用 M ↘ 或 M ↗ 表示力偶，其中箭头表示力偶的转向，M 则表示力偶矩的大小。

必须指出，力偶的搬移或用等效力偶替代，对物体的运动效应没有影响，但影响对物体的变形效应。

（三）平面力偶系的合成

若有 n 个力偶作用于物体的某一平面内，这种力系称为平面力偶系。可合成为一合力偶，在同一个平面内的力偶可以进行代数运算，合力偶的矩等于各分力偶矩的代数和，即

$$M = M_1 + M_2 + \cdots + M_n = \sum M_i \tag{1-8}$$

【例 1-6】　如图 1-17 所示，在物体的某平面内受到三个力偶的作用。设 $F_1 = 200\text{N}$，$F_2 = 600\text{N}$，$M = 100\text{N} \cdot \text{m}$，求其合力偶。

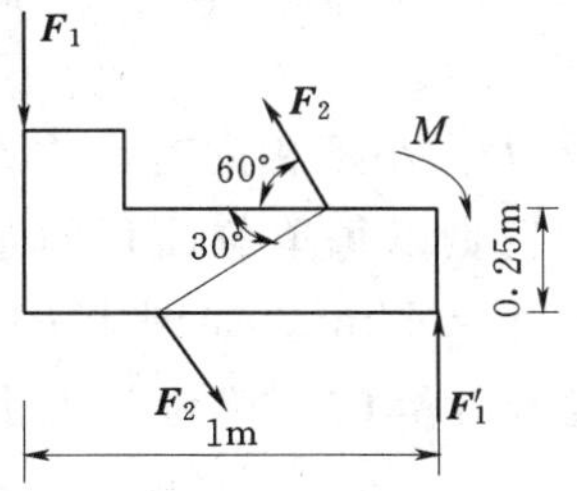

图 1-17　［例 1-6］图

解： 各分力偶矩为

$$M_1 = F_1 d_1 = 200 \times 1 = 200(\text{N} \cdot \text{m})$$

$$M_2 = F_2 d_2 = 600 \times 0.25/\sin 30° = 300(\text{N} \cdot \text{m})$$

$$M_3 = -M = -100\text{N} \cdot \text{m}$$

由式（1-7）得合力偶矩为

$$M = M_1 + M_2 + M_3$$
$$= 200 + 300 - 100 = 400(\text{N} \cdot \text{m})$$

即合力偶的矩的大小等于 400N·m，转向为逆时针方向，与原力偶系共面。

第四节　物体受力分析基础

一、荷载的简化与分类

（一）受力物体

物体在受力后都要发生形状和大小的改变，称为变形，但在大多数工程问题中这种变形相对结构尺寸而言是极其微小的。

（1）当变形对于研究物体平衡或运动的影响可以忽略不计时，可认为该物体不发生变形。这种在受力时保持形状、大小不变的力学模型称为刚体。由于刚体受力作用后，只有运动效应而没有变形效应，因此作用在刚体上的力沿着作用线移动时，不改变其作用效应。

（2）当变形对于研究物体平衡或运动规律不能忽略时，物体称为变形体。变形体在外力作用下会产生两种不同性质的变形：一种是当外力撤除时，变形也会随之消失，这种变形称为弹性变形。另一种是当外力撤除后，变形不能全部消失而留有残余，这部分残余变形，称为塑性变形。

当所受外力不超过一定限度时，绝大多数工程材料在外力撤除后，其变形可消失，这种物体称为弹性变形体，简称弹性体。

本课程只分析构件的小变形。所谓小变形是指构件的变形量远小于其原始尺寸。因此，在确定构件的平衡和运动时，可不计其变形量，仍按原始尺寸进行计算，从而简化计算过程。

（二）荷载的分类

物体受到的力可以分为两类。一类是使物体运动或具有运动趋势的力，称为主动力，例如重力、水压力、土压力等。工程上把主动力称为荷载。另一类是周围物体限制物体运动的力，称为约束反力，简称反力。对于作为研究对象的受力物体，以上两类力统称为外力。

如果力集中作用于一点，这种力称为集中力或集中荷载。实际上，任何物体间的作用力都分布在有限的面积上或体积内，但如果力所作用的范围比受力作用的物体小得多时，以及作用在刚体上力的合力都可以看成是集中力。对于作用范围不能忽视的力（荷载），称为分布力（荷载）。分布在物体的体积内的荷载如重力等，称为体荷载。分布在物体的表面上，如楼板上的荷载、水坝上的水压力等，称为面荷载，如图 1－18（a）所示。如果力（荷载）分布在一个狭长范围内而且相互平行，则可以把它简化为沿狭长面的中心线分布的力（荷载），如分布在梁上的荷载，称为线分布力或线荷载，如图 1－18（b）所示。体荷载、面荷载、线荷载统称为分布荷载。

当分布荷载各处大小均相同时，称为均布荷载，如分布荷载各处大小不相同时，称为非均布荷载。如图 1－18（a）所示，板的自重即为面均布荷载，它是以每单位面积的重量来计算的，单位面积上所受的力通常用 p 表示，单位为 N/m^2 或 kN/m^2。如图 1－18（b）所示，梁的自重即为线均布荷载，它是以每单位长度的重量来计算的，单位长度上所受的力通常用 q 表示，单位为 N/m 或 kN/m。

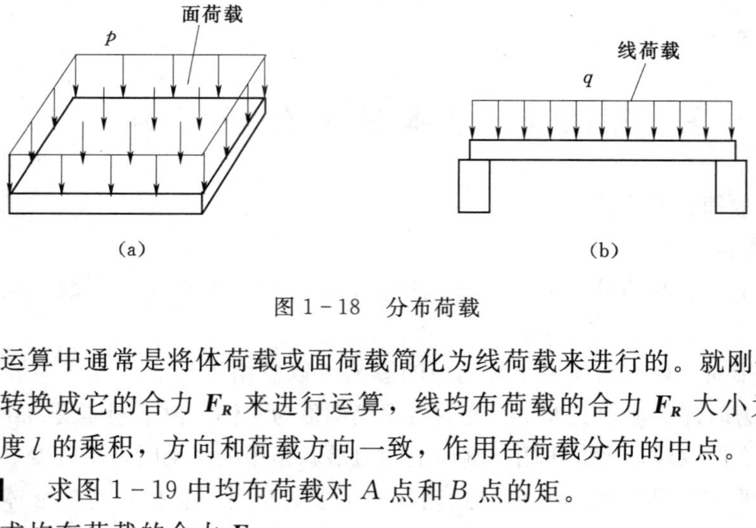

图 1－18 分布荷载

在具体的运算中通常是将体荷载或面荷载简化为线荷载来进行的。就刚体而言，对于线均布荷载可转换成它的合力 $\boldsymbol{F_R}$ 来进行运算，线均布荷载的合力 $\boldsymbol{F_R}$ 大小为线荷载 q 和荷载分布的长度 l 的乘积，方向和荷载方向一致，作用在荷载分布的中点。

【例 1－7】 求图 1－19 中均布荷载对 A 点和 B 点的矩。

解：（1）求均布荷载的合力 $\boldsymbol{F_R}$。

$$F_R = ql$$

方向和作用点如图。

(2) 用合力代替线荷载分别对 A、B 两点取矩

$$M_A = M_A(\boldsymbol{F_R}) = -F_R \times (a + l/2) = -ql(a + l/2)$$

$$M_B = M_B(\boldsymbol{F_R}) = F_R \times l/2 = ql^2/2$$

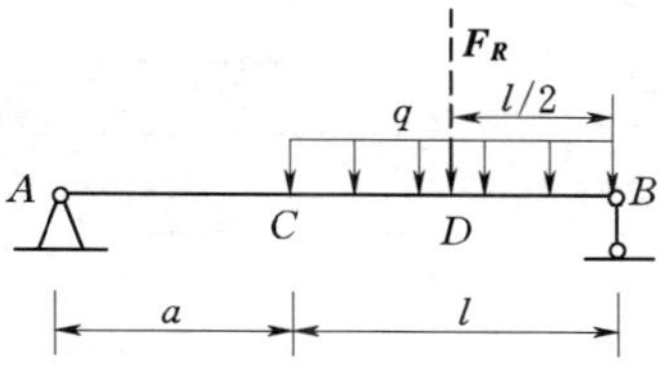

图 1-19　[例 1-7] 图

二、约束和约束力

在空间可以自由运动的物体称为自由体。例如在空中的飞机、火箭等。如果物体受到某种限制、在某些方向不能运动，那么这样的物体称为非自由体。例如放在桌面上的物体，受到桌面的限制不能向下运动。阻碍物体运动的限制物称为约束。

约束对物体必然作用一定的力以阻碍物体运动，这种力就是前面提到的约束反力或约束力，简称反力。约束反力总是作用在约束与物体的接触处，其方向总是与约束所能限制的运动方向相反。

下面介绍几种工程中常见的约束。

(一) 柔体约束

绳索、皮带、链条等柔性物体构成柔体约束，如图 1-20 (a) 所示。这种约束只能限制物体沿着柔体伸长的方向运动，而不能限制其他方向的运动。因此，柔体约束反力的方向沿着它的中心线且背离研究物体，即为拉力，如图 1-20 (b) 所示。

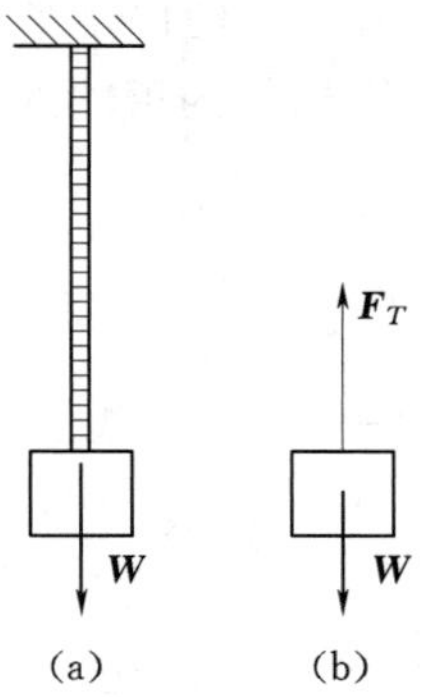

图 1-20　柔体约束

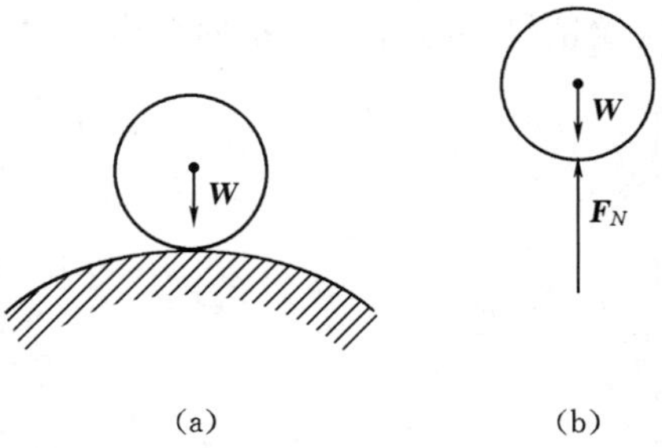

图 1-21　光滑面约束

(二) 光滑面约束

如果两个物体接触面之间的摩擦力很小，可忽略不计，就构成光滑接触面约束（光滑面约束）。如图 1-21 (a) 所示，光滑接触面约束反力的方向垂直于接触面并通过接触点，指向研究物体，如图 1-21 (b) 所示。

(三) 光滑圆柱铰链约束

圆柱铰链约束简称铰链，它是由一个圆柱形销钉插入不同物体的圆孔中而构成，如图 1-22 (a) 所示，并假设销钉与圆孔的表面都是完全光滑的，圆柱铰链的计算简图如图 1-22 (b) 所示。

圆柱铰链约束只能限制物体在垂直于销钉轴线的平面内沿任意方向的相对移动，而不能限制物体绕销钉作相对转动，还不能限制物体沿销钉轴线移动。当物体相对于另一物体有运动趋势时，销钉与孔壁便在某处光滑接触。由光滑接触面约束反力的特点可知，销钉

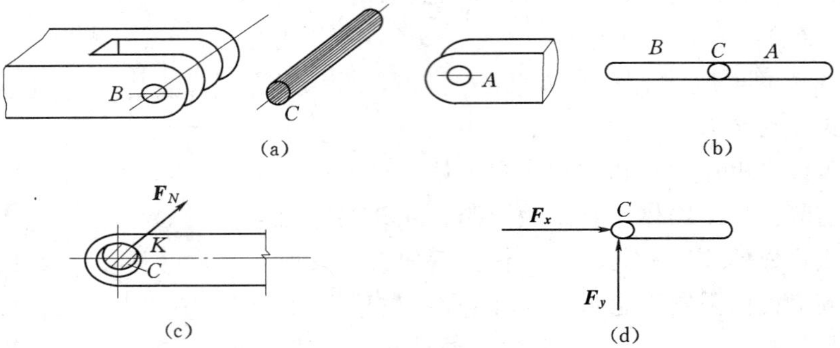

图 1-22 光滑圆柱铰链约束

反力应沿接触点与销钉中心的连线作用，如图 1-22（c）所示，但因接触面的位置一般不能预先确定，所以约束反力的方向也不能预先确定。最后得到圆柱铰链的约束反力在垂直于销钉轴线的平面内，通过销钉中心，方向未定，通常用两个相互垂直的分力 $\boldsymbol{F}_x$ 和 $\boldsymbol{F}_y$ 表示，两个分力的指向可以任意假设，如图 1-22（d）所示。

（四）链杆约束

如一构件在其两端用光滑销钉与物体相连接，中间不受力，这类约束称为二力构件。如图 1-23 中 AB 杆，由于构件上只在两端作用了两个约束反力，而构件是平衡的，因此这两个力必然大小相等，方向相反，在同一直线上。所以，二力构件约束的约束反力是沿着两端销钉圆心连线，指向待定。

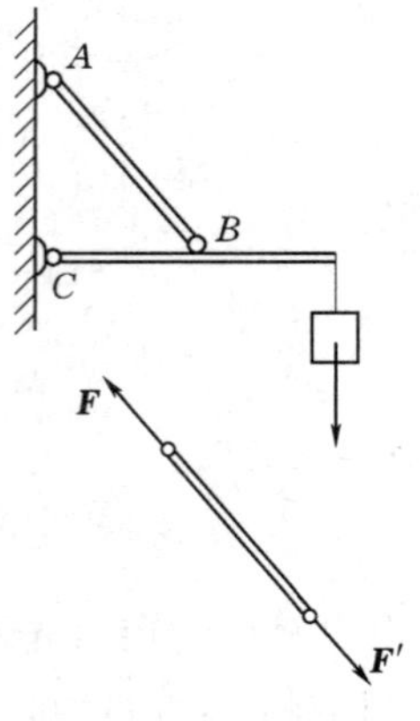

图 1-23 链杆约束

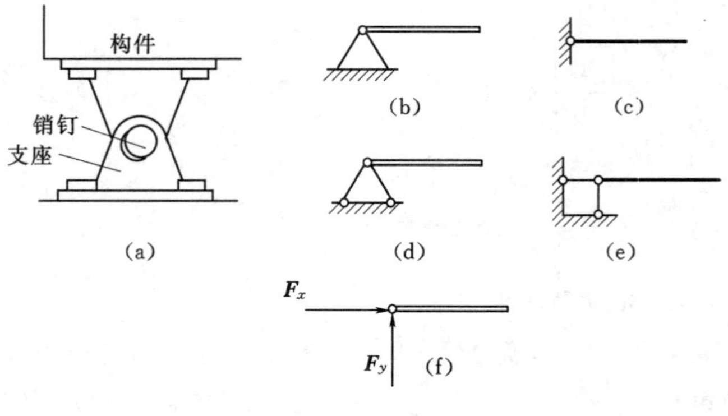

图 1-24 固定绞约束

（五）支座约束

1. 固定铰支座

用铰链连接的两个构件中，其中一个构件是固定在基础上的支座，如图 1-24（a）所示，这种约束称为固定铰支座，简称铰支座。图 1-24（b）～（e）所示是几种简化表示。固定铰支座约束反力与铰链的情形相同，如图 1-24（f）所示。

2. 可动铰支座

如果在支座与支承面之间装上几个滚子使支座可沿支承面移动，就成为可动铰支座，也称为辊轴支座如图 1-25（a）所示，图 1-25（b）～（d）所示是它的几种简化表示。如果支承面是光滑的，这种支座不限制构件沿支承面移动和绕销钉轴线的转动，只限制构件沿支承面法线方向的移动。因此，辊轴支座约束反力垂直于支承面，通过铰链中心，指向待定，如图 1-25（e）所示。

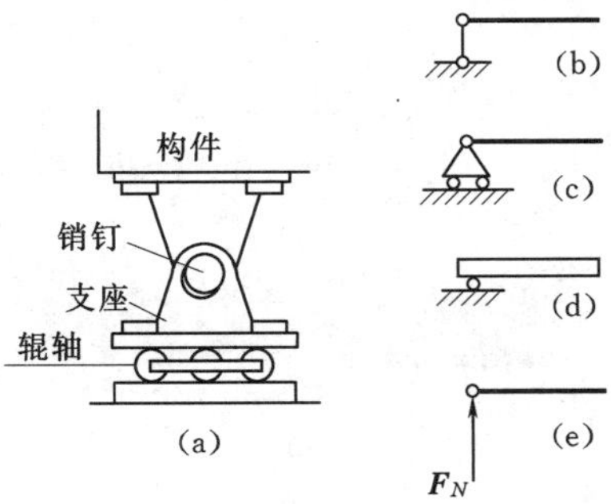

图 1-25　可动铰支座

3. 固定端

房屋雨篷如图 1-26（a）所示，阳台挑梁如图 1-26（b）所示，都是一端插入墙内，另一端悬空。如果构件插入墙内有足够的长度，嵌固得足够牢固，悬挑出的部分能够承受荷载，墙使构件插入端既不能沿任何方向移动，也不能转动，则墙与构件连接处是固定端支座。固定端约束反力为一个方向待定的约束反力和一个转向待定的约束反力偶。方向待定的约束反力通常可用水平和竖直的两个分力表示，如图 1-26（c）所示。

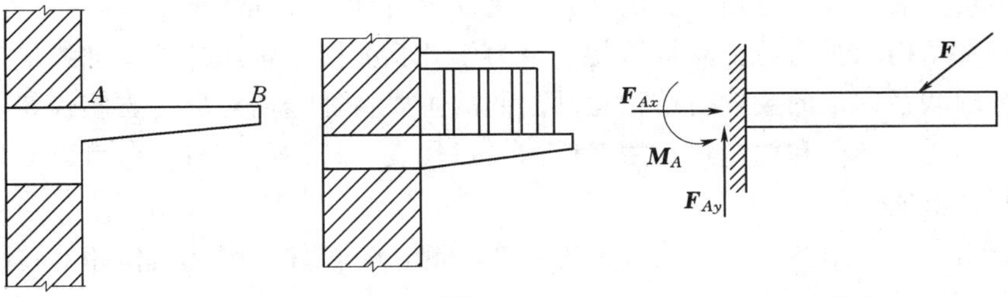

图 1-26　固端支座

三、力学计算简图

（一）结构的分类

在建筑物中承受和传递荷载并起到骨架作用的部分称为结构。组成结构的每一个部件称为构件。结构是由若干构件按一定方式组合而成的。

工程中结构的类型是多种多样的，就几何观点可分为：①杆系结构，如图 1-27（a）所示，这类结构由杆件组成，杆件的特征是其长度远大于其横截面上其他两个尺寸；②薄壁结构，如图 1-27（b）所示，这类结构的特征是长、宽两个方向的尺寸远大于厚度；③实体结构，如图 1-27（c）所示，该类结构三个方向的尺度具有相同的量级。

杆系结构又可分为平面结构（组成结构的所有杆件的轴线及外力都在同一平面内）和空间结构（组成结构的所有杆件的轴线及外力不在同一平面内）两类，本书主要研究平面结构中的杆系结构。

（二）力学计算简图

实际工程是很复杂的，对结构进行力学分析时，如果不加区分将所有力学因素全考虑进去，将使问题的分析计算十分困难，甚至无法计算，同时这样也是不必要的。

分析实际结构，需要利用力学知识、结构知识和工程实践经验，并根据实际受力、变形规律等主要因素，忽略一些次要因素，对结构进行科学合理的简化。这是一个将结构理

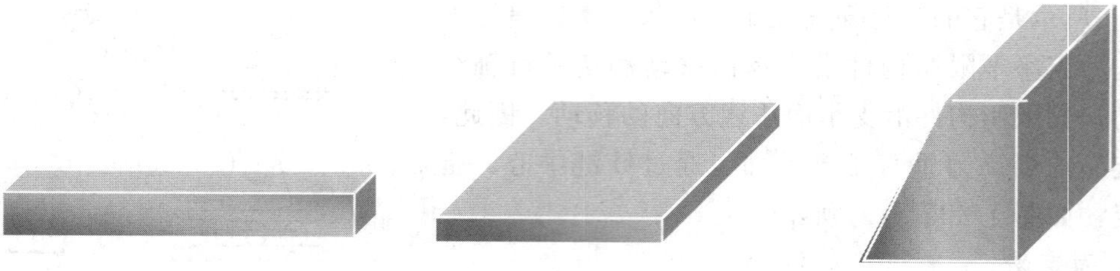

(a) (b) (c)

图 1-27 结构类型

想化、抽象化的简化过程。在对结构和构件的受力和约束经过简化后得到的、用于力学或工程分析与计算的图形，称为力学计算简图。

确定力学计算简图的原则是：

(1) 尽可能符合实际——力学计算简图应尽可能反映实际结构的受力、变形等特性。

(2) 尽可能简单——忽略次要因素，尽量使分析计算过程简单。

根据杆系结构的受力特征和构造特点。力学计算简图中常用杆件的轴线代表杆件，根据结构和基础联系起来的装置对结构运动限制的主要特征选用对应的支座代替，根据杆件联结处结构的受力特征和构造特点用对应的结点代表。杆件的结点一般可以简化为铰结点和刚结点两种形式。

(1) 铰结点——用圆柱铰链将杆件连接在一起，各杆件可围绕其作相对转动，但不能移动的结点，如图 1-28 所示。

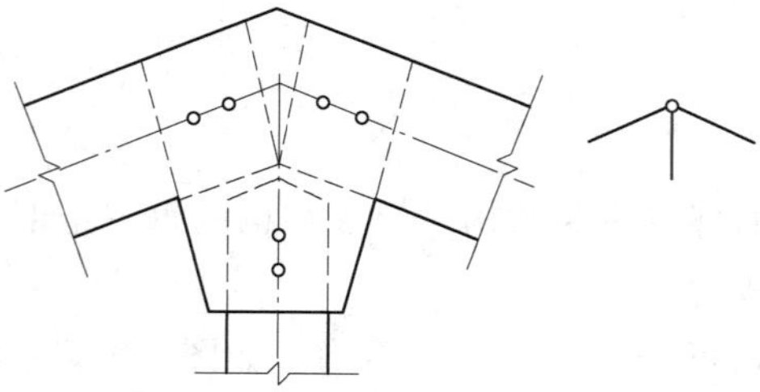

图 1-28 铰结点

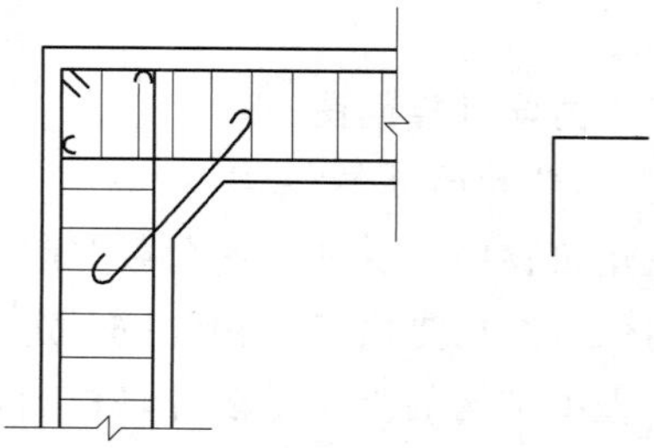

图 1-29 刚结点

(2) 刚结点——杆件在连接处是刚性连接的，即各杆件在此点不能相对转动（保持夹角不变），也不能移动的结点，如图 1-29 所示。

力学计算简图的建立可分为以下三个步骤：

(1) 构件的简化。

(2) 支座的简化。

(3) 荷载的简化。

四、受力分析与受力图

1. 受力分析

在求解工程力学问题时，一般首先需要根据问题的已知条件和待求量，选择一个或几个物体作为研究对象，然后分析它受到哪些力的作用，其中哪些是已知的，哪些是未知的，此过程称为受力分析。

2. 画受力图的步骤

（1）将研究对象从与其联系的周围物体中分离出来，单独画出。这种分离出来的研究对象称为分离体。

（2）画出作用于研究对象上的全部荷载及约束反力。这样得到的图称为受力图。

【例 1-8】　水平梁 AB 受集中荷载 $\boldsymbol{F}$ 和均布荷载 q 作用，A 端为固定铰支座，B 端为可动铰支座，如图 1-30（a）所示，试画出梁的受力图。梁的自重不计。

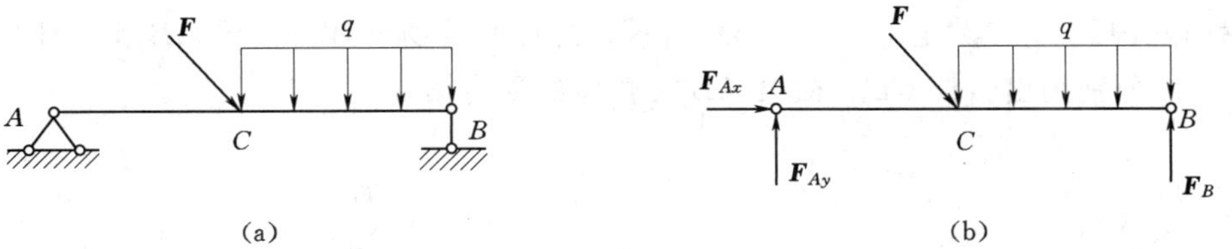

图 1-30　［例 1-8］图

解： 取梁为研究对象，并将其单独画出。再将作用在梁上的全部荷载画上，在 B 端可动铰支座的反力为 $\boldsymbol{F}_B$，在 A 端固定铰支座的反力为 $\boldsymbol{F}_{Ax}$ 和 $\boldsymbol{F}_{Ay}$，如图 1-30（b）所示。

【例 1-9】　图 1-31（a）所示是土建和水利水电工程中常见的刚架。已知刚架受一水平荷载 $\boldsymbol{F}$ 作用，杆的自重忽略不计，试画出刚架的受力图。

解：（1）取刚架为研究对象，画出分离体。

（2）画主动力 $\boldsymbol{F}$。

（3）画约束反力 $\boldsymbol{F}_{Ax}$、$\boldsymbol{F}_{Ay}$ 和 $\boldsymbol{F}_D$。A 处固定铰支座的约束反力为 $\boldsymbol{F}_{Ax}$ 和 $\boldsymbol{F}_{Ay}$，D 处可动铰支座的约束反力为 $\boldsymbol{F}_D$，如图 1-31（b）所示。

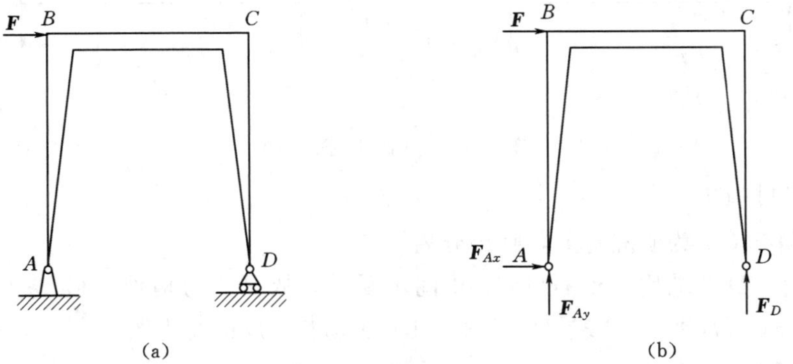

图 1-31　［例 1-9］图

3. 画受力图时应注意的事项

（1）在画研究对象的受力图时，只能画出外部物体对研究对象的作用力即外力。

（2）对结构中的二力构件要能首先判断出来。

（3）在画结构内两相互作用物体各自的受力图时，必须满足作用与反作用定律。

4. 物体系统的受力图

在工程中，常常遇到由几个物体通过一定的约束联系在一起的系统，称为物体系统。画物体系统的受力图的方法，基本上与画单个物体的受力图的方法相同。在分析物体系统受力时应注意三点：

(1) 当研究对象为整体或为其中某几个物体的组合时，没有解除约束的位置，不画相应的约束反力，靠约束本身限制物体的运动。

(2) 分析两物体间相互作用力时，应遵循作用与反作用关系，作用力方向一经确定，则反作用力方向必与之相反，不可再假设指向。

(3) 同一个力在局部和整体的受力图上表示要完全一致。

【例 1－10】 支架如图 1－32 (a) 所示，悬挂的重物重 $\boldsymbol{W}$，横梁 AB 和斜杆 CD 的自重不计。试分别画出斜杆 CD、横梁 AB 及整体的受力图。

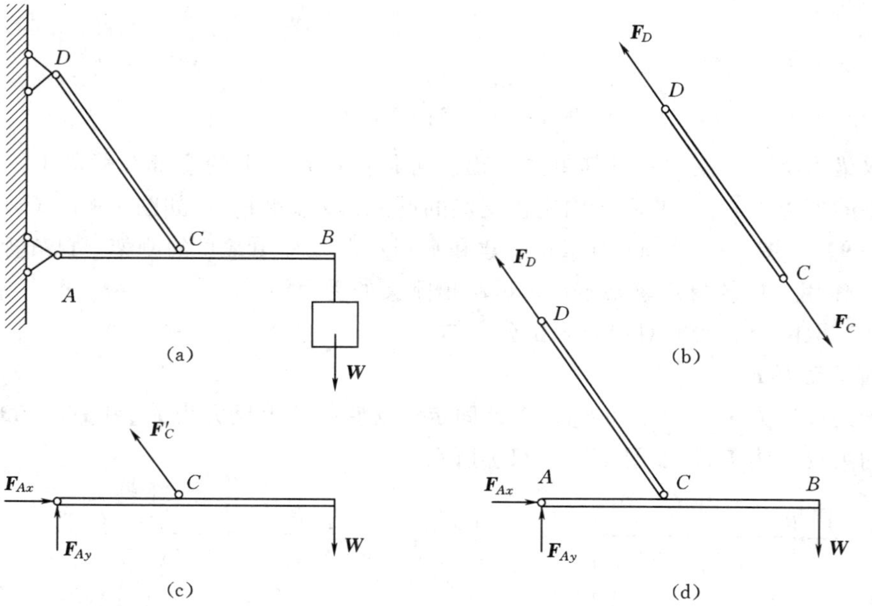

图 1－32 ［例 1－10］图

解： 1. 斜杆 CD

(1) 取斜杆 CD 为研究对象，画出分离体。

(2) 斜杆 CD 两端均为铰链约束，中间不受力，故是二力构件。$\boldsymbol{F}_C$ 与 $\boldsymbol{F}_D$ 大小相等，方向相反，沿 C、D 两点连线。图 1－32 (b) 为斜杆 CD 的受力图。

2. 横梁 AB

(1) 取横梁 AB 为研究对象，画出分离体。

(2) 画主动力 $\boldsymbol{W}$。

(3) 画约束反力 $\boldsymbol{F}'_C$、$\boldsymbol{F}_{Ax}$、$\boldsymbol{F}_{Ay}$。C 处受到铰 C 的作用力 $\boldsymbol{F}'_C$，$\boldsymbol{F}'_C$ 与 $\boldsymbol{F}_C$ 等值、反向、共线。A 处固定铰支座的约束反力为 $\boldsymbol{F}_{Ax}$ 和 $\boldsymbol{F}_{Ay}$。图 1－32 (c) 为横梁 AB 的受力图。

3. 整体

（1）取整体为研究对象，画出分离体。

（2）画主动力 $\boldsymbol{W}$。

（3）画约束反力 $\boldsymbol{F}_D$、$\boldsymbol{F}_{Ax}$、$\boldsymbol{F}_{Ay}$。图 1－32（d）为整体的受力图。

习　　题

一、填空题

1. 力是物体之间__________的机械作用，这种作用的效应是使物体的__________发生变化，或使物体发生__________。

2. 力是____________量，力在坐标轴上的投影是____________量，平面力偶矩是__________量。

3. 两个物体间相互作用的力，总是大小__________、指向__________，并沿__________分别作用在这两个相互作用的物体上。

4. 力偶对其作用面内任一点之矩恒等于其__________，而与矩心的位置__________。

5. 平衡是机械运动的一种特殊情形，即物体相对地球保持__________或作__________运动的状态。

6. 如果力与一力系等效，此力称为力系的__________。力系中的每一力为该合力的__________。

7. 作用在__________上的两个力，使物体保持平衡的必要和充分条件是，这两个力的大小相等，__________相反，作用在__________上。

二、选择题

1. 工程力学的研究对象主要是（　　）。

A. 杆系结构　　B. 实体结构　　C. 薄壁结构

2. 力对物体的作用效果取决于（　　）。

A. 力的大小　　B. 力的方向　　C. 力的大小、方向和作用点三个要素

3. 仅在两个力作用下处于平衡的构件，称为（　　）。

A. 杆件　　B. 二力构件　　C. 薄壁杆

4. 作用于物体上同一点的两个力，可以合成为一个合力，合力作用点与分力作用点（　　）。

A. 相同　　B. 不同　　C. 不确定

5. 力偶不能与一个力等效，也就不能和一个力平衡。力偶只能与什么平衡（　　）。

A. 力偶　　B. 一个力　　C. 一个力和一个力偶

6. 力偶对物体的转动效应，取决于（　　）。

A. 力偶矩的大小　　B. 力偶矩的转向　　C. 力偶矩的大小、力偶的作用面和力偶的转向三个要素

7. 可动铰支座对构件的约束反力通过销钉中心，其作用线垂直于接触面，指向（　　）。

A. 向上　　B. 未知　　C. 向下

8. 阻碍非自由体运动的限制物称为（　　）。

A. 约束　　B. 自由体　　C. 非自由体

9. 结构与基础或其他支承物联结的部分叫（　　）。

A. 支座　　B. 约束　　C. 固定端

10. 结点根据其实际构造和受力特点，可简化为（　　）。

A. 刚结点　　B. 铰结点　　C. 刚结点和铰结点

三、问答题

1. 力的概念是什么？举例说明改变力的三要素中任一要素都会影响力的作用效果。

2. 在日常生活中我们通常是应用力对物体的何种效应来测量力的大小？请举两三例说明。

3. 二力平衡公理和作用与反作用公理的区别是什么？

4. 二力构件的概念是什么？二力构件受力与构件的形状有无关系？

5. 将身体吊悬在单杠上，两手臂用什么姿势最省力？为什么在吊环运动中十字支撑是高难度动作？

6. 力在直角坐标轴上投影的大小和坐标原点位置有无关系？和坐标轴的方向有无关系？如果两个力在同一轴上的投影相等，这两个力的大小是否一定相等？

7. 在什么情况下，力在一个轴上的投影等于力本身的大小？在什么情况下，力在一个轴上的投影等于零？

8. 用手拔钉子拔不出来，为什么用羊角锤一下子就能拔出来？

9. 为什么用车钥匙开锁需要用两个指头？

10. 拍篮球时，篮球有无变形？若有是什么变形？

四、计算及受力图绘制题

1. 已知 $F_1=F_2=200\text{N}$，$F_3=F_4=100\text{N}$，各力的方向如图 1-33 所示。试求各力在 x 轴和 y 轴上的投影。$\boldsymbol{F}_1$、$\boldsymbol{F}_3$ 与坐标轴的夹角都是 45°。

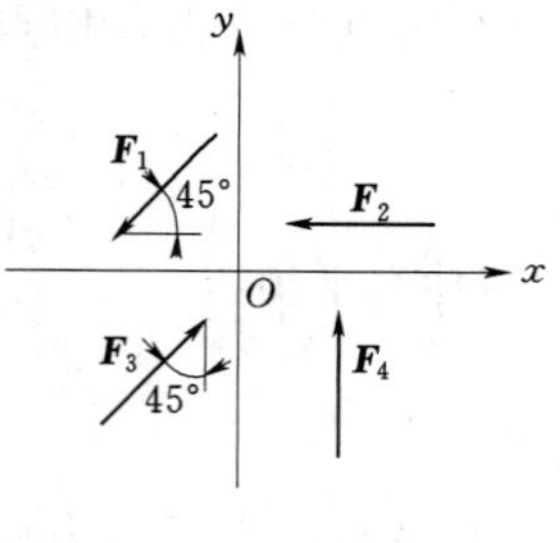

图 1-33

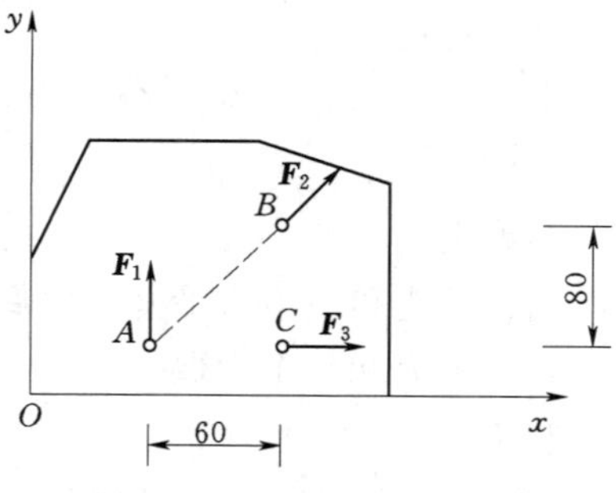

图 1-34

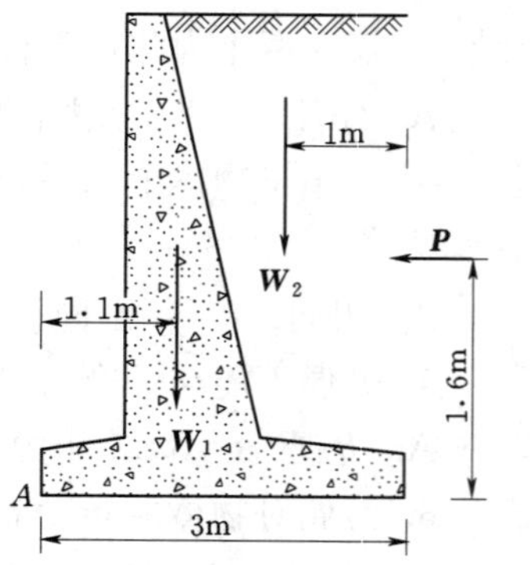

图 1-35

2. 如图 1-34 所示钢板在孔 A、B 和 C 处分别受到 $\boldsymbol{F}_1$、$\boldsymbol{F}_2$ 和 $\boldsymbol{F}_3$ 三个力作用，其中 $F_1=160\text{N}$，$F_2=100\text{N}$，$F_3=70\text{N}$。试求这三个力的合力在 x 轴和 y 轴上的投影。

3. 已知挡土墙重 $W_1=70\text{kN}$，垂直土压力 $W_2=115\text{kN}$，水平土压力 $P=85\text{kN}$，如图 1-35 所示。试分别求此三力对前趾 A 点之矩。

4. 画出图 1-36 所示物体的受力图。未画重力的物体的重量均不计，所有接触处都为光滑接触。

5. 画出图 1-37（a）中杆 BC、AC 及整体的受力图及图 1-37（b）中杆 BC、AC 及整体的受力图。未画重力的物体的重量均不计，所有接触处都为光滑接触。

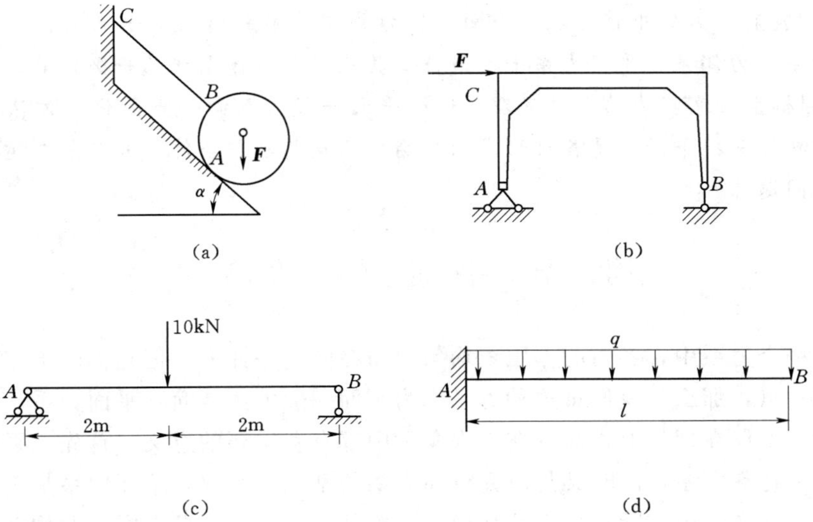

图 1-36

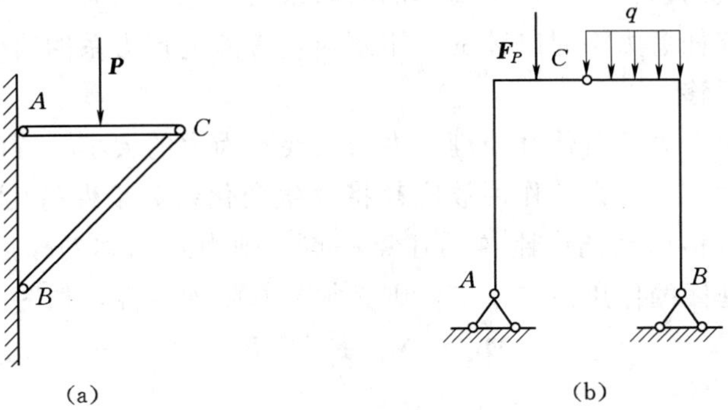

图 1-37

第二章 平面力系简化及平衡

【重点内容】 力的平移定理，平面一般力系向作用面内任意一点简化，平面一般力系、汇交力系、力偶系、平行力系平衡条件及其应用，物体系统的平衡计算。

【学习目标】 掌握力的平移定理。理解平面一般力系向一点简化的方法，会计算主矢、主矩。熟练掌握平面力系各种形式的平衡方程及其限制条件，并能熟练运用求解平面力系的平衡问题。

第一节 平面力系的简化

如果在一个力系中，各力的作用线均匀分布在同一平面内，但它们既不完全平行，又不汇交于同一点，那么，我们将这种力系称为平面一般力系，简称平面力系。平面力系的研究与讨论，不仅在理论上，而且在工程实际中都有着重要的意义。首先，平面力系概括了平面内各种特殊力系，同时又是研究空间力系的基础。其次，平面力系是工程中最常见的一种力系，如在不少实际工程中的结构（或构件）和受力都具有同一对称面，此时作用力就可简化为作用在对称面内的平面力系。如果平面力系中各力的作用线均汇交于一点，则此力系称为平面汇交力系；如果平面力系中各力的作用线均相互平行，则此力系称为平面平行力系；如果平面力系仅由力偶组成，则此力系称为平面力偶系。

在作用效果等效的前提下，用最简单的力系来代替原力系对刚体的作用，称为力系的简化。为了便于研究任意力系对刚体的作用效应，常需进行力系的简化。

一、力向一点平移

对刚体而言，根据力的可传性原理，力的三要素为力的大小、方向、作用线。无论改变力的三要素中任意一个，力的作用效应都将发生变化。如果保持力的大小、方向不变，而将力的作用线平行移动到同一刚体的任意一点，则力对刚体的作用效应必定要发生变化；若要保持力对刚体的作用效应不变，则必须要有附加条件，如图 2-1 所示。

$$\boldsymbol{M}_B = \boldsymbol{M}_B(\boldsymbol{F}) = Fd$$

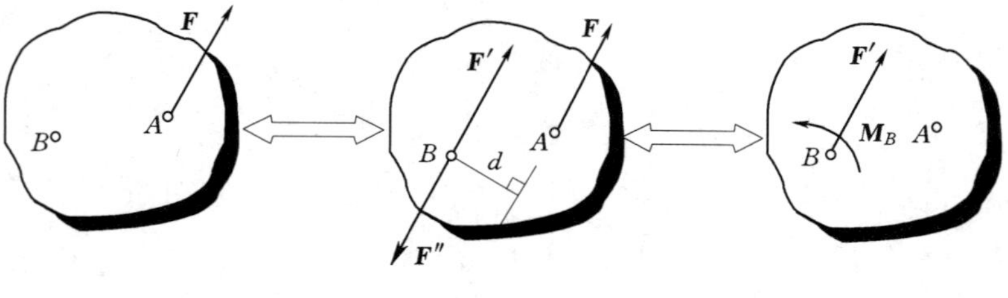

图 2-1 力的平移

作用在刚体上的力可以平移到刚体上任意一个指定位置，但必须在该力和指定点所决定的平面内附加一个力偶，附加力偶的矩等于原力对指定点之矩。这个结论称为力的平移定理。

根据力向一点平移的逆过程，总可以将同平面内的一个力 $\boldsymbol{F}$ 和力偶矩为 M 的力偶简化为一个力 $\boldsymbol{F}'$，此力 $\boldsymbol{F}'$ 与原力 $\boldsymbol{F}$ 大小相等、方向相同、作用线间的距离为 $d=M/F$，至于 $\boldsymbol{F}'$ 在 $\boldsymbol{F}$ 的哪一侧，则视 $\boldsymbol{F}$ 的方向和 M 的转向而定。

【例 2-1】 钢柱受到一 10kN 的力作用，如图 2-2 所示。若将此力向钢柱中心线平移，得到一力和一力偶。已知力偶矩为 800N·m，求原力至中心线的距离 d。

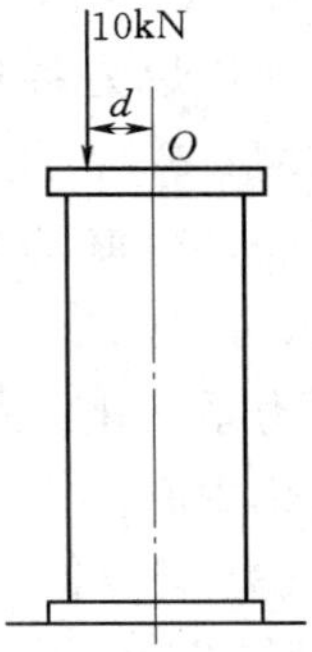

图 2-2　[例 2-1] 图

解： 根据力的平移定理，力的大小方向不变。附加力偶矩 M 等于力对钢柱中心线的力矩。

$$M = M_O(\boldsymbol{F}) = F \times d$$

$$d = \frac{M}{F} = \frac{800 \times 10^{-3}}{10}$$

$$= 8 \times 10^{-2} = 8(\text{cm})$$

二、平面力系向一点的简化

主矢　$$\boldsymbol{F}'_R = \sum \boldsymbol{F}_i \tag{2-1}$$

主矩　$$M_O = \sum M_O(\boldsymbol{F}_i) \tag{2-2}$$

$$F'_{Rx} = \sum F_{ix} = \sum F_x \quad F'_{Ry} = \sum F_{iy} = \sum F_y$$

主矢大小　$$F'_R = \sqrt{(\sum F_x)^2 + (\sum F_y)^2}$$

主矢方向　$$\tan\theta = \left|\frac{\sum F'_{Ry}}{\sum F'_{Rx}}\right| = \left|\frac{\sum F_y}{\sum F_x}\right|$$

从式（2-1）可知，由于原力中的各力的大小和方向都是一定的，它们的矢量和也是一定的；即对一个已知力系来说，主矢与简化中心位置无关。从式（2-2）可知，力系中各力对不同的简化中心的矩是不同的，力系的主矩一般与简化中心的位置有关，符号中的下标 O 就是表示简化中心为 O。

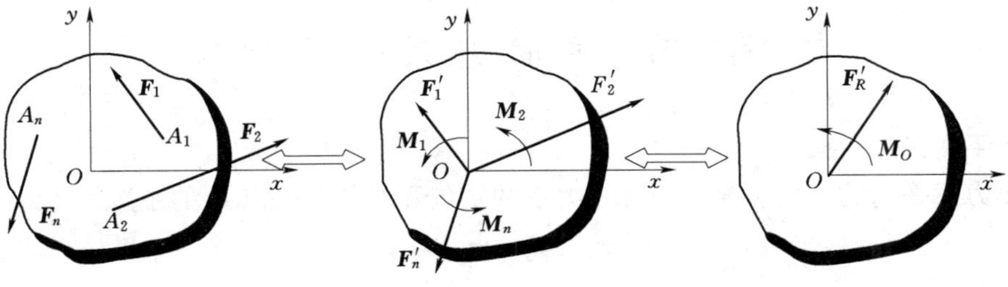

图 2-3　平面力系简化

平面一般力系向作用面内任意一点简化的结果，一般是一个力和一个力偶。如图 2-3 所示，这个力的作用线通过简化中心，其大小和方向决定于原力系中各力的矢量和，即等于原力系的主矢，与简化中心的具体位置无关；这个力偶的矩等于原力系中各力对简化中心之矩的代数和，即等于原力系对简化中心的主矩，它一般随简化中心位置的变化而变化。平面力系向一点简化所得到的主矢和主矩，并不是该力系简化的最终结果。因此有必要根据力系的主矢和主矩这两个量可能出现的几种情况作进一步的讨论。

三、简化结果分析

（1）当 $\boldsymbol{F}'_R=0$、$M_O\neq0$ 时，说明原力系只与一个力偶等效，此力偶称为原力系的合力偶。所以原力系简化的最后结果是一个合力偶，其矩等于原力系各力对简化中心 O 的主矩 $\sum M_O(\boldsymbol{F}_i)$，此主矩与简化中心的位置无关。因为根据力偶的性质，力偶矩与矩心的位置无关，也就是说原力系无论是对哪一点进行简化，其最后结果都一样。

（2）当 $\boldsymbol{F}'_R\neq0$、$M_O=0$ 时，说明原力系只与一个力等效，此力称为原力系的合力。所以原力系简化的最后结果是一个合力，其大小、方向与原力系的主矢 $\boldsymbol{F}'_R$ 相同，作用线通过简化中心。

（3）当 $\boldsymbol{F}'_R\neq0$、$M_O\neq0$ 时，可根据力的平移定理的逆过程，将作用线通过 O 点的力 $\boldsymbol{F}'_R$ 及矩为 M_O 的力偶合成为一个作用线通过 A 点的一个力 $\boldsymbol{F}_R$，此力称为原力系的合力，其大小、方向与主矢 $\boldsymbol{F}'_R$ 相同。如图 2-4 所示，合力 $\boldsymbol{F}_R$ 作用线到 O 点的距离 d 为

$$d=\frac{|M_O|}{F'_R}=\frac{|M_O|}{F_R}$$

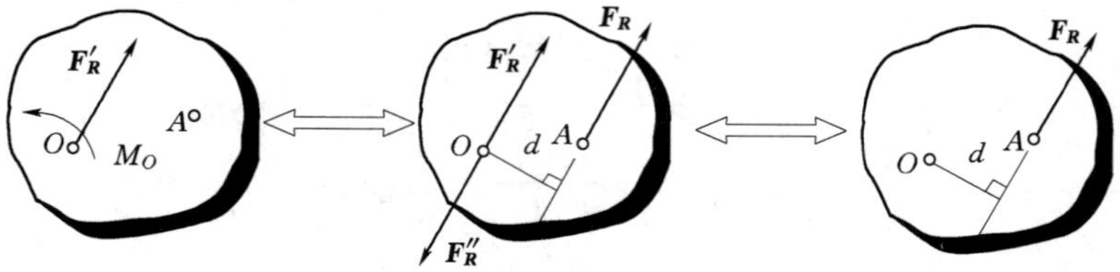

图 2-4 利用力的平移定理进行力系简化

从以上讨论（2）、（3）可知，只要力系向某一点简化所得的主矢 $\boldsymbol{F}'_R$ 不等于零，则无论主矩 M_O 是否为零，最终均能简化为一个合力 $\boldsymbol{F}_R$。

（4）当 $\boldsymbol{F}'_R=0$、$M_O=0$ 时，说明原力系是一个平衡力系。关于平衡力系将在下一节进行讨论。

第二节 平面力系的平衡

一、平衡条件

平面力系平衡的必要和充分条件是力系的主矢和对任意一点 O 的主矩均为零，即

$$\boldsymbol{F}'_R=0,\ \boldsymbol{M}_O=0 \tag{2-3}$$

二、平衡方程

$$\text{基本形式}\quad\begin{cases}\sum F_x=0\\ \sum F_y=0\\ \sum M_O=0\end{cases}\quad\text{或}\quad\begin{cases}\sum X=0\\ \sum Y=0\\ \sum M_O=0\end{cases} \tag{2-4}$$

平面力系平衡的必要和充分条件是，力系中各力在任意两个相交坐标轴上投影的代数和等于零，且各力对任意一点之矩的代数和也等于零。

$$\text{二力矩形式}\quad \begin{cases}\sum F_x = 0\\ \sum M_A = 0\\ \sum M_B = 0\end{cases} \quad \text{或} \quad \begin{cases}\sum X = 0\\ \sum M_A = 0\\ \sum M_B = 0\end{cases} \qquad (2-5)$$

其中 A、B 两点的连线不与 x 轴垂直。

$$\text{三力矩形式}\quad \begin{cases}\sum M_A = 0\\ \sum M_B = 0\\ \sum M_C = 0\end{cases} \qquad (2-6)$$

其中 A、B、C 三点不共线。

平面力系的平衡方程虽然有上述的三种不同形式，但必须强调的是，一个在平面力系作用下而处于平衡状态的刚体，只能有三个独立的平衡方程式，任何第四个平衡方程都只能是前三个方程的组合，而不是独立的。

在实际工程中应用平衡方程进行分析问题时，应根据具体情况，恰当选取矩心和投影轴，尽可能使一个方程中只包含一个未知量，避免解联立方程。另外，利用平衡方程求解平衡问题时，受力图中未知力的指向可以任意假设，若计算结果为正值，表示假设的指向就是实际的指向；若计算结果为负值，表示假设的指向与实际指向相反。

【例 2-2】　求出图 2-5 所示刚架的支座反力 。

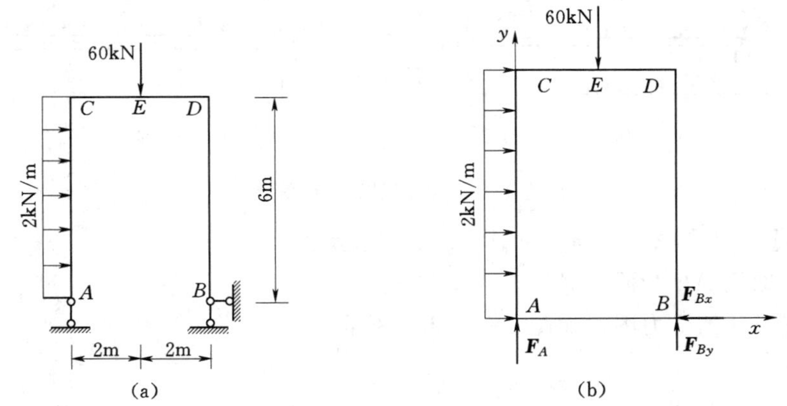

图 2-5　[例 2-2] 图

解：(1) 取刚架为研究对象画受力图 2-5 (b)。

(2) 建立坐标系如图 2-5 (b) 所示。

(3) 列平衡方程。

$$\begin{cases}\sum X = 0 & 2\times 6 - F_{Bx} = 0 & F_{Bx} = 12\text{kN}\\ \sum Y = 0 & F_A + F_{By} - 60 = 0 & F_{By} = 39\text{kN}\\ \sum M_B = 0 & 60\times 2 - 2\times 6\times 3 - F_A\times 4 = 0 & F_A = 21\text{kN}\end{cases}$$

计算结果为正数，反力方向与图示假设方向相同。

【例 2-3】　在图示 2-6 (a) 结构中，横梁 AC 为刚性杆，A 端为铰支，C 端用一钢索 BC 固定。已知 AC 梁上所受的均布荷载集度为 q=30kN/m，试求横梁 AC 所受的约束力。

解：(1) 取梁 AC 为研究对象。

(2) 画受力图如图 2-6 (b) 所示。

(3) 建立坐标系。

(4) 列平衡方程并解之，其中角 ACB 的正弦，余弦值为

$$\sin\alpha = \frac{3}{\sqrt{3^2+4^2}} = 0.6,\ \cos\alpha = \frac{4}{\sqrt{3^2+4^2}} = 0.8$$

$$\sum M_A = 0 \qquad F_T \times 0.6 \times 4 - 30 \times 4 \times 2 = 0$$

$$F_T = 100\text{kN}$$

$$\sum Y = 0 \qquad 100 \times 0.6 - 30 \times 4 + F_{Ay} = 0$$

$$F_{Ay} = 60\text{kN}(\uparrow)$$

$$\sum X = 0 \qquad -100 \times 0.8 + F_{Ax} = 0$$

$$F_{Ax} = 80\text{kN}(\rightarrow)$$

计算结果为正数，反力方向与图示假设方向相同。

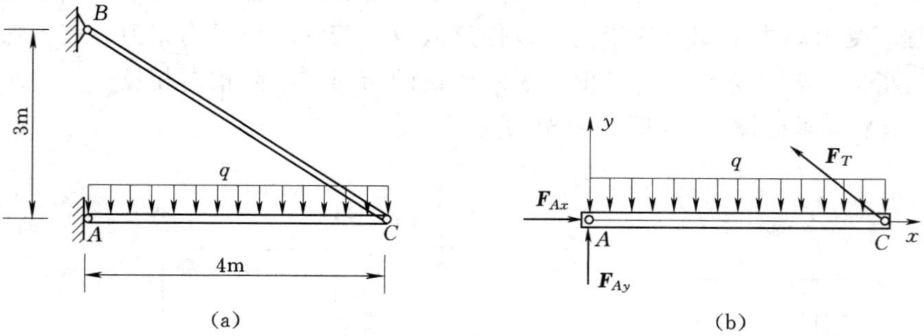

图 2-6 [例 2-3] 图

【例 2-4】 求图 2-7 (a) 中 A、B 的支座反力。

解： (1) 取梁 AB 为研究对象。

(2) 画梁 AB 的受力图，如图 2-7 (b) 所示。

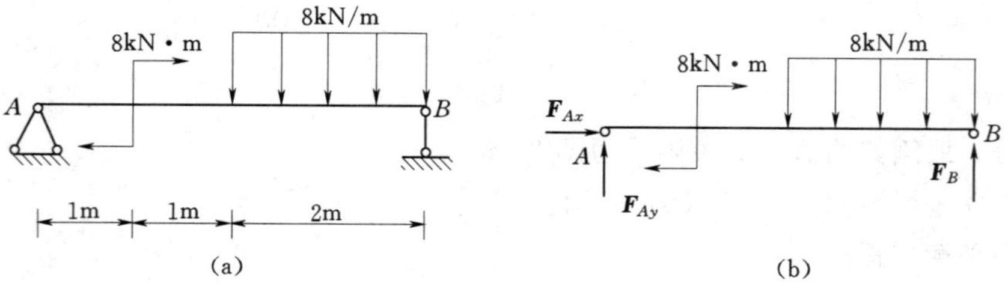

图 2-7 [例 2-4] 图

(3) 列平衡方程。

$$\sum X = 0,\ F_{Ax} = 0$$

$$\sum M_B = 0,\ -F_{Ay} \times 4 - 8 + 8 \times 2 \times 1 = 0$$

$$F_{Ay} = 2\text{kN}$$

$$\sum M_A = 0,\ F_{By} \times 4 - 8 - 8 \times 2 \times 3 = 0$$

$$F_{Ay}=14\text{kN}$$

计算结果为正数，反力方向与图示假设方向相同。

三、平面力系的几个特殊情况

（一）平面汇交力系

在平面力系中，各力作用线交于一点的力系，称为平面汇交力系，如图 2-8 所示。

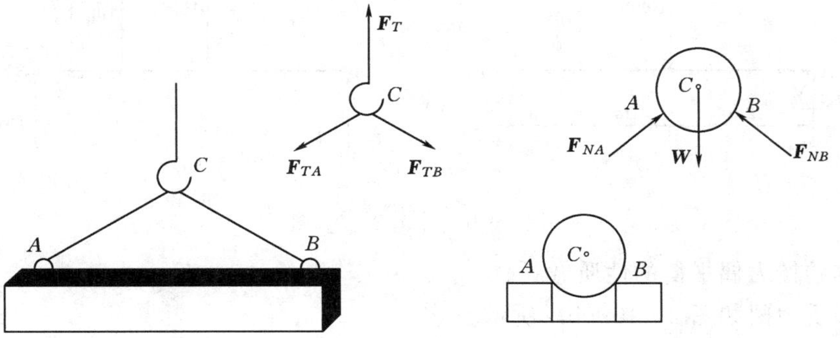

图 2-8　平面汇交力系实例

根据力系简化结果可知，汇交力系与一个力（力系的合力）等效。由平面力系平衡条件的一般形式（2-4）可知，平面汇交力系平衡的充分和必要条件是：力系的合力等于零，或力系的主矢等于零，即 $\boldsymbol{F}'_R=0$。也可表述为力系中各力在任意两个坐标轴上的投影代数和分别等于零。

$$\begin{cases}\sum F_x=0\\ \sum F_y=0\end{cases}\quad \text{或} \quad \begin{cases}\sum X=0\\ \sum Y=0\end{cases}\qquad (2-7)$$

一个平面汇交力系只有两个独立的平衡方程，只能求解两个未知数

【例 2-5】　已知系统如图 2-9 所示，B 为滑轮，BD 为软绳，不计杆、轮自重，忽略滑轮大小，$P=20\text{kN}$。求系统平衡时，杆 AB、BC 受力。

解：（1）AB、BC 杆为二力杆，取滑轮（或点 B），画受力图。

（2）建图示坐标系。

（3）列平衡方程。

$$\sum X=0$$

$$-F_{BA}+F_1\sin30°-F_2\sin60°=0$$

$$F_1=F_2=P$$

$$F_{BA}=-7.321\text{kN}$$

$$\sum Y=0$$

$$F_{BC}-F_1\cos30°-F_2\cos60°=0$$

$$F_{BC}=27.32\text{kN}$$

杆 BC 结果为正数，反力方向与图示假设方向相同，杆 BA 结果为负数，反力方向与图示假设方向相反。

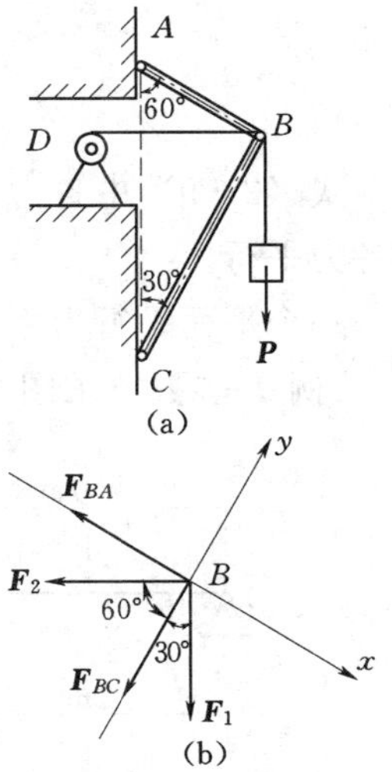

图 2-9　［例 2-5］图

（二）平面力偶系的平衡

平面力偶系平衡的充要条件是：合力偶矩等于零。

$$\sum M_O = 0 \qquad (2-8)$$

一个平面力偶系只有一个独立的平衡方程，只能求解一个未知数。

【例 2-6】 梁 AB 如图 2-10（a）所示。在梁上作用两个力，求梁的支座反力。

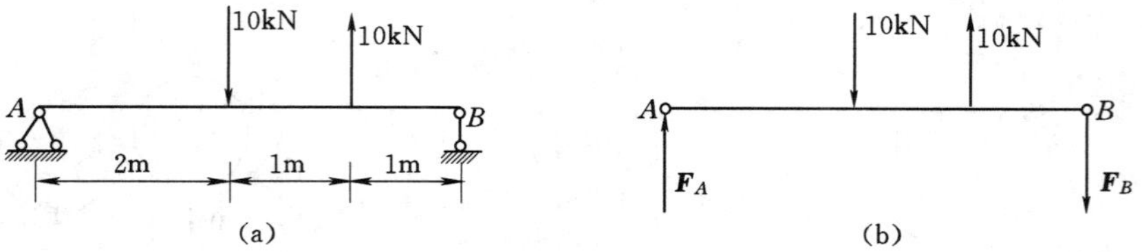

图 2-10 ［例 2-6］图

解： 本题按力偶平衡的性质做题。

（1）画受力图如图 2-10（b）所示。

（2）列平衡方程。

$$\sum M_B = 0,\ -F_A \times 4 + 10 \times 1 = 0$$

$$F_A = F_B = 2.5\text{kN}$$

结果为正数，反力方向与图示假设方向相同。

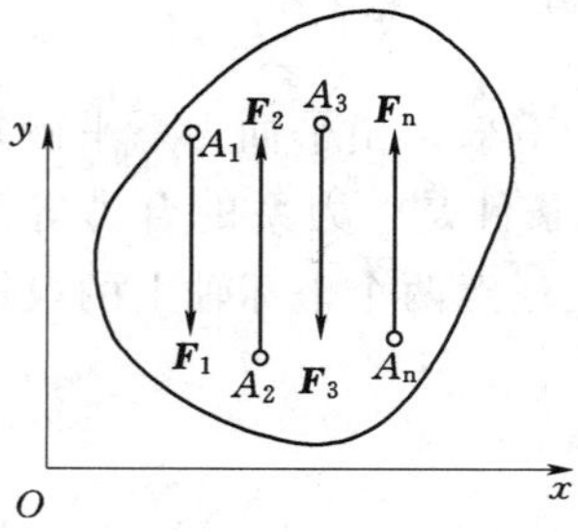

图 2-11 平面平行力系

（三）平面平行力系

如果平面力系中各力的作用线均相互平行，则此力系称为平面平行力系，见图 2-11。

若取 x 轴和平面平行力系中各力垂直，则力系中各力在 x 轴上的投影都等于零，即投影方程 $\sum F_x = 0$ 自动满足。根据式（2-4）和（2-5），平面平行力系的平衡方程为

$$\begin{cases}\sum F_y = 0 \\ \sum M_A = 0\end{cases} \quad \text{或} \quad \begin{cases}\sum Y = 0 \\ \sum M_A = 0\end{cases} \qquad (2-9)$$

$$\begin{cases}\sum M_A = 0 \\ \sum M_B = 0\end{cases} \qquad (2-10)$$

式（2-9）中各力不得与方程中投影轴垂直，式（2-10）中 A、B 两点的连线不能与各力平行。

一个平面平行力系只有两个独立的平衡方程，只能求解两个未知数。

【例 2-7】 求图 2-12（a）所示梁的支座反力。

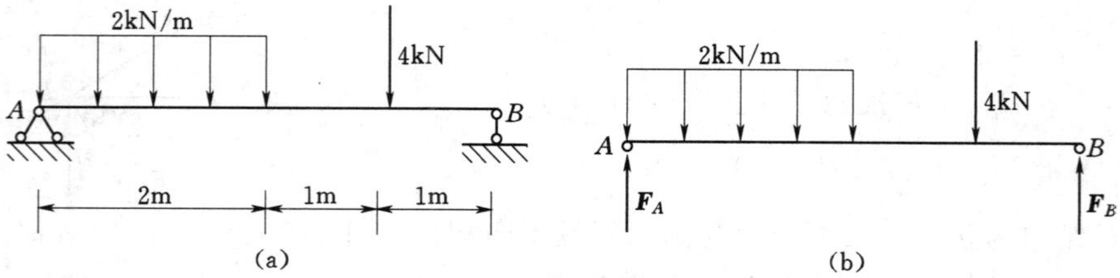

图 2-12 ［例 2-7］图

解：（1）画受力图如图 2－12（b）所示。

（2）列平衡方程。

$$\begin{cases}\sum M_A = 0 \\ \sum M_B = 0\end{cases}$$

$$\begin{cases}-2\times2\times1-4\times3+4F_B=0 \\ -4F_A+2\times2\times3+4\times1=0\end{cases}$$

$$\begin{cases}F_A = 4\text{kN} \\ F_B = 4\text{kN}\end{cases}$$

（3）校核$\sum Y=4-2\times2-4+4=0$结果正确。

结果为正数，反力方向与图示假设方向相同。

【例 2－8】　已知：$F_1=700\text{kN}$，起重机满载时 $F_2=200\text{kN}$，尺寸如图 2－13 所示。求：

（1）起重机满载和空载时不翻倒，平衡载重 F。

（2）$F=180\text{kN}$ 及起重机满载时，轨道 A、B 给起重机轮子的约束力。

解：取起重机，画受力图。

（1）满载时，$F_A=0$，为不安全状况

$\sum M_B = 0$，$8F_{\min}+2F_1-10F_2=0$

$F_{\min} = 75\text{kN}$

空载时，$F_B=0$，为不安全状况

$\sum M_A = 0$，$4F_{\max}-2F_1=0$

$F_{\max} = 350\text{kN}$

$75\text{kN}\leqslant F\leqslant 350\text{kN}$

（2）$F=180\text{kN}$ 时

$\sum M_A = 0$

$4F-2F_1-14F_2+4F_B=0$

$F_B = 870\text{kN}$

$\sum Y = 0$

$F_A+F_B-F_1-F_2-F=0$

$F_A = 210\text{kN}$

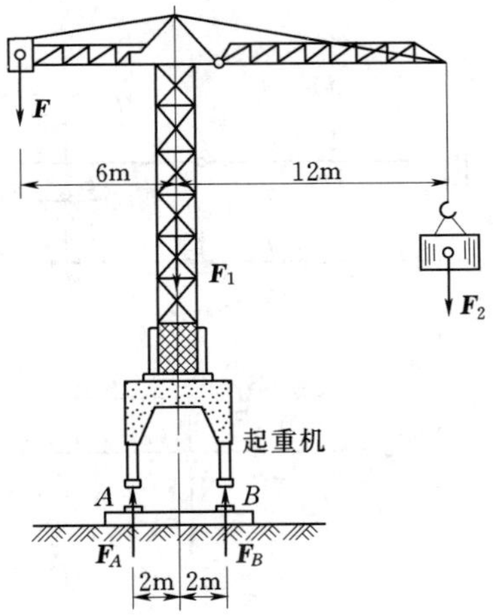

图 2－13　［例 2－8］图

四、物体系统的平衡

由若干个物体通过一定的约束方式连接而成的系统，称为物体系统。求解物体系统平衡问题的基本原则和处理单个物体平衡问题的方法是一致的，但情况要复杂些。

当物体系统处于平衡状态时，组成该系统的每个物体或若干物体组成的局部也处于平衡状态。求解物体系统的平衡问题时，既可选取系统的整体作为研究对象，也可选取系统的局部或单个物体作为研究对象。

【例 2－9】　梁 AB 和 BC 在 B 处用光滑铰链连接，如图 2－14 所示。已知 q，$F=ql$，$M=ql^2$，梁的自重不计。试计算 A、B 和 E 三处的约束力。

解：(1) 以 BC 研究对象。

1) 画受力图。

2) 列平衡方程求解。

$$\sum X = 0,\quad F_{Bx} = 0$$

$$\sum M_B = 0,\quad F_E \times l - q \times l \times (1 + 0.5) l - M = 0$$

$$F_E = 5ql/2(\uparrow)$$

$$\sum Y = 0,\quad F_{By} + F_E - q \times l = 0$$

$$F_{By} = -3ql/2(\downarrow)$$

(2) 以 AB 研究对象。

1) 画受力图。

2) 列平衡方程求解。

$$\sum X = 0\quad F_{Ax} = 0$$

$$\sum Y = 0,\quad F_{Ay} - F'_{By} - F = 0$$

$$F_{Ay} = -ql/2(\downarrow)$$

$$\sum M_A = 0,\quad M_A - F \times l - F'_{By} \times 2l = 0$$

$$M_A = -2ql^2(\searrow)$$

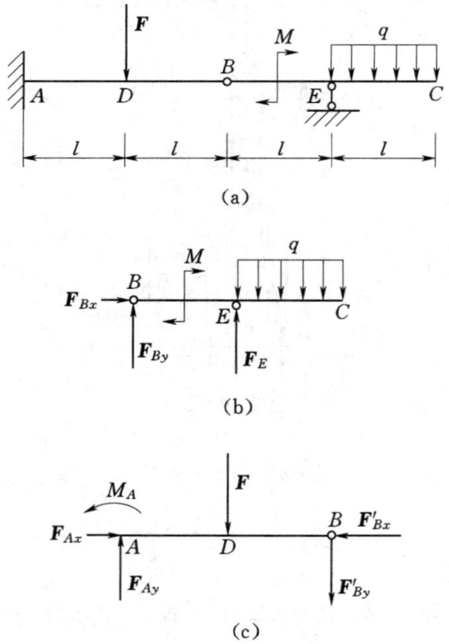

图 2-14 [例 2-9] 图

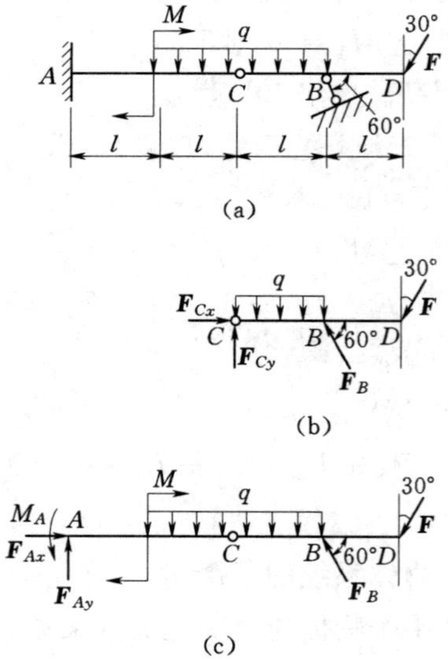

图 2-15 [例 2-10] 图

【例 2-10】 如图 2-15 (a) 所示，梁 AC 和 CD 在 C 处用光滑铰链连接，A 处为固定端，B 处为可动铰支座，不计梁自重。已知 $F=20\text{kN}$，$q=10\text{kN/m}$，$M=20\text{kN}\cdot\text{m}$，$l=1\text{m}$，求 A、B 处的约束力。

解：(1) 以 CD 为研究对象画受力图，如图 2-15 (b) 所示，列平衡方程求解

$$\sum M_c = 0$$

$$F_B \sin 60° \cdot l - ql \cdot \frac{l}{2} - F\cos 30° \cdot 2l = 0$$

$$F_B = 45.77\text{kN}$$

（2）取整体为研究对象，画受力图如图 2-15（c）所示，列平衡方程求解

$$\sum X = 0$$

$$F_{Ax} - F_B \cos 60° - F\sin 30° = 0$$

$$F_{Ax} = 32.89\text{kN}$$

$$\sum Y = 0$$

$$F_{Ay} + F_B \sin 60° - 2ql - F\cos 30° = 0$$

$$F_{Ay} = -2.32\text{kN}$$

$$\sum M_A = 0$$

$$M_A - M - 2ql \cdot 2l + F_B \sin 60° \cdot 3l - F\cos 30° \cdot 4l = 0$$

$$M_A = 10.37\text{kN} \cdot \text{m}$$

五、静定与超静定问题

当研究单个物体或物体系统的平衡问题时，若未知量的数目小于或等于独立的平衡方程数目，就能够利用平衡方程求解出全部未知量，这类问题称为静定问题。在此之前我们所讨论的平衡问题均属于这类。结构或构件的未知量数目超过了独立的平衡方程数目，利用平衡方程无法求解出全部未知量，这类问题称为超静定问题。超静定的问题我们在这里不作讲解。

习　题

一、填空题

1. 作用在刚体上的力可以平移到刚体上任意一个指定位置，但必须在该力和指定点所决定的平面内附加一个__________，附加力偶的矩等于____________________。

2. 一般力系简化中主矢等于原力系各力__________和，所以它与简化中心的选择__________关；而主矩等于原力系各力对简化中心的力矩的__________，简化中心不同力臂不同，一般情况下主矩与简化中心的选择__________关。

3. 力系的合力在任意轴上的投影，等于各分力的__________。

4. 平面一般力系向作用面内任意一点简化的结果，是一个__________和一个__________。这个力作用在简化中心，它的矢量称为原力系的主矢，且等于原力系中各力的__________和；这个力偶的力偶矩称为原力系对简化中心的主矩，它等于原力系中各力对简化中心的__________的代数和。

5. 若干个物体通过__________所组成的系统称为物体系统。

6. 平面汇交力系有__________个独立的平衡方程。

7. 平面力偶系有__________个独立的平衡方程。

8. 平面一般力系有__________个独立的平衡方程。

二、选择题

1. 力向刚体上任意一点平移，平移结果如何？（　　）

A. 得到一个相等的力　　B. 得到两个平行的力　　C. 得到一个力和一个力偶

2. 平面任意力系向某一点简化，原力系的主矢与简化中心的选择有关吗？（　　）

A. 有关系　　B. 没关系　　C. 不确定

3. 平面任意力系向某一点简化，主矩与简化中心的选择有关吗？（　　）

A. 有关系　　B. 没关系　　C. 不确定

4. 设一平面任意力系向某一点简化得到一合力。若另选简化中心，问该力系能否简化为一力偶？（　　）

A. 能　　B. 不能　　C. 不确定

5. 平面汇交力系一次能解几个未知力？（　　）

A. 一　　B. 二　　C. 三

6. 平面力偶系一次能解几个未知力？（　　）

A. 一　　B. 二　　C. 三

7. 平面一般力系一次能解几个未知力？（　　）

A. 一　　B. 二　　C. 三

三、简答题

1. 合力一定比分力大吗？

2. 力可以向任意一点平移吗？平移结果如何？

3. 设一平面任意力系向某一点简化得到一合力。若另选简化中心，问该力系能否简化为一力偶？为什么？

4. 平面一般力系的三力矩式平衡方程的附加条件是什么？

5. 物体系统的计算方法只能是先部分物体，后整体吗？

6. 结构或构件的未知量数目超过了独立的平衡方程数目，仅利用平衡方程能求解出全部未知量吗？

四、计算题

1. 梁 AB 如图 2-16 所示，在梁的中间作用一力 $F=10\text{kN}$，求梁的支座反力。

2. 梁 AB 如图 2-17 所示，在梁端 B 作用一力 $F=60\text{N}$，求梁的支座反力。

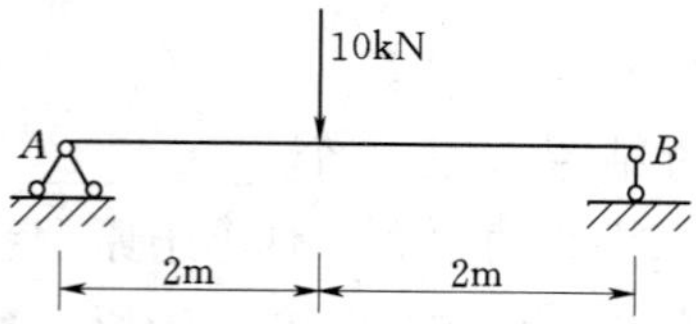

图 2-16

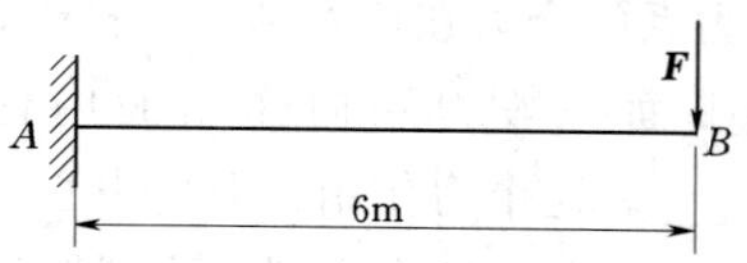

图 2-17

3. 梁 AB 如图 2-18 所示，在梁上作用一均匀荷载 $q=3\text{kN/m}$，求梁的支座反力。

4. 梁 AB 如图 2-19 所示，在梁上作用一均匀荷载 $q=4\text{kN/m}$，求梁的支座反力。

5. 梁 AB 如图 2-20 所示，在梁上作用一均匀荷载 $q=2\text{kN/m}$，求梁的支座反力。

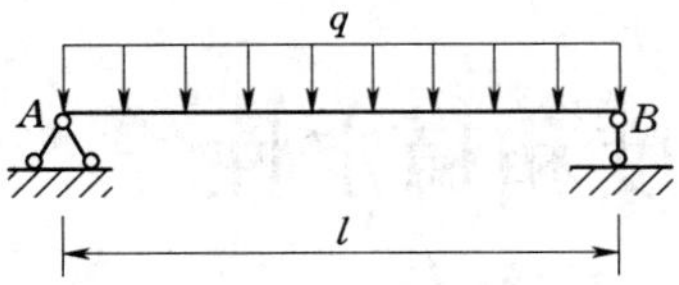

图 2-18

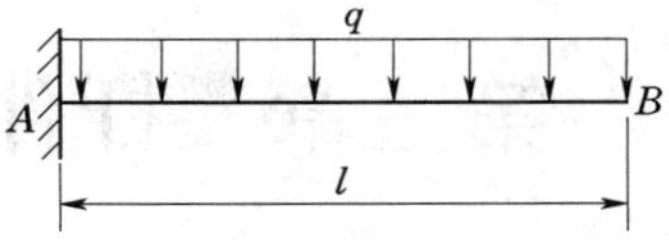

图 2-19

6. 梁 AB 受力如图 2-21 所示，求梁的支座反力。

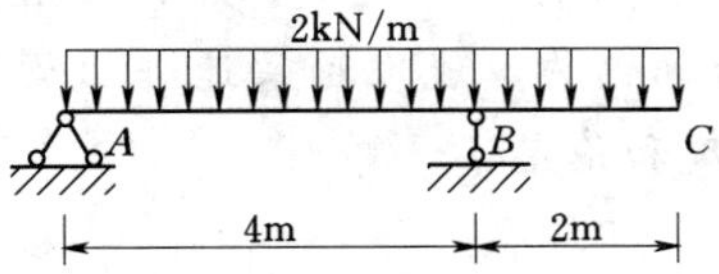

图 2-20

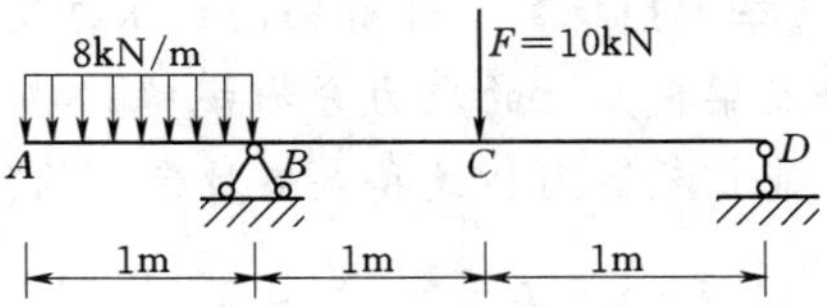

图 2-21

7. 试计算图 2-22 所示支架 A、C 两处的约束反力。

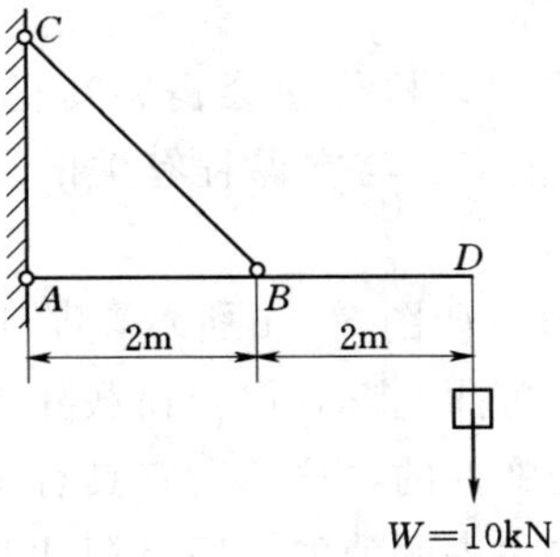

图 2-22

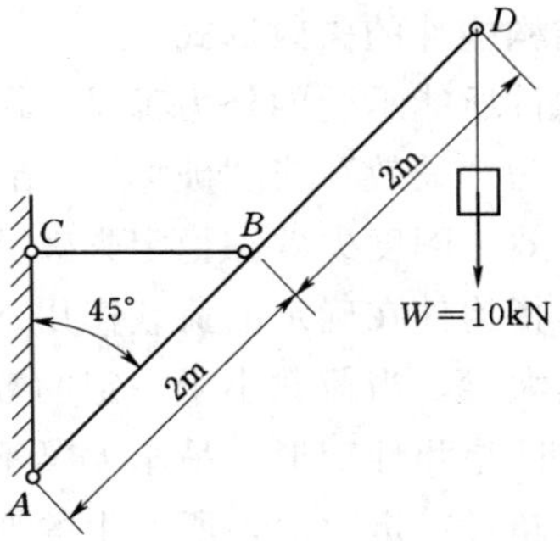

图 2-23

8. 试计算图 2-23 所示支架 A、B 两处的约束反力。

第三章 杆件强度、刚度和稳定性

【重点内容】 轴向拉压杆的内力计算，内力图作法，强度计算；梁的内力计算，简捷法作剪力图、弯矩图，叠加法作弯矩图，梁的强度条件的应用。

【学习目标】 理解轴向拉压杆及梁的有关概念，受力特点，变形特点；理解轴向拉压杆及梁截面上的应力分布规律；熟练掌握截面法计算内力，能准确快速作出梁的弯矩图；能正确运用公式和表格对受力构件进行强度、刚度和稳定性计算。

第一节 概 述

本章将在前两章静力学分析的基础上研究杆件的强度、刚度和稳定性问题。

一、结构构件的失效形式

结构构件所能承受的外力都是有限的，超过一定的限定，构件便会丧失其正常功能，这种现象称为“失效”或“破坏”。结构构件的失效形式很多，与本课程有关的通常有三类：强度失效、刚度失效和稳定失效。

强度是指构件在确定的荷载作用下，抵抗破坏的能力。如图 3 - 1 所示，某工厂车间所用的吊车大梁，当荷载小于一定的数值，虽然也会产生弯曲变形，但当荷载除去后变形随之消失，即是弹性变形。吊车大梁不发生断裂且变形是弹性的，这表明它具有足够的强度。当荷载超过一定数值，所产生的变形不会随着荷载的除去而消失，即是塑性变形，它使吊车丧失正常功能。构件因为强度不足而丧失正常功能，称为“强度失效”。

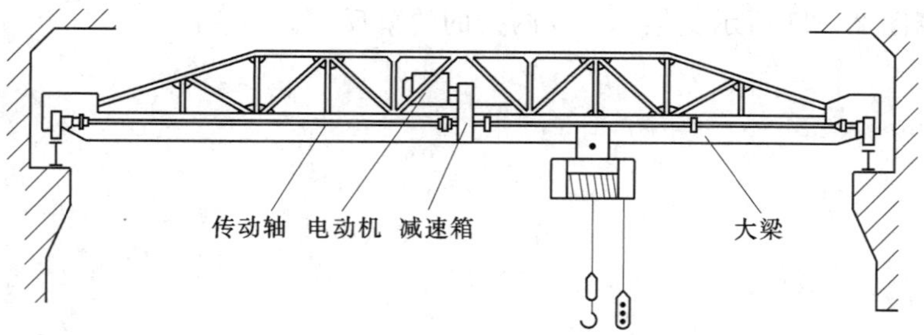

图 3 - 1 吊车

刚度是指构件在确定的荷载作用下，保持其弹性变形或弹性位移不超过允许的数值的能力。图 3 - 2 中所示之钻床，在钻孔的过程中，摇臂和立柱以至底座都要发生变形，这种变形虽然是弹性的，但从加工精度考虑，对这种弹性变形也必须限制在一定的数值以下。如果构件的弹性变形小于规定的数值，则称其具有足够的刚度。反之，当弹性变形超过规定数值，构件便丧失其正常功能（例如钻床孔达不到精度要求）。构件因刚度不足而丧失正常功能，称为“刚度失效”。

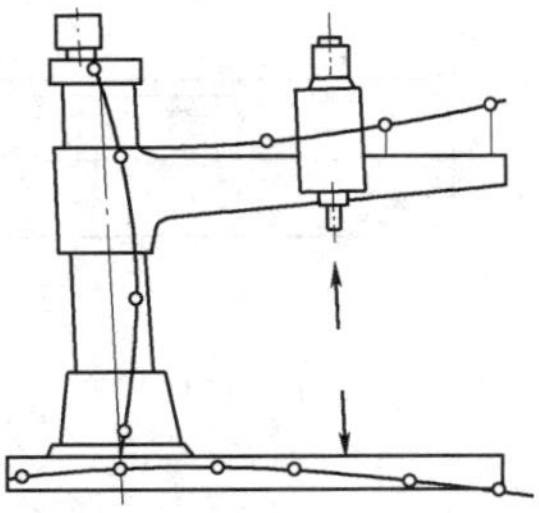

图 3-2　钻床

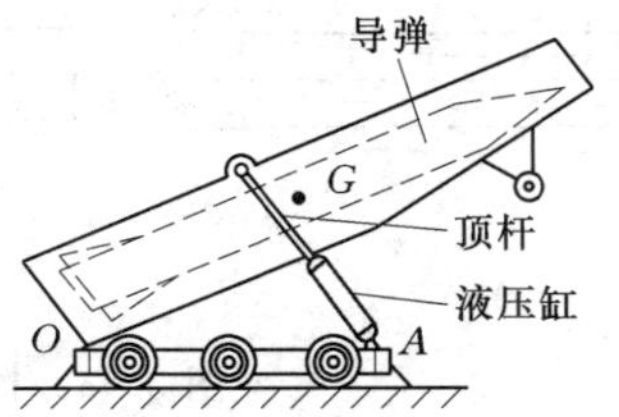

图 3-3　短程导弹运输举升架

稳定性是指构件在某种受力形式下，保持其平衡形式或变形形式不发生突然转变的能力。图 3-3 中所示之短程导弹运输举升架，将导弹举升到发射位置时，液压系统中的顶杆承受一定的轴向压缩荷载。当荷载小于某一数值时，顶杆能保持直线的平衡状态。当荷载超过这一数值时，在外界微小的扰动之下，顶杆会突然从直线的平衡形式，转变为弯曲的平衡形式，因而使顶杆以及整个举升架丧失正常功能。若构件在荷载作用下，不发生平衡或变形形式的突然转变，则称其具有足够的稳定性。构件因稳定性不足，平衡或变形形式发生突然转变，从而导致其丧失正常功能，称为“稳定性失效”。

在结构设计中，不仅要知道构件什么时候发生失效，而且要知道怎样以最经济、合理的办法防止失效。

二、杆件的基本受力与变形形式

由第一章第四节内容可知，结构可分为杆系结构、薄壁结构和实体结构。本章主要分析杆系结构中杆类构件的强度、刚度和稳定性问题。这类构件称为“杆件”，如梁、轴、柱等均属于杆类构件。它们共同的特点是横截面尺寸远远小于长度方向的尺寸。

杆件在不同的外力作用下，将产生不同形式的变形。主要的受力和变形形式有如下几种：

(1) 轴向拉伸或压缩。当外力作用在杆的截面形心，并沿着杆的轴线方向时，杆件将产生轴向拉伸或压缩变形，如图 3-4 (a) 和图 3-4 (b) 所示。这种受力与变形形式，称为“轴向拉伸”或“轴向压缩”，简称为“拉伸”或“压缩”。承受轴向拉伸或压缩的杆件分别为“拉杆”或“压杆”。

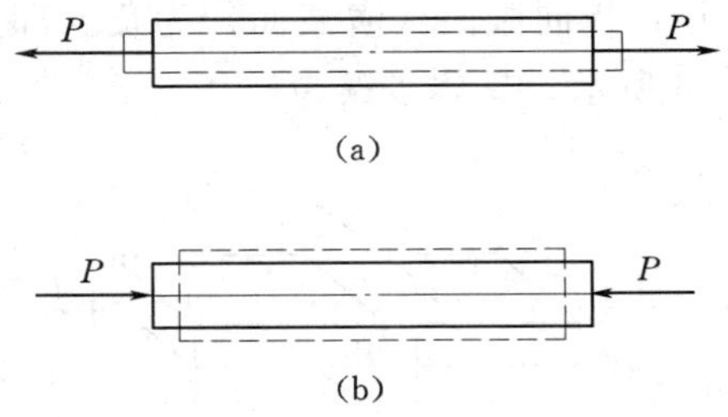

图 3-4　杆的拉伸、压缩变形

(2) 弯曲。当外力施加在杆的某个纵向平面内并垂直于杆的轴线，或者在某个纵向平面内施加力偶时，杆将发生弯曲变形，其轴线将由直线变成一曲线，如图 3-5 (a) 所示，这种受力与变形形式称为“弯曲”。承受弯曲的杆件称为“梁”。

(3) 剪切。当大小相等、方向相反、作用线非常接近的两个力沿垂直于轴线方向施加于杆件时，将产生剪切变形，如图 3-5 (b) 所示。这种受力与变形形式称为“剪切”。

(4) 扭转。当在杆件的两端截面内施加大小相等、方向相反的力偶时，杆件将产生扭转变形，如图 3-5 (c) 所示。这种受力与变形形式称为“扭转”。承受扭转的杆件称为“轴”。

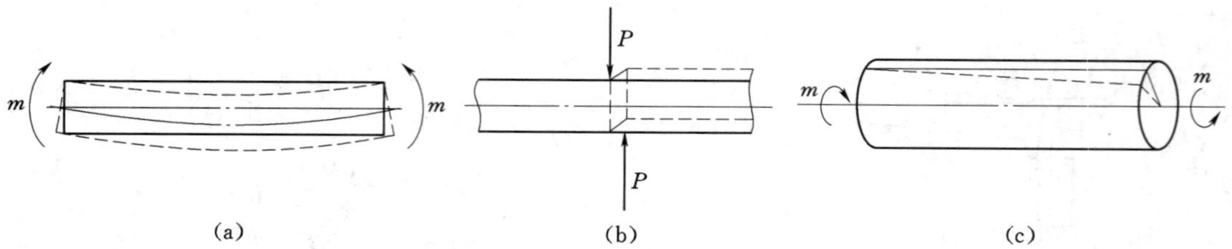

图 3-5 杆的弯曲、剪切、扭转变形

第二节 轴向拉伸与压缩

一、内力和应力的概念

(一) 轴向拉压杆的内力及轴力图

1. 截面法计算内力

在拉压杆件中，当轴向拉伸或压缩时，若使其变形量增加，就需要更大的拉力或压力，这就说明当杆件变形时，在杆件的内部存在着抵抗变形的力。这种由外力（或其他外部因素）引起的抵抗变形的杆件内部的相互作用力称为内力。

内力随外力的改变而改变，但内力不能随外力无限增大，当外力增大到杆件不能承受时，杆件就会被拉断。为了保证杆件的工作安全，要求杆件具有足够的承载能力。杆件的承载能力包括三个方面：杆件抵抗破坏的能力称为强度；杆件抵抗变形的能力称为刚度；杆件在压力的作用下，维持其原有直线平衡状态的能力称为稳定性。由于内力的大小与杆件的强度和刚度有关，要进行杆件的强度和刚度计算就要先确定杆件的内力。那么轴向拉压杆存在何种内力？内力又如何计算呢？

当杆件轴向拉伸和压缩时，杆件的内力与杆件的轴线重合，称为轴力。轴力表示符号 N，为使截面左右部分求出的轴力符号相同，特规定轴力正负号为：离开截面（横截面）为正，指向截面（横截面）为负。即拉为正压为负。求内力的方法通常用截面法，如图 3-6 所示，具体步骤为：

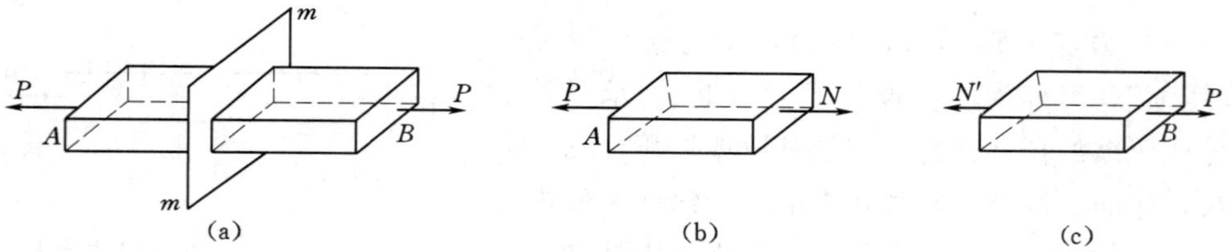

图 3-6 截面法求内力

(1) 用假想的截面在需求内力的截面处将杆件截成两部分。

(2) 取其中一部分为研究对象，用内力代替弃去部分对研究部分的作用，画受力图。

(3) 对研究部分建立平面方程，并求出内力。

上述步骤可记为："截二留一，内力代弃，内外平衡，求出内力"。计算内力时，内力应假设为正，又称为设正法。

如图 3-6（b）所示，取左边部分为研对象，由$\sum X=0$，$P-N=0$ 得 $N=P$。

下面通过例题讨论轴力的计算。

【例 3-1】 一直杆 AB 受轴向外力 P_1、P_2、P_3 的作用［图 3-7（a）］，求各段的轴力。

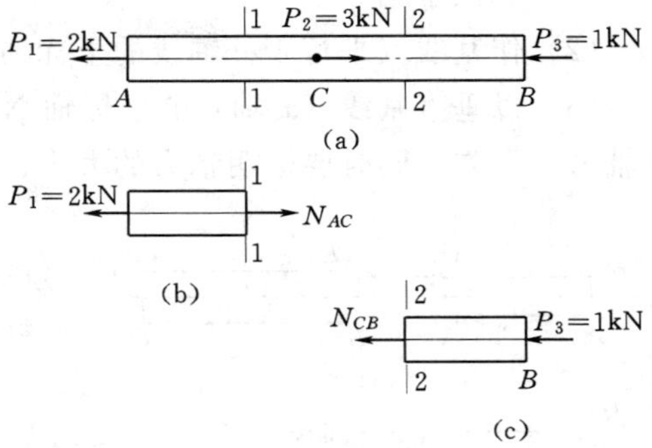

图 3-7 ［例 3-1］图

解： 因截面 C 处作用有外力 P_2，杆件 AC 段和 CB 段的轴力会不同，需分段计算。

（1）AC 段：用 1—1 截面截开，取左段，右段对左段的作用力用内力 N_{AC} 代替［图 3-7（b）］，假定为正（设正法）。由平衡方程：

$$\sum X=0 \qquad N_{AC}-P_1=0$$

得

$$N_{AC}=P_1=2\text{kN}(\text{拉力})$$

（2）CB 段：用 2—2 截面截开，取右段，左段对右段的作用力用内力 N_{CB} 代替［图 3-7（c）］，假定为正（设正法）。由平衡方程：

$$\sum X=0 \qquad N_{CB}+P_3=0$$

得

$$N_{CB}=-P_3=-1\text{kN}(\text{压力})$$

根据上例，在计算轴力时应注意：①通常取受力简单的部分为研究对象；②计算某段轴力时，不能在外力作用点处截开；③轴力均假设为正，计算结果为正，说明假设方向正确，轴力为拉力；计算结果为负，说明假设方向与实际方向相反，轴力为压力。

【例 3-2】 求图 3-8（a）所示阶梯杆各段的轴力。

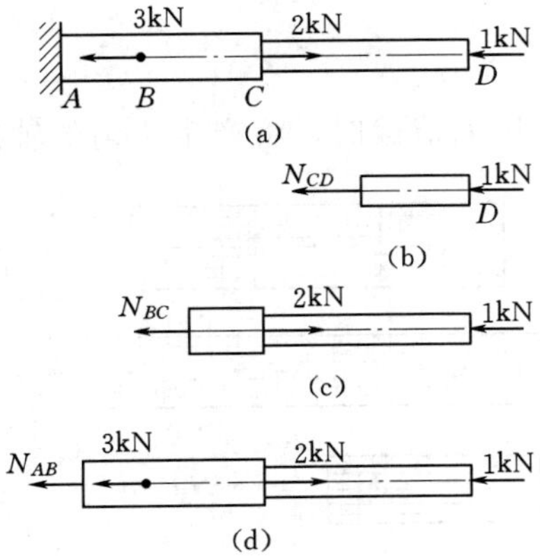

图 3-8 ［例 3-2］图

解： 分三段计算轴力，均取右段研究［图 3-8（b）、（c）、（d）］。

CD 段：$\sum X=0$ $N_{CD}+1=0$ 得 $N_{CD}=-1\text{kN}$

BC 段：$\sum X=0$ $N_{BC}+1-2=0$ 得 $N_{BC}=2-1=1(\text{kN})$

AB 段：$\sum X=0$ $N_{AB}+3+1-2=0$ 得 $N_{AB}=2-3-1=-2(\text{kN})$

据上例，可归纳出求轴力的结论：轴向拉压杆某截面的轴力等于该截面一侧（左侧或右侧）所有轴向外力的代数和。外力为拉力取正，为压力取负。

以后求轴力，可以直接利用上述结论进行计算（简捷法）。

2. 轴力图

工程中的一些杆件，经常受到多个轴向外力作用，这时杆件不同横截面上的轴力也不相同，为形象描述轴力沿杆长的变化规律，可用一个图形来表示，这个图形称为轴力图。

轴力图的作法如下：

(1) 分段求轴力。

(2) 作基线（平行于杆轴线的坐标轴 x 表示杆件横截面位置）。

(3) 以垂直基线（x 轴）的坐标轴 N 表示相应截面轴力的大小，正轴力在基线上方，负轴力在下方。同时要标明轴力的大小、单位和正负号。

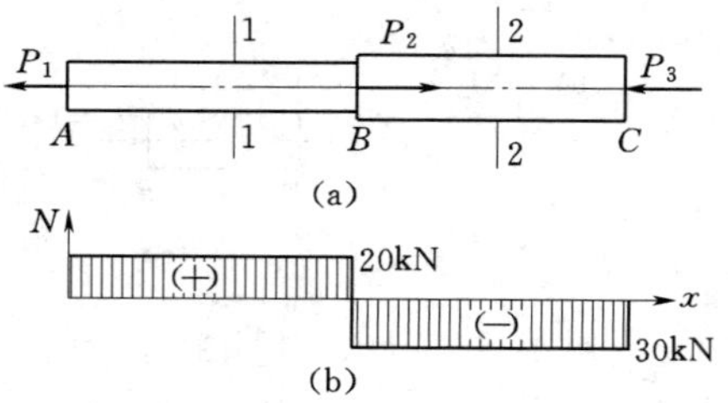

图 3-9 ［例 3-3］图

【例 3-3】 杆件受力如图 3-9（a）所示。已知 $P_1=20\text{kN}$，$P_2=50\text{kN}$，$P_3=30\text{kN}$。绘制该杆件的轴力图。

解：(1) 用简捷法分段求轴力：

$$N_{AB}=P_1=20\text{kN}(拉力)$$

$$N_{BC}=-P_3=-30\text{kN}(压力)$$

(2) 作基线。

(3) 作轴力图［图 3-9（b）］。

（二）应力概念

内力是分布在整个截面上的，仅知道内力的大小还不能判断杆件的强度，杆件的强度还和杆件的截面积有关。把单位截面积上的内力叫做应力，应力反映了内力在截面的某一点的分布集度。根据外力的作用情况，应力可分为正应力和剪应力。垂直于截面的应力为正应力，用符号 σ 表示；相切于截面的应力称为剪应力，用符号 τ 表示。在国际单位中，应力的单位是帕斯卡（Pa），简称帕。$1\text{Pa}=1\text{N/m}^2$，应力的数值往往很大，常用 10^6 倍为单位，简称兆帕（MPa）。

$$1\text{MPa}=10^6\text{Pa}，1\text{MPa}=1\text{N/mm}^2，1\text{GPa}=10^9\text{Pa}$$

二、轴向拉压杆的应力和强度计算

（一）轴向拉压杆的应力

等截面直杆如图 3-10（a）所示。承受轴向拉伸或压缩荷载时，将产生均匀的轴向变形，如图 3-10（b）所示。根据材料的均匀连续的假设推知，在杆的横截面上将只有沿轴线方向的应力，即正应力，并且在整个横截面上均匀分布，如图 3-10（c）所示。

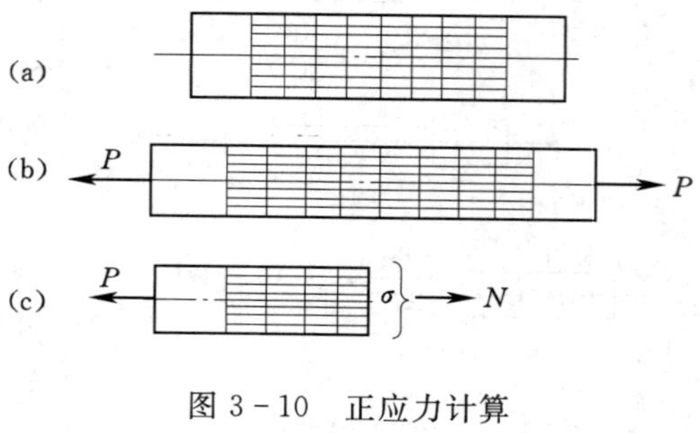

图 3-10 正应力计算

设横截面上轴力为 N，面积为 A，由于正应力在截面上均匀分布，故有

$$\sigma A=N$$

此杆件轴向拉伸或压缩时作用于横截面的应力为正应力，其计算公式为

$$\sigma=\frac{N}{A} \tag{3-1}$$

式中 σ——正应力，MPa；

N——轴力，N；

A——横截面面积，mm^2。

规定：拉应力为正，压应力为负。

【例 3-4】　试求［例 3-3］中 1—1、2—2 横截面上的正应力。设 $A_{AB}=300mm^2$，$A_{BC}=400mm^2$。

解：（1）求 1—1、2—2 截面的轴力。

由［例 3-3］知 1—1、2—2 横截面上轴力分别为

$$N_1=P_1=20kN(\text{拉力})$$

$$N_2=-P_3=-30kN(\text{压力})$$

（2）计算各截面上的正应力。

$$\sigma_1=\frac{N_1}{A_{AB}}=\frac{20\times10^3}{300}=66.67(MPa)\ (\text{拉应力})$$

$$\sigma_2=\frac{N_2}{A_{BC}}=-\frac{30\times10^3}{400}=-75.0(MPa)\ (\text{压应力})$$

（二）轴向拉压杆的强度计算

为保证杆件的安全工作，杆件内的工作应力不得超过材料的许用应力。轴向拉压杆的强度条件为

对等截面直杆
$$\sigma_{max}=\frac{N_{max}}{A}\leqslant[\sigma]\qquad(3-2)$$

式中　$[\sigma]$——材料的许用应力，MPa，由国家有关部门规定，可从有关手册中查出。

根据强度条件，可以解决三类问题：

（1）强度校核。已知构件的材料、横截面尺寸和所受荷载，校核构件是否安全。即

$$\sigma_{max}=\frac{N_{max}}{A}\leqslant[\sigma]$$

（2）截面设计。已知构件承受的荷载及所用材料，确定构件横截面尺寸。即

$$A\geqslant\frac{N_{max}}{[\sigma]}$$

（3）确定许可荷载。已知构件的材料和尺寸，可按强度条件确定构件能承受的最大荷载。即

$$N_{max}\leqslant A\cdot[\sigma]$$

【例 3-5】　图 3-11（a）所示悬臂架中，圆形钢杆 AB 截面面积 $A_1=600mm^2$，许用应力 $[\sigma]_1=160MPa$。木杆 BC 横截面面积 $A_2=10000mm^2$，$[\sigma]_2=7MPa$。B 点挂一重物 $P=30kN$，试校核各杆强度。

解：（1）计算各杆轴力。

取节点 B 为研究对象，受力如图 3-11（b）所示，建立平衡方程：

$$\sum X=0\quad N_2+N_1\cos30^\circ=0$$

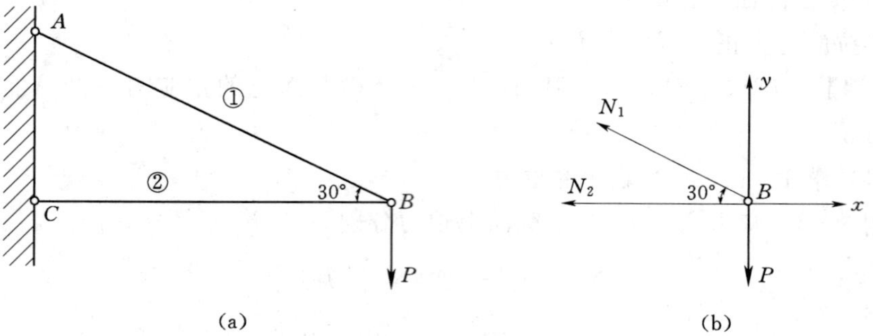

(a)　　　　　　　　　　(b)

图 3-11 ［例 3-5］图

$$\sum Y = 0 \quad N_1 \sin 30° - P = 0$$

$$N_1 = 2P = 60\text{kN}, N_2 = -\sqrt{3}P = -52(\text{kN})$$

（2）强度校核。

$$\sigma_1 = \frac{N_1}{A_1} = \frac{60 \times 10^3}{600} = 100(\text{MPa}) < [\sigma]_1 = 160\text{MPa}$$

$$\sigma_2 = \frac{N_2}{A_2} = \frac{52 \times 10^3}{10000} = 5.2(\text{MPa}) < [\sigma]_2 = 7\text{MPa}$$

该结构安全。

【例 3-6】 求［例 3-5］中结构的许可荷载 $[P]$。

解： 结构的许可荷载就是结构的每个杆件都能承受的最大荷载。分别求出杆①和杆②相应许可荷载 $[P]_1$ 和 $[P]_2$，结构的许可荷载为 $[P]_1$ 和 $[P]_2$ 两者中的较小者。

首先由杆①求得 $[P]_1$，前述知 $N_1=2P$ 得

$$[P]_1 = \frac{[N_1]}{2} = \frac{A_1[\sigma]_1}{2} = \frac{1}{2} \times 600 \times 160 = 48 \times 10^3(\text{N})$$

其次由杆②求得 $[P]_2$，由 $|N_2| = \sqrt{3}P$ 得

$$[P]_2 = \frac{[N_2]}{\sqrt{3}} = \frac{A_2[\sigma_2]}{\sqrt{3}} = \frac{10000 \times 7}{\sqrt{3}} = 40.4 \times 10^3(\text{N})$$

最后确定该结构的许可荷载

$$[P] = \{[P]_2, [P]_1\}_{\min} = 40.4 \times 10^3\text{N} = 40.4(\text{kN})$$

【例 3-7】 设［例 3-5］所示结构承受荷载 $P=38\text{kN}$，试确定杆①的直径。

解： 由 $\frac{N_1}{A_1} \leqslant [\sigma]_1$ 可得

$$A_1 = \frac{\pi d^2}{4} \geqslant \frac{N_1}{[\sigma]_1}$$

$$d \geqslant \sqrt{\frac{4}{\pi} \times \frac{2P}{[\sigma]_1}} = \sqrt{\frac{4}{\pi} \times \frac{2 \times 38 \times 10^3}{160}} = 24.6(\text{mm})$$

取 $d=25\text{mm}$。

三、轴向拉伸和压缩时的变形

杆件在外力的作用下会发生变形。在工程中构件所受的荷载通常应被限制在弹性变形的范围之内。

如图 3-12 所示，杆件在外力的作用下发生长度的改变称为纵向变形，用 Δl 表示。若变形前杆件长度为 l，变形后杆件的长度为 l_1，则杆件的纵向变形为 $\Delta l=l_1-l$，拉伸时 Δl 为正，压缩时 Δl 为负。

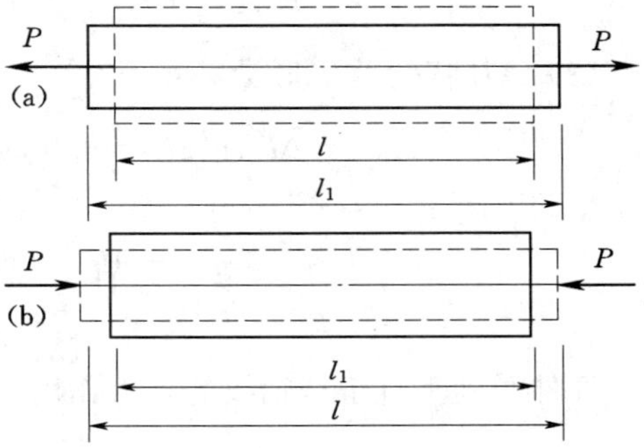

图 3-12　轴向拉（压）变形计算

纵向变形 Δl 与杆件原始长度的比值，即单位长度的变形，称为线应变，用符号 ε 表示。即 $\varepsilon=\Delta l/l$，拉伸时 ε 为正，压缩时 ε 为负。

在弹性变形范围内，轴向拉伸和压缩的正应力与线应变成正比，称为胡克定律。胡克定律的表达式为

$$\sigma = E\varepsilon \tag{3-3}$$

式中，E 为比例常数，称为材料的弹性模量。各种材料的拉、压弹性模量不同，通常通过实验决定。弹性模量越大的材料，抵抗变形的能力也越大。弹性模量的单位与应力的单位相同，通常为 MPa。一些常用材料的 E 值列入表 3-1 中。EA 称为杆件的抗拉（压）刚度，它反映了杆件抵抗拉（压）变形的能力。在计算轴向拉、压杆的变形量时，胡克定律用下面的形式表示：

$$\Delta l = \frac{Nl}{EA} \tag{3-4}$$

表 3-1　　常用材料弹性模量 E 值

材料名称	碳钢	铸钢	铝及硬铝合金	混凝土	16 锰钢	铜及其合金	花岗石	木材（顺纹）
弹性模量 E (GPa)	200～220	115～160	71	14.6～36	200～220	74～130	49	10～12

【例 3-8】　图 3-13（a）所示阶梯杆件 AB，已知 $P=30\text{kN}$，$l=1500\text{mm}$。杆的横截面面积 $A_1=800\text{mm}^2$，$A_2=400\text{mm}^2$。该杆的弹性模量 $E=200\text{GPa}$。求 AB 杆的轴向总变形量。

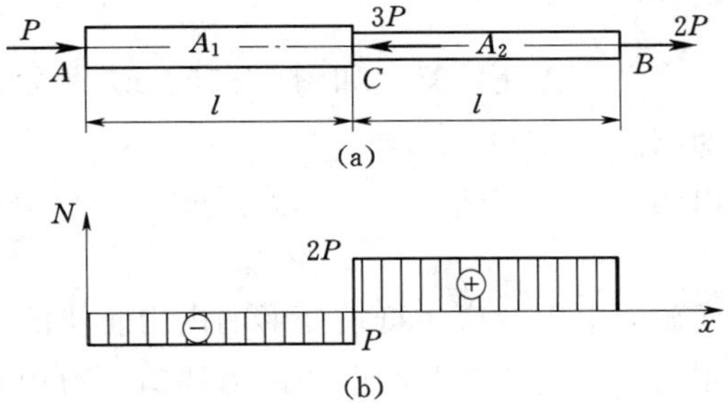

图 3-13　[例 3-8] 图

解：（1）分段求轴力。

AC 段　　$N_1=-P$

CB 段　　$N_2=2P$

轴力图见图 3-13（b）。

（2）计算各段变形量。

AC 段 $$\Delta l_1=\frac{N_1 l_1}{E_1 A_1}=\frac{(-P)\ l}{EA_1}=-\frac{30\times10^3\times1500}{200\times10^3\times800}=-0.28(\text{mm})$$

CB 段 $$\Delta l_2=\frac{N_2 l_2}{E_2 A_2}=\frac{2Pl}{EA_2}=\frac{60\times10^3\times1500}{200\times10^3\times400}=1.125(\text{mm})$$

（3）AB 杆的总变形量

$$\Delta l=\Delta l_1+\Delta l_2=-0.28+1.125=0.845(\text{mm})\ (\text{伸长})$$

第三节 梁的内力及内力图

杆件受到垂直于杆轴线的外力作用或在纵向平面内受到力偶作用发生弯曲变形，即构件的轴线由直线变成曲线。在工程中，凡是以弯曲变形为主要变形的构件统称为梁。如水利工程中的支撑启闭机的构件、房屋结构中支撑楼板的主梁、次梁、阳台的挑梁、门窗的过梁等。

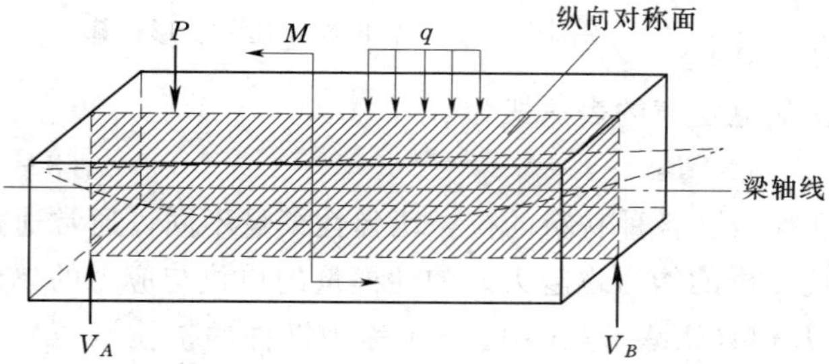

图 3-14 平面弯曲示意图

如果梁的轴线在弯曲后形成的曲线为平面曲线，而且所在的平面与外力作用的平面相重合，就叫做平面弯曲，见图 3-14。

下面我们将讨论等截面、直梁的平面弯曲问题。

一、梁的分类

如图 3-15 所示，在工程中常见的梁按其支座可以分为三类：

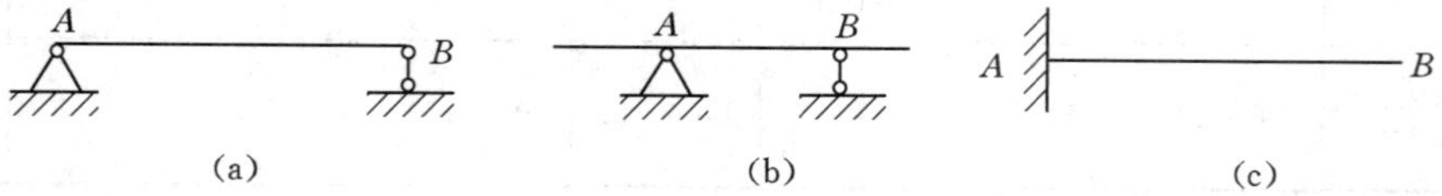

图 3-15 梁的类型

（1）简支梁。一端为固定铰支座、另一端为可动铰支座的梁，如图 3-15（a）所示。

（2）外伸梁。一端或两端伸出支座的梁，如图 3-15（b）所示。

（3）悬臂梁。一端为固定端，另一端为自由端的梁，如图 3-15（c）所示。

二、静定梁的内力——剪力和弯矩

梁在外力作用下将发生弯曲变形，梁内的横截面上就会产生抵抗变形的内力。梁的内力有弯矩 M 和剪力 Q 两种。弯矩 M 是由外力作用引起的梁横截面上的内力偶矩，剪力 Q 为作用于横截面与横截面相切的内力。剪力 Q 和弯矩 M 的求解仍通过截面法。其步骤为：

(1) 求支座反力。

(2) 在欲求内力处，用假想截面将梁截开为两部分，如图 3-16 (b) 所示，取其中一部分为研究对象。

(3) 画出研究对象的受力图，包括已知力和未知力，横截面上的剪力 Q 和弯矩 M 假设为正号。

(4) 应用静力平衡条件求出未知内力。

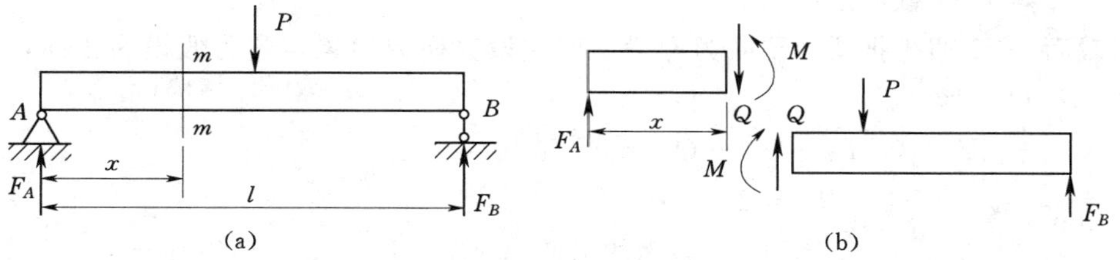

图 3-16　简支梁内力计算

为使截面左右部分求出的内力符号相同，对剪力 Q 和弯矩 M 的正负号规定如下：

剪力的符号：截面上的剪力 Q 使所考虑的脱离体有顺时针方向转动的趋势时为正号，是正剪力，反之规定为负号，是负剪力。如图 3-17 (a) 所示。

弯矩的符号：截面上的弯矩 M 使所考虑的脱离体产生下凸变形时规定为正号，是正弯矩，产生向上凸的变形时规定为负号，是负弯矩。如图 3-17 (b) 所示。

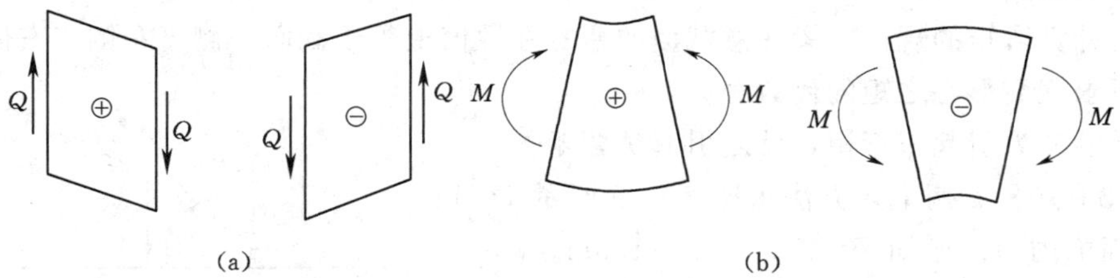

图 3-17　剪力和弯矩正负判断

为方便记忆，可按以下口诀记：

左（截面）上右（截面）下剪力正

左（截面）顺右（截面）逆弯矩正

【例 3-9】　简支梁如图 3-18 (a) 所示。已知 $P_1=40\text{kN}$，$P_2=26\text{kN}$，试计算截面 1—1 上的剪力和弯矩。

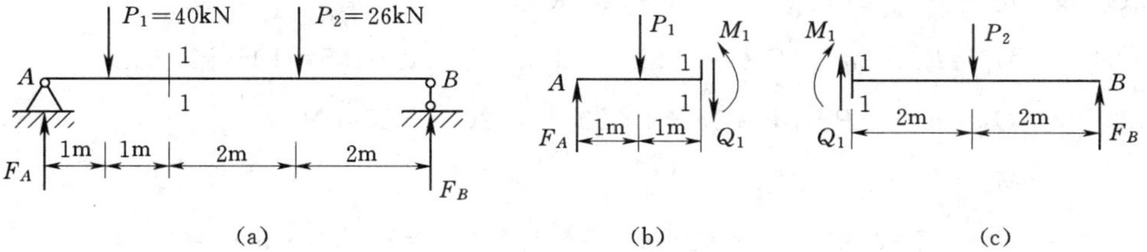

图 3-18　[例 3-9] 图

解：(1) 求支座反力。

以整个梁为研究对象，受力图如图 3-18 (a) 所示

$$\sum M_B = 0，-F_A \times 6 + P_1 \times 5 + P_2 \times 2 = 0$$

$$\sum Y = 0，F_A + F_B - P_1 - P_2 = 0$$

$$F_A = 42\text{kN}(\uparrow)，F_B = 24\text{kN}(\uparrow)$$

校核：$\sum Y = F_A + F_B - P_1 - P_2 = 42 + 24 - 40 - 26 = 0$，计算无误。

(2) 计算 1—1 截面的内力。

用截面 1—1 假想把梁 AB 截为两段，取左段为研究对象，内力假设为正向，受力图如图 3-18 (b) 所示。

$$\sum Y = 0，F_A - P_1 - Q_1 = 0$$

得 $$Q_1 = F_A - P_1 = 2\text{kN}$$

$$\sum M_C = 0（C 为 1—1 截面的形心），M_1 - F_A \times 2 + P_1 \times 1 = 0$$

得 $$M_1 = F_A \times 2 - P_1 \times 1 = 44\text{kN} \cdot \text{m}$$

取右段可得相同结果。

从以上例题得出计算剪力和弯矩的规律为：

(1) 计算剪力的规律：梁任意截面的剪力在数值上等于截面一侧（左侧或右侧）所有外力沿截面方向投影的代数和。

截面左侧向上的外力引起正剪力，反之引起负剪力；截面右侧向下的外力引起正剪力，反之引起负剪力。

(2) 计算弯矩的规律：梁任意截面的弯矩在数值上等于截面一侧（左侧或右侧）所有外力对所求截面形心之矩的代数和。

向上的外力引起正弯矩，反之引起负弯矩。

【例 3-10】 用上述方法求图 3-19 所示 1—1、2—2 截面的内力。已知 $P=20\text{kN}$，$a=1.5\text{m}$。

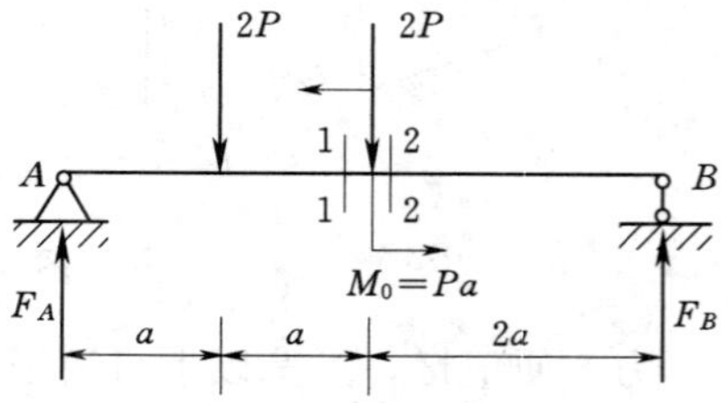

图 3-19 ［例 3-10］图

解：(1) 求支座反力（直接计算）。

$$F_A = \frac{2P \times 2a}{4a} + \frac{2P \times 3a}{4a} + \frac{M_0}{4a} = 55(\text{kN})(\uparrow)$$

$$F_B = \frac{2P \times 2a}{4a} + \frac{2P \times a}{4a} - \frac{M_0}{4a} = 25(\text{kN})(\uparrow)$$

校核：$\sum Y = F_A + F_B - 2P - 2P = 0$，无误

(2) 计算 1—1、2—2 截面剪力、弯矩。

取左段：$Q_1 = F_A - 2P = 55 - 2\times20 = 15(\text{kN})$

$$M_1 = F_A \times 2a - 2P \times a = 55\times2\times1.5 - 2\times20\times1.5 = 105(\text{kN}\cdot\text{m})$$

$$Q_2 = F_A - 2P - 2P = 55 - 2\times20 - 2\times20 = -25(\text{kN})$$

$$M_2 = F_A \times 2a - 2P \times a - M_0$$

$$= 55\times2\times1.5 - 2\times20\times1.5 - 20\times1.5 = 75(\text{kN}\cdot\text{m})$$

取右段结果相同。

三、梁的内力图——剪力图和弯矩图

（一）剪力图、弯矩图的概念及应用

在计算梁的强度和刚度时，需要知道最大剪力、弯矩值及所在的截面位置，为此，要了解内力在全梁范围内的变化情况。若用平行于梁轴的横坐标表示梁截面的位置；垂直于梁轴的纵坐标表示相应截面的剪力值或弯矩值；按一定比例画出剪力值、弯矩值在全梁范围内的图形，分别叫做剪力图和弯矩图，即梁的内力图。梁的内力图能形象地表明内力在全梁范围内的变化情况。

在建筑工程中，习惯上把正剪力画在 x 轴的上方，负剪力画在 x 轴的下方；而把弯矩图画在梁的受拉侧（即正弯矩画在 x 轴的下方，负弯矩画在 x 轴的上方）。把弯矩图画在梁轴线受拉一侧的目的，也便于在混凝土梁中配置钢筋，即混凝土梁的受拉钢筋配置在梁受拉的一侧。

（二）剪力图、弯矩图的作法

梁内力图的作法有基本方法——列方程法、利用内力图的规律作图——简捷法、叠加法、区段叠加法。这里只介绍列方程法、简捷法和叠加法。

1. 列方程法

一般情况下，梁横截面上的剪力和弯矩都随横截面的位置不同而变化。若以 x 表示横截面沿梁轴线的位置，则梁内各截面上的剪力和弯矩均可以写成 x 的函数，即

$$Q = Q(x)$$
$$M = M(x)$$

上面的函数表达式可以反映出梁各截面上的剪力和弯矩沿梁轴线的变化规律，分别称为梁的剪力方程和弯矩方程。

下面通过例题来说明剪力图与弯矩图的绘制方法。

【例 3-11】 悬臂梁受集中力作用如图 3-20（a）所示。求梁的剪力方程和弯矩方程，画出剪力图和弯矩图，并确定 $|Q|_{max}$ 与 $|M|_{max}$。

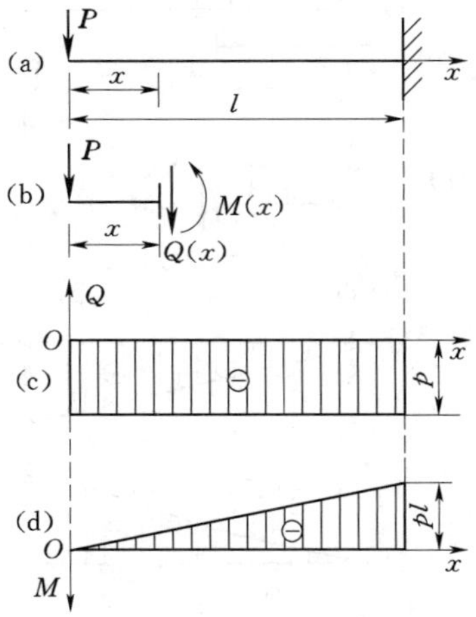

图 3-20　[例 3-11] 图

解：（1）列剪力方程和弯矩方程。把 x 轴坐标原点取在梁左端点处。假想把梁在距原点为 x 的截面处截为两段，取左段为研究对象如图 3-20（b）所示，可写出该截面上剪力 $Q(x)$ 和弯矩 $M(x)$ 分别为

$$Q(x) = -P \quad (0 \leqslant x \leqslant l)$$
$$M(x) = -Px \quad (0 \leqslant x \leqslant l)$$

因截面位置为任意的，故式中 x 是一个变量。上两式即为梁的剪力方程和弯矩方程。

（2）绘剪力图和弯矩图。先建立坐标系，x 轴与梁轴线平行，横坐标表示横截面的位置，纵坐标分别表示剪力 Q 和弯矩 M，然后按方程作图。

由剪力方程式可知 $Q(x)$ 为一常数，即全梁各截面剪力相同，所以 Q 图为一平行于 x 轴的直线，如图 3-20（c）所示。由弯矩方程式可知 $M(x)$ 为 x 的一次函数，应为一直线

图形。故只需确定两个截面的弯矩值，即可确定直线位置。

$$x=0,\ M=0$$

$$x=l,\ M=-Pl$$

把它们标在图 3－20（d）的 MOx 坐标系中，连接这两点即作出梁的弯矩图。由于 M 是负值，按规定画在横坐标的上方。

（3）确定 $|Q|_{max}$ 和 $|M|_{max}$。从剪力图和弯矩图上很容易看出最大剪力和最大弯矩（均指其绝对值）在固定端截面，其值为

$$|Q|_{max}=P$$

$$|M|_{max}=Pl$$

从本例可以看出，梁上没有分布荷载作用，剪力图是一条水平线，弯矩图是一条斜直线。

【例 3－12】 悬臂梁受均布荷载作用如图 3－21（a）所示。求梁的剪力方程和弯矩方程，画出 Q、M 图，并确定 $|Q|_{max}$ 与 $|M|_{max}$。

解：（1）列剪力方程和弯矩方程。坐标原点设在梁左端点处，假想在 x 截面处将梁截开，取左段为研究对象，如图 3－21（b）所示。该梁的剪力方程和弯矩方程为

$$Q(x)=-qx \quad (0\leqslant x\leqslant l)$$

$$M(x)=-qx\frac{x}{2}=-\frac{1}{2}qx^2 \quad (0\leqslant x\leqslant l)$$

（2）绘剪力图和弯矩图。剪力方程为直线方程，由两个控制点的数值便可绘出直线。

$$x=0,\ Q=0$$

$$x=l,\ Q=-ql$$

绘出 Q 图如图 3－21（c）所示。

弯矩方程为二次曲线方程，至少需要三个控制点才能大致描出曲线形状。

$$x=0,\ M=0$$

$$x=\frac{l}{2},\ M=-\frac{1}{8}ql^3$$

$$x=l,\ M=-\frac{1}{2}ql^2$$

绘出 M 图如图 3－21（d）所示。

（3）确定 $|Q|_{max}$ 与 $|M|_{max}$。从剪力图和弯矩图上可看出最大剪力和最大弯矩都在固定端截面，即

$$|Q|_{max}=ql$$

$$|M|_{max}=\frac{1}{2}ql^2$$

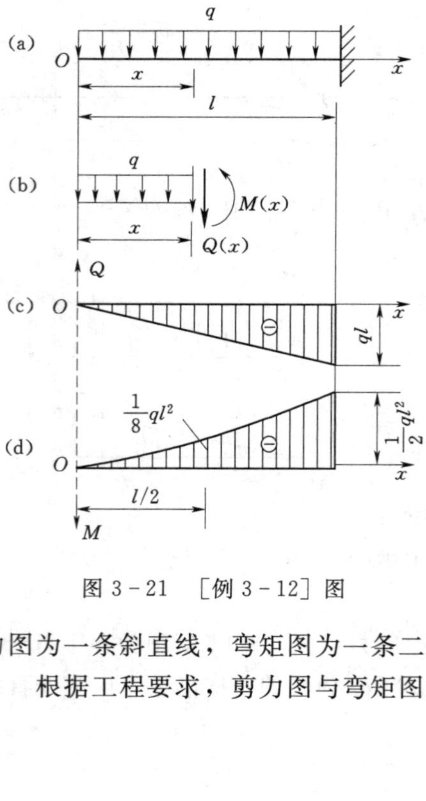

图 3－21 ［例 3－12］图

由本例可以看出，梁上作用均布荷载 q 时，剪力图为一条斜直线，弯矩图为一条二次曲线，曲线的凸向与均布荷载的指向一致。

根据工程要求，剪力图与弯矩图上应该标明图名（Q 图、M 图）、正负、控制点值及

单位；坐标轴可以省略不画。今后我们要按这一要求作内力图。

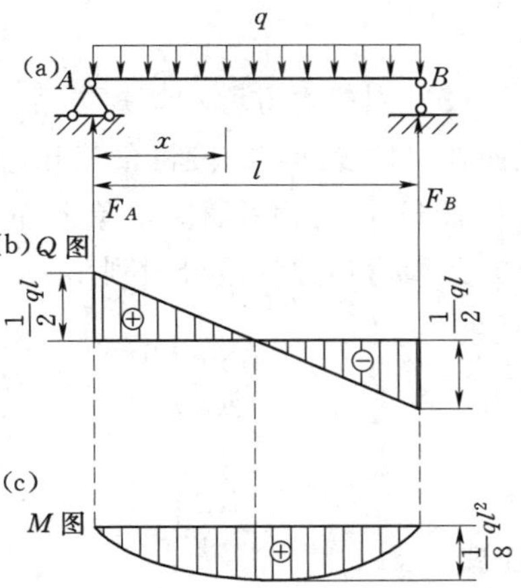

图 3-22　[例 3-13] 图

【例 3-13】　简支梁受均布荷载作用如图 3-22 (a) 所示，求梁的剪力方程和弯矩方程，画出 Q、M 图，并确定 $|Q|_{max}$ 与 $|M|_{max}$。

解：(1) 计算支座反力：

$$F_A = F_B = \frac{1}{2}ql$$

(2) 列剪力方程和弯矩方程。取任意截面 x，则：

$$Q(x) = F_A - qx = \frac{1}{2}ql - qx \quad (0 \leqslant x \leqslant l)$$

$$M(x) = F_A x - \frac{1}{2}qx^2 = \frac{1}{2}qx(l-x) \quad (0 \leqslant x \leqslant l)$$

(3) 绘剪力图和弯矩图。剪力方程为直线方程，应计算两个控制点值：

$$x = 0, Q = \frac{1}{2}ql$$

$$x = l, Q = -\frac{1}{2}ql$$

根据计算结果，分别在 x 轴上方和下方得到两点位置，相连后即得 Q 图，如图 3-22 (b) 所示。

弯矩方程为曲线方程，应至少计算三个控制点：

$$x = 0, M = 0$$

$$x = \frac{l}{2}, M = \frac{1}{8}ql^2$$

$$x = l, M = 0$$

根据以上三个控制点数值即可作出 M 图，如图 3-22 (c) 所示。

(4) 确定 $|Q|_{max}$ 和 $|M|_{max}$。

在 A、B 两端截面：$|Q|_{max} = \frac{1}{2}ql$

在跨中截面：$|M|_{max} = \frac{1}{8}ql^2$

本例与上例类似，梁上作用均布荷载，剪力图为一条斜直线，弯矩图是一条二次曲线，凸向同 q 的指向一致。还应注意，在剪力 $Q=0$ 的截面上，存在 $|M|_{max}$。

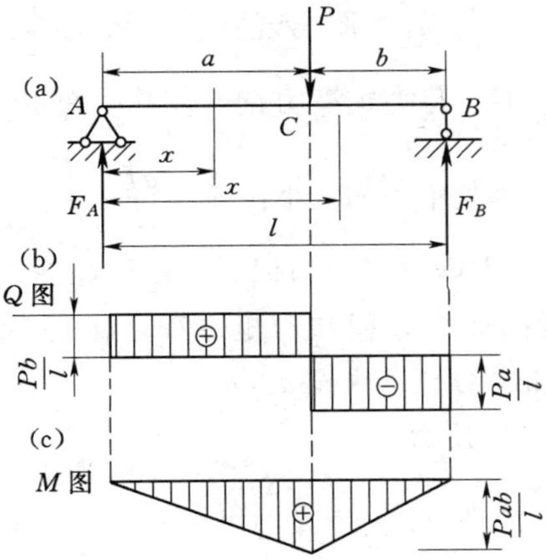

图 3-23　[例 3-14] 图

【例 3-14】　简支梁受集中力作用如图 3-23 (a) 所示，求梁的剪力方程和弯矩方程，画出 Q、M 图并确定 $|Q|_{max}$ 和 $|M|_{max}$ (设 $a>b$)。

解：(1) 计算支座反力。由梁的整体平衡可求得

$$F_A=\frac{b}{l}P,\ F_B=\frac{a}{l}P$$

（2）列剪力方程和弯矩方程。梁上作用的集中力把梁分为 AC 和 CB 两段，若分别用截面在 AC 段和 CB 段将梁截开，均取截面以左部分作为研究对象，则前者研究对象上外力只有 F_A，而后者研究对象上外力有 F_A 和 P，这样，两段的内力必然不同，所以梁的剪力方程和弯矩方程应分段列出。

AC 段

$$Q(x)=F_A=\frac{b}{l}P\quad(0\leqslant x<a)$$

$$M(x)=F_Ax=\frac{b}{l}Px\quad(0\leqslant x\leqslant a)$$

CB 段

$$Q(x)=F_A-P=-\frac{a}{l}P\quad(a\leqslant x\leqslant l)$$

$$M(x)=F_Ax-P(x-a)=\frac{a}{l}P(l-x)\quad(a\leqslant x\leqslant l)$$

（3）绘 Q、M 图。AB 段剪力为常数 $\frac{b}{l}P$；弯矩图为斜直线，由 $x=0$，$M=0$ 和 $x=a$，$M=\frac{ab}{l}P$ 可画出图线。CB 段剪力也为常数，其值为 $-\frac{a}{l}P$；弯矩图也是斜直线，由 $x=a$，$M=\frac{ab}{l}P$ 及 $x=l$，$M=0$ 可画出图线。

（4）确定 $|Q|_{max}$ 和 $|M|_{max}$。因 $a>b$，则在集中力作用处的截面：

$$|Q|_{max}=\frac{a}{l}P$$

$$|M|_{max}=\frac{ab}{l}P$$

讨论：（1）梁上荷载不连续时，应分段列内力方程和画内力图。

（2）从本例的内力图又一次看到，没有均布荷载的梁段，剪力图是一条水平线，弯矩图是一条斜直线。还可以看到，在集中力作用处的截面：①弯矩图出现一个尖角，尖角的指向与集中力的指向一致；②剪力图出现突变，从左向右，剪力由 $\frac{b}{l}P$ 变到 $-\frac{a}{l}P$，剪力突变方向与集中力的指向一致，突变值的大小为集中力的大小：$\frac{bP}{l}+\frac{aP}{l}=P$。

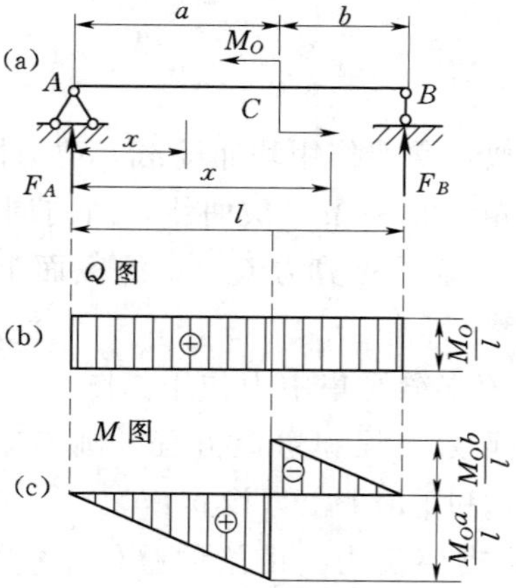

图 3-24 ［例 3-15］图

【例 3-15】 简支梁受集中力偶 M_O 作用如图 3-24（a）所示，求梁的剪力方程和弯矩方程，作 Q、M 图并确定 $|Q|_{max}$ 和 $|M|_{max}$（设 $a>b$）。

解：（1）计算支座反力。

$$F_A=\frac{M_O}{l}(\uparrow),\ F_B=-\frac{M_O}{l}(\downarrow)$$

（2）列剪力方程和弯矩方程。由于梁中段有集中

力偶 M_O 作用，内力方程应分段写出。

AC 段

$$Q(x)=F_A=\frac{M_O}{l}\quad(0\leqslant x\leqslant a)$$

$$M(x)=F_Ax=\frac{M_O}{l}x\quad(0\leqslant x\leqslant a)$$

CB 段

$$Q(x)=F_A=\frac{M_O}{l}\quad(a\leqslant x\leqslant l)$$

$$M(x)=F_Ax-M_O=\frac{M_O}{l}x-M_O\quad(a\leqslant x\leqslant l)$$

（3）绘制 Q、M 图。由以上方程式知 AC、CB 两段剪力相同，图形为一条水平线如图 3－24（b）所示。可知 AC、CB 两段的弯矩图为直线，由控制点 $x=0$，$M=0$；$x=a$，$M=\frac{a}{l}M_O$ 绘出 AC 段图形。$x=a$，$M=-\frac{b}{l}M_O$；$x=l$，$M=0$ 绘出 CB 段图形如图 3－24（c）所示。

（4）确定 $|Q|_{max}$ 和 $|M|_{max}$。从内力图可找到 $|Q|_{max}=\frac{M_O}{l}$；因 $a>b$，所以 $|M|_{max}=\frac{a}{l}M_O$，发生在 C 截面偏左的截面上。

由本例可以看到，在集中力偶作用处，剪力图不受影响，弯矩图出现突变。从左向右看，集中力偶逆时针方向，弯矩图从下向上突变；集中力偶顺时针方向，弯矩图从上向下突变，突变值的大小等于集中力偶矩。

【例 3－16】 作图 3－25（a）所示外伸梁的剪力图与弯矩图。

解：（1）计算支座反力。

$$F_A=-\frac{qa^2}{2l}(\downarrow)$$

$$F_B=qa+\frac{qa^2}{2l}(\uparrow)$$

（2）列内力方程。AB 段与 BC 段受力不连续，应分段列方程式，本例采用分段建立坐标系的办法较为方便。

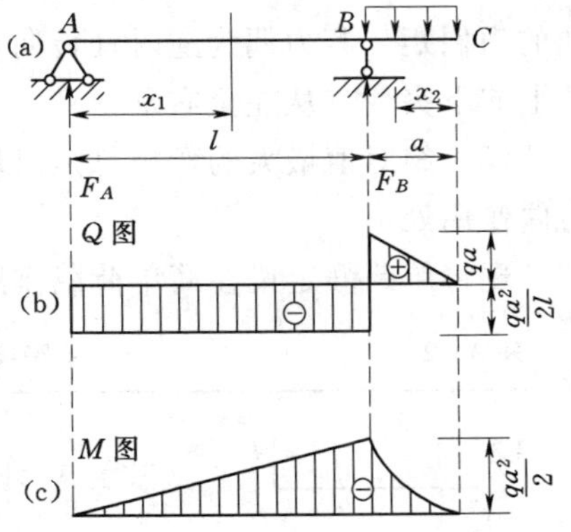

图 3－25　［例 3－16］图

AB 段，坐标 x_1 原点在 A，指向右方：

$$Q(x_1)=F_A=-\frac{qa^2}{2l}\quad(0\leqslant x_1\leqslant l)$$

$$M(x_1)=F_Ax_1=-\frac{qa^2}{2l}x_1\quad(0\leqslant x_1\leqslant l)$$

BC 段，坐标 x_2 原点在 C，指向左方：

$$Q(x_2)=qx_2\quad(0\leqslant x_2\leqslant a)$$

$$M(x_2)=-\frac{q}{2}x_2^2 \quad (0\leqslant x_2\leqslant a)$$

(3) 绘制 Q、M 图。

1) AB 段：$Q(x_1)$ 为常数，图形是一条水平线；$M(x_1)$ 是一次函数，图形是一条斜直线。

2) BC 段：$Q(x_2)$ 是一次函数，图形为斜直线；$M(x_2)$ 为二次函数，由控制点 $x_2=0$，$Q=0$，$M=0$；$x_2=a$，$Q=qa$，$M=-\frac{qa^2}{2}$ 及 $x_2=\frac{a}{2}$，$M=-\frac{qa^2}{8}$，绘出 M、Q 图。

本例的内力图也与前面例题内力图所体现的规律相符。还应注意，支座反力也可视为作用在梁上的集中力，所以剪力图在 B 处有一突变，其值正好是 F_B，弯矩图在 B 处有一尖角。

由以上例题，可以归纳出作剪力图和弯矩图的以下规律：

(1) 梁上没有均布荷载作用的部分，剪力为常数，剪力图为水平线，弯矩图为倾斜直线。弯矩图线的倾斜度（$\tan\alpha$）就是剪力值。

当该段 $Q=0$，弯矩图为水平直线。

当该段 $Q=$常数，且 $Q>0$，弯矩图从左向右为下斜线。

当该段 $Q=$常数，且 $Q<0$，弯矩图从左向右为上斜线。

(2) 梁上有均布荷载向下作用的部分，剪力图为斜直线，斜直线由左上向右下倾斜；弯矩图为抛物线，抛物线凸向下。

(3) 在集中力作用处，剪力图上有突变，突变值即为该处集中力的大小，突变的方向与集中力方向一致；弯矩图上在此处出现尖角（既两侧图形的斜率不同）。

(4) 梁上的集中力偶作用处，剪力图不变，弯矩图有突变，突变的值即为该处集中力偶的力偶矩。若力偶为逆时针转向，弯矩图从下向上突变；若力偶为顺时针转向，弯矩图从上向下突变（从左至右）。

(5) 绝对值最大的弯矩总是出现在下述截面上：$Q=0$ 的截面；集中力作用处；集中力偶作用处。

现将单跨静定梁在简单荷载作用下的弯矩图归纳入表 3-2。

表 3-2　　单跨梁在简单荷载作用下的弯矩图

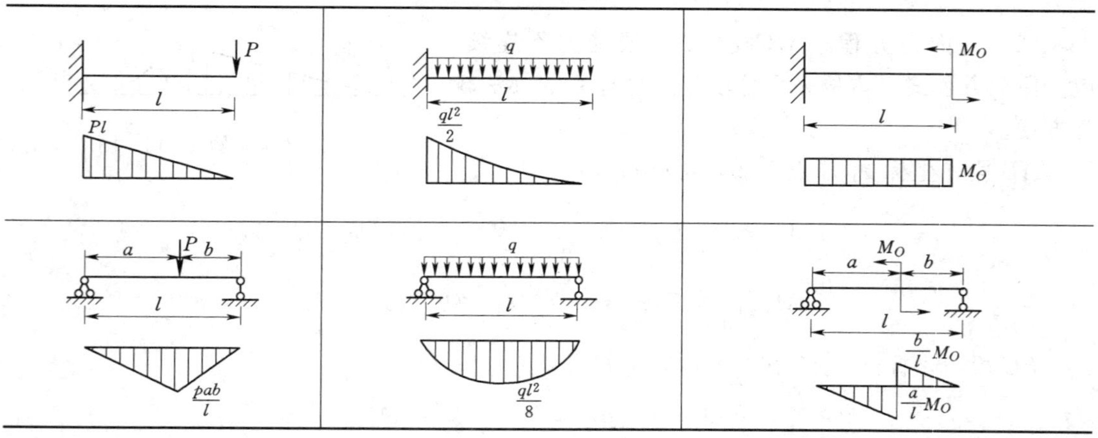

续表

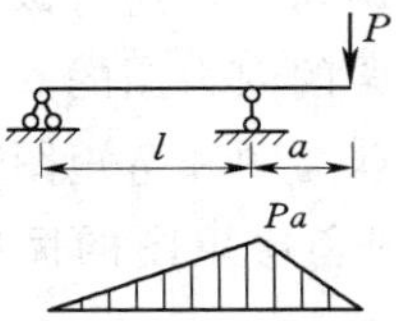	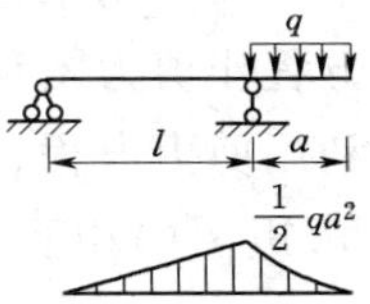	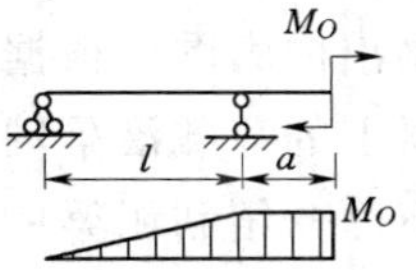

梁的荷载、剪力图、弯矩图的相互关系见表 3 - 3。

表 3 - 3　　梁的荷载、剪力图、弯矩图的相互关系

项目	荷　载		Q　图	M　图	举　例
1	无外力（包括荷载和反力）作用的梁段 $q=0$		$Q=0$ 时　零	水平直线——	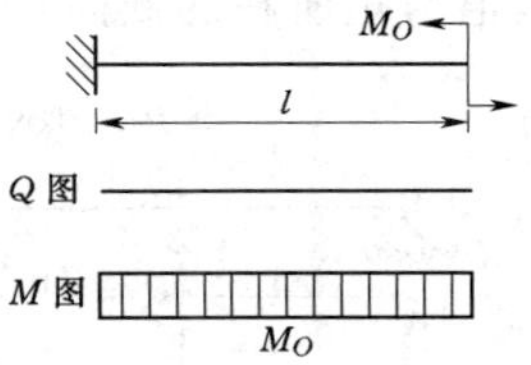
2			$Q\neq0$ 时水平直线——	$Q>0$ 时 斜率的绝对值等于 Q 的斜直线 ╲	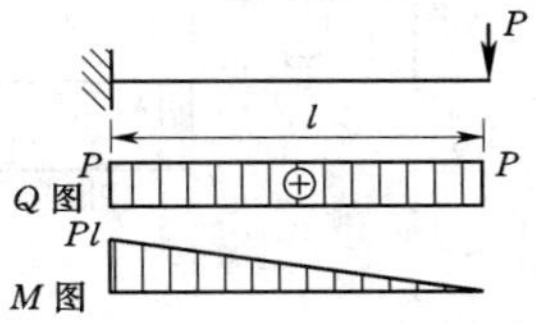
3				$Q<0$ 时　╱	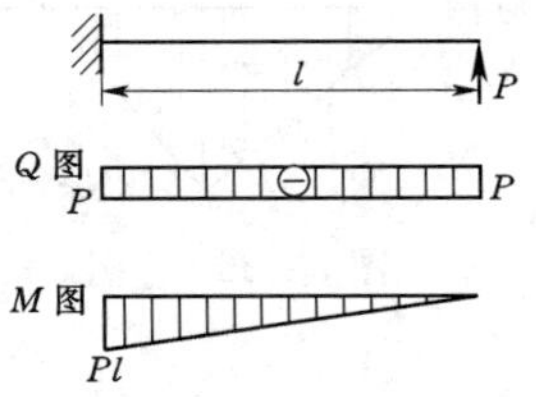
4	均布荷载作用的梁段	$q=+\uparrow$	斜率等于 q 的斜直线 ╱	斜率的变化率为常数的抛物线（抛物线的凸向与外力方向一致）⌒	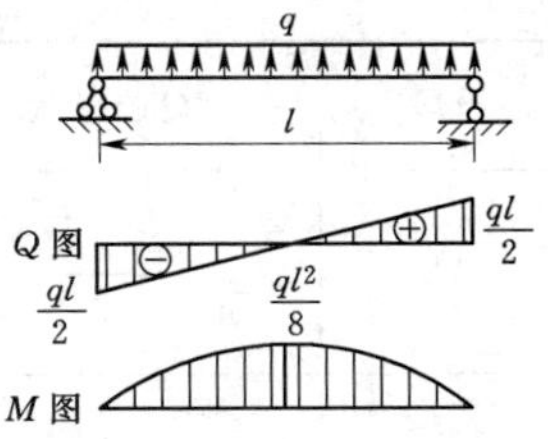
5		$q=-\downarrow$	╲	◡	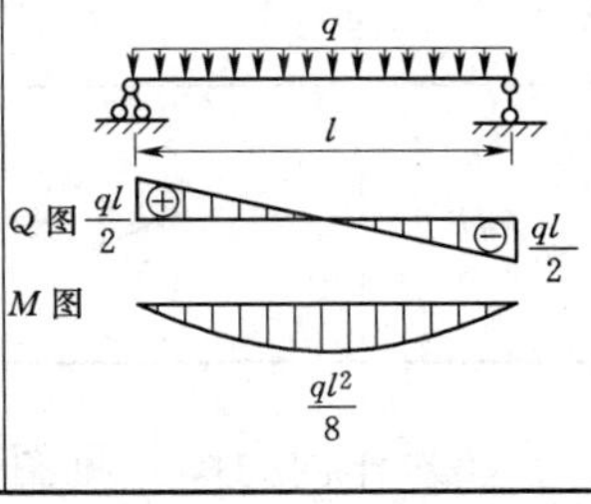

2. 简捷法

梁的荷载、剪力图、弯矩图的相互关系不仅可用来检查内力图正确与否，还可以用来简捷地画出内力图。根据剪力方程、弯矩方程作剪力图和弯矩图是作梁的内力图的基本方法。当梁上的荷载沿梁轴线变化较多时，利用剪力方程、弯矩方程作剪力图和弯矩图就很繁琐。下面介绍利用梁的荷载、剪力图、弯矩图的相互关系作剪力图和弯矩图的简捷方法，即简捷法。

作图的步骤及注意要点：

（1）计算支座反力，并将支座反力实际方向和数值标注在梁的计算简图上。

（2）根据荷载作用情况分段判断内力图形状。

（3）利用计算剪力和弯矩的规律计算控制截面（包括支座截面、外力有变化的截面和极值弯矩所在的截面）的内力。

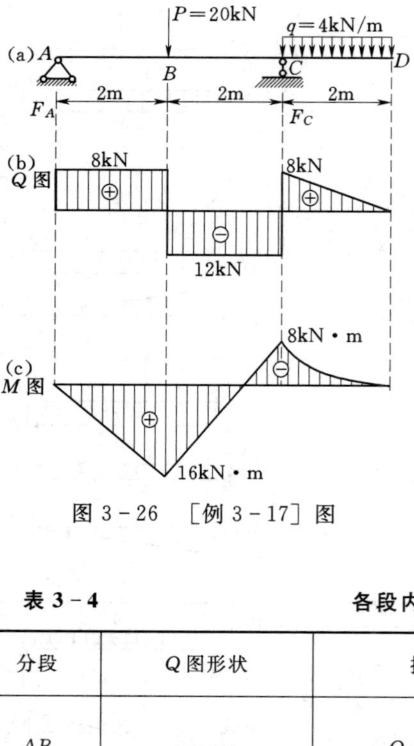

图 3-26 ［例 3-17］图

（4）作剪力图和弯矩图并注明单位和“+”、“−”号。

（5）剪力图、弯矩图自左向右应该封闭。不封闭时，则有错误。

【例 3-17】 用简捷法作图 3-26（a）所示外伸梁的内力图。

解：（1）求支座反力：

$$F_A = \frac{20\times 2}{4} - \frac{4\times 2\times 1}{4} = 8(\text{kN})(\uparrow)$$

$$F_C = \frac{20\times 2}{4} + \frac{4\times 2\times 5}{4} = 20(\text{kN})(\uparrow)$$

（2）根据荷载作用情况，将梁 AD 分别为 AB、BC 和 CD 三段，分段判断其内力图形状，并计算控制截面内力，见表 3-4。

表 3-4 各段内力图形状及控制截面内力

分段	Q图形状	控制 Q	M图形状	控制 M
AB	—	$Q_{A^+}=8\text{kN}$	＼	$M_A=0$ $M_B=16\text{kN}\cdot\text{m}$
BC	—	$Q_{B^+}=-12\text{kN}$	／	$M_B=16\text{kN}\cdot\text{m}$ $M_C=-8\text{kN}\cdot\text{m}$
CD	＼	$Q_{C^+}=8\text{kN}$	凹向上	$M_C=-8\text{kN}\cdot\text{m}$ $M_E=-2\text{kN}\cdot\text{m}$ $M_D=0$

（3）作内力图，见图 3-26（b）、（c）。

3. 叠加法

在力学计算中，常运用叠加原理画弯矩图。叠加原理是：由几组荷载作用所引起的某一参数（反力、内力、应力、变形）等于每组荷载单独作用时引起的该参数值的代数和。运用叠加原理画弯矩图的方法叫叠加法。

用叠加法画弯矩图的步骤是：①先把作用在梁上的复杂荷载分成几组简单荷载（其弯矩图简单易画）；②分别画出各简单荷载单独作用下的弯矩图（可以利用表 3-2）；③然后把它们相应的纵坐标代数相加，就得到梁在复杂荷载作用下的弯矩图。

【例 3-18】 用叠加法作图 3-27 所示悬臂梁在集中荷载 P、均布荷载 q 共同作用下的弯矩图。

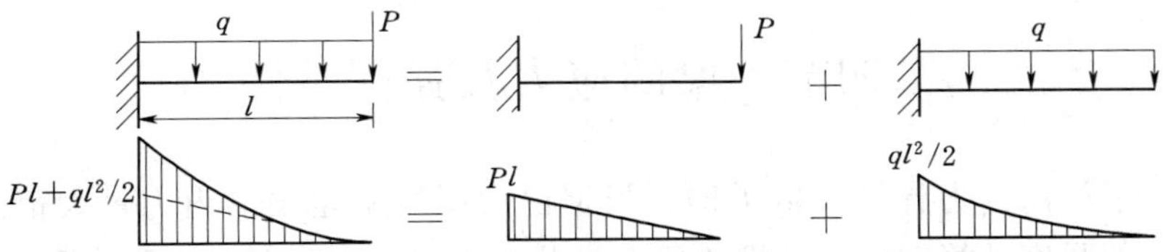

图 3-27 ［例 3-18］图

解：（1）荷载分解，分为 P 和 q 单独作用。

（2）查表 3-2 分别作出弯矩图。

（3）对应截面纵坐标叠加即得所求弯矩图。

【例 3-19】 外伸梁受力如图 3-28 所示。已知 $P=10\text{kN}$，$q=5\text{kN/m}$，用叠加法画出该梁的弯矩图。

解：（1）荷载分解，把原外伸梁受两种荷载分解为受一种荷载，见图 3-28。

（2）利用表 3-2 分别作弯矩图。

（3）对应截面纵坐标叠加即得所求弯矩图，$|M_{max}|=30\text{kN}\cdot\text{m}$。

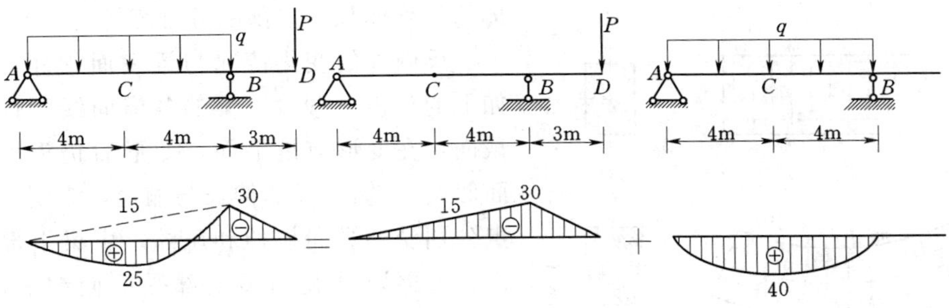

图 3-28 ［例 3-19］图

【例 3-20】 图 3-29 所示外伸梁，$P=10\text{kN}$，$M_O=10\text{kN}\cdot\text{m}$，用叠加法作弯矩图。

解：（1）荷载分解，把原外伸梁受两种荷载分解为受一种荷载，见图 3-29。

（2）利用表 3-2 分别作弯矩图。

（3）对应截面纵坐标叠加即得所求弯矩图，$|M_{max}|=15\text{kN}\cdot\text{m}$。

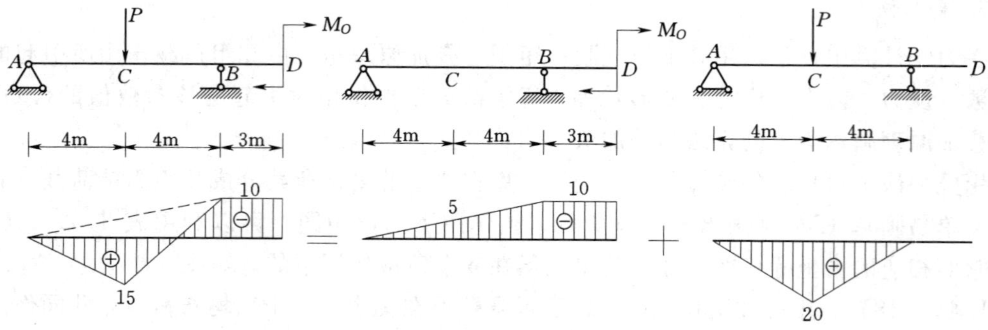

图 3-29 ［例 3-20］图

第四节 梁的应力及强度条件

前面讨论了梁的内力计算及内力图，根据内力图可确定梁的内力最大值及其所在位置。为解决梁的强度计算问题，还需要研究横截面上的应力分布规律和计算公式。

梁的横截面上有剪力 Q 和弯矩 M 两种内力。剪力 Q 是与横截面相切的内力，由它分布在各点的应力必定也与横截面相切，即剪应力 τ；弯矩 M 是力偶矩，它只能由横截面上的正应力 σ 组成。这就是说：梁弯曲时横截面上有两种应力：剪应力 τ 和正应力 σ。梁的正应力是影响梁强度的主要因素，下面将着重讨论。

一、梁的正应力分布规律

为了解正应力在横截面上的分布情况，可先观察梁的变形。取一根弹性较好的梁（例如橡胶梁），在梁的表面画上与梁轴平行的纵向线及垂直于梁轴的横向线［图 3-30 (a)］，于是在梁的表面形成许多小方格，然后，使梁发生弯曲变形［图 3-30 (b)］即可观察到以下现象。

图 3-30 (b) 各横向线仍为直线，只是倾斜了一个角度；各纵向线弯成曲线，梁下部的纤维伸长，上部的纤维缩短。

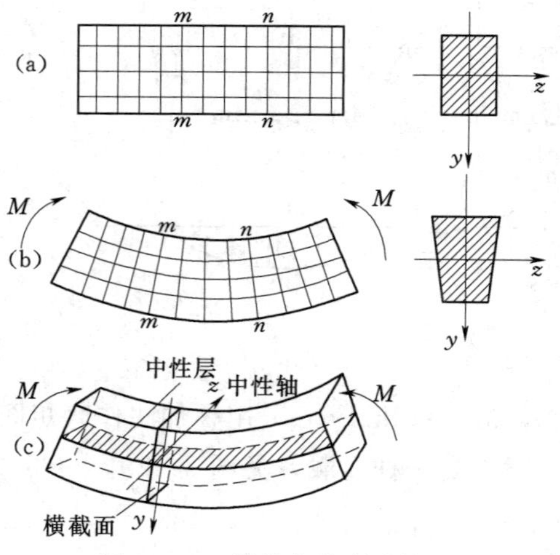

图 3-30 梁的弯曲变形情况

梁内部的变化情况与梁表面一样，可作出如下的分析与假设：梁的各横向线所代表的横截面，在变形前是平面，变形后仍为平面（平面假设）。纵向线的伸长与缩短，表明了梁内各点分别受到纵向拉伸和压缩。由梁下部的受拉而伸长逐渐过渡到梁上部受压而缩短，于是，梁内必定有一既不伸长也不缩短的层，这一不受拉、不受压、长度不变的层叫做中性层，中性层与横截面的交线叫做中性轴，如图 3-30 (c) 所示。

中性轴通过截面的形心并与竖向对称轴垂直。由此可知：梁弯曲时，各横截面绕中性轴做微小的转动，使梁发生了纵向伸长或缩短，而中性轴上的各点变形为零，距中性轴最远的上、下边缘变形最大，其余各点的变形与该点到中性轴的距离成正比。

在材料的弹性受力范围内，正应力与纵向应变成正比。可见，横截面上正应力的分布规律为：上、下边缘的点应力最大，中性轴上应力为零，其余各点的应力大小与到中性轴的距离成正比，如图 3-31 所示。

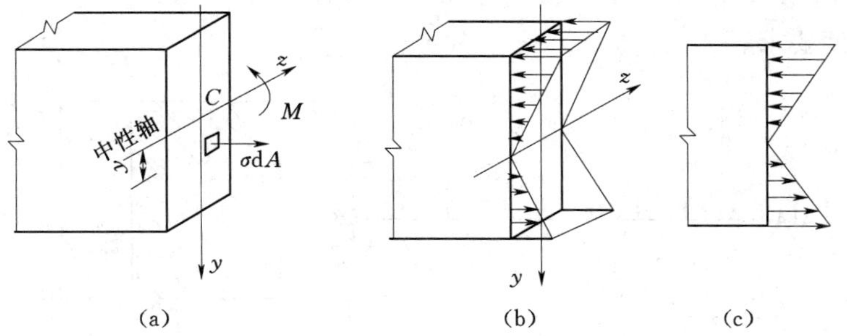

图 3-31 梁截面正应力分布规律

二、梁的正应力

根据正应力分布规律，利用变形关系、物理关系、平衡关系可得出梁的正应力计算公式为

$$\sigma = \frac{My}{I_Z} \tag{3-5}$$

式中 M——截面上的弯矩；

y——欲求应力点到中性轴的距离；

I_Z——截面对中性轴的惯性矩。

矩形截面：$I_Z=\frac{bh^3}{12}$（b 为截面宽度，h 为截面高度）；

圆形截面：$I_Z=\frac{\pi D^4}{64}$（D 为截面直径）。

三、梁的正应力强度条件

弯曲变形的梁，最大弯矩 M_{max} 所在的截面是危险截面，该截面上距中性轴最远边缘处的正应力最大。当中性轴是截面的对称轴时，最大正应力可按下式计算为

$$\sigma_{max} = \frac{M_{max}}{W_Z} \tag{3-6}$$

式中 M_{max}——梁内最大弯矩值；

W_Z——抗弯截面系数，mm^3，矩形截面 $W_Z=\frac{bh^2}{6}$（b 为截面宽度，h 为截面高度）；圆形截面 $W_Z=\frac{\pi D^3}{32}$（D 为直径）；其他截面的 W_Z 可查有关手册。

梁的正应力强度条件为

$$\sigma_{max} = \frac{M_{max}}{W_Z} \leqslant [\sigma] \tag{3-7}$$

式中 [σ] ——梁弯曲时的许用应力。

强度条件有三方面的应用：①强度校核。已知材料、截面形式、尺寸及荷载求 σ_{max} 并与 [σ] 比较后确定；②截面设计。已知材料、截面形式及荷载，计算截面尺寸；③确定许可荷载。已知材料、截面形式及尺寸，求能承受的最大荷载。

【例 3-21】 如图 3-32 所示，简支梁长 l=4m，受均布荷载 q=3kN/m 的作用，截面为宽度 b=140mm，高 h=210mm 的矩形，材料的许用应力为 [σ] =10MPa，试校核梁是否满足强度要求。

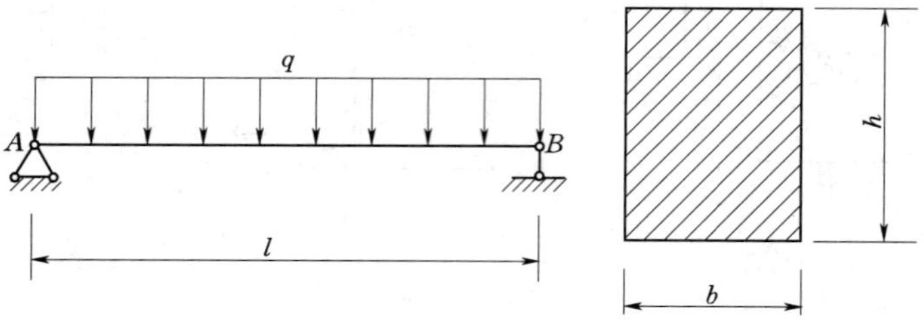

图 3-32 [例 3-21] 图

解： 由表 3-2 知最大弯矩发生在跨中截面，即

$$M_{max}=\frac{ql^2}{8}=\frac{3\times4^2}{8}=6(\text{kN}\cdot\text{m})$$

抗弯截面系数

$$W_Z=\frac{bh^2}{6}=\frac{140\times210^2}{6}=1029000(\text{mm}^3)$$

校核梁的正应力强度

$$\sigma_{max}=\frac{M_{max}}{W_Z}=\frac{6\times10^6}{1029000}=5.83(\text{MPa})<[\sigma]=10\text{MPa}$$

正应力强度满足要求。

【例 3-22】 求 [例 3-21] 中梁所能承受的最大荷载。

解： 根据强度条件 $\sigma_{max}=\dfrac{M_{max}}{W_Z}\leqslant[\sigma]$ 可得：$M_{max}\leqslant W_Z[\sigma]$

由 $M_{max}=\dfrac{ql^2}{8}$ 代入可导出

$$q\leqslant\frac{8W_Z[\sigma]}{l^2}=\frac{8\times1029000\times10}{4000^2}=5.145(\text{N/mm})=5.145\text{kN/m}$$

即 q_{max}=5.145kN/m。

四、梁的剪应力及其强度条件

梁的横截面上除了正应力外，还存在与 Q 相对应，且与截面相切的剪应力 τ。τ 与 Q 指向一致。它沿截面高度呈二次抛物线变化，中性轴上的剪应力最大，截面上、下边缘处剪应力为零，如图 3-33 所示。

矩形截面最大剪应力可按下式计算

$$\tau_{max}=\frac{3Q}{2A} \tag{3-8}$$

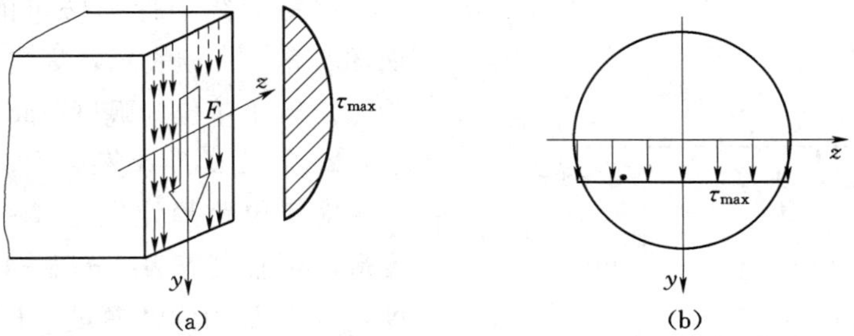

图 3-33　梁截面剪应力分布规律
(a) 矩形截面；(b) 圆形截面

圆形截面的最大剪应力公式为

$$\tau_{max} = \frac{4Q}{3A} \tag{3-9}$$

式中　A——截面面积。

梁的剪应力强度条件为

$$\tau_{max} \leqslant [\tau] \tag{3-10}$$

在进行梁的强度计算时，应同时满足正应力和剪应力强度条件。但二者有主次之分，一般情况下，梁的强度计算由正应力条件控制。因此在选择截面时，一般是先按正应力强度条件设计截面，再按剪应力强度条件校核。工程中，按正应力强度条件设计的梁，剪应力条件大多可以满足。

五、提高梁弯曲强度的措施

根据正应力强度条件

$$\sigma_{max} = \frac{M_{max}}{W_Z} \leqslant [\sigma]$$

可知，只要降低最大弯矩，提高 W_Z 即可提高梁的强度。采取以下措施：

(1) 调整荷载位置及支撑位置，减小内力峰值。

(2) 采用合理截面，提高 W_Z。

(3) 采用变截面梁。

第五节　梁的变形及刚度条件

一、梁的变形

梁在外力作用下，发生弯曲变形，若变形过大，就会影响结构的正常工作。因此，梁的变形限制在规定的范围内。如图 3-34 所示简支梁为例，说明平面弯曲变形的一些概念。AB 线表示梁的轴线，坐标 x 轴向右为正，y 轴向下为正。梁变形后，由于梁的变形曲线是一条连续光滑的曲线，其变形 y 是 x 的函数，即 $y=f(x)$ 称为挠曲线方程。弯曲的梁轴线称为挠曲线。

1. 挠度和转角

梁横截面的形心在 y 方向的线位移 CC'，称为该截面的挠度。用 y 表示，规定 y 向下为正。

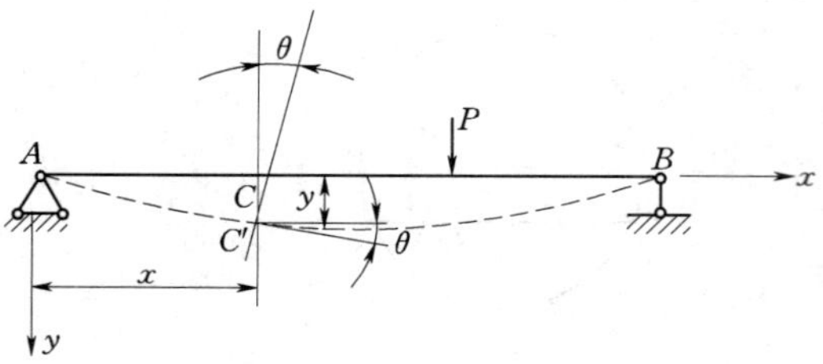

图 3-34

横截面绕中性轴转过的角度称为该截面的转角，用θ表示，规定θ以顺时针转向为正。转角单位为弧度(rad)。

2. 梁的变形计算

对于单跨静定梁在单一荷载作用下的变形，可直接查表 3-5。表中EI称抗弯刚度，其中E为弹性模量，I为惯性矩。若梁上作用多个荷载，可采用叠加法。计算各单一荷载作用下，梁的同一截面的挠度和转角。然后求其代数和。

【例 3-23】 用叠加法求图 3-35 中简支梁在跨中的最大挠度 y_{max}。

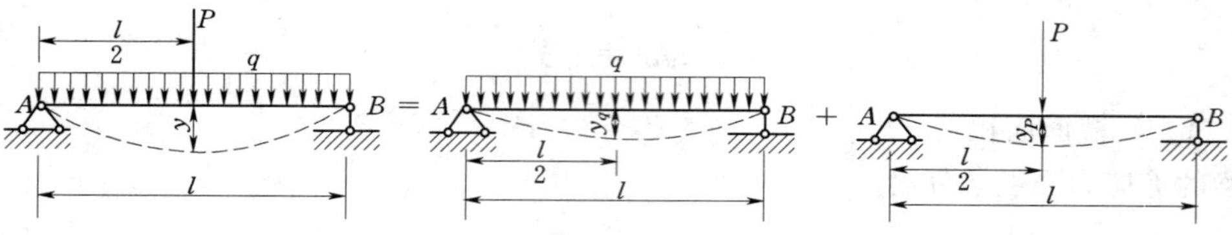

图 3-35 ［例 3-23］图

解：(1) 荷载分解，查表 3-5 中序号 4、6 可知

$$y_q = \frac{5ql^4}{384EI} \qquad y_P = \frac{Pl^3}{48EI}$$

(2) 应用叠加法，得

$$y_{max} = y_q + y_P = \frac{5ql^4}{384EI} + \frac{Pl^3}{48EI}$$

二、梁的刚度条件

为使梁能够安全正常工作，除了满足强度条件外，还应满足刚度要求。其刚度条件为

$$\frac{f}{l} \leqslant \left[\frac{f}{l}\right] \qquad (3-11)$$

式中 f——梁的最大挠度；

l——梁的跨度。

一般钢筋混凝土梁$\left[\frac{f}{l}\right]=\frac{1}{200}\sim\frac{1}{300}$；钢筋混凝土吊车梁$\left[\frac{f}{l}\right]=\frac{1}{500}\sim\frac{1}{600}$。工程设计中，应先按强度条件选择截面尺寸，再用刚度条件进行校核。

表 3-5　简单荷载作用下梁的最大挠度

序号	支承和荷载情况	最大挠度
1	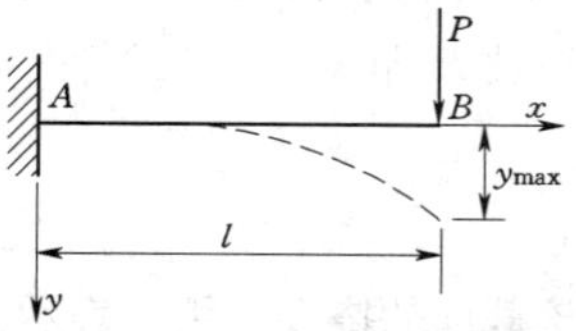	$y_{max}=\frac{Pl^3}{3EI}$

续表

序号	支承和荷载情况	最大挠度
2	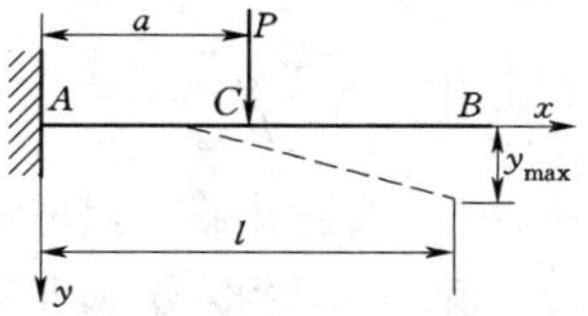	$y_{\max}=\dfrac{Pa^2}{6EI}(3l-a)$
3	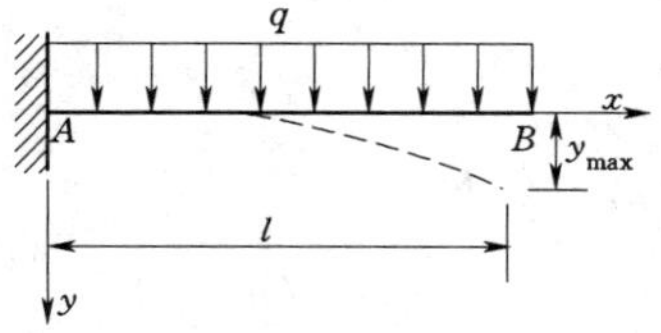	$y_{\max}=\dfrac{ql^4}{8EI}$
4	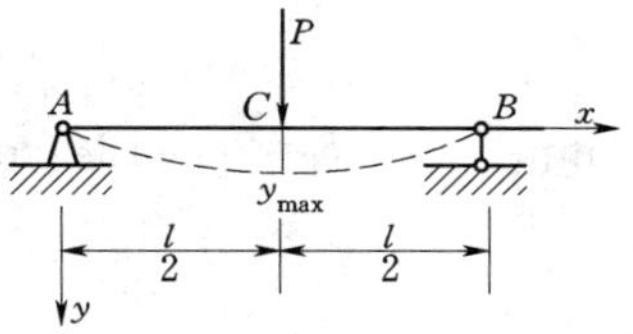	$y_{\max}=\dfrac{Pl^3}{48EI}$
5	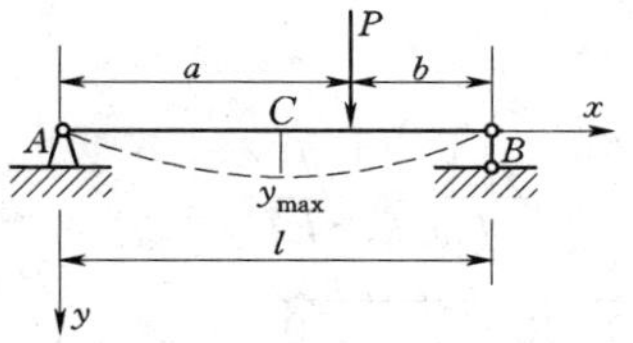	$y_{\max}\approx y_c=\dfrac{Pb}{48EI}(3l^2-4b^2)$
6	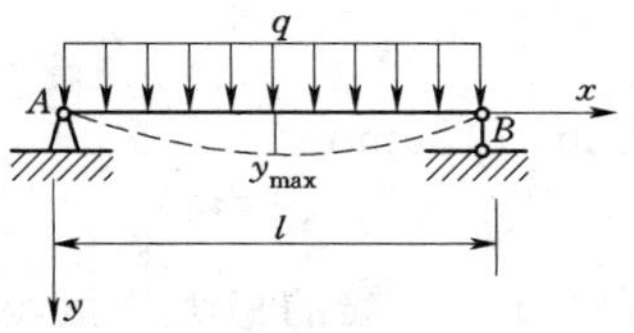	$y_{\max}=\dfrac{5ql^4}{384EI}$
7	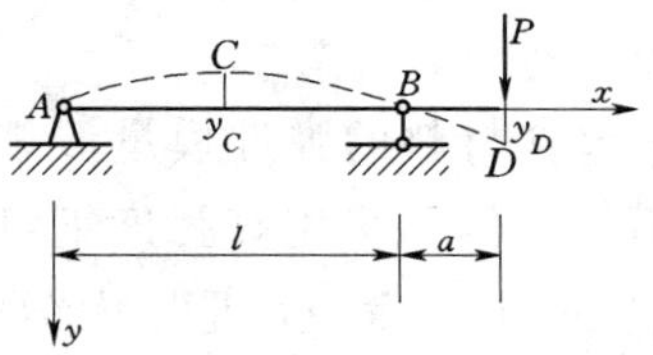	$y_C=\dfrac{-Pal^2}{16EI}$ $y_D=\dfrac{Pa^2}{3EI}(l+a)$
8	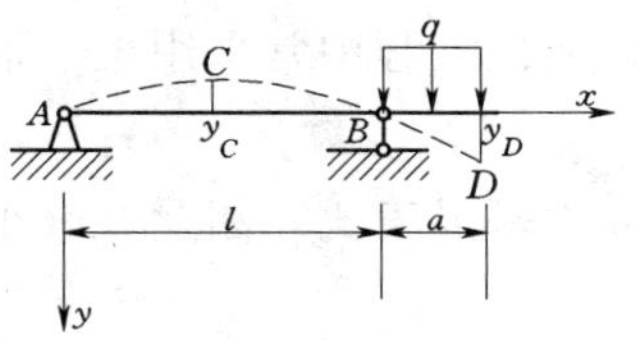	$y_C=\dfrac{-qa^2l^2}{32EI}$ $y_D=\dfrac{qa^3(4l+3a)}{24EI}$

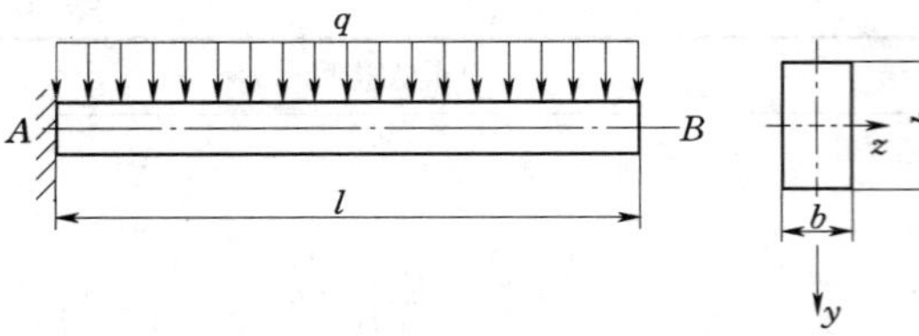

图 3-36 [例 3-24] 图

【例 3-24】 矩形截面悬臂梁承受均布荷载 q，如图 3-36 所示。已知：$q=8\text{kN/m}$，$l=3\text{m}$，$E=200\text{GPa}$，$[\sigma]=160\text{MPa}$，$\left[\frac{y_{max}}{l}\right]=\frac{1}{250}$，截面高宽比为 2（$h=2b$），试设计截面尺寸 b、h。

解： 本题既要满足强度要求也要满足刚度要求。

（1）按强度条件设计。

由 $\sigma_{max}=\dfrac{M_{max}}{W_Z}\leqslant[\sigma]$

$$|M|_{max}=\frac{ql^2}{2}=36(\text{kN}\cdot\text{m})\qquad W_Z=\frac{bh^2}{6}=\frac{2b^3}{3}$$

导出

$$b\geqslant\sqrt[3]{\frac{3M_{max}}{2[\sigma]}}=\sqrt[3]{\frac{3\times36\times10^6}{2\times160}}=67(\text{mm})\qquad h=2b=134(\text{mm})$$

（2）按刚度条件设计，由

$$\frac{f}{l}\leqslant\left[\frac{f}{l}\right]$$

查表 3-4 知

$$y_{max}=y_B=\frac{ql^4}{8EI}\qquad\frac{y_{max}}{l}=\frac{ql^3}{8EI}$$

又知 $I=\dfrac{bh^3}{12}=\dfrac{2b^4}{3}$ 导出 $b\geqslant\sqrt[4]{\dfrac{3\times8\times3000^3\times250}{8\times2\times200\times10^3}}=84.35(\text{mm})$

取 $b=90\text{mm}$，$h=180\text{mm}$。

（3）经比较确定梁截面尺寸为：$b\times h=90\text{mm}\times180\text{mm}$。

三、提高梁刚度的措施

从各梁的最大挠度计算公式（表 3-5）可以看出：梁的最大挠度与荷载、梁的跨度、支承情况、梁横截面的惯性矩、材料的弹性模量有关。提高梁的刚度，就是尽量降低挠度。为此可采取如下措施：

（1）增大梁的抗弯刚度 EI。抗弯刚度 EI 包含材料的弹性模量 E 和截面的惯性矩 I 两个因素。而同类材料的弹性模量 E 值相差不大，例如采用高强度钢可以提高强度，但不能增大弹性模量 E。因此，增大梁的抗弯刚度的主要途径，是增大梁横截面的惯性矩。和强度问题一样，在截面面积不变的情况下，将截面面积分布在距中性轴较远处，不仅能增大梁的抗弯刚度，还能够减小梁的工作应力。所以工程中常采用工字形、圆环及箱型等截面形状的梁。

（2）减小梁的跨度。梁的挠度与梁的跨度 n 次幂成正比，因此，减小梁的跨度是提高梁的刚度的有效措施。

（3）改善加载方式。在允许的条件下，适当调整荷载的作用方式，就可以起到降低弯矩的作用，从而减小梁的变形。

第六节　压　杆　稳　定

一、压杆稳定的概念

工程中，受轴向压力的直杆叫压杆。从强度出发，压杆只要满足轴向压缩的强度条件就能正常工作。这对于短粗杆正确，而对于细长杆则不然。

细长杆件在轴向压力的作用下，有时在横截面上的应力远没有达到许用应力值，而压杆就突然发生侧向弯曲，并折断。例如：取一根长度1m的松木直杆，横截面积为5mm×30mm。此杆的极限承载力为

$$P_b = \sigma_b A = 40 \times 5 \times 30 \times 10^{-3} = 6(\text{kN})$$

实验发现，该木杆在P=3kN时就突然弯曲，这个压力远小于6kN，显然这时压杆的破坏并不是由于强度不足而引起的，工程上将上述破坏叫做压杆失稳。压杆失稳与不能保持压杆的原有直线形状有关，所以，压杆失稳是指在一定轴向压力的作用下，细长杆突然丧失其原有直线平衡状态的现象。在工程上必须对细长杆进行稳定性计算。

二、细长压杆临界力

细长杆件受压力作用，开始阶段杆轴保持直线状态，随着压力的增大，杆件发生微小弯曲的平衡状态。对应这一状态的特定压力值P_{cr}，称为临界力。压力继续增大，侧向弯曲迅速增大并很快破坏。因此，只要确定临界力P_{cr}，使外荷载不超过此值，压杆就不会失稳破坏。临界力由欧拉公式计算：

$$P_{cr} = \frac{\pi^2 EI}{(\mu l)^2} \qquad (3-12)$$

式中　P_{cr}——临界力；

E——材料的弹性模量；

I——杆件截面对形心轴的惯性矩。当杆件在各方向的支承情况相同时，惯性矩取最小值。如矩形截面$I_{\min} = \frac{hb^3}{12}$；圆形截面$I = \frac{\pi D^4}{64}$；圆环截面$I = \frac{\pi(D^4 - d^4)}{64}$；

l——杆件长度；

μ——长度系数，与杆端支承情况有关，可由表3-6确定。

三、临界应力

在临界力作用下，杆件横截面上的平均应力称临界应力，可按下式计算

$$\sigma_{cr} = \frac{P_{cr}}{A} = \frac{\pi^2 EI}{(\mu l)^2 A}$$

式中　A——杆件横截面面积。

令$i^2 = \frac{I}{A}$，$i = \sqrt{\frac{I}{A}}$称为惯性半径，

表 3-6　　**压杆长度折算系数（μ）表**

支承方式	两端铰交	一端固定一端自由	两端固定	一端固定一端铰支
简图	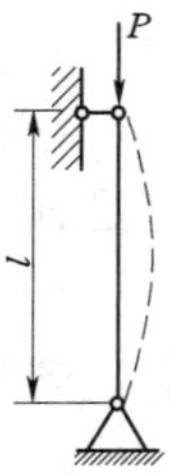	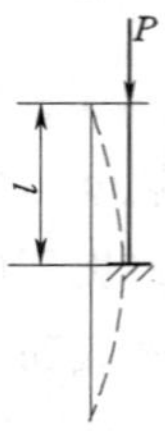		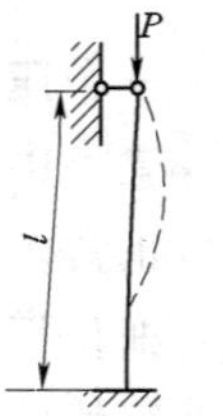
μ	1	2	0.5	0.7
P_{cr}	$\frac{\pi^2 EI}{l^2}$	$\frac{\pi^2 EI}{(2l)^2}$	$\frac{\pi^2 EI}{(0.5l)^2}$	$\frac{\pi^2 EI}{(0.7l)^2}$

则
$$\sigma_{cr}=\frac{\pi^2 E}{\left(\frac{\mu l}{i}\right)^2}=\frac{\pi^2 E}{\lambda^2} \tag{3-13}$$

$\lambda=\frac{\mu l}{i}$称为柔度或细长比，它综合反映了压杆长度、支承情况、截面形状与尺寸等因素对临界力的影响。

【例 3-25】 中心受压细长木柱，长 $l=8\text{m}$，矩形截面，$b=120\text{mm}$，$h=200\text{mm}$，柱两端固定，木材的弹性模量 $E=10\text{GPa}$，试求木柱的临界力和临界应力。

解：（1）求木柱的临界力。木柱两端固定，其长度系数 $\mu=0.5$，截面最小惯性矩为

$$I_{\min}=\frac{hb^3}{12}=\frac{200\times120^3}{12}=2.88\times10^7(\text{mm}^4)$$

临界力为

$$P_{cr}=\frac{\pi^2 EI}{(\mu l)^2}=\frac{\pi^2\times10\times10^3\times2.88\times10^7}{(0.5\times8\times10^3)^2}=177.65\times10^3(\text{N})=177.65(\text{kN})$$

（2）求木柱的临界应力。

$$\sigma_{cr}=\frac{P_{cr}}{A}=\frac{177.65\times10^3}{120\times200}=7.40(\text{MPa})$$

四、压杆稳定计算

在建筑工程中的压杆稳定计算常采用折减系数的方法，其计算公式如下：

$$\sigma=\frac{P}{A}\leqslant\varphi[\sigma] \tag{3-14}$$

通常改写为
$$\frac{P}{\varphi A}\leqslant[\sigma]$$

式中　P——作用在压杆上的轴向压力；

A——杆件的横截面积；

$[\sigma]$——材料的许用应力；

φ——折减系数，其值小于 1。φ 随 λ 而变，计算时可查表 3-7。

表 3－7　　轴向受压杆件折减系数 φ 值

柔度 λ	2 号、3 号、5 号碳素结构钢	16 锰钢	木材	铸铁
0	1.000	1.000	1.000	1.000
10	0.995	0.993	0.971	0.970
20	0.981	0.973	0.932	0.910
30	0.958	0.940	0.883	0.810
40	0.927	0.895	0.822	0.690
50	0.888	0.840	0.757	0.570
60	0.842	0.776	0.668	0.440
70	0.789	0.705	0.575	0.340
80	0.731	0.627	0.460	0.260
90	0.669	0.546	0.371	0.200
100	0.604	0.462	0.300	0.160
110	0.536	0.384	0.248	
120	0.466	0.325	0.209	
130	0.401	0.297	0.178	
140	0.349	0.242	0.154	
150	0.306	0.213	0.133	
160	0.272	0.188	0.117	
170	0.243	0.168	0.102	
180	0.218	0.151	0.093	

【例 3－26】　一两端铰支的圆形木柱承受轴向压力 $P=150\text{kN}$，杆长 $l=3.5\text{m}$，直径 $d=200\text{mm}$，许用应力 $[\sigma]=10\text{MPa}$，校核此压杆的稳定性。

解： 压杆两端铰支，故 $\mu=1$

惯性半径　$$i=\sqrt{\frac{I}{A}}=\frac{d}{4}=\frac{200}{4}=5(\text{mm})$$

柔度　$$\lambda=\frac{\mu l}{i}=\frac{1\times3.5\times10^3}{50}=70$$

查表 3－7 得 $\varphi=0.575$。

校核稳定性　$$\sigma=\frac{P}{A}=\frac{150\times10^3}{\frac{\pi\times200^2}{4}}=4.8\ (\text{MPa})<\varphi\ [\sigma]=0.575\times10=5.75(\text{MPa})$$

压杆的稳定性满足要求。

五、提高压杆承载能力的措施

压杆破坏主要是丧失稳定性，为提高压杆的承载能力，就要综合考虑支承、杆长、截面的合理性及材料性能等因素的影响。

（1）增强杆端的约束。增强杆端约束，可降低长度系数 μ 值。如将两端铰支的细长杆改为两端固定，则临界力成倍增加。

(2) 减小压杆的长度。对细长杆，其临界力与杆长的平方成反比。因此，减小杆长可显著提高压杆的临界力。

(3) 选择合理的截面。对中长杆和细长杆，临界应力随柔度的增大而减小，在不增加截面积的情况下，尽量增大惯性矩。如实心截面改为空心截面。在选择截面的形状和尺寸时，还应注意失稳的方向性。若当压杆在各个方向的约束相同时，可采用完全对称的截面形式，如空心圆形或方形截面。

(4) 合理选择材料。临界应力与弹性模量成正比，选择弹性模量高的材料可提高细长杆的稳定性。但对钢材而言，因各种钢材的弹性模量大致相同，所以选用高强度钢材是不必要的。

习 题

一、填空题

1. 内力计算的基本方法是__________，计算步骤概括为三个字，即__________、__________、__________。

2. 轴向拉压杆的内力是__________，正负号规定为__________，__________。

3. 在竖向荷载下，梁的内力有__________、__________。其正负号规定为__________，__________。

4. 梁内力图的作法有__________种，本章主要介绍梁__________、__________和__________，经常用__________和__________。

5. 构件的应力有两种类型，即__________、__________；轴向拉压杆横截面上的应力只存在__________，用__________符号表示，计算公式为__________；梁横截面上的正应力为σ，计算公式表示为____________。

6. 构件的强度条件有三方面的应用，即__________、__________和__________。

7. 压杆长度折算系数仅与两端支承情况有关，分别取__________、__________、__________和__________。

二、选择题（单项或多项选择）

1. 杆件的基本变形是（　　）。

A. 拉压变形　B. 剪切变形　C. 弯曲变形　D. 扭转变形

2. 指出下列论述中正确的是（　　）。

A. 拉（压）杆的内力为轴力

B. 轴力的方向与该截面的外法线方向一致为正，反之为负

C. 轴力大小与杆截面形状、尺寸、大小无关

D. 轴力等于临近截面上的外力

3. 应力与内力有何不同？（　　）

A. 应力等于内力　B. 应力等于内力的代数和

C. 应力是矢量，内力是标量　D. 应力是内力在横截面上的分布集度

4. 轴向拉压杆的变形有如下结论：（　　）。

A. 应力与应变成正比　B. 轴向伸长横向缩短

C. EA 越大变形越大　　D. EA 越大变形越小

5. 承受竖向荷载的水平梁，其内力有（　　）。

A. 剪力　B. 弯矩　C. 扭矩　D. 轴力

6. 利用梁的强度条件可以（　　）。

A. 求变形　B. 校核强度　C. 确定梁的截面尺寸　D. 求许可荷载

7. 轴向拉压杆件件的强度条件是（　　）。

A. $\sigma_{max}=\dfrac{N_{max}}{A}\leqslant[\sigma]$　　B. $\sigma_{max}=\dfrac{M_{max}}{W_Z}\leqslant[\sigma]$

C. $\sigma=\dfrac{N}{A}\leqslant[\sigma]$　　D. $\dfrac{f}{l}\leqslant\left[\dfrac{f}{l}\right]$

8. 压杆的柔度与下列因素有关：（　　）。

A. 长度折算系数　B. 压杆长度　C. 两端支承　D. 材料性质

三、问答题

1. 简述构件的基本变形形式，受力特点和变形特点。
2. 杆件截面内力的正负号是如何规定的？
3. 什么是应力？应力和内力有何区别？又有何联系？
4. 何谓中性层？何谓中性轴？
5. 什么是梁的挠度和转角？挠度和转角的正负号是如何规定的？
6. 什么是应变？应变和应力有何关系？
7. 杆件的强度、刚度和稳定性有何区别？
8. 什么叫压杆的柔度？它与哪些因素有关？
9. 用折减系数法进行稳定计算时，对压杆柔度有何限制？

四、计算及内力图绘制题

1. 轴向拉压杆受力如图 3-37 所示，试绘制各杆件的轴力图。

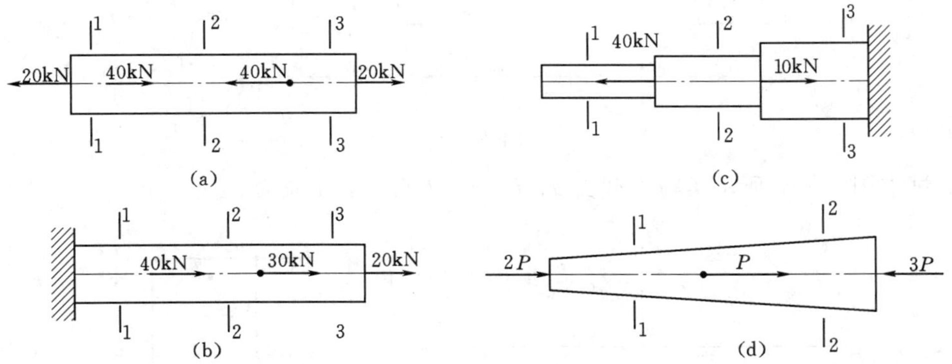

图 3-37

2. 杆件受力如图 3-38 所示。已知 $P_1=30$kN，$P_2=70$kN，$P_3=40$kN，绘制该杆件的轴力图。若 $A_{AB}=200\text{mm}^2$，$A_{BC}=300\text{mm}^2$，试计算图中 1—1、2—2 横截面上的正应力。

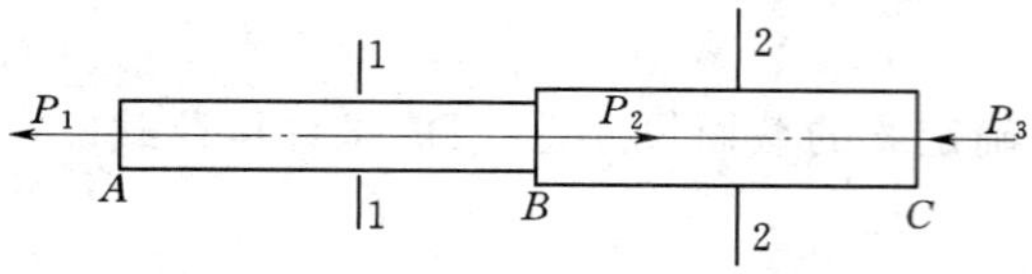

图 3-38

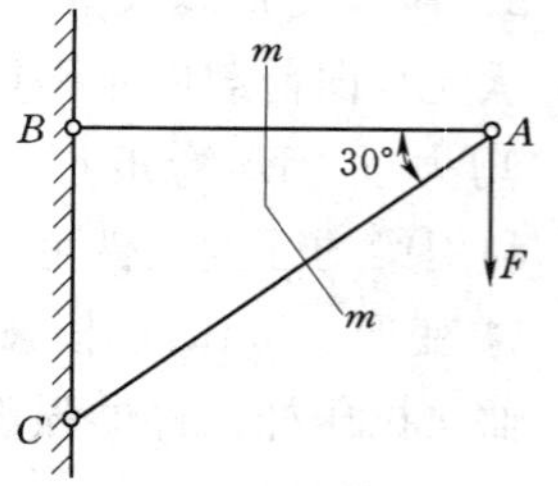

图 3-39

3. 如图 3-39 所示悬臂架中，钢杆 AB 截面面积 $A_1=660\text{mm}^2$，许用应力 $[\sigma]_1=160\text{MPa}$。木杆 AC 横截面面积 $A_2=12000\text{mm}^2$，$[\sigma]_2=7\text{MPa}$。A 点挂一重物 $F=40\text{kN}$，试校核各杆强度。

4. 用求内力的规律求图 3-40 所示 1—1、2—2 截面的内力。已知 $P=30\text{kN}$，$a=2\text{m}$。

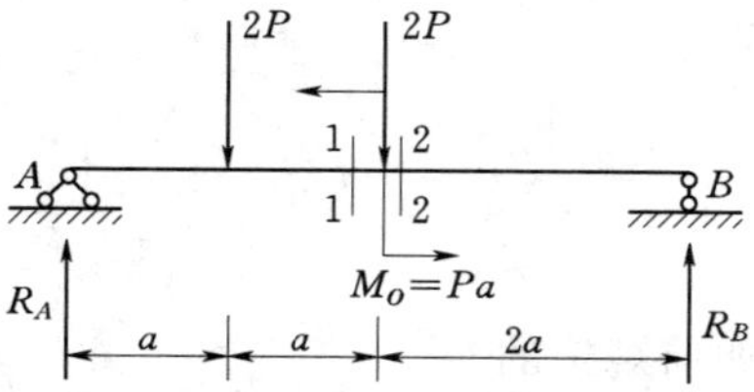

图 3-40

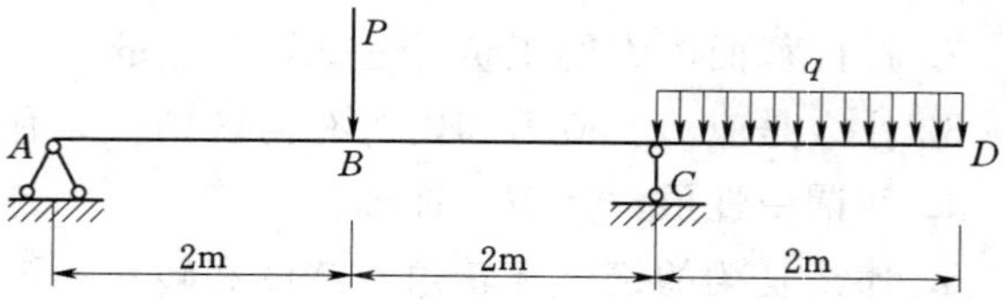

图 3-41

5. 用简捷法作图 3-41 所示外伸梁的内力图。已知：$P=10\text{kN}$，$q=3\text{kN/m}$。

6. 如图 3-42 所示外伸梁，$P=30\text{kN}$，$M_O=20\text{kN}\cdot\text{m}$，用叠加法作弯矩图。

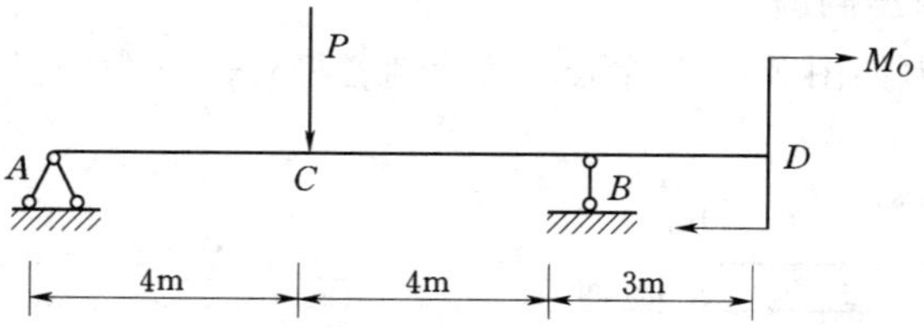

图 3-42

7. 试求图 3-43 所示梁跨中截面 a、b、c、d 四点的正应力。

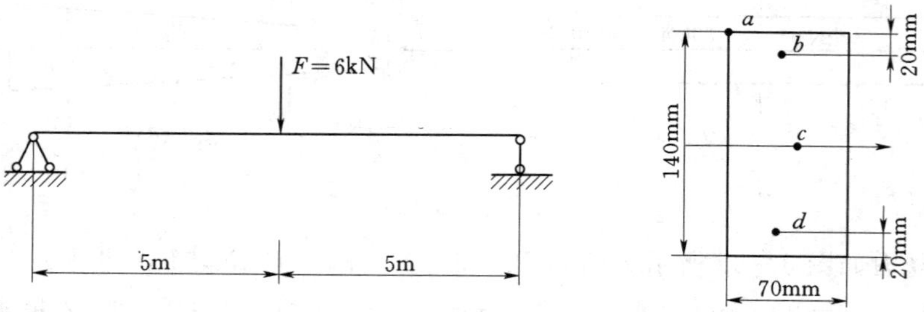

(a) (b)

图 3-43

8. 某圆形截面外伸梁受力如图 3-44 所示，试求该梁内最大正应力及其所在位置。

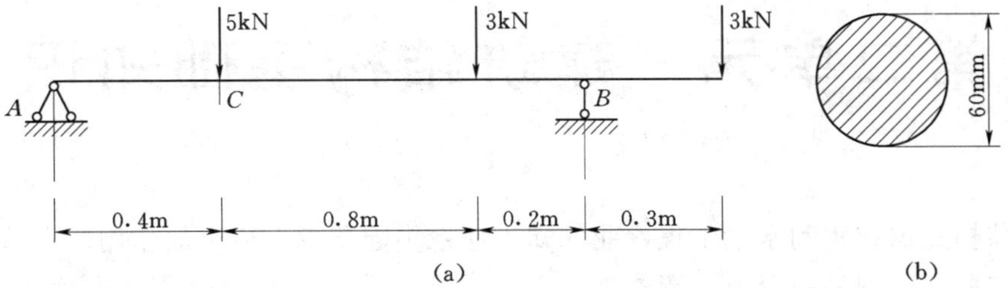

图 3-44

9. 一木梁受力如图 3-45 所示，已知 [σ] =10MPa。试选择木梁直径。

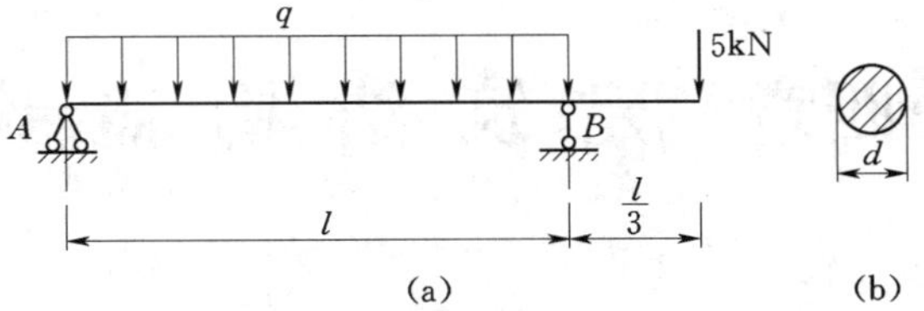

图 3-45

10. 如图 3-46 所示，简支梁长 l=4m，受均布荷载 q=4kN/m 的作用，截面为宽度 b=130mm，高 h=200mm 的矩形，材料的许用应力为 [σ] =10MPa，校核梁的正应力强度。

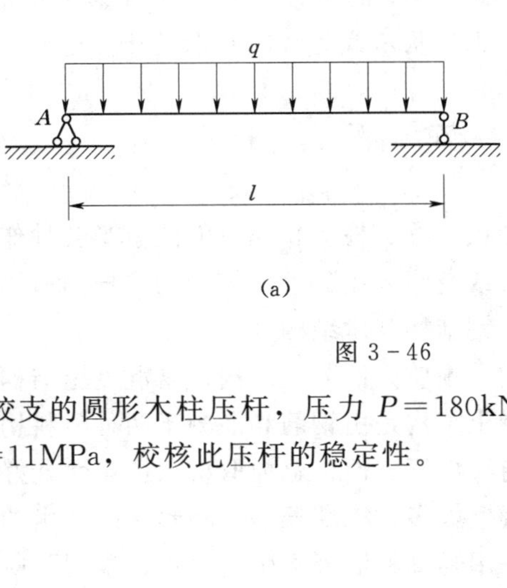

图 3-46

11. 一两端铰支的圆形木柱压杆，压力 P=180kN，杆长 l=3.5m 直径 d=210mm，许用应力 [σ] =11MPa，校核此压杆的稳定性。

第二单元　建筑结构基础知识

建筑结构知识在水利水电工程专业的知识体系中起着承上启下的作用。本单元主要介绍建筑结构概论，钢筋混凝土受弯构件、受压构件、受拉构件的设计方法及其构造知识，预应力混凝土结构的基本知识。本单元的学习将为后续专业课程的学习和从事水利工程施工与管理奠定基础。

第四章　建 筑 结 构 概 论

【重点内容】　建筑结构的分类、钢筋和混凝土的力学性能及强度指标、钢筋的锚固与连接。建筑荷载的分类及荷载标准值的确定，结构的功能要求和结构的极限状态，水工混凝土结构承载力极限状态实用设计表达式。

【学习目标】　知道建筑结构的概念及分类，熟悉钢筋和混凝土的力学性能，会查表选用钢筋和混凝土的强度指标。深刻理解混凝土与钢筋之间的黏结力，熟悉钢筋的锚固和连接的一般规定。知道建筑荷载的常规分类，深刻理解结构的功能要求及极限状态、功能函数和极限状态方程，掌握水工混凝土结构承载力极限状态设计表达式。

第一节　概　　述

在工程建筑中，由若干构件（如板、梁、柱等）组成的能承受各种作用（如荷载、温度变形、地基不均匀沉降等）的平面或空间体系称为建筑结构。根据所用材料不同，建筑结构可分为混凝土结构、砌体结构、钢结构和木结构。

混凝土结构包括钢筋混凝土结构、预应力混凝土结构、素混凝土结构。目前，应用最广泛的是钢筋混凝土结构。钢筋混凝土结构是由钢筋和混凝土两种材料构成，其主要优点是强度高、耐久性好、可模性好、耐火性好、便于就地取材、抗震性能好；其缺点是自重大、抗裂性能较差，现浇施工时耗费模板多，工期长等。随着建筑技术的发展，钢筋混凝土结构的缺点正逐步得到克服，如采用轻骨料混凝土减轻自重，采用预应力混凝土提高结构的抗裂性，采用预制构件克服模板耗费多和工期长的缺点等。

砌体结构是指用各种块材（砖、石、砌块等）通过砂浆（如水泥砂浆、混合砂浆等）砌筑而成的结构。砌体结构的主要优点是就地取材、造价低、耐火性好、施工简易；缺点是强度低、自重大、抗震性差等。

钢结构是由钢材制作的结构。钢结构的主要优点有强度高、自重轻、质地均匀、便于施工等；缺点是容易锈蚀、维修费用高、耐火性能差等。

木结构是以木材为主制作的结构。木结构的主要优点是就地取材、制作简单、便于施工、自重较轻；但是木材产量受自然生长条件的限制，并且具有易燃、易腐蚀、结构变形较大等缺点。

第二节　钢　　筋

一、钢筋的力学性能

钢筋混凝土结构所用的钢筋，由于化学成分及制造工艺的不同，机械性能有显著差别，按其应力—应变曲线性质的不同，可分为有明显屈服点的钢筋和无明显屈服点的钢筋两大类。反映钢筋力学性能的基本指标主要有屈服强度和伸长率。

有明显屈服点的钢筋在工程上习惯称为软钢，如热轧钢筋。其应力—应变图形如图 4－1 所示。软钢从开始加载到拉断，可分为四个受力阶段，即：弹性阶段（*oa* 段）、屈服阶段（*bc* 段）、强化阶段（*cd* 段）和破坏阶段（*de* 段）。对于有明显屈服点的钢筋，取屈服强度为钢筋强度的限值。这是因为构件中的钢筋应力达到屈服强度后，钢筋将产生很大的塑性变形，即使卸载，裂缝也不能闭合，变形也不能恢复，以致不能使用。

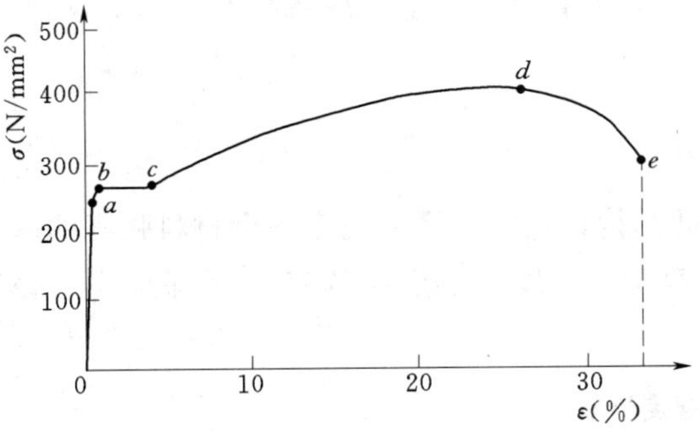

图 4－1　软钢应力—应变曲线

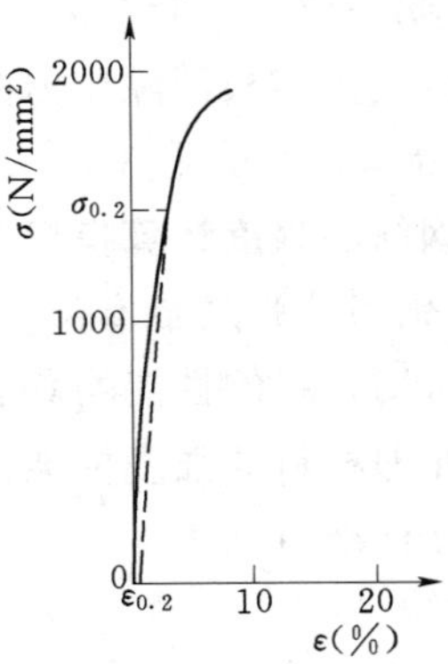

图 4－2　硬钢应力—应变曲线

无明显屈服点的钢筋在工程上称为硬钢，硬钢应力—应变曲线见图 4－2。预应力钢筋大多为无明显屈服点的钢筋。它的极限强度很高，但伸长率小。对无明显屈服点的钢筋，取“条件屈服强度”作为钢筋强度的限值。“条件屈服强度”是指经过加载及卸载后尚存有 0.2% 永久残余应变时的应力，用 $\sigma_{0.2}$ 表示。$\sigma_{0.2}$ 一般相当于抗拉极限强度的 70 %～85%。

钢筋拉断后的伸长值与原长之比称为伸长率，伸长率的大小标志着钢筋塑性的大小。为了使钢筋在断裂前有足够的伸长，保证钢筋混凝土构件在破坏前有明显的预兆，就需要从强度和塑性两个方面来选择钢筋，以满足使用要求。

二、钢筋的种类

钢筋按外形可分为光圆钢筋和变形钢筋两种。光圆钢筋的表面是光面的，变形钢筋（图 4－3）有螺旋纹、人字纹和月牙肋钢筋以及冷轧带肋钢筋（三面肋）。钢筋按其生产加工工艺不同，可分为热轧钢筋、钢丝、钢绞线等。热轧钢筋主要作为钢筋混凝土结构中的钢筋和预应力混凝土结构中的非预应力钢筋。高强度钢丝、钢绞线等主要作为预应力混凝土结构中的预应力钢筋。

（一）热轧钢筋

热轧钢筋是由低碳钢、普通低合金钢在高温状态下轧制而成，其强度由低到高分为：HPB235、HRB335、HRB400、RRB400，分别用符号ϕ、Φ、Ф、$Ф^{R}$表示。数字235、335、400表示屈服强度标准值分别为235MPa、335MPa、400MPa。其中HPB235级钢筋为光圆钢筋，其余各级钢筋均为变形钢筋。

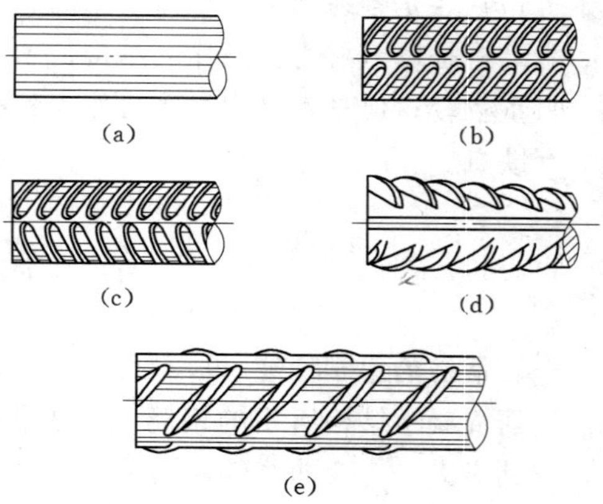

图4-3 各种钢筋的形式
(a) 光圆钢筋；(b) 螺旋纹钢筋；(c) 人字纹钢筋；(d) 月牙肋钢筋；(e) 冷轧带肋钢筋（三面肋）

（二）钢丝

预应力混凝土结构中常用高强钢丝，其按外形分为高强度光圆钢丝、刻痕钢丝、螺旋肋钢丝。

（三）钢绞线

钢绞线是由多根消除应力的钢丝用绞盘绞结而形成的。钢绞线规格有2股、3股、7股、19股等，常用的是3股、7股钢绞线。

三、钢筋的强度计算指标

（一）钢筋的强度标准值

结构所用材料的性能均具有变异性，因此结构设计时就需要确定一个材料强度的基本代表值，亦即材料的强度标准值，规范规定钢筋的强度标准值应具有95%保证率。普通钢筋的强度标准值见表4-1。

表4-1　普通钢筋强度标准值

种类		符号	d (mm)	f_{yk} (N/mm²)
热轧钢筋	HPB235	ϕ	8~20	235
	HRB335	Φ	6~50	335
	HRB400	Ф	6~50	400
	RRB400	$Ф^{R}$	8~40	400

（二）钢筋的强度设计值

钢筋混凝土结构按承载能力设计计算时，钢筋应采用强度设计值，强度设计值为强度标准值除以材料的分项系数，这个分项系数一般大于1。普通钢筋的强度设计值见表4-2。

（三）钢筋的截面面积

国内常规钢筋供货直径（单位mm）为6、8、10、12、14、16、18、20、22、25、28、32等12种。其截面面积及公称质量见表4-3，每米板宽内钢筋截面面积见表4-4。

表 4-2 普通钢筋强度设计值

种类		符号	f_y (N/mm²)	f'_y (N/mm²)
热轧钢筋	HPB235	Φ	210	210
	HRB335	Φ	300	300
	HRB400	Φ	360	360
	RRB400	Φ^R	360	360

注 在钢筋混凝土结构中，轴心受拉和小偏心受拉构件的钢筋抗拉强度设计值大于 300N/mm² 时，仍应按 300N/mm²取用。

表 4-3 钢筋的计算截面面积及公称质量

公称直径 (mm)	不同根数钢筋的公称截面面积 (mm²)									单根钢筋公称质量 (kg/m)
	1	2	3	4	5	6	7	8	9	
6	28.3	57	85	113	142	170	198	226	255	0.222
6.5	33.2	66	100	133	166	199	232	265	299	0.260
8	50.3	101	151	201	252	302	352	402	453	0.395
10	78.5	157	236	314	393	471	550	628	707	0.617
12	113.1	226	339	452	565	678	791	904	1017	0.888
14	153.9	308	461	615	769	923	1077	1231	1385	1.210
16	201.1	402	603	804	1005	1206	1407	1608	1809	1.580
18	254.5	509	763	1017	1272	1527	1781	2036	2290	2.000
20	314.2	628	942	1256	1570	1884	2199	2513	2827	2.470
22	380.1	760	1140	1520	1900	2281	2661	3041	3421	2.980
25	490.9	982	1473	1964	2454	2945	3436	3927	4418	3.850
28	615.8	1232	1847	2463	3079	3695	4310	4926	5542	4.830
32	804.2	1609	2413	3217	4021	4826	5630	6434	7238	6.310
36	1017.9	2036	3054	4072	5089	6107	7125	8143	9161	7.990
40	1256.6	2513	3770	5027	6283	7540	8796	10053	11310	9.870
50	1964.0	3928	5892	7856	9820	11784	13748	15712	17676	15.420

表 4-4 每米板宽内的钢筋截面面积表

钢筋间距 (mm)	钢筋直径 (mm) 为下列数值时的钢筋截面面积 (mm²)												
	6	6/8	8	8/10	10	10/12	12	12/14	14	14/16	16	16/18	18
70	404	561	718	920	1122	1369	1616	1907	2199	2536	2872	3254	3635
75	377	524	670	859	1047	1278	1508	1780	2053	2367	2681	3037	3393
80	353	491	628	805	982	1198	1414	1669	1924	2218	2513	2847	3181
85	333	462	591	758	924	1127	1331	1571	1811	2088	2365	2680	2994
90	314	436	559	716	873	1065	1257	1484	1710	1972	2234	2531	2827
95	298	413	529	678	827	1009	1190	1405	1620	1868	2116	2398	2679

续表

钢筋间距 (mm)	钢筋直径（mm）为下列数值时的钢筋截面面积（mm^2）												
	6	6/8	8	8/10	10	10/12	12	12/14	14	14/16	16	16/18	18
100	283	393	503	644	785	958	1131	1335	1539	1775	2011	2278	2545
110	257	357	457	585	714	871	1028	1214	1399	1614	1828	2071	2313
120	236	327	419	537	654	798	942	1113	1283	1480	1676	1899	2121
125	226	314	402	515	628	767	905	1068	1232	1420	1608	1822	2036
130	217	302	387	495	604	737	870	1027	1184	1366	1547	1752	1957
140	202	280	359	460	561	684	808	954	1100	1268	1436	1627	1818
150	188	262	335	429	524	639	754	890	1026	1183	1340	1518	1696
160	177	245	314	403	491	599	707	834	962	1110	1257	1424	1590
170	166	231	296	379	462	564	665	785	906	1044	1183	1340	1497
180	157	218	279	358	436	532	628	742	855	985	1117	1266	1414
190	149	207	265	339	413	504	595	703	810	934	1058	1199	1339
200	141	196	251	322	393	479	565	668	770	888	1005	1139	1272
220	129	178	228	293	357	436	514	607	700	807	914	1036	1157
240	118	164	209	268	327	399	471	556	641	740	838	949	1060
250	113	157	201	258	314	383	452	534	616	710	804	911	1018
260	109	151	193	248	302	369	435	514	592	682	773	858	979
280	101	140	180	230	280	342	404	477	550	634	718	814	909
300	94	131	168	215	262	319	377	445	513	592	670	759	848
320	88	123	157	201	245	299	353	417	481	554	630	713	795
330	86	119	152	195	238	290	343	405	466	538	609	690	771

注 表中钢筋直径有写成分式者如 6/8，系指ф6、ф8 钢筋间隔配置。

（四）钢筋的选用

钢筋混凝土结构中的钢筋和预应力混凝土结构中的非预应力钢筋宜采用 HRB335 级和 HRB400 级钢筋，也可采用 HPB235 级和 RRB400 级钢筋，工程中以 HRB400 级钢筋作为主导钢筋；预应力钢筋宜采用预应力钢绞线、钢丝，也可采用螺纹钢筋或钢棒。HPB235 级钢筋的强度较低，一般作为现浇楼板的受力钢筋、箍筋和构造钢筋；HRB335 级和 HRB400 级和 RRB400 级钢筋，其强度较高，且与混凝土能较好结合，多作为钢筋混凝土构件的受力钢筋，尺寸较大的构件也可以采用 HRB335 级钢筋作为箍筋。

第三节 混 凝 土

混凝土是由水泥、细骨料、粗骨料和水按一定比例配合搅拌，并经一定条件养护凝固硬化形成的人工石材。在硬化凝固过程中水泥和水形成水泥胶块与骨料黏结在一起，骨料与水泥胶块中的结晶体组成弹性骨架来承受外力，弹性骨架使混凝土具有弹性变形的特点。同时，水泥胶块中的凝胶体则起着调整和扩散混凝土应力的作用，又使混凝土具有塑性变形的性质。

一、混凝土的强度

混凝土的强度指标主要有立方体抗压强度、轴心抗压强度、轴心抗拉强度。

（一）立方体抗压强度

混凝土的立方体抗压强度是确定混凝土强度等级的标准，它是混凝土各种力学指标的基本代表值，混凝土的其他强度可由其换算得到。《水工混凝土结构设计规范》（SL191—2008）（以下简称《规范》）规定：以按标准方法制作的边长为150mm的立方体试件，在温度为（20±5）℃、相对湿度不小于95%的条件下养护28d，用标准方法（加荷速度为每秒0.3～0.5N/mm²，试件表面不涂润滑剂，全截面受力）加压至破坏，测得的具有95%保证率的立方体抗压强度，称为立方体抗压强度标准值，用 f_{cuk} 表示。

根据混凝土立方体抗压强度标准值，水利工程中采用的混凝土强度等级分为10级，即C15、C20、C25、C30、C35、C40、C45、C50、C55、C60。其中符号C表示混凝土，后面的数字表示混凝土立方体抗压强度标准值的大小，单位为N/mm²。例如C25表示混凝土立方体抗压强度标准值为25N/mm²。

（二）轴心抗压强度

在实际结构中，钢筋混凝土受压构件大多数是棱柱体而不是立方体，采用棱柱体测得的抗压强度更能反映混凝土的真实抗压能力。试验表明，棱柱体试件的抗压强度比立方体抗压强度低，这是因为当试件高度增大后，两端部接触面上的摩擦力对试件中部的影响逐渐减弱，试件越细长，棱柱体的抗压强度越低。

经过大量的试验分析及综合考虑实际结构构件的各种差异，轴心抗压强度 f_{ck} 与立方体抗压强度 f_{cuk} 大致呈线性关系，可表示为

$$f_{ck}=0.66f_{cuk} \tag{4-1}$$

（三）轴心抗拉强度

混凝土的轴心抗拉强度是确定混凝土抗裂性能的重要指标，混凝土构件的开裂、裂缝变形等均与抗拉强度有关。混凝土轴心抗拉强度用 f_{tk} 表示，其值远小于混凝土的抗压强度，一般为其抗压强度的1/9～1/8。

根据试验结果对比及综合考虑实际结构构件的各种差异，混凝土试件的轴心抗拉强度标准值 f_{tk} 与立方体抗压强度标准值 f_{cuk} 之间存在如下关系：

$$f_{tk}=0.23\sqrt[3]{f_{cuk}^2} \tag{4-2}$$

混凝土各种强度值见表4-5、表4-6。

表4-5　　混凝土强度标准值　　单位：N/mm²

强度种类	符号	混凝土强度等级									
		C15	C20	C25	C30	C35	C40	C45	C50	C55	C60
轴心抗压	f_{ck}	10.0	13.4	16.7	20.1	23.4	26.8	29.6	32.4	35.5	38.5
轴心抗拉	f_{tk}	1.27	1.54	1.78	2.01	2.20	2.39	2.51	2.64	2.74	2.85

表 4-6 **混凝土强度设计值** 单位：N/mm²

强度种类	符号	混凝土强度等级									
		C15	C20	C25	C30	C35	C40	C45	C50	C55	C60
轴心抗压	f_c	7.2	9.6	11.9	14.3	16.7	19.1	21.1	23.1	25.3	27.5
轴心抗拉	f_t	0.91	1.10	1.27	1.43	1.57	1.71	1.80	1.89	1.96	2.04

注 计算现浇钢筋混凝土轴心受压和偏心受压构件时，如截面的长边或直径小于 300mm，则表中的混凝土强度设计值应乘以系数 0.8；当构件质量（如混凝土成型、截面和轴线尺寸等）确有保证时，可不受此限制。

二、混凝土的收缩和徐变

（一）混凝土的收缩

混凝土在空气结硬过程中，体积减小的现象称为收缩。大量试验结构表明，收缩随时间而增长，初期收缩发展很快，第一个月约完成全部收缩量的 50%，3 个月后增长减慢，一般两年后就趋于稳定。蒸汽养护下的收缩值要小于常温养护下的收缩值。

混凝土的收缩对混凝土结构危害很大，例如，混凝土构件受到约束时，收缩会使构件产生裂缝，造成质量事故；对预应力混凝土构件则会引起钢筋预应力值的损失。减小混凝土的收缩措施有：加强早期养护；使用减水剂，减少水灰比；采用高标号水泥，减少水泥用量；加强振捣，提高混凝土密实度；选择弹性模量大的骨料；预留伸缩缝，设置后浇带，配置一定数量的构造钢筋。

（二）混凝土的徐变

混凝土在长期荷载作用下，应力不变，应变随时间的增加而增长的现象，称为混凝土的徐变。徐变在前期增长较快，随后逐渐减慢，经过较长时间而趋于稳定。一般 6 个月可达最终徐变的 70%～80%，两年后，徐变基本完成。

混凝土产生徐变的原因主要有两个方面：一是混凝土中水泥凝胶体在荷载长期作用下产生的黏性流动，试件变形随之增大；二是混凝土内的微裂缝在荷载长期作用下不断扩展和延伸，导致应变增加。

影响徐变的因素除了主要与时间有关外，还受到以下方面的影响：

（1）应力大小：混凝土的应力越大，徐变也越大。

（2）加荷龄期：初始加荷时，混凝土的龄期越早，徐变越大；反之加荷时混凝土龄期越长，水泥石晶体所占比重越大，凝胶体的粘流就越少，徐变就越小。若加强养护，使混凝土尽早结硬或采用蒸汽养护，可减小徐变。

（3）周围环境：混凝土养护时温度越高，湿度越大，水泥水化作用越充分，徐变就会显著减小；反之，外界相对湿度越低，混凝土的徐变就越大。

（4）水泥用量越多，徐变越大；水灰比越大，徐变越大。

（5）材料质量和级配好，弹性模量高，徐变小。

（6）构件的体表比越大，徐变越小。

混凝土的徐变在很多情况下对水工结构来说是有利的。如局部的应力集中可以因徐变而得到缓和，支座沉陷引起的应力及温度、湿度应力也可由于徐变而得到松弛。但徐变对混凝土结构的不利影响也不容忽视，如徐变可使受弯构件的挠度增加 2～3 倍，徐变会使细长柱的附加偏心距增大，徐变还会导致预应力构件的预应力损失。

三、混凝土的其他性能

（一）混凝土的弹性模量

在分析计算混凝土构件的截面应力、构件变形以及超静定结构内力、温度应力时，需要利用混凝土的弹性模量，用 E_c 表示。《规范》给出 28d 龄期混凝土受压或受拉的弹性模量 E_c 见表 4－7。

表 4－7　　混凝土弹性模量 E_c　　单位：$10^4 N/mm^2$

混凝土强度等级	C15	C20	C25	C30	C35	C40	C45	C50	C55	C60
E_c	2.20	2.55	2.80	3.00	3.15	3.25	3.35	3.45	3.55	3.60

（二）混凝土的重力密度和耐久性

混凝土的重力密度与所用的骨料及振捣的密实程度有关，应由试验确定。在无试验资料时，《规范》规定：素混凝土可取 $24kN/m^3$，钢筋混凝土可取 $25kN/m^3$。

混凝土应满足强度要求的同时，并应根据建筑物的工作条件、地区气候等具体情况，分别满足抗渗、抗冻、抗侵蚀、抗冲刷等耐久性要求。对于防止温度裂缝有较高要求的大体积混凝土结构，设计时应对混凝土提出高延伸率和低热性要求，选用低热水泥或掺加合适的掺合料与外加剂。

四、混凝土的选用

钢筋混凝土结构构件的混凝土强度等级不应低于 C15；当采用 HRB335 级钢筋时，混凝土强度等级不宜低于 C20；当采用 HRB400 级和 RRB400 级钢筋或承受重复荷载时，混凝土强度等级不应低于 C20。

预应力混凝土结构构件的混凝土强度等级不应低于 C30；当采用钢绞线、钢丝作预应力钢筋时，混凝土强度等级不宜低于 C40。

适当提高混凝土的强度等级，不仅可以提高构件的承载力，而且抗剪及裂缝控制性能也随之提高。建议受弯构件采用 C20～C30，受压构件采用 C30～C40，预应力构件采用 C30～C50。

第四节　钢筋和混凝土的共同作用

钢筋混凝土由钢筋和混凝土两种物理、力学性能完全不同的材料组成。混凝土的抗压能力较强而抗拉能力很弱，钢材的抗拉和抗压能力都很强，为了充分利用材料的性能，把混凝土和钢筋这两种材料结合在一起共同工作，使混凝土主要承受压力，钢筋主要承受拉力，以满足工程结构的使用要求。

一、钢筋与混凝土之间的黏结力

（一）黏结力的组成

钢筋与混凝土是两种性质不同的材料，它们能共同工作的基本前提是两者之间具有较好的黏结力。所谓黏结力是分布在钢筋与混凝土接触面上的剪应力，它起着在钢筋与混凝土之间传递应力的作用。正因为有黏结力的存在，才能阻止钢筋与混凝土之间的相对滑动，保证两者能共同参与受力工作。

钢筋与混凝土之间的黏结力主要由以下三个方面组成：

（1）化学胶结力。混凝土在结硬过程中因水化作用，在水泥胶体与钢筋间产生胶结力作用。混凝土的强度等级越高，胶结力也越高。

（2）摩擦力。在混凝土凝结过程中及凝结以后，混凝土产生收缩，促使混凝土将钢筋紧紧裹住，当钢筋和混凝土之间产生相对滑移趋势时，则在此接触面上将产生摩擦力。该摩擦力的大小与混凝土的收缩量及钢筋粗糙程度有关，混凝土的收缩量越大，钢筋表面越粗糙，摩擦力就越大。

（3）机械咬合力。由于钢筋表面凹凸不平，混凝土和钢筋相互咬合，在钢筋与混凝土之间产生滑移趋势时，就存在机械咬合力。机械咬合力约占总黏结力的一半以上。

（二）影响黏结力的主要因素

（1）钢筋表面形状。钢筋表面形状对钢筋与混凝土的黏结力有很大影响。变形钢筋的黏结能力明显高于光面钢筋。

（2）混凝土强度等级。混凝土强度等级越高，钢筋和混凝土的黏结力越大。

（3）保护层厚度。当混凝土保护层过薄时，保护层混凝土可能产生径向劈裂，减少钢筋与混凝土之间的咬合作用和摩擦作用，黏结能力就会降低。

另外，浇注混凝土时钢筋的位置和钢筋间距对钢筋与混凝土之间的黏结力也有影响，设计及施工时应符合相关规范的要求。

二、钢筋的锚固与搭接

（一）钢筋的锚固

为使钢筋和混凝土可靠地共同工作，设计时应该使钢筋在混凝土中有足够的锚固长度。《规范》规定：当计算中充分利用钢筋的拉抗强度时，受拉钢筋伸入支座的锚固长度不应小于表 4－8 中规定的数值。纵向受压钢筋的锚固长度不应小于表 4－8 中所给数值的 0.7 倍。

表 4－8　受拉钢筋的最小锚固长度 l_a

项次	钢筋类型	混凝土强度等级					
		C15	C20	C25	C30	C35	≥C40
1	HPB235 钢筋	40d	35d	30d	25d	25d	20d
2	HRB335 钢筋	—	40d	35d	30d	30d	25d
3	HRB400 钢筋、RRB400 钢筋	—	50d	40d	35d	35d	30d

注　1. 表中 d 为钢筋直径。
　　2. 表中 HPB235 级钢筋的最小锚固长度 l_a 值不包括弯钩长度。

在实际工程中，根据具体情况需要参考规范对一定条件下的锚固长度进行修正。这里不再细述。为了保证光面钢筋的黏结强度，绑扎骨架中的受力光面钢筋末端必须做成半圆弯钩。当 HRB335 级、HRB400 级和 RRB400 级受拉钢筋锚固长度不能满足上述规定时，可在钢筋末端做弯钩［图 4－4（a）］、加焊锚板［图 4－4（b）］，或在末端采用贴焊锚筋［图 4－4（c）］等附加锚固形式。

（二）钢筋的搭接

为了便于运输，出厂的钢筋除小直径的圆盘外，一般长度约为 10～12m，在使用过程

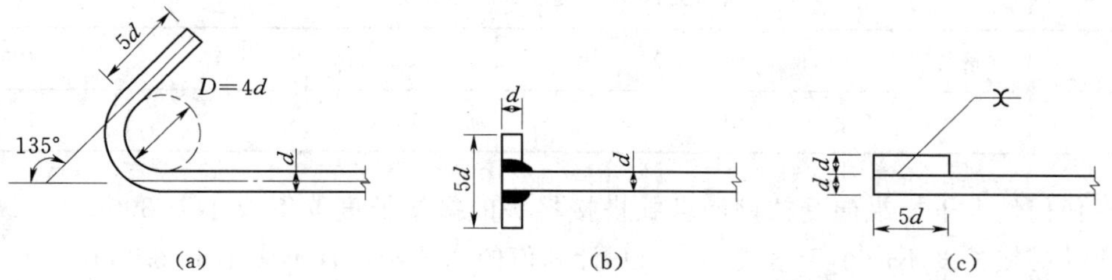

图 4-4　钢筋附加锚固的形式及构造要求
(a) 末端带 135°弯钩；(b) 末端与钢板穿孔塞焊；(c) 末端与短钢筋双面贴焊

中就需要搭接。钢筋的搭接方式如下。

1. 绑扎搭接

绑扎搭接是在钢筋搭接处用铁丝绑扎而成，如图 4-5 所示。绑扎搭接接头是靠钢筋与混凝土之间的黏结力来传递钢筋之间的应力的，因此必须有足够搭接长度。

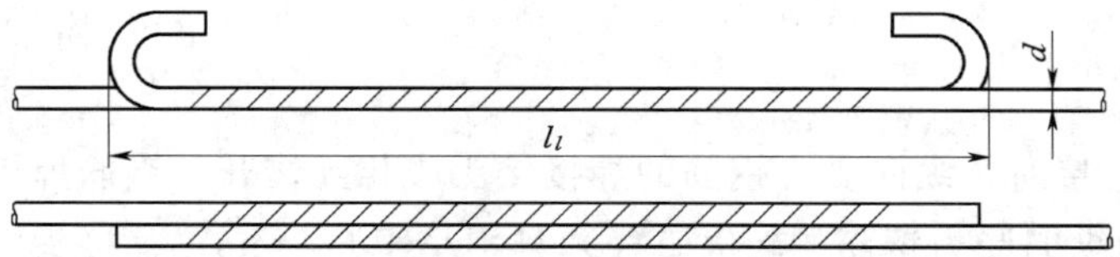

图 4-5　钢筋绑扎搭接接头

钢筋绑扎搭接接头连接区段的长度为 1.3 倍搭接长度，凡搭接接头中点位于该连接区段长度内的搭接接头均属于同一连接区段，如图 4-6 所示。同一连接区段内纵向钢筋搭接接头面积百分率为该区段内有搭接接头的纵向受力钢筋截面面积与全部纵向受力钢筋截面面积的比值。位于同一连接区段内的受拉钢筋搭接接头面积百分率：梁类、板类及墙类构件，不宜大于 25%；柱类构件，不宜大于 50%。

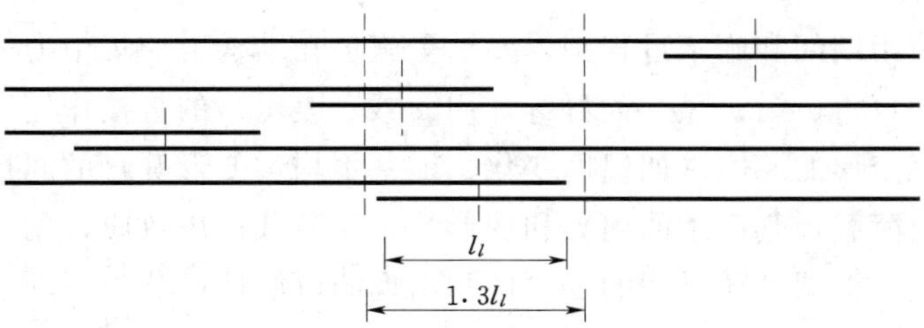

图 4-6　同一连接区段内的纵向受拉钢筋绑扎搭接接头

纵向受拉钢筋绑扎搭接接头的最小搭接长度按下列公式计算：

$$l_l = \zeta l_a \tag{4-3}$$

式中　l_l——纵向受拉钢筋的搭接长度；

l_a——纵向受拉钢筋的锚固长度；

ζ——纵向受拉钢筋搭接长度修正系数，按表 4-9 取用。

表 4-9 纵向受拉钢筋搭接长度修正系数

纵向钢筋搭接接头面积百分率（%）	≤25	50	100
ζ	1.2	1.4	1.6

在任何情况下，纵向受拉钢筋绑扎搭接接头的搭接长度均不应小于 300mm。纵向受压钢筋的搭接长度不应小于按式（4-3）计算值的 0.7 倍，且不应小于 200mm。

2. 机械连接

近年来，采用机械方式进行钢筋连接的技术已很成熟。当采用机械连接时，纵向受力钢筋机械连接接头宜相互错开。钢筋机械连接接头的连接区段长度为 35d（d 为纵向受力钢筋的较大直径），凡接头中点位于该连接区段长度内的机械连接接头均属于同一连接区段。在受力较大处设置机械连接接头时，位于同一连接区段内的纵向受拉钢筋接头面积百分率不宜大于 50%。纵向受压钢筋的接头面积百分率可不受限制。直接承受动力荷载的结构构件中的机械连接接头，位于同一连接区段内的纵向受力钢筋接头面积百分率不应大于 50%。

3. 焊接

当采用焊接连接时，纵向受力钢筋的焊接接头应相互错开。钢筋焊接接头连接区段的长度为 35d（d 为纵向受力钢筋的较大直径）且不小于 500mm，凡接头中点位于该连接区段长度内的焊接接头均属于同一连接区段。位于同一连接区段内纵向受力钢筋的焊接接头面积百分率，对纵向受拉钢筋接头，不应大于 50%。纵向受压钢筋接头、装配式构件连接处及临时缝处的焊接接头钢筋可不受此比值限制。

第五节 建 筑 荷 载

一、荷载的分类

建筑结构在使用期间和施工过程中，要承受施加在结构上的集中力（用 G 或 Q 表示）或分布力（如构件自重、雪、风、人群等，用 g 或 q 表示）的直接作用，也会受到引起结构外加变形或约束变形的原因（如温度变化、地基不均匀变形等）的间接作用。直接作用和间接作用统称为荷载，其产生的内力和变形统称为荷载作用效应，用 S 表示。

结构上的荷载，根据其随时间的变异性和出现的可能性可分为下列三类。

（一）永久荷载

在结构使用期间，其值不随时间变化，或其变化值与平均值相比可以忽略不计的荷载称为永久荷载。例如结构自重、土压力、固定设备等。永久荷载也称为恒荷载或恒载，用 G 或 g 表示。

（二）可变荷载

在结构使用期间，其值随时间变化，或其变化值与平均值相比不可忽略的荷载称为可变荷载。例如浪压力、楼面活荷载、风荷载、雪荷载、吊车荷载等。可变荷载也称为活荷载或活载，用 Q 或 q 表示。

（三）偶然荷载

在结构使用期间不一定出现，一旦出现，其值很大且持续时间较短的荷载称为偶然荷载。例如爆炸力、撞击力、地震等。

二、荷载标准值

荷载标准值是指结构构件在使用期间的正常情况下可能出现的最大荷载值。各种荷载标准值是建筑结构设计时采用的荷载基本代表值。由于荷载本身具有随机性，所以使用期间的最大荷载是随机变量。根据国际标准化组织（ISO）的建议，作用在结构上的实际荷载超过荷载标准值的可能性控制在5%以内，这样荷载的标准值就相当于具有95%的保证率。

水工建筑物恒载的标准值可按构件设计尺寸与材料或结构构件单位体积自重（或单位面积自重）的平均值确定。楼面及平台活荷载、雪荷载、风荷载等荷载标准值的选取可直接查阅《水工建筑物荷载设计规范》（DL 5077—1997）。

第六节　水工混凝土结构设计原理

一、结构的功能要求

任何结构在规定的时间内，在正常条件下，均应满足预定的功能要求。一般结构的功能要求包括以下三个方面。

（一）安全性

安全性是指结构在预定的使用期限内应能承受在正常施工和正常使用条件下可能出现的各种作用，以及在偶然事件发生时和发生后，结构仍能保持必需的整体稳定性，即结构仅产生局部的损坏而不致发生连续倒塌。

（二）适用性

适用性是指结构在正常使用条件下能满足正常的使用要求，具有良好的工作性能，不发生影响正常使用的过大变形和振幅，不产生过宽的裂缝等。

（三）耐久性

耐久性是指结构在正常维护条件下，能够正常使用到规定的设计使用年限。如不发生由于保护层碳化或裂缝过宽导致钢筋的锈蚀，混凝土不发生严重的风化、老化、腐蚀而影响结构的使用寿命。

安全性、适用性、耐久性统称为结构的可靠性，也称为结构的基本功能要求。结构的可靠性和结构的经济性一般是相互矛盾的。比如在相同荷载作用下，增大截面尺寸、增加受力钢筋数量、提高材料强度等，均可提高结构的可靠性，但这也同时增加了结构的造价。所以，科学合理的设计是在结构的可靠性和经济性之间寻求最佳方案，使结构既经济又可靠。

二、结构的极限状态

若结构或结构的一部分超过某一特定状态就不能满足设计规定的某一功能要求，则此特定状态称为该功能的极限状态。结构是否超过极限状态是判断是否满足功能要求的标准，结构的极限状态分为承载能力极限状态和正常使用极限状态两大类。

(一) 承载能力极限状态

结构或构件达到最大承载能力，或达到不适于继续承载的变形的极限状态，称为承载能力极限状态。当结构或构件出现下列状态之一时，即认为超过了承载能力极限状态：

(1) 整个结构或结构的一部分失去刚体平衡（如倾覆、滑移或漂浮）。

(2) 结构构件或连接因超过材料强度而破坏（包括疲劳破坏），或因过大的塑性变形而不适于继续承受荷载作用。

(3) 整个结构或结构的一部分转变为机动体系。

(4) 结构或构件丧失稳定（如压屈等）。

(5) 基础丧失承载能力而破坏。

结构一旦超过承载能力极限状态，就会发生破坏，造成人身伤亡和重大经济损失。因此，承载能力极限状态应具有较高的可靠度水平。《规范》要求所有结构和构件都必须按承载能力极限状态进行计算，必要时还应进行结构的抗倾、抗滑和抗浮验算。对需要抗震设防的结构，尚应进行结构的抗震承载力验算。

(二) 正常使用极限状态

正常使用极限状态是指结构或构件达到使用功能上允许的某项规定限值的极限状态。当结构或其构件出现下列状态之一时，即认为超过了正常使用极限状态：

(1) 影响正常使用或外观的变形。

(2) 影响正常使用或耐久性能的局部损坏（包括裂缝）。

(3) 影响正常使用的振动。

(4) 影响正常使用的其他特定状态。

当结构或构件超出正常使用极限状态时，虽然会影响结构的适用性、耐久性，或影响人们的心理感受，但后果一般没有超过承载能力极限状态严重，所以正常使用极限状态设计的可靠度水平允许比承载能力极限状态的可靠度水平适当降低。

结构设计时，通常先按承载能力极限状态设计结构构件，然后再按正常使用极限状态进行验算。

三、功能函数与极限状态方程

结构的极限状态用功能函数（或称极限状态函数）来描述。若功能函数 Z 仅与荷载效应 S 和结构抗力 R（结构或构件承受内力和变形的能力）两个基本变量有关，则结构的功能函数可表示为：

$$Z = R - S \tag{4-4}$$

显而易见，功能函数 Z 的结果有以下三种可能：

(1) $Z>0$ 时，$R>S$，结构能完成预定功能要求，处于可靠状态。

(2) $Z<0$ 时，$R<S$，结构不能完成预定功能要求，结构处于不可靠状态。

(3) $Z=0$ 时，$R=S$，结构达到功能要求的限值，处于极限状态，此时 $Z=R-S=0$ 为极限状态方程。

四、水工混凝土极限状态设计表达式

《规范》规定：对可求得截面内力的混凝土结构构件，采用极限状态设计法，在规定的材料强度和荷载取值条件下，采用安全系数表达的方式进行设计。

（一）承载能力极限状态设计表达式

承载能力极限状态设计时，应采用下列设计表达式：

$$KS \leqslant R \tag{4-5}$$

式中 K——承载力安全系数；

S——荷载效应组合设计值；

R——结构构件的截面承载力设计值，根据基本构件的承载力计算公式，依据材料的强度设计值（表 4-2、表 4-6）及截面尺寸等因素计算得出。

1. 承载力安全系数 K 的确定

承载力安全系数 K 是根据水工建筑物级别和荷载效应组合形式确定。水工建筑物的级别是根据其所属工程等级及其在工程中的作用和重要性来确定的，见表 4-10。

表 4-10　水工建筑物级别

工程等级	永久性建筑物级别		临时性建筑物级别
	主要建筑物	次要建筑物	
一	1	3	4
二	2	3	4
三	3	4	5
四	4	5	5
五	5	5	

承载能力极限状态计算时，钢筋混凝土、预应力混凝土及素混凝土结构构件的承载力安全系数 K 不应小于表 4-11 的规定。

表 4-11　混凝土结构构件的承载力安全系数 K

水工建筑物级别		1		2、3		4、5	
荷载效应组合		基本组合	偶然组合	基本组合	偶然组合	基本组合	偶然组合
钢筋混凝土、预应力混凝土		1.35	1.15	1.20	1.00	1.15	1.00
素混凝土	按受压承载力计算的受压构件、局部承压	1.45	1.25	1.30	1.10	1.25	1.05
	按受拉承载力计算的受压、受弯构件	2.20	1.90	2.00	1.70	1.90	1.60

注　当荷载效应组合由永久荷载控制时，表列安全系数 K 应增加 0.05。

2. 荷载效应组合设计值 S 的确定

荷载效应组合分为基本组合和偶然组合。基本组合是使用或施工阶段的永久荷载与可变荷载效应的组合。偶然组合是偶然状态下永久荷载、可变荷载与一种偶然荷载效应的组合。

（1）基本组合。当永久荷载对结构起不利作用时，荷载效应组合值 S 由下式计算：

$$S = 1.05S_{G1k} + 1.20S_{G2k} + 1.20S_{Q1k} + 1.10S_{Q2k} \tag{4-6}$$

当永久荷载对结构起有利作用时，荷载效应组合值 S 由下式计算：

$$S = 0.95S_{G1k} + 0.95S_{G2k} + 1.20S_{Q1k} + 1.10S_{Q2k} \tag{4-7}$$

式中 S_{G1k}——自重、设备等永久荷载标准值产生的荷载效应；

S_{G2k}——土压力、淤沙压力及围岩压力等永久荷载标准值产生的荷载效应；

S_{Q1k}——一般可变荷载标准值产生的荷载效应；

S_{Q2k}——可控制其不超出规定限制的可变荷载标准值产生的荷载效应。

(2) 偶然组合。偶然组合条件下，荷载效应组合值 S 由下式计算：

$$S = 1.05S_{G1k} + 1.20S_{G2k} + 1.20S_{Q1k} + 1.10S_{Q2k} + 1.0S_{Ak} \tag{4-8}$$

式中 S_{Ak}——偶然荷载标准值产生的荷载效应。

(二) 正常使用极限状态设计表达式

正常使用极限状态验算，应按荷载效应的标准组合进行，并采用下列设计表达式：

$$S_k(G_k, Q_k, f_k, a_k) \leqslant c \tag{4-9}$$

式中 $S_k(\cdot)$——正常使用极限状态的荷载效应标准组合值函数；

c——结构构件达到正常使用要求所规定的变形、裂缝宽度或应力等的限值；

G_k、Q_k——永久荷载、可变荷载标准值；

f_k——材料强度标准值，按表 4-1、表 4-5 取用；

a_k——结构构件几何参数的标准值。

需要注意的是，正常使用极限状态验算是在承载能力满足要求的前提下进行的，其可靠度要求低于承载力计算，材料强度应采用标准值。

【例 4-1】 某 3 级水工建筑物有一钢筋混凝土简支梁，如图 4-7 所示，计算跨度 $l_0=4\text{m}$，净跨 $l_n=3.76\text{m}$。该简支梁承受的永久荷载（包括自重）标准值 $g_k=10\text{kN/m}$，承受的可变荷载为跨中集中荷载，其标准值为 $Q_k=30\text{kN}$。求承载能力极限状态下梁跨中截面弯矩设计值 M 和支座边缘处截面剪力设计值 V。

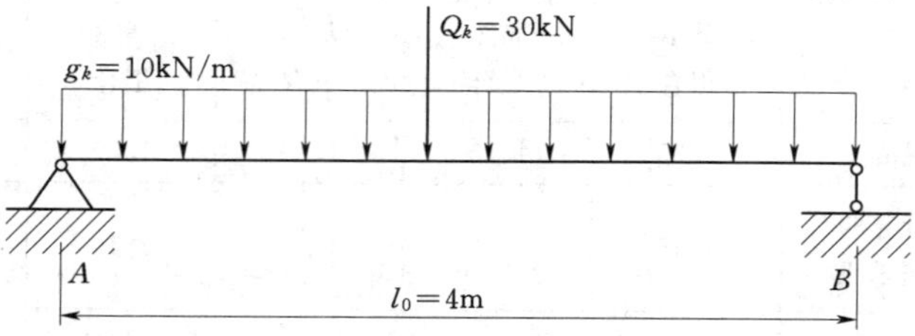

图 4-7 ［例 4-1］图

解：将永久荷载标准值在跨中截面产生的弯矩记为 M_{Gk1}。

将永久荷载标准值在支座边缘处产生的剪力记为 V_{Gk1}。

将可变荷载标准值在跨中截面产生的弯矩记为 M_{Qk1}。

将可变荷载标准值在支座边缘处产生的剪力记为 V_{Qk1}。

$$M_{Gk1} = \frac{1}{8}g_k l_0^2 = \frac{1}{8}\times 10\times 4^2 = 20(\text{kN}\cdot\text{m})$$

$$M_{Qk1} = \frac{1}{4}Q_k l_0 = \frac{1}{4}\times 30\times 4 = 30(\text{kN}\cdot\text{m})$$

$$V_{Gk1}=\frac{1}{2}g_k l_n=\frac{1}{2}\times 10\times 3.76=18.8(\text{kN})$$

$$V_{Qk1}=\frac{1}{2}Q_k=\frac{1}{2}\times 30=15(\text{kN})$$

该梁荷载效应组合为基本组合，且永久荷载对结构起不利作用，该梁跨中截面的弯矩值M为

$$M=1.05M_{Gk1}+1.20M_{Qk1}=1.05\times 20+1.20\times 30=57(\text{kN}\cdot\text{m})$$

该梁支座边缘处截面剪力值V为

$$V=1.05V_{Gk1}+1.20V_{Qk1}=1.05\times 18.8+1.20\times 15=37.74(\text{kN})$$

习　　题

一、填空题

1. 根据所用材料不同，建筑结构可分为________、________、________、________。

2. 钢筋混凝土结构所用的钢筋，按其在拉伸试验所得到的应力—应变曲线性质的不同，可分为________的钢筋和________的钢筋两大类。

3. 反映钢筋力学性能的基本指标主要有________和________。

4. 钢筋按外形可分为________和________两种。

5. 混凝土在空气结硬过程中，体积减小的现象称为________。

6. 混凝土在长期荷载作用下，应力不变，应变随时间的增加而增长的现象，称为________。

7. 钢筋混凝土结构是由________和________两种受力性能不同的材料共同组成的结构，工程中，________主要承受压力，________主要承受拉力。

8. 钢筋与混凝土两种物理力学性能完全不同的材料能共同工作的前提条件是钢筋与混凝土之间具有良好的________。

9. 钢筋接长的方式主要有________、________、________。

10. 结构上的荷载，根据其随时间的变异性和出现的可能性分为________荷载、________荷载、________荷载。

11. 建筑结构应满足的功能要求有：________、________、________。

12. 水工混凝土结构构件的极限状态分为________和________。

13. 水工混凝土结构所处的环境条件可分为________个类别。

14. 在进行钢筋混凝土构件正常使用极限状态计算时所用的荷载是________值。

二、选择题（单选或多选）

1. 混凝土材料的强度标准值与强度设计值二者关系为（　　）。

A. 一样大　　B. 标准值大　　C. 设计值大　　D. 不相关

2. 混凝土各种强度指标就其数值的大小比较有（　　）

A. $f_{cu,k}>f_t>f_c>f_{t,k}$　　B. $f_c>f_{cu,k}>f_t>f_{t,k}$

C. $f_{cu,k}>f_c>f_{t,k}>f_t$　　D. $f_{cu,k}>f_c>f_t>f_{t,k}$

3. 有明显屈服点的钢筋的强度指标值是根据（　　）确定的。

A. 比例极限　B. 屈服强度　C. 极限抗拉强度　D. 破坏时强度

4. 我国规范采用（　　）强度作为混凝土各种力学指标的代表值。

A. 立方体抗压　B. 轴心抗压　C. 轴心抗拉　D. 劈拉

5. 结构的功能要求可概括为（　　）。

A. 实用、经济、美观　B. 强度、刚度、稳定

C. 承载能力和正常使用　D. 安全性、适用性、耐久性

6. 下列状态被认为是超过正常使用极限状态的是（　　）。

A. 整个结构或结构的一部分作为刚体失去平衡

B. 结构构件或连接因超过材料强度而破坏

C. 结构或构件丧失稳定性

D. 影响结构正常使用或外观变形

7. 钢筋混凝土结构截面的抗力主要与（　　）有关。

A. 材料强度和截面尺寸　B. 材料强度　C. 材料强度和荷载　D. 荷载

8. 进行抗裂和裂缝宽度验算时（　　）。

A. 荷载用设计值，材料强度用标准值　B. 均用设计值

C. 均用标准值　D. 荷载用标准值，材料强度用设计值

三、问答题

1. 混凝土的强度指标有哪些？混凝土的强度等级是根据哪个强度指标确定的？

2. 减少混凝土收缩的措施有哪些？

3. 影响混凝土徐变的因素主要有哪些？

4. 钢筋的锚固长度如何确定？

5. 当结构功能函数 $Z>0$、$Z=0$、$Z<0$ 时，各表示什么状态？

6. 《规范》采用的钢筋混凝土结构设计表达式是如何表达的？

四、计算题

某 4 级水工建筑物的一钢筋混凝土简支梁，截面尺寸为 300mm×600mm，计算跨度 $l_0=5\text{m}$，净跨 $l_n=4.76\text{m}$。该梁承受的永久荷载标准值为 15kN/m（不包括自重），可变荷载标准值为 8kN/m。试求承载能力极限状态下梁跨中截面的弯矩设计值和支座边缘处截面剪力设计值。

第五章 钢筋混凝土受弯构件

【重点内容】 受弯构件正截面、斜截面破坏形态，受弯构件单筋矩形截面、T形截面正截面承载力计算方法，受弯构件斜截面受剪承载力方法，受弯构件的构造要求。

【学习目标】 理解配筋率对正截面破坏形态的影响及适筋梁工作的三个阶段，了解双筋矩形截面的适用条件及承载力计算方法，熟悉受弯构件斜截面破坏的主要形态及影响因素，掌握受弯构件的构造要求，熟练掌握单筋矩形截面、T形截面正截面承载力的计算方法及斜截面受剪承载力的计算方法。

第一节 受弯构件的构造要求

在钢筋混凝土结构中，梁和板为最常见的受弯构件。在现浇结构中，为了便于施工，梁常采用矩形或T形截面；在装配式结构中，为了减轻构件自重及增大截面惯性矩，梁常采用工形、Ⅱ形和空心形等截面。板的截面一般是实心矩形，根据使用要求，也可采用空心板。梁、板的截面形式如图5-1所示。

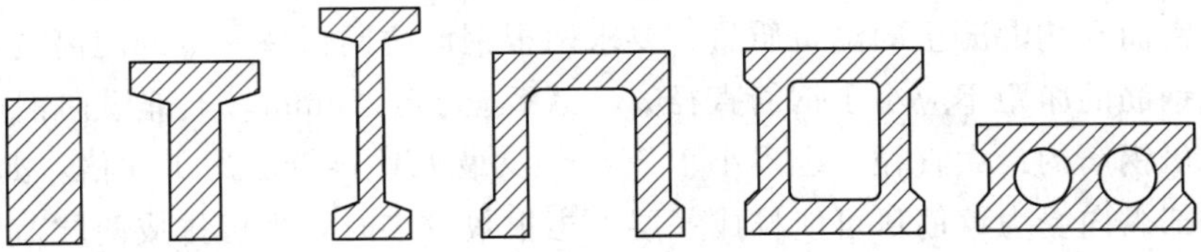

图5-1 受弯构件的截面形式

一、梁

（一）梁的截面尺寸

梁的高度 h 通常根据跨度 l_0 确定，简支梁的高跨比 h/l_0 一般为1/12～1/8；矩形截面梁的宽度 b 按高宽比 $h/b=2\sim3.5$ 选择，T形截面梁的肋宽 b 按高宽比 $h/b=2.5\sim4$ 选择。为了统一模板尺寸和便于施工，矩形截面的宽度或T形截面的肋宽 b 常取120mm、150mm、180mm、200mm、220mm、250mm，250mm以上以50mm递增。梁高 h 常取300mm、350mm、400mm、…、800mm，800mm以上以100mm递增。

（二）梁的配筋

梁中的钢筋有纵向受力钢筋、弯起钢筋、箍筋和架立筋等，如图5-2所示。

1. 纵向受力钢筋

（1）钢筋直径。为了保证钢筋骨架的刚度，并便于施工，梁内纵向受力钢筋的直径不能太细。同时为了防止混凝土裂缝过大和钢筋在混凝土中可能滑动，也不宜采用很粗的钢筋。梁内常用的纵向受力钢筋直径为10～28mm。在同一根构件中，受力钢筋直径最好相

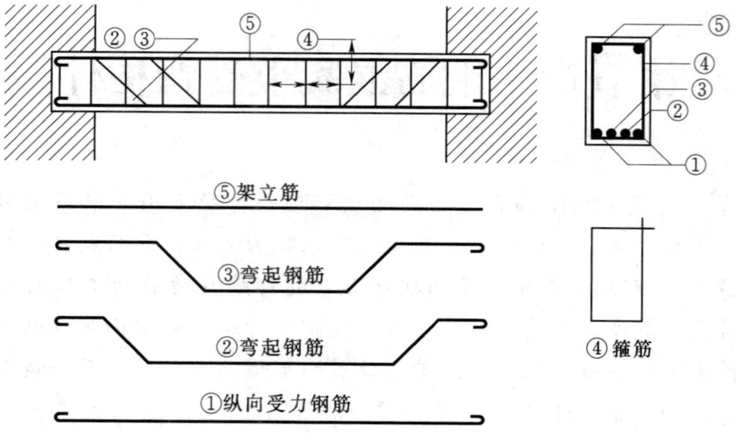

图 5-2 梁的配筋

同。为了选配钢筋方便和节约钢材，有时也可选用两种不同直径的钢筋，此时应使两种钢筋直径相差 2mm 以上，以便施工时容易识别，但不宜超过 4～6mm，以使截面受力均匀。

（2）纵向受力钢筋根数。梁中受力钢筋根数太多时，会增加浇筑混凝土的难度，太少又不足以选择弯起筋来满足斜截面抗剪要求，且受力也不均匀。在梁中，钢筋根数至少为 2 根，以满足钢筋骨架的要求。受力钢筋数量根据正截面承载力计算确定。

（3）纵向受力钢筋间距及布置。为了使混凝土和钢筋之间有足够的黏结力，并且为了避免钢筋太密而影响混凝土的浇筑质量，要求两根钢筋之间保持一定的距离。规范规定梁的下部纵向钢筋的净距不应小于钢筋直径 d，也不应小于 25mm；上部纵向钢筋的净距不应小于 1.5 倍钢筋的最大直径，也不小于 30mm 及最大骨料粒径的 1.5 倍，如图 5-4 所示。梁的下部纵向受力钢筋尽可能排成一层，当根数较多时，也可排成两层，但不宜多于两层。当纵向受力钢筋需要上下两层时，应当先将钢筋布满下层，然后将多余钢筋放在上层。

2. 箍筋

箍筋除用来提高梁的抗剪能力之外，同时能固定纵向受力筋和构造筋并与其形成钢筋骨架。梁中箍筋应按计算确定，若按计算不需要时，应按规范规定的构造要求配置箍筋。箍筋的形式、最小直径、最大间距等在本章第三节中介绍。

3. 弯起筋

弯起钢筋的数量、位置由计算确定，一般由纵向受力钢筋弯起而成（图 5-2），当纵向受力钢筋较少不足以弯起时，也可设置单独的弯起筋。弯起钢筋的作用是其弯起段用来承受弯矩和剪力产生的主拉应力，弯起后的水平段承受支座处的负弯矩。

4. 架立筋

架立钢筋设置在梁的受压区外缘两侧，用来固定箍筋并与纵向受力钢筋一起形成骨架。若梁受压区配有纵向受压钢筋时，可不配置架立钢筋。架立钢筋的直径与梁的跨度有关，当梁跨 $l<4$m 时，架立钢筋直径 d 不宜小于 8mm；当 $l=4\sim6$m 时，d 不宜小于 10mm；当 $l>6$m 时，d 不宜小于 12mm。

二、板

（一）板的截面尺寸

一般的受力板，板厚不宜小于 60mm，水工建筑物中板的厚度不宜小于 100mm。板厚在 250mm 以下时，以 10mm 递增；板厚在 250mm 以上时，以 50mm 递增；板厚超过 800mm 时，则以 100mm 递增。板的宽度一般根据使用要求和布置条件确定。

对预制构件，常要求构件轻薄，便于吊装和运输，尺寸可不受上述规定限制。

（二）板内钢筋

1. 受力钢筋

对一般厚度的板，受力钢筋通常采用 6～12mm，对于厚度较大的板，其受力钢筋可用 12～25mm。板中受力钢筋的间距（即钢筋中线到中线之间距）不能太大。当板厚 $h\leqslant$ 200mm 时，钢筋间距不应大于 200mm；当板厚在 200mm$<h\leqslant$1500mm 时，钢筋间距不应大于 250mm；当板厚 $h>$1500mm 时，钢筋间距不应大于 300mm。为便于施工，板中受力钢筋也不能太密，间距不应小于 70mm。

2. 分布钢筋

在板中，分布钢筋为垂直于受力钢筋布置的构造钢筋（图 5－3）。其作用是：将板面荷载均匀地传递给受力钢筋；固定受力钢筋的位置；抵抗因温度变化和混凝土收缩在垂直于板的跨度方向所产生的拉应力。

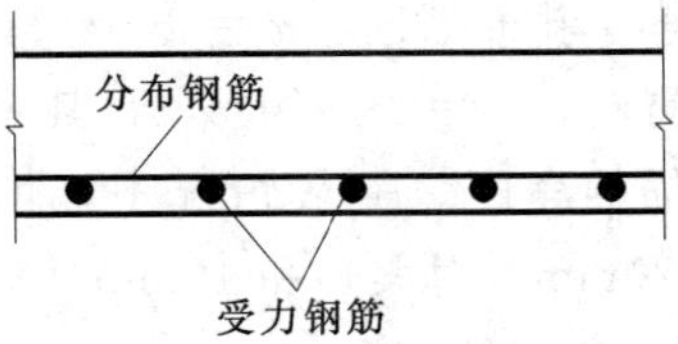

图 5－3　板内钢筋布置

每米板宽内分布筋的截面面积不少于受力钢筋截面面积的 15%（集中荷载时为 25%）；分布钢筋的直径在一般厚度的板中多用 6～8mm，每米板宽内不少于 4 根。承受分布荷载的厚板，分布钢筋直径可采用 10～16mm，间距为 200～400mm。当板处于温度变幅较大或处于不均匀沉降的复杂条件，且在与受力钢筋垂直的方向所受约束很大时，分布钢筋宜适当增加。

三、混凝土保护层和截面有效高度

（一）混凝土保护层

在钢筋混凝土构件中，为了防止钢筋锈蚀，并保证钢筋与混凝土的黏结，钢筋外面必须有足够的混凝土保护层。纵向受力钢筋的混凝土保护层厚度从纵向受力钢筋的外边缘起算。混凝土保护层最小厚度应不小于钢筋直径及表 5－1 所列数值，同时也不宜小于骨料最大粒径的 1.25 倍。水工混凝土结构所处的环境类别见表 5－2。

表 5－1　　混凝土保护层最小厚度　　单位：mm

项次	构件类别	环境类别				
		一	二	三	四	五
1	板、墙	20	25	30	45	50
2	梁、柱、墩	30	35	45	55	60
3	截面厚度不小于 2.5m 的底板及墩墙	—	40	50	60	65

表 5-2 水工混凝土结构所处的环境类别

环境类别	环境条件
一	室内正常环境
二	室内潮湿环境；露天环境；长期处于水下或地下的环境
三	淡水水位变化区；有轻度化学侵蚀性地下水的地下环境；海水水下区
四	海上大气区；轻度盐雾作用区；海水水位变化区；中度化学侵蚀性环境
五	使用除冰盐的环境；海水浪溅区；重度盐雾作用区；严重化学侵蚀性环境

（二）截面有效高度

在计算梁、板承载力时，混凝土开裂后，拉力完全由钢筋承担，则梁、板发挥作用的截面高度应为受拉钢筋合力点到受压混凝土边缘的距离，这一距离称为截面有效高度，用 h_0 表示。如图 5-4 所示，$h_0=h-a_s$，a_s 值可由混凝土保护层最小厚度 c 和钢筋直径 d 计算得出。钢筋单排布置时，$a_s=c+d/2$；钢筋双排布置时，$a_s=c+d+e/2$，其中 e 为两排钢筋的净距。一般情况下，可按钢筋直径 20mm（对梁）和 10mm（对板）来估算 a_s 值，见表 5-3。

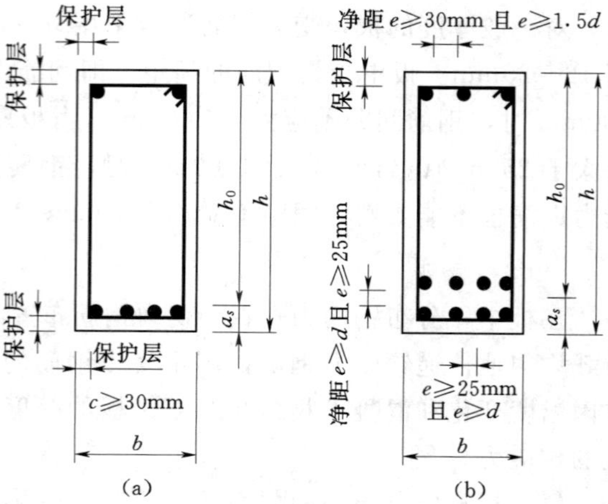

图 5-4 混凝土保护层、纵筋净距和截面有效高度

表 5-3 纵向受拉钢筋合力点至截面受拉边缘的距离 a_s 单位：mm

环境条件类别	梁、柱、墩 a_s		板、墙 a_s
	一排钢筋	二排钢筋	
一	40	65	25
二	45	70	30
三	55	80	35
四	65	90	50
五	70	95	55

第二节 受弯构件的正截面承载力计算

一、受弯构件正截面的破坏形式

受弯构件以钢筋混凝土梁为试验研究对象。根据试验，钢筋混凝土梁的正截面的破坏形式主要与梁内纵向受拉钢筋的含量有关。钢筋混凝土梁内纵向受拉钢筋的含量用配筋率

ρ表示，即

$$\rho = \frac{A_s}{bh_0} \tag{5-1}$$

式中　A_s——纵向受拉钢筋的截面面积；

b——梁的截面宽度；

h_0——梁截面的有效高度。

由于配筋率不同，钢筋混凝土梁的破坏可分为适筋破坏、超筋破坏和少筋破坏三种形式。

（一）适筋破坏

当截面受拉钢筋数量配置适中时，发生适筋破坏［图5-5（a)］。适筋破坏的特征是：破坏始于受拉钢筋应力达到屈服强度，终于受压区边缘混凝土达到极限压应变被压碎。破坏前，构件上有明显主裂缝和较大挠度，属于塑性破坏。这种情况钢筋和混凝土的强度都得到充分利用，既安全可靠又经济合理，所以设计中必须采用。

（二）超筋破坏

当截面受拉钢筋数量配置过多时，发生超筋破坏［图5-5（b)］。超筋破坏的特征是：破坏始于受压区边缘混凝土达到极限压应变被压碎，这时受拉钢筋应力未达到屈服强度。破坏前，构件上裂缝的宽度和挠度都较小，无明显预兆，属于脆性破坏。这种情况钢筋的强度未得到充分利用，既不安全也不经济，设计中应避免采用。

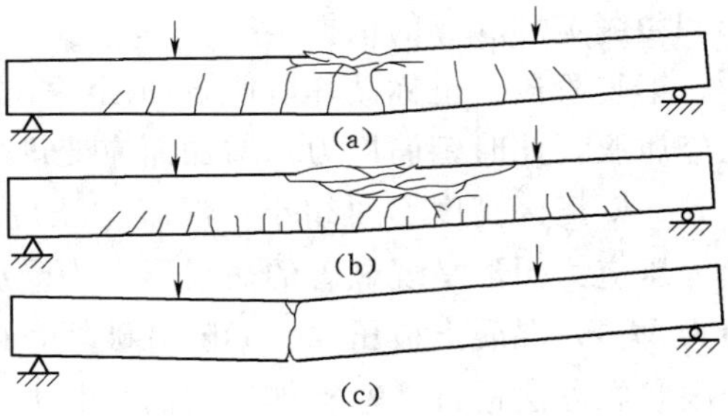

图5-5　梁正截面破坏情况

（三）少筋破坏

当截面受拉钢筋数量配置过少时，发生少筋破坏［图5-5（c)］。少筋破坏的特征是：破坏前，构件上往往只出现一条裂缝，且一旦受拉区混凝土出现裂缝，钢筋拉应力就很快达到屈服强度，甚至有可能被拉断。这时虽然混凝土还没有被压碎，由于钢筋的变形很大，引起构件的裂缝和挠度都很大，构件已经不能正常工作，因此认为构件已经破坏。破坏过程很短，构件承载力很低，属脆性破坏，设计中应避免采用。

二、适筋梁工作的三个阶段

适筋梁自承受荷载起到破坏止，其工作和应力状态，可分为三个阶段：

第Ⅰ阶段：也称未裂阶段，如图5-6（a）所示。在刚开始加载时，荷载较小，截面上应力不大，材料处在弹性状态，受拉区和受压区混凝土应力分布图形都是三角形，受拉区混凝土未开裂，混凝土和钢筋共同承担拉力。随着荷载的增加，受拉区混凝土表现出塑性性质，其拉应力逐渐呈曲线形分布，直到受拉边缘混凝土达到极限拉应变处于即将开裂的瞬间，受拉区边缘混凝土的应力达到混凝土抗拉强度 f_t（弯矩为 M_{cr}），进入第Ⅰ阶段末。第Ⅰ阶段末的应力状态是受弯构件抗裂验算的依据。

第Ⅱ阶段：也称带缝工作阶段，如图5-6（b）所示。荷载继续增加，受拉区混凝土开裂且裂缝向上伸展，裂缝截面的受拉混凝土退出工作，拉力几乎全部由钢筋承担，受压

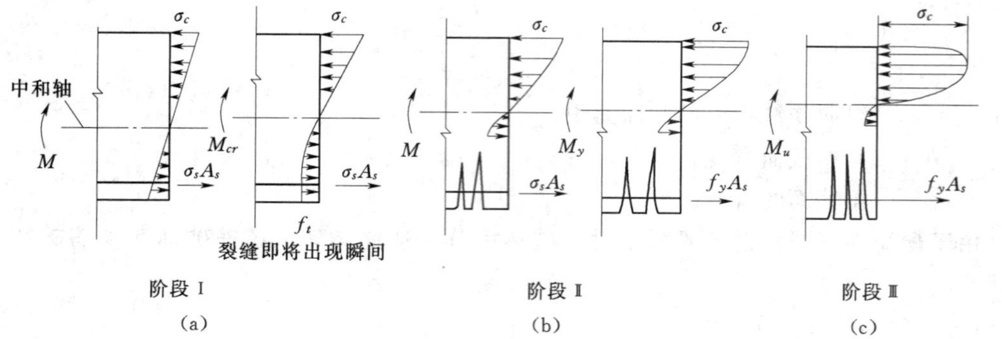

图 5-6 适筋梁工作的三个阶段

区混凝土也已呈现一定的塑性特征，应力分布由三角形变为平缓的曲线形。随着荷载的增加，裂缝加宽加长，中和轴的位置也逐渐上移，钢筋应力不断增大，直到达到屈服强度 f_y（弯矩为 M_y），进入第Ⅱ阶段末。第Ⅱ阶段末的应力状态是受弯构件正常使用阶段变形和裂缝宽度验算的依据。

第Ⅲ阶段：也称破坏阶段，如图 5-6（c）所示。随着荷载的进一步增加，由于钢筋已经屈服，此时钢筋应力不增加而应变迅速增加，混凝土裂缝很快向上开展，中和轴继续上升，受压区高度不断缩小，混凝土压应力不断增大，受压区混凝土塑性表现得更为充分，压应力图形呈现显著的曲线形。当受压区边缘混凝土的压应变达到极限压应变时（弯矩为 M_u），混凝土被压碎，梁随之破坏，此时为第Ⅲ阶段末。第Ⅲ阶段末的应力状态是按极限状态方法进行受弯构件正截面承载力计算的依据。

三、适筋梁正截面承载力计算应力图形的简化

受弯构件正截面承载力计算是以适筋梁第Ⅲ阶段末的应力状态为依据的，由于受压区混凝土的应力图形为曲线形不便计算，根据两个应力图形合力相等、作用点位置不变的原则，将其简化为等效矩形应力图形［图 5-7（c）］。

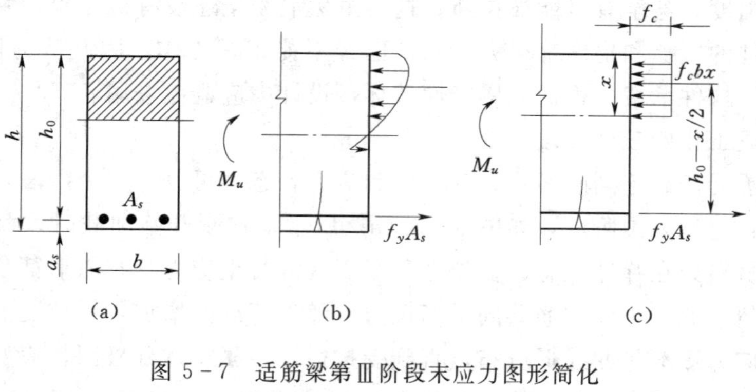

图 5-7 适筋梁第Ⅲ阶段末应力图形简化

四、避免发生超筋破坏和少筋破坏的界限条件

为了保证钢筋混凝土受弯构件的配筋适当，不出现超筋破坏和少筋破坏，就必须控制截面的配筋率，使它在最大配筋率和最小配筋率范围之内，即 $\rho_{min} \leqslant \rho \leqslant \rho_{max}$。

（一）适筋破坏和超筋破坏界限

表 5-4　钢筋混凝土构件的 ξ_b 值

钢筋级别	屈服强度 f_y (N/mm²)	混凝土强度等级
		≤C60
HPB235	210	0.614
HRB335	300	0.550
HRB400 RRB400	360	0.518

适筋和超筋破坏的特征区别在于适筋破坏是受拉钢筋先屈服，然后受压区混凝土被压碎，超筋破坏是受压混凝土被压碎，而受拉钢筋未达到屈服。当梁的配筋率达到最大配筋率 ρ_{max} 时，将发生受拉钢筋达到屈服的同时，受压区边缘混凝土达到极限压应变被压碎破坏，这种破坏称为界限破坏，此时的截面称为界限截面。界限截面受压区高度 x_b 与截面有效高度 h_0 的比值，称为相对界限受压区计算高度，用 ξ_b 表示。如实际配筋率 $\rho>\rho_{max}$，实际的相对受压区计算高度 $\xi=x/h_0>\xi_b$，则构件破坏时钢筋未屈服，其破坏为超筋破坏。如实际配筋率 $\rho\leqslant\rho_{max}$，实际的相对受压区计算高度 $\xi=x/h_0\leqslant\xi_b$，则构件破坏时钢筋达到屈服，其破坏为适筋破坏。由此可知，相对界限受压区计算高度 ξ_b 与最大配筋率 ρ_{max} 一样是判断是适筋破坏还是超筋破坏的界限值。在进行正截面承载力计算时，通常用 ξ 与 ξ_b 进行比较来判断是适筋破坏还是超筋破坏。常用的有明显屈服点钢筋的钢筋混凝土构件，其相对界限受压区计算高度 ξ_b 值见表 5-4。

（二）适筋破坏和少筋破坏界限

适筋破坏和少筋破坏界限为最小配筋率 ρ_{min}。为防止出现少筋破坏，设计时必须保证截面配筋率 $\rho\geqslant\rho_{min}$。《规范》给定的最小配筋率 ρ_{min} 见表 5-5。

表 5-5　钢筋混凝土构件纵向受力钢筋的最小配筋率 ρ_{min}　%

项次	分类		钢筋等级		
			HPB235	HRB335	HRB400 RRB400
1	受弯构件、偏心受拉构件的受拉钢筋	梁 板	0.25 0.20	0.20 0.15	0.20 0.15
2	轴心受压柱的全部纵向钢筋		0.60	0.60	0.55
3	偏心受压构件的受拉或受压钢筋	柱、拱 墩墙	0.25 0.20	0.20 0.15	0.20 0.15

五、单筋矩形截面正截面承载力计算

（一）基本计算公式及适用条件

根据上述分析，在进行单筋矩形截面受弯构件正截面承载力计算时，计算简图如图 5-8所示。

1. 设计表达式

根据计算简图和截面内力平衡条件，并满足承载力极限状态的计算要求，可得基本公式：

$$KM\leqslant M_u=f_cbx\left(h_0-\frac{x}{2}\right) \tag{5-2}$$

$$f_cbx=f_yA_s \tag{5-3}$$

式中 K——承载力安全系数；

M——弯矩设计值；

M_u——正截面受弯承载力极限值；

f_c——混凝土轴心抗压强度设计值；

b——矩形截面宽度；

x——混凝土受压区计算高度；

h_0——截面有效高度；

f_y——钢筋抗拉强度设计值；

A_s——受拉区纵向钢筋截面面积。

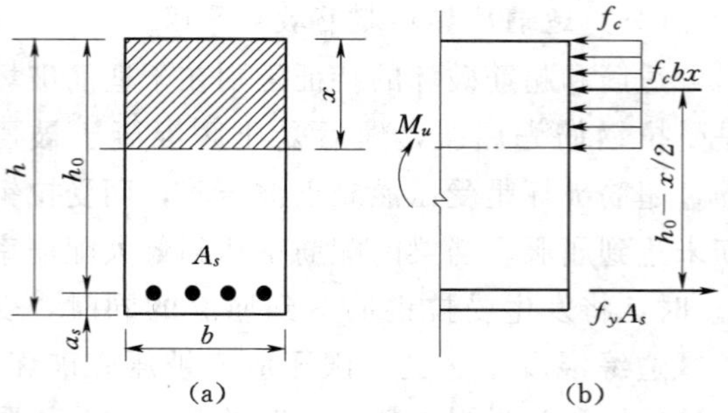

图 5-8 单筋矩形截面受弯构件计算图形

2. 适用条件

式（5-2）、式（5-3）依据于适筋破坏所对应的应力状态，为保证构件是适筋破坏，应用基本公式时应满足两个适用条件：

$$x \leqslant 0.85\xi_b h_0 \tag{5-4}$$

$$\rho \geqslant \rho_{min} \tag{5-5}$$

式中 ξ_b——相对界限受压区计算高度，按表 5-4 取用；

ρ——纵向受拉钢筋配筋率；

ρ_{min}——受弯构件纵向受拉钢筋最小配筋率，按表 5-5 取用。

式（5-4）是防止配筋过多发生超筋破坏；式（5-5）是防止配筋过少发生少筋破坏。

3. 公式变换

在已知弯矩设计值 M、材料强度设计值 f_y、f_c，并初步拟定了截面尺寸 b 和 h 后。可利用式（5-2）、式（5-3）解二元二次方程，求出钢筋截面面积 A_s 和受压区计算高度 x。但这样比较麻烦。为了方便计算，将式（5-2）、式（5-3）改写如下：

将 $\xi = x/h_0$ 代入式（5-2）、式（5-3），并令

$$\alpha_s = \xi(1-0.5\xi) \tag{5-6}$$

得

$$KM \leqslant M_u = \alpha_s f_c b h_0^2 \tag{5-7}$$

$$f_c b \xi h_0 = f_y A_s \tag{5-8}$$

式（5-7）、式（5-8）适用条件相应为

$$\xi \leqslant 0.85\xi_b \tag{5-9}$$

$$\rho \geqslant \rho_{min} \tag{5-10}$$

单筋矩形截面受弯构件正截面承载力计算有两种情况，即截面设计和截面复核。

（二）计算方法

1. 截面设计

在进行截面设计时，选择材料强度等级和截面尺寸，计算弯矩设计值 M，然后进行截面配筋。当材料强度等级、截面尺寸和弯矩设计值 M 确定后，A_s 计算步骤如下：

（1）按式（5-7）求 α_s，$\alpha_s = \dfrac{KM}{f_c b h_0^2}$。

（2）按式（5-6）求 ξ，$\xi = 1-\sqrt{1-2\alpha_s}$，并验算 ξ 是否满足式（5-9），如不满足，

则应加大截面尺寸、提高混凝土强度等级或采用双筋截面。

（3）按式（5－8）求 A_s，$A_s=\xi bh_0\dfrac{f_c}{f_y}$。

（4）计算配筋率 ρ，$\rho=\dfrac{A_s}{bh_0}$，并检查是否满足式（5－10）。如不满足，则应按最小配筋率配筋，即取 $A_s=\rho_{\min}bh_0$。

（5）选配钢筋，绘制截面配筋图。

选用钢筋直径和根数（现浇板中为直径和间距），并进行布置。实际采用的钢筋截面面积一般应等于或略大于计算所需的钢筋截面面积，如小于计算所需的钢筋截面面积，则不应小于5%。配筋图上应标示截面尺寸和钢筋布置。

2. 承载力复核

承载力复核是在已知构件截面尺寸、受力钢筋截面面积、混凝土和钢筋等级的条件下，验算该正截面承载能力是否满足要求。

（1）验算配筋率是否满足 $\rho=\dfrac{A_s}{bh_0}\geqslant\rho_{\min}$，若 $\rho<\rho_{\min}$，应重新进行配筋计算。若为已建成的工程则应降低使用条件。

（2）按式（5－8）计算相对受压区计算高度 ξ，$\xi=\dfrac{f_yA_s}{f_cbh_0}$，并检查是否满足式（5－9），如不满足，表示截面属于超筋截面，承载力受混凝土受压区控制，则取 $\xi=0.85\xi_b$。

（3）按式（5－6）求 α_s，$\alpha_s=\xi(1-0.5\xi)$。

（4）按式（5－7）计算正截面受弯承载力 M_u，$M_u=\alpha_sf_cbh_0^2$。

（5）验算承载能力是否满足 $KM\leqslant M_u$。

【例5－1】　一建筑物级别为2级的钢筋混凝土矩形截面简支梁，处于室内正常环境，截面尺寸 $b\times h=250\text{mm}\times650\text{mm}$，荷载效应组合为基本组合，承受弯矩设计值 $M=225\text{kN}\cdot\text{m}$，混凝土强度等级为C20，HRB335钢筋，试配置截面受力钢筋。

解： 材料强度设计值：$f_c=9.6\text{N/mm}^2$，$f_y=300\text{N/mm}^2$，$\xi_b=0.55$，梁处于一类工作环境，取 $a_s=40\text{mm}$；2级建筑物，荷载效应组合为基本组合，$K=1.2$。

$$h_0=h-a_s=650-40=610(\text{mm})$$

1. 求 α_s

$$\alpha_s=\frac{KM}{f_cbh_0^2}=\frac{1.2\times225\times10^6}{9.6\times250\times610^2}=0.302$$

2. 求 ξ

$$\xi=1-\sqrt{1-2\alpha_s}=1-\sqrt{1-2\times0.302}=0.371<0.85\xi_b=0.85\times0.55=0.468$$

截面尺寸满足要求。

3. 求 A_s

$$A_s=\xi bh_0\frac{f_c}{f_y}=0.371\times250\times610\times\frac{9.6}{300}=1810.5(\text{mm}^2)$$

4. 计算 ρ

$$\rho=\frac{A_s}{bh_0}=\frac{1810.5}{250\times610}=1.19\%>\rho_{\min}=0.2\%$$

5. 选配钢筋，绘制配筋图

查钢筋截面面积表，选配钢筋 4 ⌀ 25，$A_s=1964\text{mm}^2$，截面配筋图如图 5-9 所示。

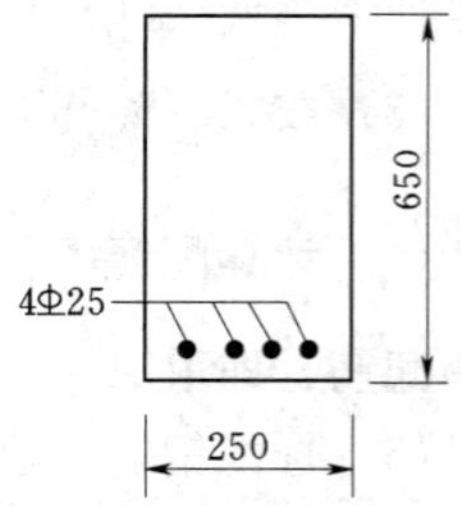

图 5-9 正截面配筋图

【例 5-2】 某电站副厂房（3 级建筑物）走廊现浇钢筋混凝土简支板如图 5-10 所示，板厚 $h=80\text{mm}$，处于室内正常环境，计算跨度 $l_0=2.37\text{m}$，采用 C20 混凝土和 HPB235 钢筋，荷载效应组合为基本组合，均布荷载设计值为 5.5kN/m^2（含板自重），试进行板的配筋。

解：为方便计算，取 1m 宽板带为计算单元，即 $b=1000\text{mm}$。

1. 确定材料强度设计值及安全系数

$f_c=9.6\text{N/mm}^2$，$f_y=210\text{N/mm}^2$，$\xi_b=0.614$；3 级建筑物，荷载效应组合为基本组合，$K=1.2$。

2. 求弯矩设计值 M

$$q=5.5\times1=5.5(\text{kN/m})$$

$$M=\frac{1}{8}ql_0^2=\frac{1}{8}\times5.5\times2.37^2=3.86(\text{kN}\cdot\text{m})$$

3. 配筋计算

室内正常环境取 $a_s=25\text{mm}$，$h_0=h-a_s=80-25=55(\text{mm})$。

$$\alpha_s=\frac{KM}{f_cbh_0^2}=\frac{1.2\times3.86\times10^6}{9.6\times1000\times55^2}=0.159$$

$$\xi=1-\sqrt{1-2\alpha_s}=1-\sqrt{1-2\times0.159}=0.174<0.85\xi_b=0.85\times0.614=0.522$$

$$A_s=\xi bh_0\frac{f_c}{f_y}=0.174\times1000\times55\times\frac{9.6}{210}=437(\text{mm}^2)$$

$$\rho=\frac{A_s}{bh_0}=\frac{437}{1000\times55}=0.79\%>\rho_{\min}=0.20\%$$

选配受拉钢筋为⌀ 8@110，$A_s=457\text{mm}^2$，配筋图如图 5-10 所示。

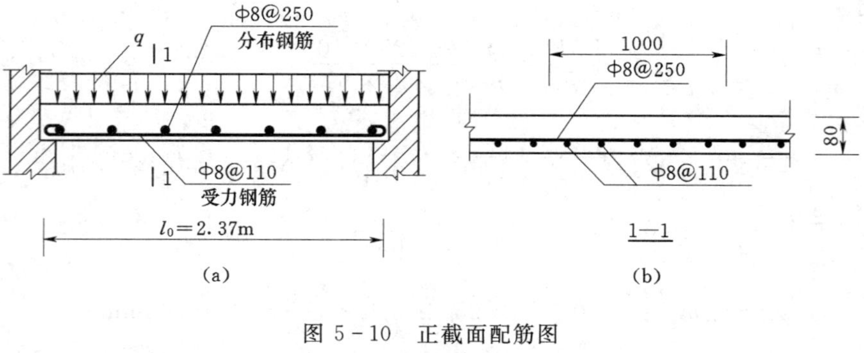

图 5-10 正截面配筋图

【例 5-3】 某建筑物级别为 3 级，其钢筋混凝土矩形截面简支梁的截面尺寸 $b\times h=250\text{mm}\times500\text{mm}$，处于室内正常环境，荷载效应组合为基本组合，承受弯矩设计值 $M=$

75kN·m，采用混凝土强度等级为C25，HRB335钢筋，配置受力钢筋为3⌀18，试复核该梁正截面受弯承载力是否满足要求。

解： 材料强度设计值 $f_c=11.9\text{N/mm}^2$，$f_y=300\text{N/mm}^2$，$\xi_b=0.55$；纵向受拉钢筋截面面积 $A_s=763\text{mm}^2$；一类工作环境，$a_s=40\text{mm}$；3级建筑物，荷载效应组合为基本组合，$K=1.2$，$h_0=h-a_s=500-40=460$（mm）。

1. 验算配筋率是否满足要求

$\rho=\dfrac{A_s}{bh_0}=\dfrac{763}{250\times460}=0.66\%>\rho_{\min}=0.2\%$，满足最小配筋率要求。

2. 计算相对受压区计算高度 ξ

$\xi=\dfrac{f_yA_s}{f_cbh_0}=\dfrac{300\times763}{11.9\times250\times560}=0.167<0.85\xi_b=0.85\times0.55=0.4675$，说明不会发生超筋破坏。

3. 计算系数 α_s

$$\alpha_s=\xi(1-0.5\xi)=0.167\times(1-0.5\times0.167)=0.153$$

4. 计算正截面受弯承载力 M_u

$$M_u=\alpha_s f_c bh_0^2=0.153\times11.9\times250\times460^2=96.31(\text{kN}\cdot\text{m})$$

5. 验算正截面承载能力是否满足要求

$KM=1.2\times75=90$（kN·m）$<M_u=96.31\text{kN}\cdot\text{m}$，正截面承载能力满足要求。

六、双筋矩形截面受弯构件正截面承载力计算

如图5-11所示，在梁的受拉区和受压区同时按计算配置纵向受力钢筋的截面称为双筋截面。受压区的受力钢筋承受压力，称为受压钢筋，其截面面积用 A_s' 表示。

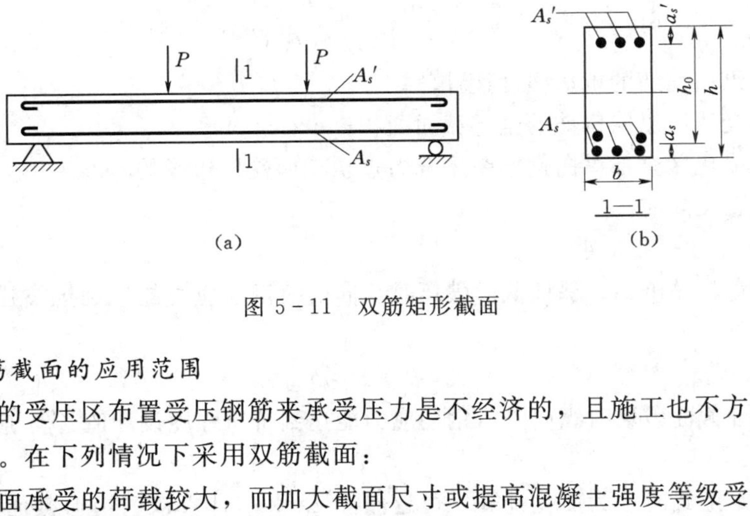

图5-11　双筋矩形截面

（一）双筋截面的应用范围

由于在梁的受压区布置受压钢筋来承受压力是不经济的，且施工也不方便，故一般情况下不宜采用。在下列情况下采用双筋截面：

（1）当截面承受的荷载较大，而加大截面尺寸或提高混凝土强度等级受到限制，若采用单筋截面将出现超筋情况时，可采用双筋截面。

（2）构件在不同的荷载组合下承受变号弯矩的作用，如风荷载作用下的框架横梁，由于风向的变化，在同一截面可能既出现正弯矩又出现负弯矩，此时就需要在梁的上下方都布置受力钢筋。

（3）当构造需要，在截面受压区已配置了一定数量的受压钢筋时，应按双筋截面计算。

（二）双筋截面计算的基本公式

1. 计算应力图形

双筋截面是在单筋截面基础上，在受压区配置一定数量的受压钢筋帮助受压混凝土承受压力。试验表明，双筋截面只要满足 $\xi \leqslant 0.85\xi_b$，仍具有单筋截面适筋构件的破坏特征。若采用中、低强度钢筋（Ⅰ、Ⅱ、Ⅲ级钢筋）作受压钢筋，且混凝土受压区计算高度 $x \geqslant 2a_s'$（a_s' 为受压钢筋合力点到受压区边缘的距离），则在构件破坏时受压钢筋应力就能达到屈服强度 f_y'。双筋矩形截面梁正截面承载力计算应力图形见图 5-12。

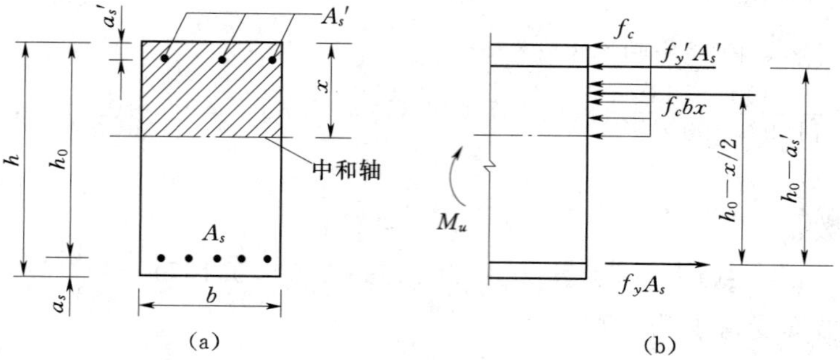

图 5-12　双筋矩形截面梁正截面承载力计算应力图形

2. 设计表达式

根据截面内力平衡条件以及承载能力极限状态设计表达式的要求，可写出如下基本计算公式：

$$KM \leqslant M_u = f_cbx\left(h_0 - \frac{x}{2}\right) + f_y'A_s'(h_0 - a_s') \tag{5-11}$$

$$f_cbx = f_yA_s - f_y'A_s' \tag{5-12}$$

式中　f_y'——纵向钢筋的抗压强度设计值；

A_s'——受压区纵向钢筋的全部截面面积；

a_s'——受压区全部纵向钢筋受压合力点至截面受压边缘的距离。

其他符号意义同前。

3. 基本公式的适用条件

(1) 为避免超筋破坏，保证截面破坏时纵向受拉钢筋应力能达到抗拉强度设计值 f_y，应满足：

$$x \leqslant 0.85\xi_b h_0 \tag{5-13}$$

(2) 为保证截面破坏时纵向受压钢筋应力能达到抗压强度设计值 f_y'，应满足：

$$x \geqslant 2a_s' \tag{5-14}$$

若不能满足上式时，为简化计算，可近似按 $x=2a_s'$ 计算双筋矩形截面受弯构件正截面承载力，即

$$KM \leqslant M_u = f_yA_s(h_0 - a_s') \tag{5-15}$$

（三）双筋截面的截面设计

双筋截面设计一般有下面两种情况：

第一种情况：已知弯矩设计值 M，截面尺寸 b、h，钢筋级别，混凝土强度等级，承

载力安全系数 K，要求计算受压钢筋截面面积 A'_s 和受拉钢筋截面面积 A_s。步骤如下：

（1）判断是否需要采用双筋截面进行设计：

$$\alpha_s = \frac{KM}{f_c b h_0^2} \rightarrow \xi = \sqrt{1-2\alpha_s} \rightarrow x = \xi h_0$$

若 $x \leqslant 0.85\xi_b h_0$，按单筋矩形截面进行配筋计算，若 $x > 0.85\xi_b h_0$，按双筋矩形截面进行配筋计算。

（2）配筋计算。初设受压钢筋为单层布置并确定 a'_s 值，为充分利用混凝土承受压力，以便使钢筋的总用量（即 $A_s + A'_s$）为最小，应令 $x = 0.85\xi_b h_0$，代入式（5－11）求得 A'_s 值，再由式（5－12）求得 A_s 值。

（3）选配钢筋，绘制配筋图。根据钢筋的计算截面面积，选出符合构造规定的钢筋的直径、间距和根数，绘制正截面配筋图。

第二种情况：已知弯矩设计值 M，截面尺寸 b、h，钢筋级别，混凝土强度等级，受压钢筋截面面积 A'_s，计算受拉钢筋截面面积 A_s。步骤如下：

（1）计算 α_s，$\alpha_s = \dfrac{KM - f'_y A'_s (h_0 - a'_s)}{f_c b h_0^2}$。

（2）计算混凝土受压区高度 x，$\xi = 1 - \sqrt{1-2\alpha_s} \rightarrow x = \xi h_0$，并将 x 与 $0.85\xi_b h_0$、$2a'_s$ 进行比较：若 $x > 0.85\xi_b h_0$，说明已配置受压钢筋的数量不足，此时应按第一种情况重新进行计算。若 $x \leqslant 0.85\xi_b h_0$，则应比较 $x = \xi_b h_0$ 与 $2a'_s$ 之间的关系。若 $x \geqslant 2a'_s$，则可由式（5－12）求得 A_s 值；否则，由式（5－15）求得 A_s。

（3）选配钢筋，绘制配筋图。根据表中钢筋的计算截面面积，选出符合构造规定的钢筋的直径、间距和根数，绘制正截面配筋图。

【例 5－4】　已知某电站厂房（2 级建筑物）矩形截面梁，处于室内正常环境，截面尺寸 $b \times h = 200\text{mm} \times 450\text{mm}$，荷载效应为基本组合，承受弯矩设计值为 $M = 140\text{kN} \cdot \text{m}$，混凝土强度等级为 C25，HRB335 级钢筋，试求截面所需钢筋。

解： $K = 1.2$，$f_c = 11.9\text{N/mm}^2$，$f_y = f'_y = 300\text{N/mm}^2$，$\xi_b = 0.55$

1. 判断是否需要采用双筋截面

因弯矩较大，初步估计钢筋布置成两排。

$a_s = 65\text{mm}$，则 $h_0 = h - a_s = 450 - 65 = 385$（mm）

$$\alpha_s = \frac{KM}{f_c b h_0^2} = \frac{1.20 \times 140 \times 10^6}{11.9 \times 200 \times 385^2} = 0.4762$$

$$\xi = 1 - \sqrt{1-2\alpha_s} = 1 - \sqrt{1 - 2 \times 0.4762} = 0.782$$

$$x = \xi h_0 = 301\text{mm} > 0.85\xi_b h_0 = 180\text{mm}$$

应采用双筋截面进行设计。

2. 配筋计算

受压钢筋布置成一排，取 $a'_s = 40\text{mm}$。

令　　$x = 0.85\xi_b h_0 = 180\text{mm} > 2a'_s = 2 \times 40 = 80(\text{mm})$

$$A'_s = \frac{KM - f_c bx(h_0 - 0.5x)}{f'_y(h_0 - a'_s)}$$

$$= \frac{1.20 \times 140 \times 10^6 - 11.9 \times 200 \times 180 \times (385 - 0.5 \times 180)}{300 \times (385 - 40)} = 402(\text{mm}^2)$$

$$A_s = \frac{f_c bx + f'_y A'_s}{f_y} = \frac{11.9 \times 200 \times 180 + 300 \times 402}{300} = 1830(\text{mm}^2)$$

3. 选配钢筋，绘制截面配筋图

选受压钢筋为 2 Φ 16（$A'_s=402\text{mm}^2$），选受拉钢筋为 5 Φ 22（$A_s=1901\text{mm}^2$），正截面配筋如图 5－13 所示。

（四）双筋截面的承载力复核

已知构件截面尺寸 b、h、钢筋级别、混凝土强度等级、承载力安全系数 K、受力钢筋截面面积 A_s、A'_s。复核构件正截面受弯承载力是否满足要求，其步骤如下：

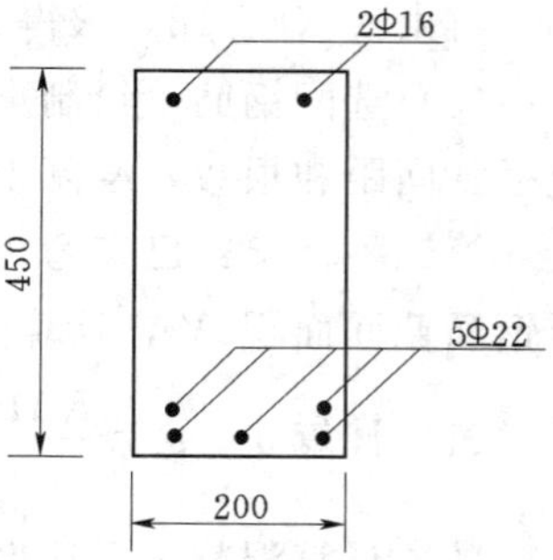

图 5－13　正截面配筋图

（1）按式（5－12）确定混凝土受压区计算高度 x，即

$$x = \frac{f_y A_s - f'_y A'_s}{f_c b}$$

（2）计算正截面受弯承载力 M_u。

若 $2a'_s \leqslant x \leqslant 0.85\xi_b h_0$，则由下式计算 M_u：

$$M_u = f_c bx\left(h_0 - \frac{x}{2}\right) + f'_y A'_s(h_0 - a'_s)$$

若 $x < 2a'_s$，则按下式计算 M_u：

$$M_u = f_y A_s(h_0 - a'_s)$$

若 $x > 0.85\xi_b h_0$，说明发生超筋，则令 $x=0.85\xi_b h_0$，并按下式计算：

$$M_u = f_c bx\left(h_0 - \frac{x}{2}\right) + f'_y A'_s(h_0 - a'_s)$$

（3）复核截面是否安全：

若 $KM \leqslant M_u$，则认为构件的正截面安全，否则不安全。

第三节　受弯构件的 T 形截面承载力计算

一、概述

（一）T 形截面的特点

矩形截面的受拉区混凝土在承载力计算时，由于开裂而不考虑其作用，若去掉其中一部分，将钢筋集中放置，就成了 T 形截面，如图 5－14 所示，这样做并不降低它的受弯承载力，却能节省混凝土并减轻自重，显然较矩形截面有利。T 形梁中间部分称为梁肋，两边伸出的部分称为翼缘。对于翼缘位于受拉区的⊥形截面，由于受拉区翼缘混凝土开裂，不起受力作用，所以仍按矩形截面（宽度为肋宽）计算。因此，决定是否按 T 形截面计算，不能只看其外形，应当看受压区的形状是否为 T 形。此外，工形、Π形、箱形及空心截面均可按 T 形截面计算（图 5－15）。

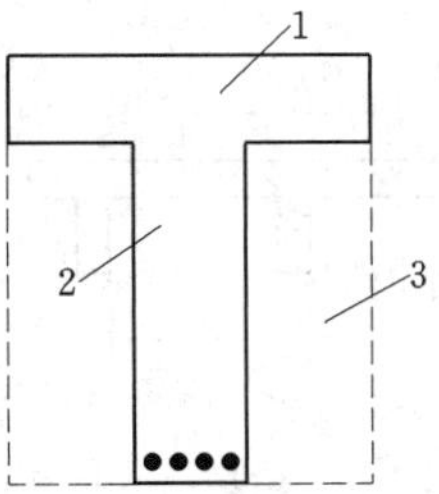

图 5-14 T形截面的形成

1—翼缘；2—梁肋；3—去掉的混凝土

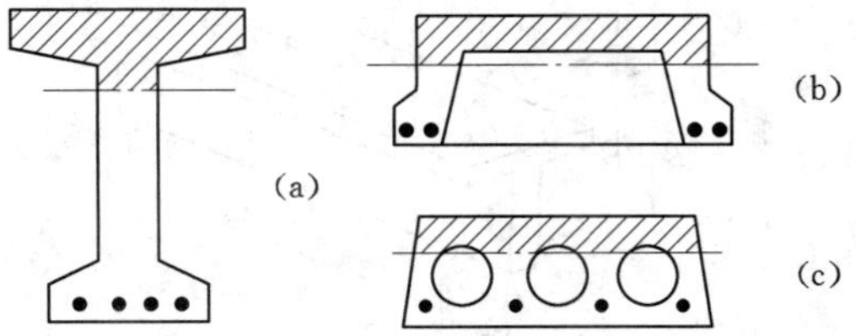

图 5-15 工字形、Ⅱ形、空心形截面

（二）翼缘计算宽度 b'_f

试验和理论分析表明，当T形梁受力时，沿翼缘宽度上压应力分布是不均匀的，压应力由梁肋中部向两边逐渐减少，当翼缘宽度很大时，远离梁肋的部分翼缘几乎不承受压力，如图5-16（a）所示。为简化计算，合理确定翼缘宽度，假定在这个范围之内压力均匀分布，之外翼缘不起作用，此翼缘宽度称为翼缘计算宽度 b'_f，如图5-16（b）所示。

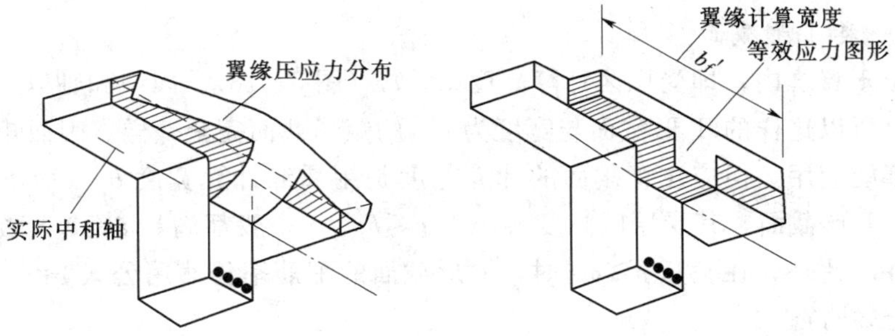

(a) (b)

图 5-16 T形梁受压区实际应力和计算应力图

翼缘的计算宽度主要与梁的工作情况（是整体梁还是独立梁）、梁的跨度以及受压翼缘高度与截面有效高度之比（即 h'_f/h_0）有关。《规范》规定的翼缘计算宽度列于表5-6中（表中符号见图5-17），计算时，取各项中的最小值。

表 5-6　T形、I形及倒L形截面受弯构件翼缘计算宽度 b'_f

项次	情况		T形、I形截面		倒L形截面
			肋形梁（板）	独立梁	肋形梁（板）
1	按计算跨度 l_0 考虑		$l_0/3$	$l_0/3$	$l_0/6$
2	按梁（肋）净距 S_n 考虑		$b+s_n$	—	$b+0.5s_n$
3	按翼缘高度 h'_f 考虑	当 $h'_f/h_0 \geqslant 0.1$	—	$b+12h'_f$	—
		当 $0.1>h'_f/h_0 \geqslant 0.05$	$b+12h'_f$	$b+6h'_f$	$b+5h'_f$
		当 $h'_f/h_0<0.05$	$b+12h'_f$	b	$b+5h'_f$

注 1. 表中 b 为腹板宽度。
2. 如肋形梁在梁跨内设有间距小于纵肋间距的横肋时，则可不遵守表中项次3的规定。
3. 对于加腋的T形、I形和倒L形截面，当受压区加腋的高度 $h_h \geqslant h'_f$ 且加腋的宽度 $b_h \leqslant 3h_f$ 时，其翼缘计算宽度可按表中项次3的规定分别增加 $2b_h$（T形、I形截面）和 b_h（倒L形截面）。
4. 独立梁受压区翼缘板在荷载作用下经验算沿纵肋方向可能产生裂缝时，其计算宽度应取腹板宽度 b。

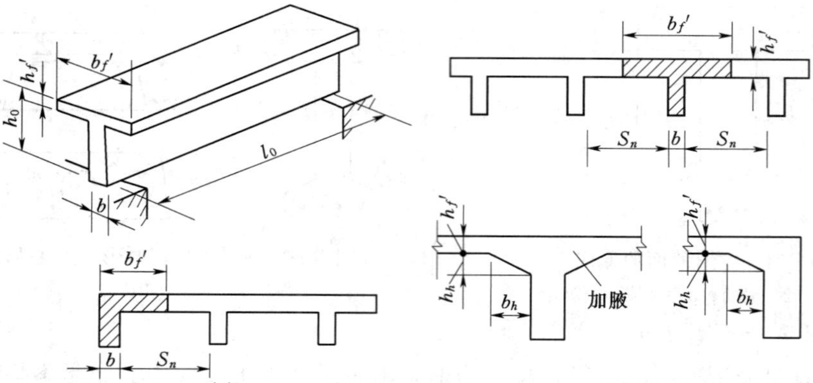

(a)　　　　　　(b)

图 5-17　T 形、倒 L 形截面梁翼缘计算宽度

二、基本公式

T 形截面受弯构件，按中和轴所在位置不同分为两类。

（一）第一类 T 形截面

中和轴位于翼缘内，即受压区计算高度 $x \leqslant h_f'$（图 5-18）。因中和轴以下受拉区混凝土不起作用，所以这样的 T 形截面与宽度为 b'_f 的矩形截面完全一样。因而矩形截面的所有公式在此都能应用。但应注意截面的计算宽度是用翼缘计算宽度 b_f'，而不是用梁肋宽度 b。第一类 T 形截面，其受压区高度较小（$x \leqslant h_f'$），一般都满足 $\xi \leqslant 0.85\xi_b$，通常不必验算这一条件。此外，在验算 $\rho \geqslant \rho_{\min}$ 时，T 形截面的配筋率仍然用公式 $\rho = A_s/(bh_0)$ 计算，其中 b 为梁肋宽。

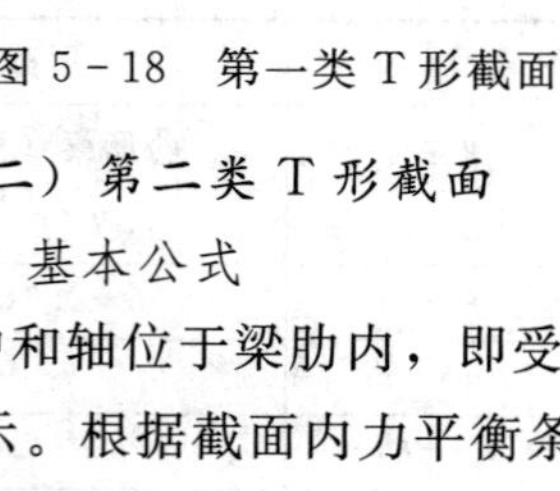

图 5-18　第一类 T 形截面

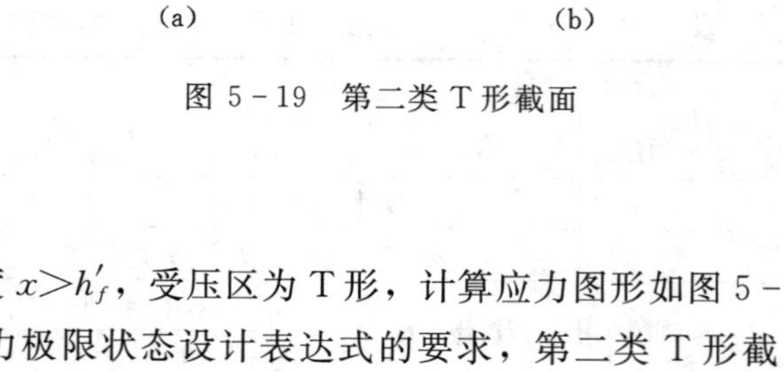

(a)　　　　　　(b)

图 5-19　第二类 T 形截面

（二）第二类 T 形截面

1. 基本公式

中和轴位于梁肋内，即受压区计算高度 $x > h_f'$，受压区为 T 形，计算应力图形如图 5-19 所示。根据截面内力平衡条件及承载能力极限状态设计表达式的要求，第二类 T 形截面的基本公式为

$$KM \leqslant M_u = f_c bx\left(h_0 - \frac{x}{2}\right) + f_c(b_f' - b)h_f'\left(h_0 - \frac{h_f'}{2}\right) \tag{5-16}$$

$$f_c bx + f_c(b_f' - b)h_f' = f_y A_s \tag{5-17}$$

式中　b_f'——T 形截面受压区翼缘计算宽度，按表 5-6 确定；

h'_f——T形截面受压翼缘高度。

2. 基本公式适用条件

(1) $x \leqslant 0.85\xi_b h_0$。

(2) $\rho > \rho_{min}$。

由于T形截面的受拉钢筋配置较多，一般能满足 $\rho \geqslant \rho_{min}$ 的要求，通常可不验算这一条件。

(三) T形截面类型判别

中和轴刚好通过翼缘下边缘（即 $x = h'_f$）时，为两种情况的分界。

对于截面设计问题，已知 M，其判别式为

当 $KM \leqslant f_c b'_f h'_f \left(h_0 - \frac{h'_f}{2}\right)$ 时为第一类T形截面，否则为第二类T形截面。

对于截面复核问题，已知 A_s，其判别式为

当 $f_y A_s \leqslant f_c b'_f h'_f$ 时为第一类T形截面，否则为第二类T形截面。

三、计算方法

(一) 截面设计

弯矩设计值 M、截面尺寸、材料强度等级已知，求纵向受拉钢筋截面面积 A_s。其步骤为：

(1) 确定翼缘计算宽度 b'_f。

(2) 判别T形截面类型。

(3) 若为第一类T形截面，按梁宽为 b'_f 的矩形截面计算。若为第二类T形截面，由式 (5-16) 及式 (5-17) 得

$$\alpha_s = \frac{KM - f_c(b'_f - b)h'_f\left(h_0 - \frac{h'_f}{2}\right)}{f_c b h_0^2}$$

$$\xi = 1 - \sqrt{1 - 2\alpha_s}$$

$x = \xi h_0$，x 需满足 $x \leqslant 0.85\xi_b h_0$，否则需加大截面尺寸或改用双筋截面。

$$A_s = \frac{f_c b x + f_c(b'_f - b)h'_f}{f_y}$$

(4) 选配钢筋，绘配筋图。

(二) 承载力复核

弯矩设计值 M、截面尺寸、材料强度等级、纵向受拉钢筋截面面积 A_s 已知，复核梁的正截面是否安全。其步骤为：

(1) 确定翼缘计算宽度 b'_f。

(2) 判别T形截面类型。

(3) 若为第一类T形截面，则按宽度为 b'_f 的矩形截面复核。若为第二类T形截面，则由式 (5-17) 得

$$x = \frac{f_y A_s - f_c(b'_f - b)h'_f}{f_c b}$$

当 $x \leqslant 0.85\xi_b h_0$

$$M_u = f_c bx\left(h_0 - \frac{x}{2}\right) + f_c(b'_f - b)h'_f\left(h_0 - \frac{h'_f}{2}\right)$$

当 $x > 0.85\xi_b h_0$ 时，令 $x = 0.85\xi_b h_0$，求 M_u。

（4）复核截面是否安全。若 $KM \leqslant M_u$，则截面安全；否则截面不安全。

【例 5－5】 某电站厂房（1 级建筑物）一吊车梁计算跨度 $l_0 = 6000$mm，在使用阶段跨中截面承受弯矩设计值 $M = 384$kN·m，荷载效应组合为基本组合，梁的截面尺寸如图 5－20 所示。混凝土为 C25、钢筋为 HRB335 级，试求钢筋截面面积。

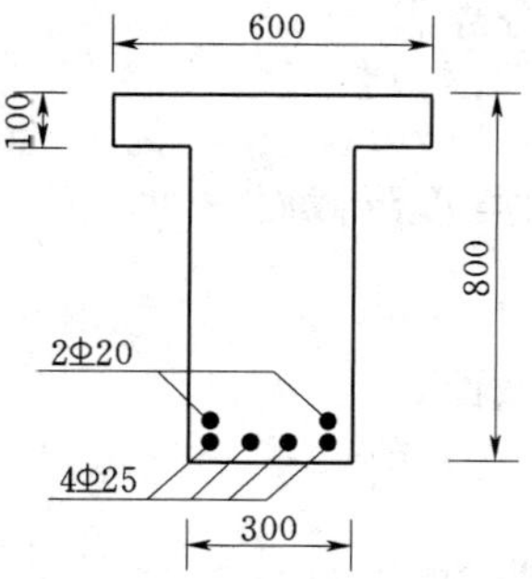

图 5－20 正截面配筋图

解： $f_c = 11.9\text{N/mm}^2$，$f_y = 300\text{N/mm}^2$，$K = 1.35$。

1. 确定翼缘计算宽度 b'_f

吊车梁为独立 T 形梁，因弯矩较大，估计为双排筋，取 $a_s = 65$mm，则

$$h_0 = h - a_s = 800 - 65 = 735(\text{mm})$$

$$h'_f/h_0 = 100/735 = 0.136 > 0.1$$

$$b + 12h'_f = 300 + 12 \times 100 = 1500(\text{mm})$$

$$l_0/3 = 6000/3 = 2000(\text{mm})$$

以上两值均大于翼缘实有宽度，所以按 $b'_f = 600$mm 计算。

2. 判别 T 形截面类型

$$KM = 1.35 \times 384 = 518.4(\text{kN}\cdot\text{m})$$

$$f_c b'_f h'_f\left(h_0 - \frac{h'_f}{2}\right) = 11.9 \times 600 \times 100 \times (735 - 100/2) = 489(\text{kN}\cdot\text{m})$$

因 $KM > f_c b'_f h'_f\left(h_0 - \frac{h'_f}{2}\right)$，所以属于第二类 T 形截面。

3. 配筋计算

$$\alpha_s = \frac{KM - f_c(b'_f - b)h'_f\left(h_0 - \frac{h'_f}{2}\right)}{f_c b h_0^2}$$

$$= \frac{1.35 \times 384 \times 10^6 - 11.9 \times (600 - 300) \times 100 \times (735 - 0.5 \times 100)}{11.9 \times 300 \times 735^2} = 0.142$$

$$\xi = 1 - \sqrt{1 - 2\alpha_s} = 1 - \sqrt{1 - 2 \times 0.142} = 0.154$$

$$x = \xi h_0 = 0.154 \times 735 = 113.2(\text{mm}) < 0.85\xi_b h_0 = 0.85 \times 0.55 \times 735 = 343.6(\text{mm})$$

$$A_s = \frac{f_c bx + f_c(b'_f - b)h'_f}{f_y} = \frac{11.9 \times 300 \times 113.2 + 11.9(600 - 300) \times 100}{300}$$

$$= 2537(\text{mm}^2)$$

选用 4 ⌽ 25＋2 ⌽ 20（$A_s = 2592\text{mm}^2$），钢筋配置如图 5－20 所示。

【例 5－6】 某电站厂房（2 级建筑物）一 T 形截面独立梁的配筋及截面尺寸如图 5－21 所示，计算跨度 $l_0 = 5100$mm，在使用阶段跨中截面承受弯矩设计值 $M = 500$kN·m，荷载效应组合为基本组合，采用 C30 混凝土、HRB400 级钢筋，试复核截面是否安全。

解： $f_c = 14.3\text{N/mm}^2$，$f_y = 360\text{N/mm}^2$，$K = 1.2$。

1. 确定翼缘计算宽度 b'_f

双排筋，取 $a_s=65\text{mm}$，则 $h_0=h-a_s=700-65=635$ (mm)

$h'_f/h_0=100/635=0.157>0.1$，T 形截面独立梁，则

$$b+12h'_f=250+12\times100=1450(\text{mm})$$

$$l_0/3=5100/3=1700(\text{mm})$$

以上两值均大于翼缘实有宽度，所以按 $b'_f=600\text{mm}$ 计算。

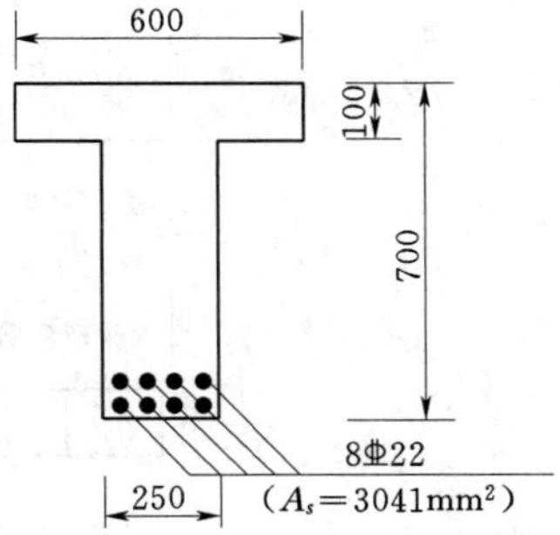

图 5-21　正截面配筋图

2. 判别 T 形截面类型

$$f_yA_s=360\times3041=1094760(\text{N})>f_cb'_fh'_f=14.3\times600\times100=858000(\text{N})$$

所以属于第二类 T 形截面。

3. 求相对受压区计算高度

$$x=\frac{f_yA_s-f_c(b'_f-b)h'_f}{f_cb}=\frac{360\times3041-14.3\times(600-250)\times100}{14.3\times250}$$

$$=166.2(\text{mm})<0.85\xi_bh_0=0.85\times0.518\times635=279.6(\text{mm})$$

$$M_u=f_cbx\left(h_0-\frac{x}{2}\right)+f_c(b'_f-b)h'_f\left(h_0-\frac{h'_f}{2}\right)=14.3\times250\times166.2\times\left(635-\frac{166.2}{2}\right)$$

$$+14.3\times(600-250)\times100\times\left(635-\frac{100}{2}\right)=620.7(\text{kN}\cdot\text{m})$$

4. 复核截面是否安全

$$KM=1.2\times500=600(\text{kN}\cdot\text{m})<M_u=620.7\text{kN}\cdot\text{m}$$

故截面安全。

第四节　受弯构件的斜截面承载力计算

一、概述

一般情况下，受弯构件截面除承受弯矩 M 的作用外，同时还承受剪力 V 的作用，如图 5-22 所示为一受集中荷载的简支梁，在集中力之间为纯弯段，剪力为零，弯矩最大，可能发生正截面破坏。在集中力与支座之间的区段作用有弯矩和剪力，该区段称为剪弯段，弯矩和剪力共同作用引起的主拉应力将使该段产生斜裂缝，即可能导致沿斜截面的破坏。所以，对于受弯构件既要计算正截面的承载力，也要计算斜截面的承载力。

受弯构件的正截面是通过配置纵向受拉钢筋来加强的，而斜截面则主要是通过配置箍筋和弯起筋来加强的。箍筋和弯起筋通常也称为“腹筋”。在受弯构件内，一般由纵向钢筋（受力筋和构造筋）和腹筋构成如图 5-23 所示的钢筋骨架。

影响斜截面承载力的因素很多，主要有截面大小、混凝土强度等级、剪跨比、纵筋配筋率 ρ 及腹筋用量。腹筋用量是影响有腹筋梁受剪承载力的一个决定性因素。

如图 5-22 所示，集中力至支座截面之间的距离称为剪跨，用 a 表示。剪跨 a 和截面有效高度 h_0 的比值称为剪跨比，用 λ 表示，即 $\lambda=a/h_0$。

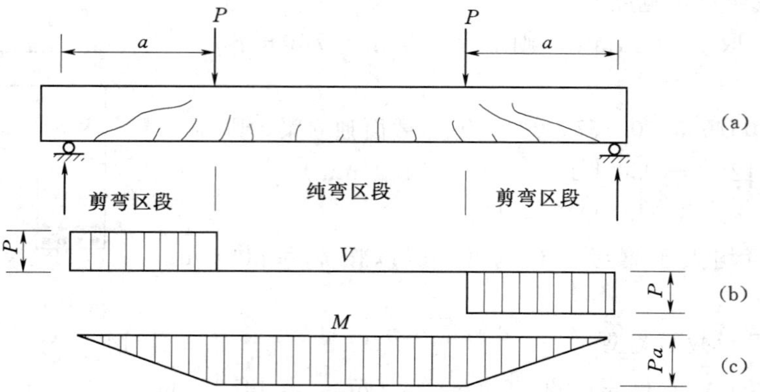

图 5-22 钢筋混凝土受弯构件的垂直裂缝和斜裂缝

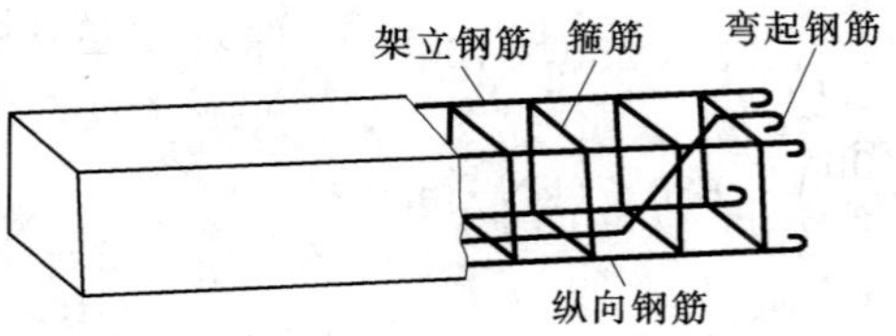

图 5-23 梁的钢筋骨架

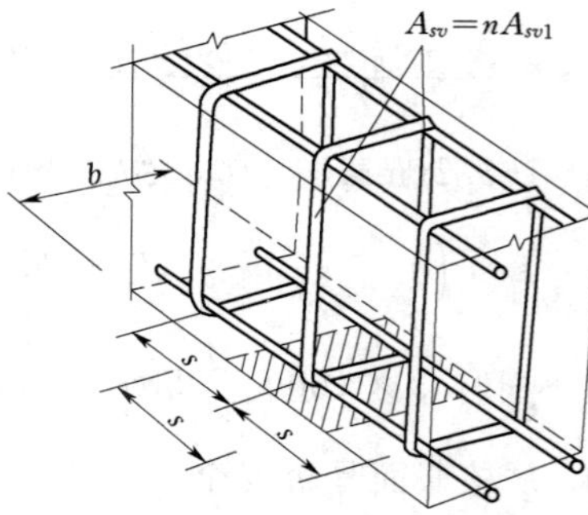

图 5-24 梁的箍筋配置示意图

图 5-24 为梁的箍筋配置示意图，配箍率用 ρ_{sv} 来表示，它反映了梁沿纵向单位水平截面含有的箍筋截面面积，计算公式为

$$\rho_{sv}=\frac{A_{sv}}{bs}=\frac{nA_{sv1}}{bs} \tag{5-18}$$

式中 A_{sv}——同一截面内的箍筋截面面积；

n——同一截面内箍筋的肢数；

A_{sv1}——单肢箍筋截面面积；

s——沿梁轴线方向箍筋的间距；

b——梁的截面宽度。

试验结果表明，斜截面剪切破坏有以下三种形态。

(1) 斜压破坏。当腹筋数量配置过多而截面尺寸太小，或剪跨比 $\lambda<1$ 时，斜裂缝将集中荷载作用点和支座间的混凝土分割成若干受压短柱，最后这些混凝土短柱因主压应力过大而发生斜压破坏，破坏时腹筋未达到屈服。破坏特征是腹筋强度得不到充分利用，是一种没有预兆的脆性破坏，与正截面超筋梁破坏相似，如图 5-25 (a) 所示。

(2) 剪压破坏。若腹筋数量配置适当，且剪跨比 $1\leqslant\lambda\leqslant3$ 时，在斜裂缝出现后，由于腹筋的存在，限制了斜裂缝的开展，使荷载仍可继续增长，直到腹筋屈服不再能控制斜裂缝开展，而使斜裂缝顶端混凝土余留截面发生剪压破坏。其特征是破坏时腹筋先达到屈服

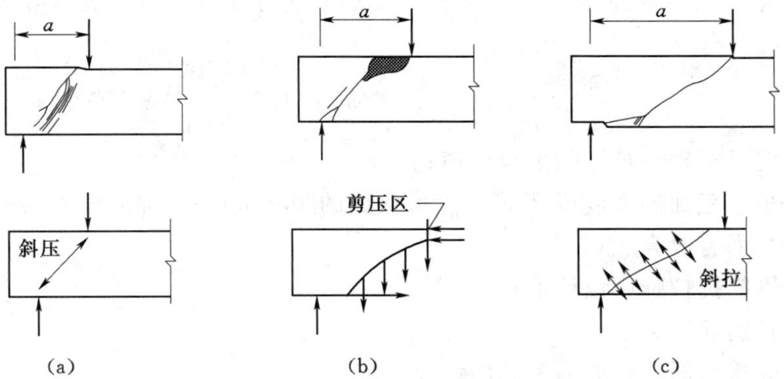

图 5-25　斜截面剪切破坏的三种形态

强度，最后剪压区混凝土被压碎而破坏，与正截面适筋梁破坏相似，如图 5-25（b）所示。

（3）斜拉破坏。若腹筋数量配置很少，且剪跨比 $\lambda>3$ 时，斜裂缝一开裂，腹筋的应力就会很快达到屈服，腹筋不能起到限制斜裂缝开展的作用，使梁很快沿斜向裂成两部分而破坏。其特征是破坏荷载与出现斜裂缝时的荷载很接近，属于脆性破坏，与正截面少筋梁破坏相似，如图 5-25（c）所示。

从以上三种破坏形态可知：斜压破坏腹筋强度得不到充分利用，而斜拉破坏发生的又十分突然，故这两种破坏在设计中均应避免。《规范》通过限制截面最小尺寸来防止斜压破坏，通过控制箍筋的最小配箍率来防止斜拉破坏，对于剪压破坏，则是通过受剪承载力计算配置腹筋来防止。

二、斜截面受剪承载力计算

（一）计算公式

斜截面受剪承载力的计算是以剪压破坏形态为依据的。现取斜截面左侧为隔离体，斜截面的内力如图 5-26 所示，由隔离体竖向力的平衡条件，并满足承载力极限状态的计算要求，可得基本计算公式为

$$KV \leqslant V_u = V_c + V_{sv} + V_{sb} \qquad (5-19)$$

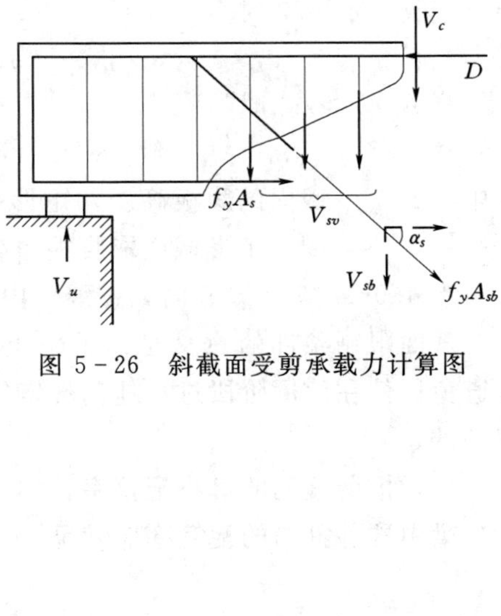

图 5-26　斜截面受剪承载力计算图

式中　K——承载力安全系数；

V——构件斜截面上剪力设计值；

V_u——斜截面受剪承载力极限值；

V_c——剪压区混凝土的受剪承载力；

V_{sv}——与斜截面相交的箍筋的受剪承载力；

V_{sb}——弯起钢筋的受剪承载力。

1. 仅配箍筋时梁的斜截面受剪承载力 V_u 的计算

仅配箍筋梁的斜截面受剪承载力 $V_u = V_c + V_{sv}$，公式中的第一项为混凝土所承受的

受剪承载力，第二项为配置箍筋后，梁所增加的受剪承载力。《规范》给出的计算公式如下：

$$V_u = V_c + V_{sv} = 0.7f_tbh_0 + 1.25f_{yv}\frac{A_{sv}}{s}h_0 \tag{5-20}$$

式中 f_t——混凝土轴心抗压强度设计值；

b——矩形截面的宽度或T形、工形截面的腹板宽度；

h_0——截面有效高度；

f_{yv}——箍筋抗拉强度设计值；

s——箍筋间距；

A_{sv}——配置在同一截面内箍筋的截面面积。

2. 配箍筋和弯起钢筋时梁的斜截面受剪承载力 V_u 的计算

$$V_u = V_c + V_{sv} + V_{sb} = 0.7f_tbh_0 + 1.25f_{yv}\frac{A_{sv}}{s}h_0 + f_yA_{sb}\sin\alpha_s \tag{5-21}$$

式中 f_y——弯起钢筋的抗拉强度设计值；

A_{sb}——同一弯起平面内弯起钢筋截面面积；

α_s——斜截面上弯起钢筋与构件纵向轴线的夹角，一般情况 $\alpha_s=45°$，梁的截面高度 $h\geqslant800$mm 时，取 $\alpha_s=60°$。

（二）计算公式的适用条件及斜截面受剪承载力的计算位置

1. 计算公式的适用条件

梁的斜截面受剪承载力计算公式仅适用于剪压破坏，为防止斜压和斜拉破坏，还必须确定计算公式的适用条件。

（1）截面限制条件。

当 $h_w/b\leqslant4.0$ 时

$$KV \leqslant 0.25f_cbh_0 \tag{5-22a}$$

当 $h_w/b\geqslant6.0$ 时

$$KV \leqslant 0.2f_cbh_0 \tag{5-22b}$$

式中 h_w——截面的腹板高度，矩形截面取有效高度，T形截面取有效高度减去翼缘高度，工形截面取腹板净高。

当 $4.0<h_w/b<6.0$ 时，按线性内插法取用。

截面限制条件的意义是：①防止梁截面尺寸过小、箍筋配置过多而发生斜压破坏；②避免构件在使用阶段过早地出现斜裂缝及斜裂缝出现过大，同时也是受弯构件最大配箍率条件。

（2）抗剪箍筋的最小配箍率。

梁中抗剪箍筋的配箍率应满足：

$$\rho_{sv} = \frac{A_{SV}}{bs} = \frac{nA_{SV1}}{bs} \geqslant \rho_{sv,\min} \tag{5-23}$$

箍筋最小配箍率 $\rho_{sv,\min}$，当采用HPB235级钢筋时为0.15%，当采用HRB335级钢筋时为0.10%。规定最小配箍率的意义是防止斜拉破坏。

在满足了最小配箍率要求后，为防止因箍筋选得过粗而间距过大，从而使箍筋无法发挥作用，《规范》规定了最大箍筋间距 s_{max} 见表 5-7。同样，为防止弯起钢筋间距太大，出现不与弯起钢筋相交的斜裂缝，《规范》规定当按计算要求配置弯起钢筋时，前一排弯起钢筋弯起点至后一排弯起钢筋弯终点的距离 s 不应大于表 5-7 中 $KV>V_c$ 的最大箍筋间距 s_{max}，且第一排弯起钢筋弯终点距支座边缘的间距 s_1 也不应大于 s_{max}（图 5-27）。

表 5-7　　梁中箍筋的最大间距 s_{max}　　单位：mm

梁高 h（mm）	$KV>V_c$	$KV\leqslant V_c$	梁高 h（mm）	$KV>V_c$	$KV\leqslant V_c$
$h\leqslant 300$	150	200	$500<h\leqslant 800$	250	350
$300<h\leqslant 500$	200	300	$h>800$	300	400

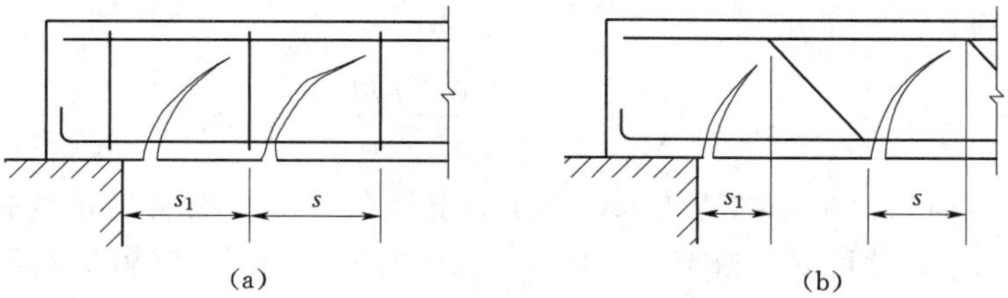

图 5-27　腹筋间距过大时产生的影响

s_1—支座边缘到第一根斜筋或箍筋的距离；s—斜筋或箍筋的间距

2. 斜截面受剪承载力的计算位置

在计算斜截面受剪承载力时，应取作用在该斜截面范围内的最大剪力作为剪力设计值，即斜裂缝起始端的剪力作为剪力设计值。其剪力设计值的计算应根据危险截面确定，通常按下列规定采用（图 5-28）。

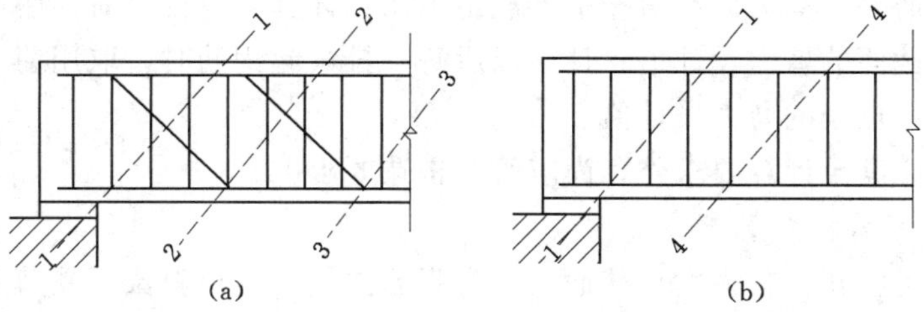

图 5-28　斜截面受剪承载力的计算位置

（1）支座边缘处截面（图中截面 1—1）。

（2）受拉区弯起钢筋弯起点处截面（图中截面 2—2 和截面 3—3）。

（3）箍筋截面面积或间距改变处截面（图中截面 4—4）。

（4）腹板宽度改变处截面。

（三）斜截面受剪承载力计算方法及步骤

斜截面受剪承载力计算与正截面受弯承载力计算一样有截面设计和截面复核。

1. 截面设计

截面设计一般先由正截面设计确定截面尺寸、混凝土强度等级及纵向钢筋用量，然后进行斜截面受剪承载力设计计算。其具体步骤为：

(1) 确定计算截面位置，计算其剪力设计值 V。

(2) 复核截面尺寸。按式（5-22）进行构件截面尺寸复核，若不满足要求，则应加大截面尺寸或提高混凝土强度等。

(3) 确定是否按计算配置腹筋。若 $KV \leqslant V_c$，则不需进行斜截面受剪配筋计算，仅按构造要求设置箍筋，否则需按计算配置腹筋。按构造设置箍筋时，对截面高度大于300mm的梁，应按梁的全长设置；对截面高度小于300mm的梁，可仅在梁的端部各1/4跨度范周内设置，但当梁的中部1/2跨度范围内有集中荷载作用时，则应沿梁的全长配置。

(4) 计算腹筋用量。

1) 仅配箍筋。

$$\frac{A_{sv}}{s} \geqslant \frac{KV - 0.7f_t bh_0}{1.25f_{yv}h_0}$$

计算出 A_{sv}/s 值后，根据构造要求，选定箍筋肢数 n 和箍筋直径 d，单肢箍筋截面积为 A_{sv1}，$A_{sv}=nA_{sv1}$，然后求出箍筋的间距 s，选用的箍筋间距 s 应满足 $s \leqslant s_{max}$。最后按式（5-23）验算配箍率。若配箍率不满足式（5-23）的要求，则按最小配箍率配置箍筋。

2) 既配箍筋又配弯起钢筋。当需要配置弯起钢筋与箍筋和混凝土共同承担剪力时，一般先按构造要求选配一定数量的箍筋（n、A_{sv1}、s），然后再按下式计算弯起钢筋截面面积 A_{sb}。

$$A_{sb} \geqslant \frac{KV - 0.7f_t bh_0 - 1.25f_{yv}\dfrac{A_{sv}}{s}h_0}{f_y \sin\alpha_s}$$

在计算弯起筋时，剪力设计值按下列规定采用：计算第一排（对支座而言）弯起钢筋时，取支座边缘截面的剪力设计值；计算以后每一排弯起钢筋时，取用前一排（对支座而言）弯起钢筋弯起点处的剪力设计值。

弯起钢筋除应满足计算要求外，尚应符合构造要求。

2. 斜截面受剪承载力复核

承载力复核是已知材料强度、截面尺寸、腹筋数量，复核斜截面受剪承载力是否满足要求，按下述步骤验算：

(1) 复核截面尺寸。

(2) 验算腹筋间距及配箍率。

(3) 计算受剪承载力 V_u。

1) 若配箍率 $\rho_{sv} < \rho_{sv,min}$，或腹筋间距 $s > s_{max}$，则受剪承载力 $V_u = V_c$。

2) 若 $\rho_{sv} \geqslant \rho_{sv,min}$，且 $s \leqslant s_{max}$，则按式（5-20）或式（5-21）计算受剪承载力 V_u。

(4) 复核斜截面受剪承载力，即验算是否满足 $KV \leqslant V_u$。

【例5-7】 一建筑物级别为2级的钢筋混凝土矩形截面简支梁，处于室内正常环境，截面尺寸为200mm×500mm，净跨 $l_n=4$m，荷载效应组合为基本组合，承受均布荷载设计值（包括自重）$q=100$kN/m，如图5-29所示，混凝土强度等级采用C25（$f_c=11.9$N/mm^2，$f_t=1.27$N/mm^2），箍筋采用HPB235级钢筋（$f_{yv}=210$N/mm^2）。求箍筋数量（提示：纵向受拉钢筋按一排布置）。

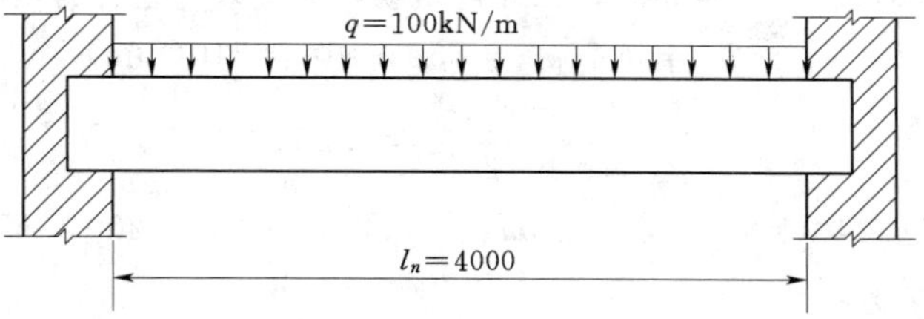

图 5-29　［例 5-7］图

解： 1. 计算剪力设计值

支座边缘剪力设计值为

$$V=\frac{ql_n}{2}=\frac{100\times 4}{2}=200(\text{kN})=200000\text{N}$$

2. 复核梁的截面尺寸

梁处于一类工作环境，$a_s=40$mm；二级建筑物，荷载效应组合为基本组合，$K=1.2$

$$h_w=h_0=h-a_s=500-40=460(\text{mm})$$

$$h_w/b=2.325<4.0$$

$$KV=1.2\times 200000=240000(\text{N})<0.25f_cbh_0=0.25\times 11.9\times 200\times 460=273700(\text{N})$$

截面尺寸满足要求。

3. 确定是否需要按计算配置腹筋

$$KV=240000\text{N}>V_c=0.7f_tbh_0=0.7\times 1.27\times 200\times 460=81788(\text{N})$$

需按计算配置腹筋。

4. 箍筋计算

$$\frac{A_{sv}}{s}\geqslant\frac{KV-0.7f_tbh_0}{1.25f_{yv}h_0}=\frac{240000-81788}{1.25\times 210\times 460}=1.31(\text{mm}^2/\text{mm})$$

选用双肢箍筋ϕ 10（$n=2$，$A_{sv1}=78.5\text{mm}^2$），则箍筋间距为

$$s\leqslant A_{sv}/1.31=nA_{sv1}/1.31=2\times 78.5/1.31=119.8(\text{mm})$$

取 $s=110\text{mm}<s_{\max}=200\text{mm}$。

5. 验算配箍率

$$\rho_{sv}=\frac{A_{sv}}{bs}=\frac{nA_{sv1}}{bs}=\frac{2\times 78.5}{200\times 110}=0.71\%>\rho_{sv,\min}=0.15\%$$

配箍率满足要求，即选配箍筋为双肢ϕ 10@110，沿梁全长等距布置。

【例 5-8】　一建筑物级别为 2 级的钢筋混凝土矩形截面简支梁，处于室内正常环境，承受均布荷载，荷载效应组合为基本组合，支座截面处剪力设计值 $V=200$kN，截面尺寸 $b\times h=200\text{mm}\times 550\text{mm}$，混凝土强度等级为 C30（$f_c=14.3\text{N/mm}^2$，$f_t=1.43\text{N/mm}^2$），箍筋采用 HRB335 级钢筋（$f_{yv}=300\text{N/mm}^2$），沿梁全长配置双肢箍ϕ 8@120，纵向钢筋按单排布置。试验算梁的斜截面受剪承载力是否满足要求。

解：1. 验算截面尺寸

梁处于一类工作环境，$a_s=40\text{mm}$；二级建筑物，荷载效应组合为基本组合，$K=1.2$。

$$h_w = h_0 = h - a_s = 550 - 40 = 510(\text{mm})$$

$$\frac{h_w}{b} = \frac{h_0}{b} = \frac{510}{200} = 2.55 < 4$$

$$KV = 1.2 \times 200 = 240(\text{kN}) < 0.25 f_c b h_0 = 0.25 \times 14.3 \times 200 \times 510 = 364.65(\text{kN})$$

截面尺寸满足要求。

2. 验算箍筋间距及配箍率

$$s = 120\text{mm} \leqslant s_{\max} = 250\text{mm}$$

$$\rho_{sv} = \frac{A_{sv}}{bs} = \frac{nA_{sv1}}{bs} = \frac{2 \times 50.3}{200 \times 120} = 0.419\% > \rho_{sv,\min} = 0.10\%$$

箍筋间距及配箍率均满足要求。

3. 计算受剪承载力 V_u

$$V_u = V_c + V_{sv} = 0.7 f_t b h_0 + 1.25 f_{yv} \frac{A_{sv}}{s} h_0$$

$$= 0.7 \times 1.43 \times 200 \times 510 + 1.25 \times 300 \times \frac{2 \times 50.3}{120} \times 510 = 262.43(\text{kN})$$

4. 复核斜截面受剪承载力

$KV=240\text{kN}<V_u=262.43\text{kN}$，故承载力满足要求。

三、梁的简支端纵向受力钢筋的锚固

钢筋混凝土简支梁或连续梁简支端的下部纵向受力钢筋，其伸入支座范围内的锚固长度 l_{as}（图 5-30）应符合下列规定：

当 $KV \leqslant V_c$ 时		$l_{as} \geqslant 5d$
当 $KV > V_c$ 时	带肋钢筋	$l_{as} \geqslant 12d$
	光圆钢筋	$l_{as} \geqslant 15d$

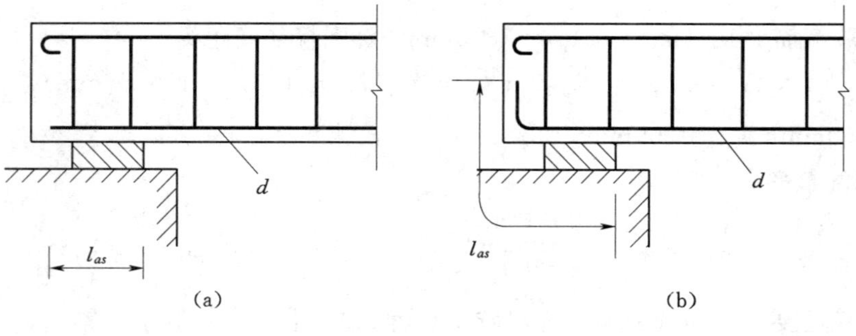

图 5-30 支座钢筋的锚固

式中 d——锚固钢筋直径。

如纵向受力钢筋伸入支座范围内的锚固长度不符合上述要求时，应采取钢筋上弯或采用贴焊锚筋、镦头、焊锚板或将钢筋端部焊接在支端预埋件上等有效锚固措施。

若焊接骨架中采用光圆钢筋作为纵向受力钢筋时，则应在锚固长度 l_{as} 内加焊横向钢筋：当 $KV \leqslant V_c$ 时，至少 1 根；当 $KV > V_c$ 时，至少 2 根。横向钢筋的直径不应小于纵向受力钢筋直径的一半。同时，加焊在最外边的横向钢筋应靠近纵向钢筋的末端。

四、梁中箍筋及弯起筋的构造

（一）箍筋的构造

（1）箍筋通常有开口式和封闭式两种形式（图 5－31）。对于 T 形截面梁，当不承受动荷载和扭矩时，在其跨中承受正弯矩区段内，可采用开口式箍筋。除上述情况外，一般均应采用封闭式箍筋。箍筋两个端头应作成 135°弯钩，弯钩端部平直段长度不应小于 $5d$（d 为箍筋直径）和 50mm。

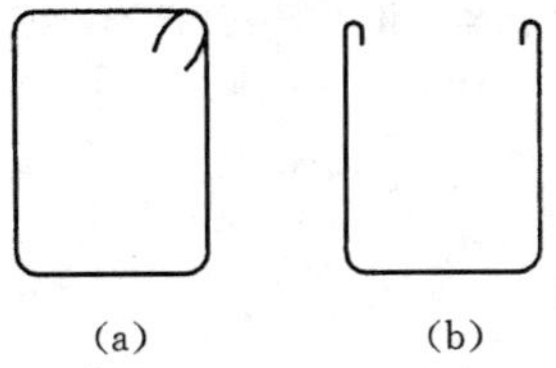

图 5－31　箍筋的形式

（a）封闭式；（b）开口式

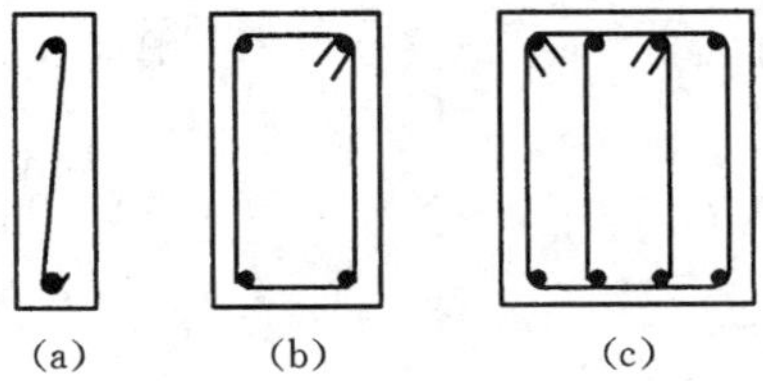

图 5－32　箍筋的肢数

（a）单肢；（b）双肢；（c）四肢

（2）箍筋按其肢数，分为单肢、双肢及四肢箍（图 5－32）。箍筋一般采用双肢，当梁宽 $b \geqslant 400$mm，且一层的纵向受压钢筋超过 3 根，或梁宽 $b < 400$mm，但一层内纵向受压钢筋超过 4 根，采用四肢箍。四肢箍一般由两个双肢箍组合而成。

（3）当梁高 $h \leqslant 800$mm 时，箍筋直径不宜小于 6mm，当 $h > 800$mm 时，箍筋直径不宜小于 8mm。当梁中配有计算需要的纵向受压钢筋时，箍筋直径尚不应小于 $d/4$（d 为纵向受压钢筋的最大直径）。

（4）箍筋的间距应符合表 5－7 的要求。当梁中配有计算需要的纵向受压钢筋时，箍筋应做成封闭式，箍筋间距在绑扎骨架中不应大于 $15d$，在焊接骨架中不应大于 $20d$（d 为受压钢筋中的最小直径），同时在任何情况下均不应大于 400mm；当一层内纵向受压钢筋多于 5 根且直径大于 18mm 时，箍筋间距不应大于 $10d$。

（二）弯起钢筋的构造

在钢筋混凝土梁中，承受剪力的钢筋，宜优先选用箍筋，原因是弯起钢筋传力没有箍筋均匀，且施工不方便。当设置弯起钢筋时，弯起钢筋的弯终点处应留有平行于轴线方向的锚固长度，其长度在受拉区不应小于 $20d$，在受压区不应小于 $10d$（d 为弯起钢筋的直径），对光面钢筋末端还应设置弯钩（图 5－33）。位于梁底两侧的纵向钢筋不应弯起，梁

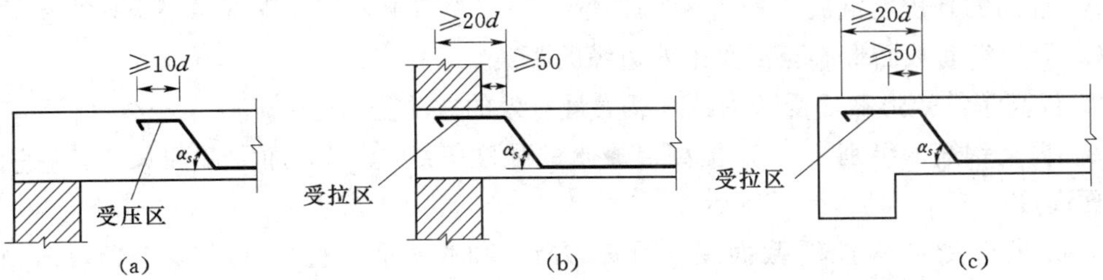

图 5－33　弯起钢筋端部锚固

顶层钢筋中的角部钢筋不应弯下。弯起钢筋的弯起角度一般取45°，当梁截面高度h大于800mm时，可取60°。

弯起钢筋一般是由纵向受力钢筋弯起而成，当纵向钢筋弯起不能满足正截面和斜截面抗弯要求，而按斜截面受剪承载力又必须设置弯筋时，可单独设置只承受剪力的弯筋，并做成"鸭筋"的形式（图5-34），但不允许采用锚固性能较差的"浮筋"。

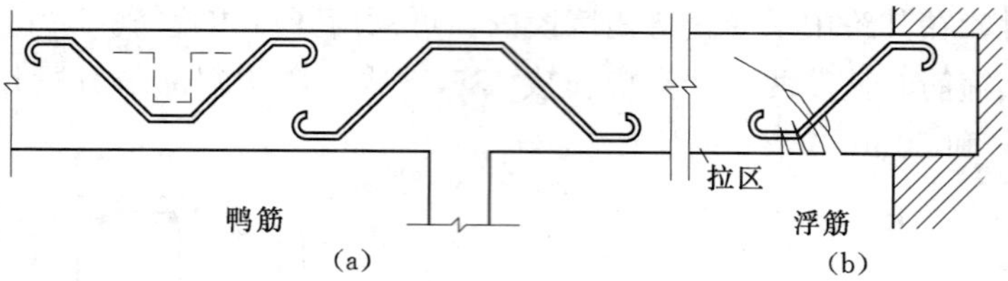

图5-34 鸭筋与浮筋

习 题

一、填空题

1. 在现浇结构中，为了便于施工，梁常采用__________或__________截面。

2. 梁中的钢筋主要有__________、__________、__________、__________等。

3. 适筋梁的破坏始于__________，它的破坏属于__________。超筋梁的破坏始于__________，它的破坏属于__________。

4. 单筋矩形截面受弯构件正截面承载力计算基本公式的适用条件是__________及__________。

5. 受弯构件的正截面是通过配置__________来加强的，而斜截面则主要是通过配置__________和__________来加强的。

6. 影响有腹筋梁斜截面受剪承载力的主要因素有__________、__________、__________、__________及__________。__________是影响有腹筋梁受剪承载力的一个决定性因素。

7.《规范》通过用__________来防止斜拉破坏，用__________的方法来防止斜压破坏，对于剪压破坏，则通过进行斜截面受剪承载力计算来防止。

8. 箍筋通常有__________和__________两种形式，一般均应采用__________箍筋。

二、选择题

1. 混凝土保护层厚度是指（ ）。

A. 箍筋的外皮至混凝土外边缘的距离　B. 受力钢筋的外皮至混凝土外边缘的距离

C. 受力钢筋截面形心至混凝土外边缘的距离

2. 提高单筋矩形截面受弯构件承载力最有效的方法是（ ）。

A. 提高钢筋的级别　B. 提高混凝土的强度等级　C. 加大截面尺寸，特别是加大截面高度

3. 在进行受弯构件斜截面受剪承载力计算时，对一般梁（$h_w/b \leqslant 4$），若$KV > 0.25 f_c b h_0$，可采取的解决办法有（ ）。

A. 箍筋加密或加粗　　B. 增大构件截面尺寸

C. 加大纵筋配筋率　　D. 提高混凝土强度等级

4. 斜截面受剪承载力计算时，其计算截面的位置是（　　）。

A. 支座边缘处截面　　B. 受拉区弯起钢筋弯起点处截面

C. 箍筋截面面积或间距改变处截面　　D. 腹板宽度改变处截面

5. 双筋截面和单筋截面区别的关键是（　　）。

A. 受压区按计算配置纵向受力钢筋　　B. 受拉区按计算配置纵向受力钢筋

C. 受拉区和受压区都配置纵向钢筋

三、问答题

1. 受弯构件中，适筋梁从开始加荷到破坏，经历了哪几个阶段？其中哪个阶段是受弯构件正截面承载力计算的依据？

2. 适筋梁、超筋梁及少筋梁的破坏特征有什么不同？

3. 单筋矩形截面正截面承载力计算公式两个适用条件的意义是什么？

4. 根据中和轴位置不同，T形截面可分为哪两种类型？如何判别？

5. 梁的斜截面受剪承载力计算公式有哪两个限制条件？其意义是什么？

6. 限制箍筋和弯起钢筋最大间距 s_{max} 的目的是什么？

四、计算题

1. 一建筑物级别为2级的矩形截面简支梁，截面尺寸为 $b\times h=200mm\times 500mm$，处于室内正常环境，混凝土强度等级为C25，钢筋为HRB335，荷载效应组合为基本组合，跨中截面承受弯矩设计值 $M=100kN\cdot m$，试配置截面受力钢筋。

2. 一建筑物级别为3级的现浇单跨简支板，处于室内正常环境，计算跨度 $l_0=2.4m$，板厚 $h=85mm$，荷载效应组合为基本组合，每米宽均布荷载设计值为6.0kN/m（含板自重），混凝土强度等级为C20，钢筋为HPB235，试进行板的配筋。

3. 某建筑物级别为2级的矩形截面简支梁，截面尺寸为 $b\times h=250mm\times 500mm$，处于室内潮湿环境，混凝土强度等级为C20，钢筋为HRB335，荷载效应组合为基本组合，承受弯矩设计值 $M=120kN\cdot m$，配有受拉钢筋为3 Φ 22，验算此梁截面是否安全。

4. 某建筑物级别为2级的矩形截面简支梁，截面尺寸为 $b\times h=200mm\times 500mm$，处于室内正常环境，混凝土强度等级为C20，钢筋为HRB335，荷载效应组合为基本组合，承受弯矩设计值 $M=144kN\cdot m$。试配置截面受力钢筋。

5. 一级别为2级的水电站厂房的T形截面吊车梁，截面尺寸为 $b'_f=600mm$，$h'_f=120mm$，$b=300mm$，$h=700mm$，处于室内正常环境，计算跨度 $l_0=6m$，荷载效应组合为基本组合，弯矩设计值 $M=420kN\cdot m$，混凝土强度等级为C25，钢筋为HRB335，试配置截面钢筋（提示：纵向受拉钢筋双排布置）。

6. 一建筑物级别为2级的T形截面梁，截面尺寸为 $b'_f=450mm$，$h'_f=100mm$，$b=250mm$，$h=650mm$，处于室内正常环境，混凝土强度等级为C25，钢筋为HRB335，计算跨度 $l_0=4.8m$。如果受拉钢筋为6 Φ 25（$a_s=65mm$），荷载效应组合为基本组合，弯矩设计值 $M=350kN\cdot m$，验算此梁截面是否安全。

7. 一建筑物级别为2级的矩形截面的简支梁，截面尺寸为 $b\times h=200mm\times 500mm$，

a_s＝40mm，箍筋采用 HPB235 级，混凝土采用 C20，荷载效应组合为基本组合，当承受剪力设计值为 V＝140kN，试配置箍筋。

8. 一建筑物级别为 1 级的矩形截面简支梁，采用 C30 混凝土，箍筋采用 HPB235 级，截面尺寸 $b \times h$＝250mm×650mm，a_s＝45mm，荷载效应组合为基本组合，支座截面处剪力设计值 V＝160kN，当采用ф 8@200 双肢箍时，试验算梁的斜截面受剪承载力是否满足要求。

第六章　钢筋混凝土受压、受拉构件

【重点内容】 钢筋混凝土受压构件的分类、受压构件的一般构造规定、轴心受压构件及偏心受压构件对称配筋的计算方法。

【学习目标】 了解钢筋混凝土受压构件在实际工程中的应用，掌握受压构件的概念及分类；熟悉受压构件的一般构造要求；掌握轴心受压构件配筋、矩形截面偏心受压构件对称配筋计算方法；了解钢筋混凝土受拉构件在实际工程中的应用，熟悉受拉构件的概念及分类；理解偏心受拉构件的正截面承载力的计算。

第一节　受　压　构　件

一、受压构件的分类

水工钢筋混凝土结构中，除受弯构件外，另一种主要的构件就是受压构件，它常以柱的形式出现，如水闸工作桥的支柱、水电站厂房中支撑吊车梁的柱子、渡槽的支撑刚架柱、闸墩、桥墩以及拱式渡槽的支撑拱圈等都属于受压构件。图 6－1 所示水闸工作桥中墩支柱，它将上部相邻两孔纵梁传来的压力及其自重传递给闸墩，使得支柱、闸墩的截面上主要承受纵向压力。图 6－2 所示水电站厂房中支撑吊车梁的立柱，它主要承受屋架传来的竖向及水平力、吊车轮压及横向制动力、风荷载、自重等外力。

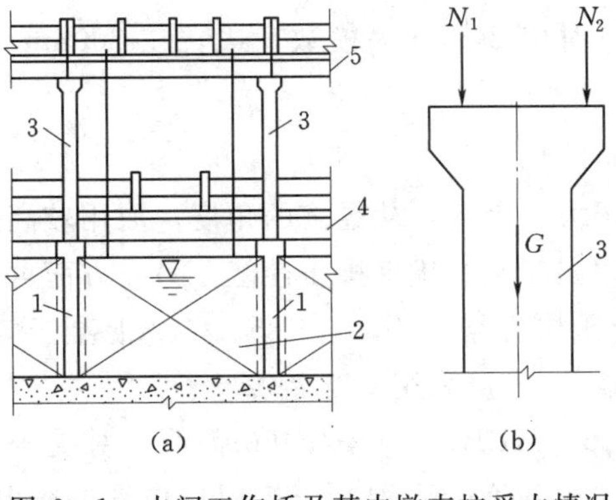

图 6－1　水闸工作桥及其中墩支柱受力情况

1—闸墩；2—闸门；3—支柱；4—公路桥；5—工作桥

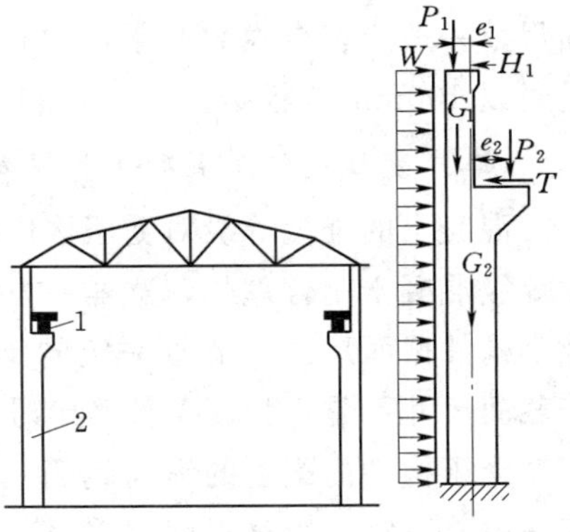

图 6－2　水电站厂房及其立柱受力情况

1—吊车梁；2—立柱

受压构件是指构件截面上有轴向压力作用的构件。受压构件根据轴向力作用的位置不同可分为两种：一是轴向压力通过截面重心的受压构件，称为轴心受压构件［图 6－3（a）］；二是轴向压力偏离构件截面重心或构件同时承受轴心压力和弯矩作用（这种情况可等效为受到偏离构件截面重心的轴向压力作用）的受压构件，称为偏心受压构件［图 6－3（b）（c）］。

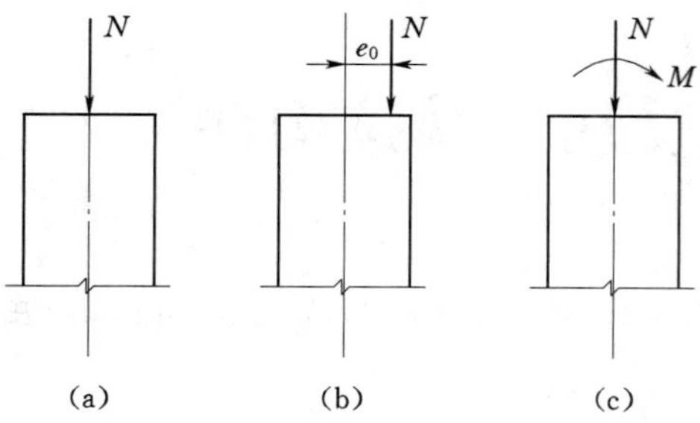

图 6-3 受压构件
(a) 轴心受压构件；(b)、(c) 偏心受压构件

严格地说，真正的轴心受压构件在实际工程中是不存在的。混凝土的非均匀性、钢筋的偏位、构件尺寸的施工误差等因素，都会导致轴向力产生偏心。当偏心距小到在设计中可忽略不计时，则可当做轴心受压构件计算。

偏心受压构件又可分为单向偏心受压构件和双向偏心受压构件。理想的单向偏心受压构件也是不存在的，但大多数情况下都将实际的空间受力结构沿主要受力方向简化为平面受力结构进行分析，将平面受力体系的偏心受压构件按单向偏心受压构件来考虑。

本章仅研究轴心、单向偏心受压构件承载力计算及一般构造。

二、受压构件的构造

（一）截面形式和尺寸

轴心受压构件一般采用方形和圆形截面，偏心受压构件常采用矩形截面，截面长边布置在弯矩作用方向，长短边的比值一般为 1.5～2.5。在实际工程中为了减轻自重和节省混凝土，预制装配式受压构件也可做成工字形截面。

受压构件的截面尺寸与长度相比不宜太小，因为构件越细长，纵向弯曲的影响越大，承载力降低程度越大，致使材料强度不能充分利用。柱的计算长度与矩形截面短边边长比值不应大于 30 及柱的计算长度与矩形截面长边边长比值不应大于 25。水工建筑中现浇的立柱其边长不宜小于 300mm，否则施工缺陷所引起的影响就较为严重。为施工方便，截面尺寸一般应符合模数要求，边长在 800mm 以下时以 50mm 为模数，边长在 800mm 以上时以 100mm 为模数。

（二）受压构件对混凝土和纵向钢筋的要求

混凝土的强度等级对受压构件的承载力影响很大。因此，从经济的角度，取用较高强度等级混凝土是合理的，这样一方面可以充分利用混凝土的优良抗压性能，另一方面可以减小构件截面尺寸、节省一定的钢材。如一般受压构件采用 C30、C35、C40 混凝土等；若截面尺寸不是由强度条件确定时（如闸墩、桥墩），也可采用 C15 混凝土。

受压构件内配置的纵向钢筋一般可用 HRB335、HRB400、RRB400 钢筋。对受压钢筋来说，不宜采用高强度钢筋，这是因为钢筋的抗压强度受到混凝土极限压应变的限制，不能充分发挥其高强度作用。

《规范》规定：柱内纵向受力钢筋的直径 d 不宜小于 12mm，通常在 12～32mm 范围内选择。同时，截面中的纵筋不少于 4 根，即每个角一根；圆柱中纵筋不宜少于 8 根，且不应少于 6 根。轴心受压构件的纵向受力钢筋沿周边均匀布置；偏心受压构件的纵向受力钢筋则沿垂直于弯矩作用平面的两个边布置。为了顺利地浇筑混凝土，现浇时纵向钢筋的净距不应小于 50mm，同时纵向受力钢筋的最大间距（中距）也不应大于 300mm。当偏心受压柱的截面长边 $h \geqslant 600$mm 时，沿长边中间应设置直径为 10～16mm 的纵向构造钢筋，其间距不大于 400mm，并相应设置复合箍筋或连系拉筋。

受压构件的纵向钢筋混凝土保护层厚度要求同受弯构件。

受压构件纵向钢筋的数量不能过少。纵向钢筋太少，构件破坏时呈脆性，对抗震很不利。同时钢筋太少，在荷载长期作用下，由于混凝土的徐变，容易引起钢筋的过早屈服。为此《规范》对受压构件的最小配筋率作出了规定，见第五章第二节表 5-5。纵向钢筋也不宜过多，常用的经济配筋率在 0.8%～2%范围内。当荷载较大及截面尺寸受限制时，配筋率可适当提高，但全部纵筋配筋率不宜超过 5%。

（三）受压构件对箍筋的要求

柱子中除配置纵向钢筋外，还应配置箍筋。箍筋既可保证纵向钢筋的正确位置，又可防止纵向钢筋受压时向外弯凸和混凝土保护层横向胀裂剥落，还可以抵抗剪力及增加柱子的延性，从而提高柱承载能力。受压构件的箍筋应为封闭式，与纵筋绑扎或焊接形成整体骨架。

《规范》规定：箍筋直径不应小于 0.25 倍纵向钢筋的最大直径，亦不应小于 6mm。箍筋间距不应大于 400mm，亦不应大于构件截面的短边尺寸；同时，在绑扎骨架中不应大于 $15d$，在焊接骨架中不应大于 $20d$（d 为纵向钢筋的最小直径）。

当柱中全部纵向受力钢筋的配筋率超过 3%时，箍筋直径不宜小于 8mm，间距不应大于 $10d$（d 为纵向钢筋的最小直径），且不应大于 200mm；箍筋末端应做成 135°弯钩且弯钩末端平直段长度不应小于箍筋直径的 10 倍。

当柱截面短边尺寸大于 400mm 且各边纵向钢筋多于 3 根，或当柱截面短边尺寸不大于 400mm，但各边纵向钢筋多于 4 根时，应设置复合箍筋。复合箍筋主要是防止中间纵向钢筋弯凸。其布置的原则是尽可能地使每根纵筋均处于箍筋的转角处，在纵筋布置较密的情况下，允许纵筋隔一根位于箍筋的转角处。矩形截面柱的箍筋形式如图 6-4所示。

当柱截面有内折角时，箍筋可按图 6-5（a）的方式布置，不应采用图 6-5（b）的布置方式，因为内折角箍筋受力后有拉直的趋势，容易使转角处混凝土崩裂。

除了上述普通箍筋外，受压构件中也有采用螺旋形或焊环式箍筋的。

三、轴心受压构件

（一）试验结果

轴心受压构件的承载力由混凝土和钢筋两部分的承载力组成。通过试验，得出轴心受压构件细长比不同，承载有较大的差别，图 6-6、图 6-7 分别是轴心受压短柱和长柱的破坏情况。轴心受压短柱主要是由于钢筋和混凝土受压承载力不足被压碎引起的破坏，而轴心受压长柱在轴向力作用下，不仅发生压缩变形，同时还发生纵向弯曲，产生横向挠度。当柱破坏对，凹侧混凝土被压碎，箍筋间的纵向钢筋受压向外弯曲，凸侧则由受压突然变为受拉，出现水平的受拉裂缝而破坏。

将截面尺寸、混凝土强度等级和配筋相同的长柱与短柱比较，发现长柱承受的破坏荷载小于短柱，而且柱子越细长则降低得越多。因此，常用稳定系数 φ 表示长柱承载力较短柱降低的程度，显然 φ 是一个小于或等于 1 的数值。影响 φ 值的主要因素是柱的长细比 l_0/b（l_0 为柱的计算长度，b 为矩形截面柱短边尺寸）。

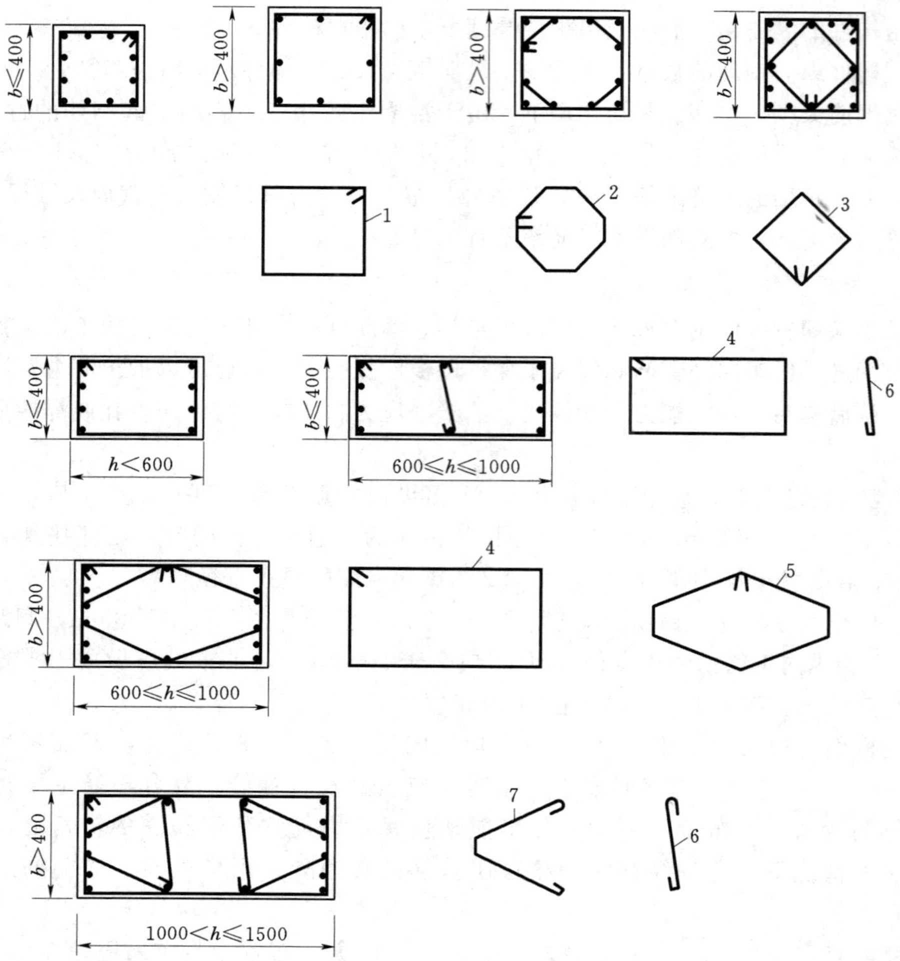

图 6-4 基本箍筋与附加箍筋

1、4—基本箍筋；2、3、5、6、7—附加箍筋

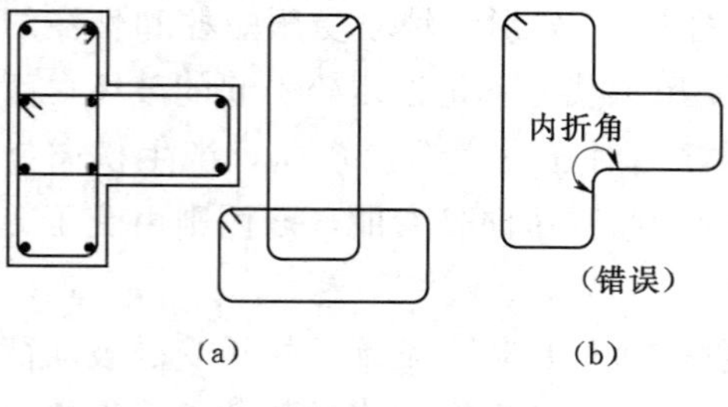

(a)　　(b)

图 6-5 截面有内折角时箍筋的布置

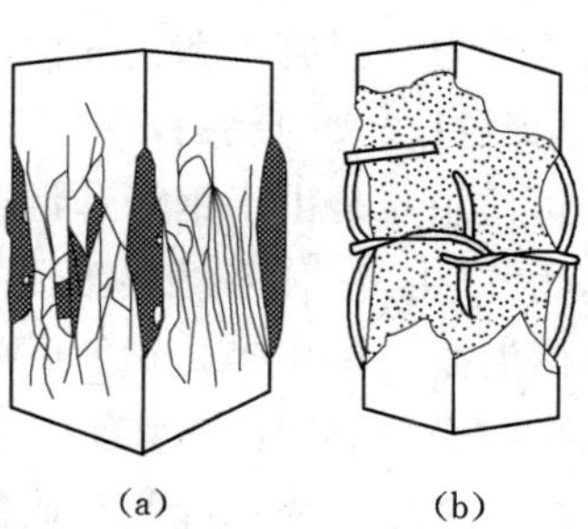

(a)　　(b)

图 6-6 轴心受压短柱的破坏形态

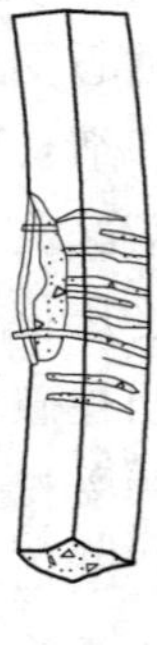

图 6-7 轴心受压长柱的破坏形态

当柱子的长细比 $l_0/b \leqslant 8$ 时，$\varphi \approx 1$，可不考虑纵向弯曲的影响，这种柱称为短柱。当 $l_0/b > 8$ 时，φ 值随 l_0/b 的增大而减小，这种柱称为长柱，一般限制 $l_0/b \leqslant 30$ 及 $l_0/h \leqslant 25$（h 为矩形截面的长边尺寸）。φ 的取值与长细比的关系见表 6－1。

表 6－1　　钢筋混凝土轴心受压构件的稳定系数 φ

l_0/b	≤8	10	12	14	16	18	20	22	24	26	28
l_0/i	≤28	35	42	48	55	62	69	76	83	90	97
φ	1.0	0.98	0.95	0.92	0.87	0.81	0.75	0.70	0.65	0.60	0.56
l_0/b	30	32	34	36	38	40	42	44	46	48	50
l_0/i	104	111	118	125	132	139	146	153	160	167	174
φ	0.52	0.48	0.44	0.40	0.36	0.32	0.29	0.26	0.23	0.21	0.19

注　l_0 为构件计算长度，mm，b 为矩形截面的短边尺寸，mm；i 为截面最小回转半径，mm。

受压构件的计算长度 l_0 与构件的两端约束情况有关，在实际工程中，支座情况并非理想的固定或不移动铰支座，应根据具体情况分析确定。

（二）正截面受压承载力计算

1. 基本公式

根据以上受力性能分析，由轴心受压柱正截面承载力计算应力图（图 6－8），利用平衡条件，以及承载力极限状态设计表达式的要求，可得普通箍筋柱的正截面受压承载力计算公式如下：

$$KN \leqslant N_u = \varphi(f_c A + f'_y A'_s) \qquad (6-1)$$

式中　N——轴向压力设计值；

N_u——正截面轴向受压承载力极限值；

φ——钢筋混凝土轴心受压构件稳定系数；

A——构件截面面积，当纵向钢筋配筋率大于 3%时，式中 A 应改为混凝土的净面面积 A_n，$A_n = A - A'_s$。

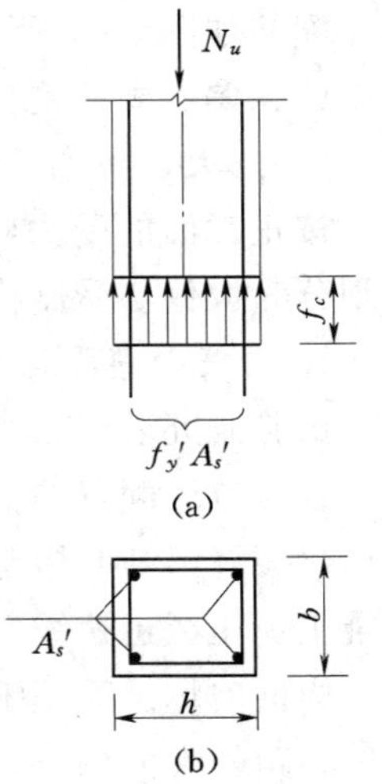

图 6－8　轴心受压柱正截面承载力计算简图

2. 截面设计

柱的截面尺寸可根据构造要求或参照同类结构确定。然后根据构件的长细比 l_0/b 由表 6－1 查出 φ，再按式（6－1）计算所需钢筋截面面积，即

$$A'_s \geqslant \frac{KN - \varphi f_c A}{\varphi f'_y} \qquad (6-2)$$

求得钢筋截面面积 A'_s 后，应验算配筋率 ρ'（$\rho' = A'_s/A$）是否合适。如果 ρ' 过大或过小，说明截面尺寸选择不当，需要重新选择计算。

3. 承载力复核

轴心受压柱的承载力复核，是已知截面尺寸、钢筋截面面积和材料强度后，验算截面承受某一轴向力是否安全，即计算截面能承担多大的轴向力。可根据构件的长细比 l_0/b 查表 6－1 得 φ，按式（6－1）计算所能承受的轴向力，并验算是否满足 $KN \leqslant N_u$。

【例 6-1】 某钢筋混凝土水电站框架柱（建筑物级别为 3 级），柱的计算高度为 7.2m，荷载效应组合为基本组合，承受的轴心压力设计值 $N=1960\text{kN}$，采用 C30 混凝土，HRB335 钢筋。试设计柱的截面并配筋。

解：（1）基本资料：$K=1.2$，$f_c=14.3\text{N/mm}^2$，$f'_y=300\text{N/mm}^2$。

（2）尺寸拟定：柱的截面尺寸常根据构造规定或参考同类结构确定，设柱为 $b=400\text{mm}$ 的方形截面。

（3）确定稳定系数 φ：$l_0/b=7200/400=18>8$，由表 6.1 查得 $\varphi=0.81$。

（4）计算 A'_s：

$$A'_s \geqslant \frac{KN-\varphi f_c A}{\varphi f'_y}=\frac{1.2\times1960\times10^3-0.81\times14.3\times400^2}{0.81\times300}=2052(\text{mm}^2)$$

$$\rho'=A'_s/A=2052/400^2=1.28\%$$

配筋率在经济配筋率范围，故截面尺寸选择合理。

（5）选配钢筋并绘制配筋图。

受压钢筋选用 8 Φ 18（$A'_s=2036\text{mm}^2$），箍筋选用φ6@300。截面配筋如图 6-9 所示。

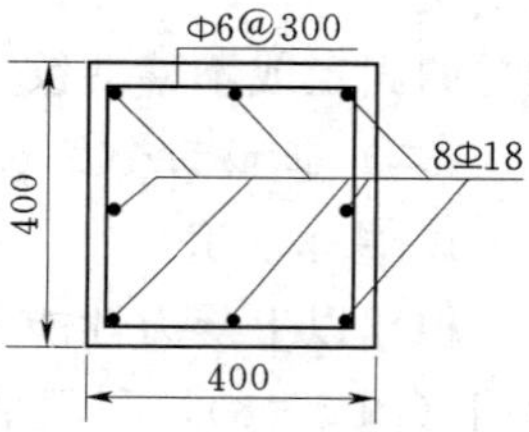

图 6-9 柱截面配筋图

四、偏心受压构件正截面承载力计算

（一）大、小偏心受压构件

按正截面的受力特点和截面破坏特征不同，偏心受压构件可划分为大偏心受压构件和小偏心受压构件两类。

1. 大偏心受压构件

试验研究表明，当轴向力的偏心距较大时，截面一侧受拉、一侧受压，如图 6-10 所示。若受拉区配置的受拉钢筋适量，则试件在受力后，受拉区先出现横向裂缝。随着荷载增加，裂缝不断开展延伸，受拉钢筋应力首先达到屈服强度，中和轴向受压边缘移动，使混凝土受压区迅速缩小，压区应变快速增加，最后混凝土压应变达到极限压应变而被压碎，构件破坏。受压钢筋应力一般也达到其受压屈服强度。因为这种破坏一般发生在轴向力偏心距较大的场合，因此，称为大偏心受压破坏。

大偏心受压构件破坏的特征是受拉钢筋应力先达到屈服强度，然后压区混凝土被压碎，受压钢筋也达到屈服。这种破坏具有明显的预兆，属于“塑性破坏”。

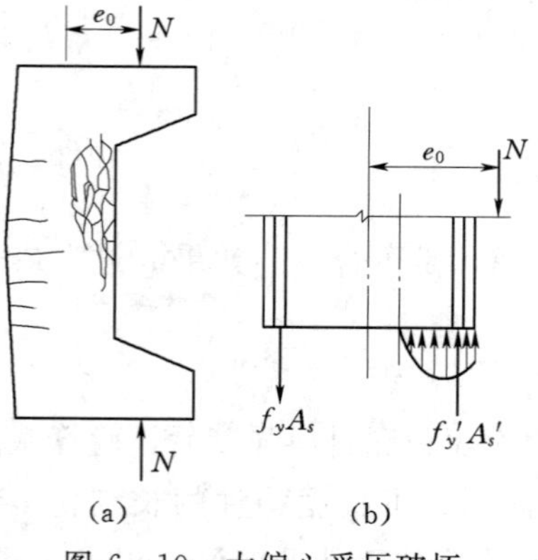

图 6-10 大偏心受压破坏

2. 小偏心受压构件

试验研究表明，当纵向力的偏心距较小，或距纵向力较远一侧钢筋配置较多时，构件截面将全部或大部分受压，如图 6-11 所示。构件的破坏是由于受压区混凝土达到极限压应变被压碎引起的，因为这种破坏一般发生在轴向力偏心距较小的场合，因此，称为小偏心受压破坏。

小偏心受压构件破坏的特征是：当截面全部受压时，构件破坏前一般不会出现横向裂缝；当部分受压时，受拉一侧可能出现细微的横向裂缝，但发展缓慢。

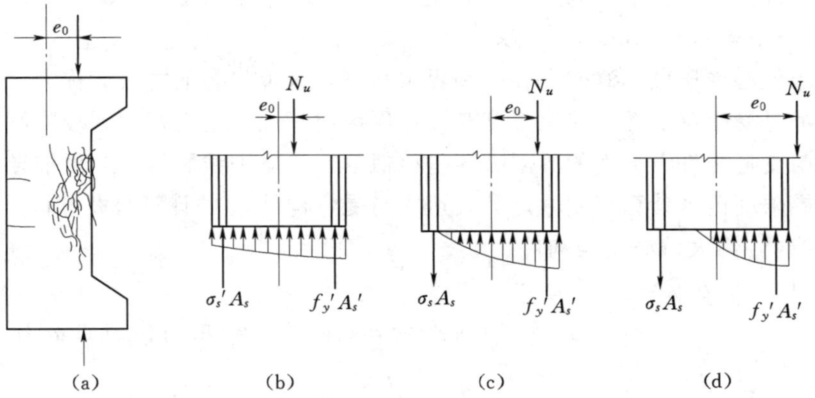

图 6-11　小偏心受压破坏

在构件接近破坏时，构件中部靠近偏心力一侧，出现明显的纵向裂缝，且急剧扩展，很快这一侧混凝土便被压碎，与此同时受压较大一侧的纵向钢筋也达到抗压屈服强度，而另一侧的纵向钢筋，可能受拉，也可能受压，但一般不会屈服。这种破坏一般没有明显预兆，属于“脆性破坏”。

（二）偏心受压构件的纵向弯曲及偏心距增大系数

对于长细比较大的偏心受压构件，在偏心轴向压力 N 作用下，将发生纵向弯曲，在弯矩作用平面内产生附加挠度 f，见图 6-12。因此，在计算钢筋混凝土偏心受压构件时，应考虑长细比对承载力降低的影响，考虑的方法是将初始偏心距 e_0 乘一个大于 1 的偏心距增大系数 η，即

$$e_0 + f = \left(1 + \frac{f}{e_0}\right)e_0 = \eta e_0 \tag{6-3}$$

根据偏心受压构件试验挠度曲线的实测结果和理论分析，推导出偏心距增大系数 η 的计算公式：

$$\eta = 1 + \frac{1}{1400e_0/h_0}\left(\frac{l_0}{h}\right)^2 \zeta_1 \zeta_2 \tag{6-4}$$

其中

$$\zeta_1 = \frac{0.5f_cA}{KN} \tag{6-5}$$

$$\zeta_2 = 1.15 - 0.01\frac{l_0}{h} \tag{6-6}$$

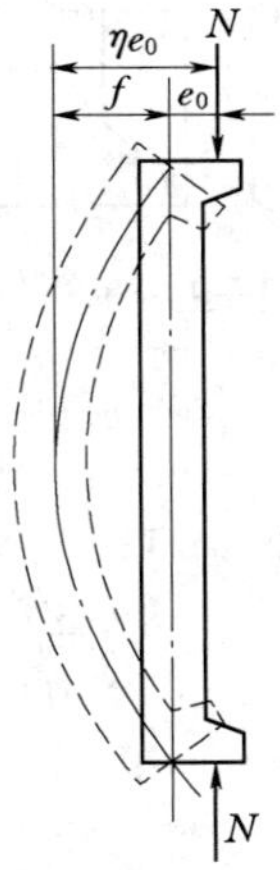

图 6-12　偏心受压长柱的纵向弯曲影响

式中　e_0——轴向压力对截面重心的偏心距，$e_0 = M/N$，在式（6-4）中，当 $e_0 < h_0/30$ 时，取 $e_0 = h_0/30$；

ζ_1——考虑截面应变对截面曲率影响的系数，当 $\zeta_1 > 1$ 时，取 $\zeta_1 = 1$；对于大偏心受压构件，直接取 $\zeta_1 = 1$；

ζ_2——考虑构件长细比对截面曲率影响的系数，当 $l_0/h < 15$ 时，取 $\zeta_2 = 1$。

当构件长细比 $l_0/h \leqslant 8$ 时，可取偏心距增大系数 $\eta = 1$；当长细比 $8 < l_0/h \leqslant 30$ 时，η

按式（6－4）计算；当长细比 $l_0/h>30$ 时，上述公式不再适用。

（三）大、小偏心受压破坏的界限

在大、小偏心受压破坏之间存在一种界限状态，这种状态下的破坏称为“界限破坏”。它的主要特征是受拉钢筋达到屈服强度时，受压区边缘混凝土正好达到极限压应变而被压碎破坏，这与受弯构件正截面的界限破坏是相似的。根据平截面假定，可推导出界限破坏时截面相对界限受压区计算高度 ξ_b，其表达式与受弯构件 ξ_b 的计算公式相同。

当 $\xi\leqslant\xi_b$ 时，为大偏心受压构件。

当 $\xi>\xi_b$ 时，为小偏心受压构件。

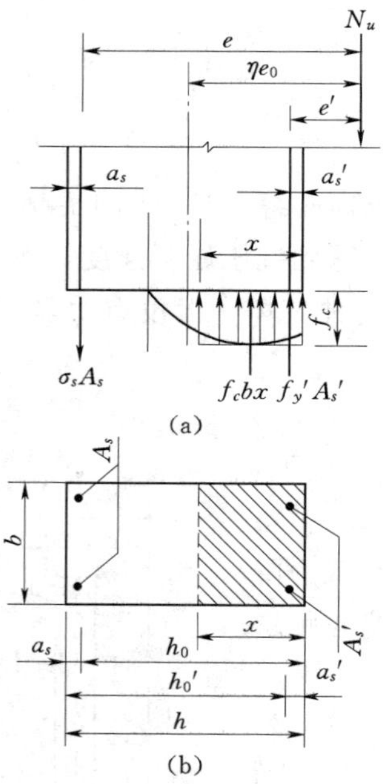

图 6－13 矩形截面偏心受压构件正截面受压承载力计算简图

（四）矩形截面偏心受压构件的正截面承载力计算公式

计算简图如图 6－13 所示。根据计算简图和截面内力的平衡条件，并满足承载能力极限状态的计算要求，建立矩形截面偏心受压构件正截面承载力基本计算公式：

$$KN\leqslant N_u=f_c bx+f'_y A'_s-\sigma_s A_s \qquad (6-7)$$

$$KNe\leqslant N_u e=f_c bx\left(h_0-\frac{x}{2}\right)+f'_y A'_s(h_0-a'_s) \qquad (6-8)$$

$$e=\eta e_0+\frac{h}{2}-a_s \qquad (6-9)$$

式中 e——轴向压力作用点至受拉边或受压较小边纵向钢筋合力点之间的距离；

η——偏心距增大系数；

σ_s——受拉边或受压较小边纵向钢筋的应力。当为大偏压构件，取 $\sigma_s=f_y$；当为小偏压构件时，取 $\sigma_s=f_y\dfrac{0.8-\xi}{0.8-\xi_b}$。

（五）矩形截面对称配筋的偏心受压构件计算

对于偏心受压构件，若设计时截面两侧的钢筋截面面积 A_s 及 A'_s 不相同，则称为非对称配筋。采用非对称配筋可以节约一些钢材，比较经济，但施工不方便。

在工程实践中，通常将偏心受压构件设计成对称配筋，即构件两侧 $A_s=A'_s$，$f_y=f'_y$，$a_s=a'_s$。对称配筋虽然多用一些钢筋，但构造简单，施工方便，同时可承受变号的弯矩作用。如厂房（或渡槽）的排架柱、多层框架柱等偏心受压构件，由于其控制截面在不同的荷载组合下可能承受变号的弯矩作用，为便于设计和施工，采用对称配筋；又如，为保证吊装时不出差错，装配式柱一般也采用对称配筋。特别是构件在不同的荷载组合下，同一截面可能承受数量相近的正负弯矩时，更应采用对称配筋。

对称配筋属于非对称配筋的一种特殊情况，矩形截面偏心受压构件对称配筋的计算方法如下：

1. 大偏心受压构件截面设计

(1) 判断大小偏心。先假定 $A_s=A'_s$，$f_y=f'_y$，基本公式（6-7）可简化为

$$KN \leqslant N_u = f_c bx \tag{6-10}$$

即可求得

$$x = \frac{KN}{f_c b} \tag{6-11}$$

若 $x\leqslant\xi_b h_0$ 按大偏心受压构件计算，否则按小偏心受压构件计算。

(2) 钢筋截面面积计算。若 $x\leqslant\xi_b h_0$，且 $x\geqslant 2a'_s$，则由式（6-8）可得

$$A'_s = A_s = \frac{KNe - f_c bx(h_0 - 0.5x)}{f'_y(h_0 - a'_s)} \tag{6-12}$$

若 $x<2a'_s$，则受压钢筋的应力达不到 f'_y。此时与双筋受弯构件一样，可取 A'_s 为矩心的力矩平衡公式计算（设混凝土压应力合力点与受压钢筋压力作用点重合）

$$KNe' \leqslant N_u e' = f_y A_s(h_0 - a'_s) \tag{6-13}$$

则

$$A'_s = A_s = \frac{KNe'}{f_y(h_0 - a'_s)} \tag{6-14}$$

式中　e'——轴向力作用点至钢筋 A'_s 的距离，$e'=\eta e_0-\frac{h}{2}+a'_s$；当 e' 为负值时（即轴向力 N 作用在 A_s 与 A'_s 之间），则 A_s 一般可按最小配筋率配置并满足构造要求。

(3) 最小配筋率验算

实际配置的 A_s 和 A'_s，均应大于 $\rho_{\min} bh_0$。$\rho_{\min}$ 查表 5-5。

2. 小偏心受压构件截面设计

(1) 判断大小偏心。当按式（6-11）计算求得 $x>\xi_b h_0$ 时，应按小偏心受压构件进行计算。

(2) 钢筋截面面积计算。将 $A_s=A'_s$，$x=\xi h_0$ 及 $\sigma_s=f_y\frac{0.8-\xi}{0.8-\xi_b}$，代入基本公式（6-7）及式（6-8）得

$$KN \leqslant f_c b\xi h_0 + f_y A_s \frac{\xi - \xi_b}{0.8 - \xi_b} \tag{6-15}$$

$$KNe \leqslant f_c bh_0^2\xi(1 - 0.5\xi) + f'_y A'_s(h_0 - a'_s) \tag{6-16}$$

式（6-15）与式（6-16）中包含 ξ 和 A_s 两个未知数，在联立求解方程时，需求解 ξ 的三次方程。为简化计算通常用 ξ 的近似公式，即

$$\xi = \frac{KN - \xi_b f_c bh_0}{\dfrac{KNe - 0.45 f_c bh_0^2}{(0.8 - \xi_b)(h_0 - a'_s)} + f_c bh_0} + \xi_b \tag{6-17}$$

将求得的 ξ 代入式（6-16），即可求出钢筋的截面面积为

$$A'_s = A_s = \frac{KNe - \xi(1 - 0.5\xi) f_c bh_0^2}{f'_y(h_0 - a'_s)} \tag{6-18}$$

3. 垂直于弯矩作用平面的承载力复核

偏心受压构件的承载力计算，仅保证了弯矩作用平面内的承载能力。偏心受压构件还可能由于柱子长细比较大而在垂直于弯矩作用平面内发生纵向弯曲引起破坏。在这个平面内是没有弯矩作用的，因此应按轴心受压及相应的计算长度进行垂直于弯矩作用平面的承载力复核。计算时，柱截面内全部纵向钢筋都可作为受压钢筋 A'_s，同时须考虑稳定系数 φ 的影响。通过分析，认为对于小偏心受压构件一般需要验算垂直于弯矩作用平面的轴心受压承载力。

【例 6-2】 某矩形截面受压柱（2 级建筑物），荷载效应组合为基本组合且由永久荷载控制，截面尺寸 $b\times h=400\text{mm}\times500\text{mm}$，柱的计算长度 $l_0=5\text{m}$，采用 C30 混凝土，HRB335 钢筋。在使用期间承受的轴向压力设计值为 $N=1000\text{kN}$，弯矩设计值 $M=330\text{kN}\cdot\text{m}$，取 $a_s=a'_s=40\text{mm}$。试按对称配筋配置该柱钢筋。

解：（1）基本资料：$K=1.2+0.05=1.25$，$f_c=14.3\text{N/mm}^2$，$f'_y=f_y=300\text{N/mm}^2$，$a_s=a'_s=40\text{mm}$，则 $h_0=h-a_s=500-40=460(\text{mm})$。

（2）偏心距 e_0 及偏心距增大系数 η 的确定：

$$e_0=\frac{M}{N}=\frac{330\times10^6}{1000\times10^3}=330(\text{mm})$$

$\frac{l_0}{h}=\frac{5000}{500}=10>8$，需考虑纵向弯曲的影响。

$$\zeta_1=\frac{0.5f_cA}{KN}=\frac{0.5\times14.3\times400\times500}{1.25\times1200\times10^3}=0.95$$

$l_0/h=10<15$，则 $\zeta_2=1$

$$\eta=1+\frac{1}{1400e_0/h_0}\left(\frac{l_0}{h}\right)^2\zeta_1\zeta_2=1+\frac{1}{1400\times330/460}\times(10)^2\times0.95\times1=1.095$$

（3）判别偏心受压类型：

$$x=\frac{KN}{f_cb}=\frac{1.25\times1000\times10^3}{14.3\times400}=219(\text{mm})<\xi_bh_0=0.55\times460=253(\text{mm})$$

按大偏心受压构件计算。

（4）配筋计算：

$$x=219\text{mm}>2a'_s=2\times40=80(\text{mm})$$

$$e=\eta e_0+\frac{h}{2}-a_s=1.095\times330+\frac{500}{2}-40=571.4(\text{mm})$$

$$A'_s=A_s=\frac{KNe-f_cbx\left(h_0-\frac{x}{2}\right)}{f'_y(h_0-a'_s)}$$

$$=\frac{1.25\times1000\times10^3\times571.4-14.3\times400\times219\times\left(460-\frac{219}{2}\right)}{300\times(460-40)}$$

$$=2184(\text{mm}^2)>\rho_{\min}bh_0=0.2\%\times400\times460=368(\text{mm}^2)$$

（5）选配钢筋，绘制配筋图。两侧纵筋均选用 2 ⌀ 25 +2 ⌀ 28（$A_s'=A_s=2214mm^2$），箍筋选用Φ 8@300 双肢封闭式，配筋图 6－14 所示。

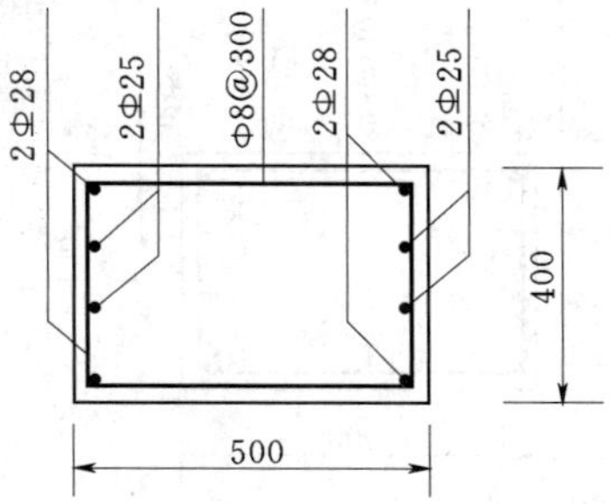

图 6－14　柱截面配筋图

【例 6－3】　某矩形截面受压柱（2 级建筑物），荷载效应组合为基本组合且由永久荷载控制，截面尺寸 $b\times h=$ 400mm×500mm，柱的计算长度 $l_0=7.5m$，采用 C30 混凝土，HRB335 钢筋。在使用期间承受的轴向压力设计值为 $N=1167kN$，弯矩设计值 $M=220kN\cdot m$，取 $a_s=a_s'=$ 40mm。试按对称配筋配置该柱钢筋。

解：（1）基本资料：$K=1.2+0.05=1.25$，$f_c=14.3N/mm^2$，$f_y'=f_y=300N/mm^2$，$a_s=a_s'=40mm$，则 $h_0=h-a_s=500-40=460$（mm）。

（2）偏心距 e_0 及偏心距增大系数 η 的确定：

$$e_0=\frac{M}{N}=\frac{220\times10^6}{1167\times10^3}=188.52(mm)$$

$$\frac{l_0}{h}=\frac{7500}{500}=15>8,\text{需考虑纵向弯曲的影响,且 }\zeta_2=1\text{。}$$

$$\zeta_1=\frac{0.5f_cA}{KN}=\frac{0.5\times14.3\times400\times500}{1.25\times1167\times10^3}=0.98$$

$$\eta=1+\frac{1}{1400e_0/h_0}\left(\frac{l_0}{h}\right)^2\zeta_1\zeta_2=1+\frac{1}{1400\times188.52/460}\times15^2\times0.98\times1=1.38$$

（3）判别偏心受压类型：

$$x=\frac{KN}{f_cb}=\frac{1.25\times1167\times10^3}{14.3\times400}=255(mm)>\xi_bh_0=0.55\times460=253(mm)$$

按小偏心受压构件计算。

（4）计算 ξ 值：

$$e=\eta e_0+\frac{h}{2}-a_s=1.38\times188.52+\frac{500}{2}-40=470.2(mm)$$

$$\xi=\frac{KN-\xi_bf_cbh_0}{\dfrac{KNe-0.45f_cbh_0^2}{(0.8-\xi_b)(h_0-a_s')}+f_cbh_0}+\xi_b$$

$$=\frac{1.25\times1167\times10^3-0.55\times14.3\times400\times600}{\dfrac{1.25\times1167\times10^3\times470.2-0.45\times14.3\times400\times460^2}{(0.8-0.55)\times(460-40)}+14.3\times400\times460}+0.55$$

$$=0.553$$

（5）计算钢筋截面面积：

$$A_s'=A_s=\frac{KNe-\xi(1-0.5\xi)f_cbh_0^2}{f_y'(h_0-a_s')}$$

$$=\frac{1.25\times1167\times10^3\times470.2-0.553\times(1-0.5\times0.553)\times14.3\times400\times460^2}{300\times(460-40)}$$

$$=1600(mm^2)>\rho_{min}bh_0=0.2\%\times400\times460=368(mm^2)$$

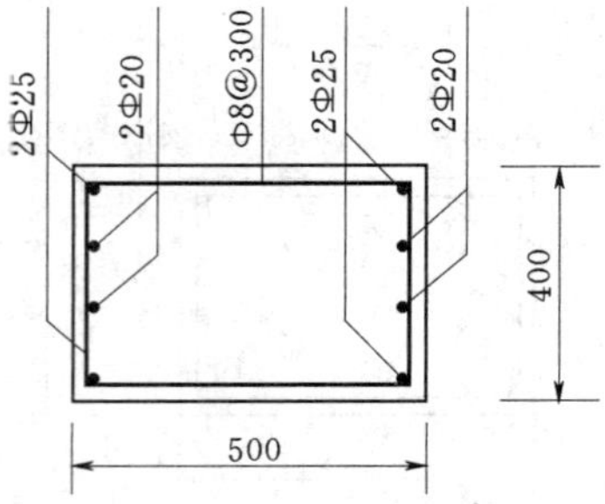

图 6-15 柱截面配筋图

(6) 垂直于弯矩作用平面的复核：

$l_0/b=7500/400=18.75$，查表 6-1 得 $\varphi=0.7875$

$\varphi(f_cA+f'_yA'_s)$

$=0.7875\times(14.3\times400\times500+300\times1600\times2)$

$=3008.8(\text{kN})>KN=1.25\times1167=1458.8(\text{kN})$

所以满足要求。

(7) 选配钢筋，绘制配筋图：

两侧纵筋均选用 2 Φ 20＋2 Φ 25（$A'_s=A_s=1610\text{mm}^2$），箍筋选用Φ 8@300 双肢封闭式，配筋图如图 6-15 所示。

第二节 受 拉 构 件

一、受拉构件的分类

截面上承受纵向拉力的结构构件，称为受拉构件。钢筋混凝土受拉构件可分为轴心受拉构件和偏心受拉构件两类。当轴向拉力作用点与截面重心重合时，称为轴心受拉构件；当轴向拉力作用点偏离截面重心，或构件上既作用有拉力又作用有弯矩时，称为偏心受拉构件。如在内水压力作用下忽略自重的圆形水管属于轴心受拉构件，如图 6-16（a）所示，另外还有屋架的拉杆、水池池壁等；在管外土压力与管内水压力共同作用下的圆形水管属于偏心受拉构件，如图 6-16（b）所示。

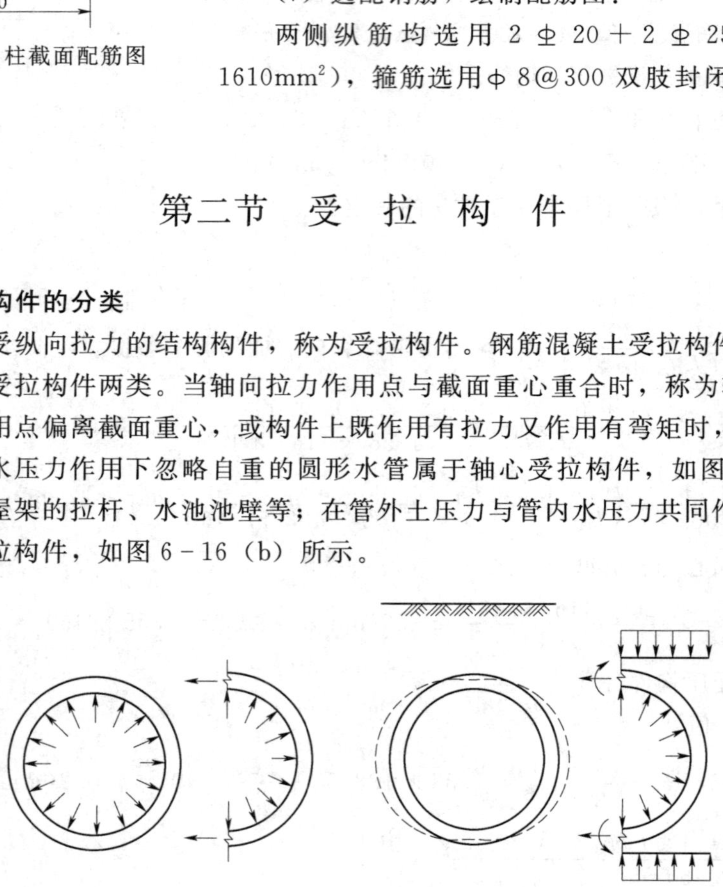

(a) (b)

图 6-16 圆形水管管壁的压力

(a) 内水压力作用下管壁轴心受拉；(b) 土压力与内水压力共同作用下管壁偏心受拉

二、轴心受拉构件

混凝土的抗拉强度很低，极限应变很小，所以当构件承受的拉力不大时，混凝土就要开裂，而这时钢筋的应力还很小。因此，轴心受拉构件承载力的计算不考虑混凝土的工作，拉力全部由钢筋承担。

轴心受拉构件承载力计算公式为：

$$KN\leqslant N_u=f_yA_s \tag{6-19}$$

式中　K——承载力安全系数；

N——轴向拉力设计值；

N_u——轴向受拉承载力极限值；

f_y——纵向钢筋的抗拉强度设计值；

A_s——纵向受拉钢筋的全部截面面积。

三、偏心受拉构件

（一）大、小偏心受拉构件

偏心受拉构件一般采用矩形截面，截面上作用有纵向拉力 N，N 的作用点距离截面重心为 e_0；截面在靠近偏心力的一侧配有钢筋 A_s，在另一侧配有钢筋 A_s'。根据偏心力 N 作用位置的不同，可分为大偏心受拉构件和小偏心受拉构件。

（1）当纵向拉力作用在钢筋 A_s 合力点及 A_s' 的合力点以外，即 $e_0>h/2-a_s$ 时，属于大偏心受拉的情况，如图 6－17 所示。随着荷载 N 的增加，截面在 A_s 侧开裂，另一侧有受压区存在。构件破坏时没有贯通全截面的裂缝。

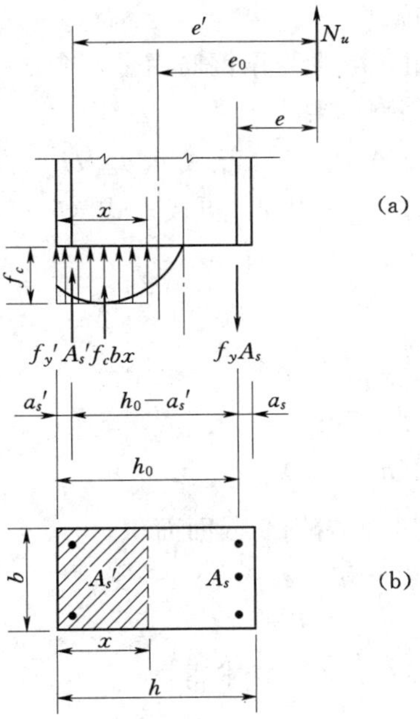

图 6－17　大偏心受拉构件正截面承载力计算简图

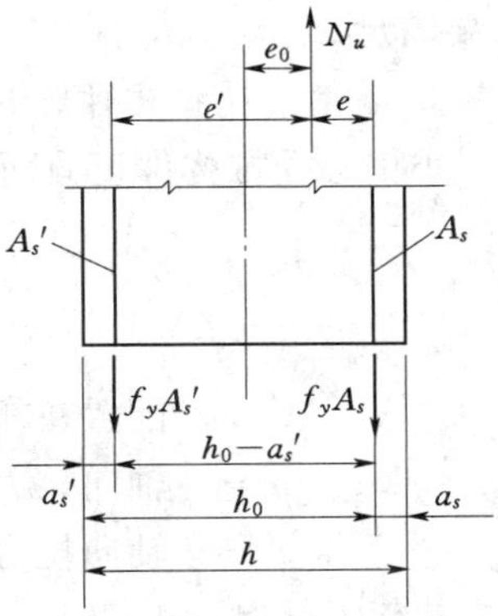

图 6－18　小偏心受拉构件正截面承载力计算简图

（2）当纵向拉力作用在钢筋 A_s 合力点及 A_s' 的合力点之间，即 $e_0<h/2-a_s$ 时，属于小偏心受拉的情况，如图 6－18 所示。在这种情况下，截面开裂后没有受压区的存在。构件破坏时全截面裂通。

（二）偏心受拉构件正截面承载力计算

1. 大偏心受拉构件正截面承载力计算

大偏心受拉构件正截面承载力基本公式为：

$$KN \leqslant N_u = f_yA_s - f_y'A_s' - f_cbx \quad (6-20)$$

$$KNe \leqslant N_u e = f_c bx\left(h_0 - \frac{x}{2}\right) + f'_y A'_s (h_0 - a'_s) \tag{6-21}$$

式中 A_s、A'_s——配置在靠近及远离轴向拉力一侧的纵向钢筋截面面积；

e——轴向拉力作用点至 A_s 的距离，$e=e_0-\frac{h}{2}+a_s$；

e_0——轴向拉力对截面的偏心距离，$e_0=\frac{M}{N}$。

式（6-20）、式（6-21）的适用条件：① $x \leqslant 0.85\xi_b h_0$；② $x \geqslant 2a'_s$。

若 $x<2a'_s$，则受压钢筋的应力达不到 f'_y。此时与双筋受弯构件一样，可取 A'_s 为矩心的力矩平衡公式计算（设混凝土压应力合力点与受压钢筋压力作用点重合）

$$KNe' \leqslant N_u e' = f_y A_s (h_0 - a'_s) \tag{6-22}$$

式中 e'——拉力作用点至 A_s 的距离，$e'=e_0+\frac{h}{2}-a'_s$。

设计截面时，当截面尺寸、材料强度及偏心拉力设计值 N 已知，其步骤如下：

（1）判别类型。当 $e_0>h/2-a_s$ 时为大偏心受拉。

（2）求 A'_s。为充分发挥受压区混凝土抗压作用，减少受压钢筋用量，令 $x=0.85\xi_b h_0$ 代入式（6-21）求 A'_s，求得的 A'_s 要满足最小配筋率的要求。

（3）求 A_s。将 A'_s 及 $x=0.85\xi_b h_0$ 代入式（6-20）得 A_s。若 $A'_s<\rho_{min}{}'bh_0$，可按 $A'_s=\rho_{min}{}'bh_0$ 确定选配 A'_s，并把 A'_s 作为已知代入式（6-21）求得 x，再代入式（6-20）求 A_s；A_s 要满足 $A_s \geqslant \rho_{min} bh_0$。

2. 小偏心受拉构件正截面承载力计算

小偏心受拉构件正截面承载力计算基本公式为：

$$KNe \leqslant N_u e = f_y A'_s (h_0 - a'_s) \tag{6-23}$$

$$KNe' \leqslant N_u e' = f_y A_s (h'_0 - a_s) \tag{6-24}$$

式中 A_s、A'_s——配置在靠近及远离轴向拉力一侧的纵向钢筋截面面积；

e——轴向拉力至钢筋 A_s 的距离 $e=h/2-a_s-e_0$；

e'——轴向拉力至钢筋 A'_s 的距离，$e'=h/2-a'_s+e_0$。

截面设计时，A_s 及 A'_s 可由式（6-23）、式（6-24）直接求得：

$$A'_s = \frac{KNe}{f_y(h_0 - a'_s)} \tag{6-25}$$

$$A_s = \frac{KNe'}{f_y(h'_0 - a_s)} \tag{6-26}$$

在 A_s、A'_s 满足最小配筋率要求的条件下选配钢筋。

【例 6-4】 某 2 级建筑物的钢筋混凝土偏心受拉构件，矩形截面 $b \times h=250\text{mm} \times 400\text{mm}$，荷载效应组合为基本组合，截面所承受的轴心拉力设计值 $N=550\text{kN}$，弯矩设计值 $M=65\text{kN} \cdot \text{m}$。采用 C20 混凝土和 HRB335 级钢筋，$a_s=a'_s=35\text{mm}$，试确定截面所需的纵筋数量。

解：（1）基本资料：$K=1.2$，$f_c=9.6\text{N/mm}^2$，$f_y=300\text{N/mm}^2$，$a_s=a'_s=35\text{mm}$。

（2）判别大小偏心受拉：

$$e_0 = \frac{M}{N} = \frac{65 \times 10^6}{550 \times 10^3} = 118(\text{mm}) < \frac{h}{2} - a_s = \frac{400}{2} - 35 = 165(\text{mm})$$

故属于小偏心受拉。

（3）计算纵向钢筋数量：

$$e = h/2 - a_s - e_0 = 400/2 - 35 - 118 = 47(\text{mm})$$

$$e' = h/2 - a_s' + e_0 = 400/2 - 35 + 118 = 283(\text{mm})$$

$$h_0 = h - a_s = 400 - 35 = 365(\text{mm})$$

$$A_s = \frac{KNe'}{f_y(h_0' - a_s')} = \frac{1.2 \times 550 \times 10^3 \times 283}{300 \times (365 - 35)} = 1887(\text{mm}^2)$$

$$A_s' = \frac{KNe}{f_y(h_0' - a_s')} = \frac{1.2 \times 550 \times 10^3 \times 47}{300 \times (365 - 35)} = 131(\text{mm}^2)$$

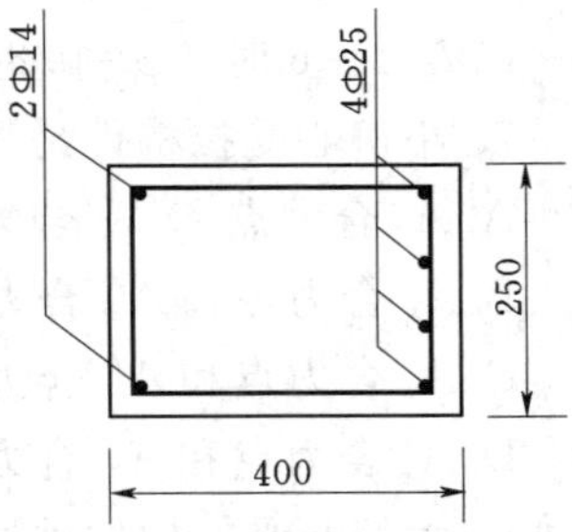

图 6-19　配筋截面图

（4）选配钢筋：A_s 选用 4 ⌀ 25（实际 $A_s = 1964\text{mm}^2$），A_s' 选用 2 ⌀ 14（实际 $A_s' = 308\text{mm}^2$）。

规范要求的最小配筋率 $\rho_{\min} = 0.15\%$，$A_{s\min} = \rho_{\min} bh_0 = 0.15\% \times 250 \times 365 = 137(\text{mm}^2)$，内外侧钢筋均满足要求。截面配筋如图 6-19 所示。

习　　题

一、填空题

1. 钢筋混凝土长柱的长细比对承载力的降低程度，轴心受压是用＿＿＿＿＿表示的，其值是＿＿＿＿＿1 的，偏心受压是用＿＿＿＿＿表示的，其值是＿＿＿＿＿1 的。

2. 偏心受压构件的破坏形态有＿＿＿＿＿和＿＿＿＿＿两种情况。

3. 偏心受拉构件，当偏心距 $e_0 < h/2 - a_s$ 时为＿＿＿＿＿构件，当 $e_0 > h/2 - a_s$ 时为＿＿＿＿＿构件。

二、选择题（单选或多选）

1. 钢筋混凝土轴心受压柱中，长柱的承载力与条件相同的短柱的承载力相比（　）。

A. 大　　B. 小　　C. 相等　　D. 不确定

2. 在大偏心受压构件中所有纵向钢筋能充分利用的条件是（　）。

A. $\xi \leqslant \xi_b$　　B. $\xi \geqslant 2a_s'/h_0$　　C. ξ 为任意值　　D. A 和 B

3. 偏心受压构件界限破坏时（　）。

A. 远离轴向力一侧的钢筋屈服比受压区混凝土压碎早发生

B. 远离轴向力一侧的钢筋屈服比受压区混凝土压碎晚发生

C. 远离轴向力一侧的钢筋屈服与另一侧钢筋屈服同时发生

D. 远离轴向力一侧的钢筋屈服与受压区混凝土压碎同时发生

4. 柱内箍筋间距应满足不大于（　）。

A. 400mm　　B. 构件截面短边尺寸

C. $15d$（纵筋最小直径）　　D. 同时满足前三项

5. 轴心受压柱的纵向钢筋布置方式为（　　）。

A. 沿周边均匀、对称布置　　B. 在垂直弯矩作用的两侧边布置

C. 在弯矩作用的两侧边布置　　D. 以上布置方式均可

6.《规范》用 φ 来反映长柱承载力降低的程度。当 $l_0/b=16$ 时，$\varphi=0.87$，则（　　）。

A. $l_0/b=18$ 时，$\varphi=0.92$　　B. $l_0/b=18$ 时，$\varphi=0.81$

C. $l_0/b=6$ 时，$\varphi=0.84$　　D. $l_0/b=6$ 时，$\varphi=1.24$

7. 小偏心受拉构件是指轴向力作用在（　　）。

A. A_s 合力点和 A'_s 合力点范围外，裂缝贯通整个截面

B. A_s 合力点和 A'_s 合力点范围内，以满足平衡条件

C. A_s 合力点和 A'_s 合力点范围内，裂缝贯通整个截面

D. A_s 合力点和 A'_s 合力点范围外，截面存在受压区

8. 大偏心受拉构件破坏时（　　）。

A. 因全截面受拉，故以钢筋拉断为标志

B. 存在受压区，钢筋先屈服，而后受压混凝土压碎

C. 受压混凝土压碎了，钢筋还未屈服　　D. 截面一裂就坏

三、问答题

1. 在受压构件中为何宜采用较高级别的混凝土而不宜选用高强钢筋？

2. 钢筋混凝土柱中配置箍筋有何意义？柱中的箍筋直径和间距是如何要求的？

3. 什么是偏心受压构件？钢筋混凝土柱大小偏心受压破坏有何本质区别？其界限条件是什么？

4. 什么是偏心受拉构件？举例说明实际工程中哪些结构构件可按轴心受拉构件计算？哪些构件按偏心受拉构件计算？

四、计算题

1. 某 3 级建筑物的轴心受压方形柱，柱的计算长度为 $l_0=6$m，荷载效应组合为基本组合，承受轴向压力设计值 $N=550$kN，采用 C20 混凝土、HRB335 级纵筋。试设计该柱。

2. 某 2 级建筑物的矩形截面偏心受压柱，截面尺寸 $b\times h=400\text{mm}\times600\text{mm}$，计算长度 $l_0=4.2$m，荷载效应组合为基本组合，承受弯矩设计值 $M=400\text{kN}\cdot\text{m}$，轴向压力设计值 $N=800$kN；取 $a_s=a'_s=40$mm，采用 C30 级混凝土、HRB335 级纵筋，若采用对称配筋，试计算所需纵向钢筋面积，并绘制配筋图。

3. 已知一矩形截面偏心受压柱（2 级建筑物），截面尺寸 $b\times h=400\text{mm}\times500\text{mm}$，计算长度 $l_0=7.5$m，荷载效应组合为基本组合，承受弯矩设计值 $M=140\text{kN}\cdot\text{m}$，轴向压力设计值 $N=2000$kN；取 $a_s=a'_s=40$mm，采用 C30 级混凝土、HRB335 级纵筋。试计算对称配筋时所需纵向钢筋面积，并绘制配筋图。

4. 某 2 级建筑物的矩形截面偏心受压柱，截面尺寸 $b\times h=400\text{mm}\times600\text{mm}$，计算长度 $l_0=4.5$m，荷载效应组合为基本组合，承受弯矩设计值 $M=260\text{kN}\cdot\text{m}$，轴向压力设计值 $N=650$kN；取 $a_s=a'_s=40$mm，采用 C25 级混凝土、HRB335 级纵筋。试计算按对称配筋时所需纵向钢筋面积。

5. 某 3 级建筑物的矩形截面偏心受拉杆件，$b=180\text{mm}$，$h=300\text{mm}$，$a_s=a_s'=40\text{mm}$。荷载效应组合为基本组合，截面承受的轴向拉力设计值 $N=360\text{kN}$，弯矩设计值 $M=34\text{kN}\cdot\text{m}$，采用 C20 混凝土，HRB335 级钢筋，试确定截面中所需配置的纵向钢筋。

6. 某 2 级建筑物的偏心受拉构件，$b=250\text{mm}$，$h=400\text{mm}$，$a_s=a_s'=40\text{mm}$。荷载效应组合为基本组合，截面承受的轴向拉力设计值 $N=105\text{kN}$，弯矩设计值 $M=120\text{kN}\cdot\text{m}$，采用 C20 混凝土，HRB335 级钢筋，试确定截面中所需配置的纵向钢筋。

第七章 预应力混凝土结构

【重点内容】 预应力混凝土结构的基本概念、施加预应力的方法、预应力混凝土构件对材料的要求、预应力损失及减少预应力损失措施、预应力混凝土构件的构造要求。

【学习目标】 理解预应力混凝土结构、张拉控制应力和预应力损失的基本概念，熟悉施加预应力的方法及预应力混凝土结构对材料的要求，掌握预应力损失的种类、减少预应力损失的措施及预应力混凝土构件的构造要求。

第一节 预应力混凝土结构的基本知识

一、预应力混凝土结构的基本概念

由于混凝土的极限拉应变很小，所以普通钢筋混凝土结构的抗裂性能较差。一般情况下，当钢筋的应力超过20～30MPa时，混凝土就会开裂。对于允许开裂的普通钢筋混凝土结构，当裂缝宽度限制在0.2～0.3mm时，受拉钢筋的应力只能达到250MPa左右。可见，在普通钢筋混凝土结构中若配置高强钢筋，则钢筋的强度将远不能被充分利用。同时，由于构件开裂，将导致构件刚度降低、变形增大。这样，对于具有较高的密闭性或耐久性要求以及对裂缝控制要求较严的结构，均不能采用普通钢筋混凝土结构。

预应力混凝土结构是指由配置受力的预应力钢筋通过张拉或其他方法建立预加应力的混凝土制成的结构。这种结构构件在承受荷载之前，预先对外荷载作用时的受拉区混凝土施加压应力，造成一种人为的应力状态，以抵消或减小外荷载作用下产生的拉应力，从而控制裂缝的开展。如图7-1所示，一简支梁在外荷载作用前，预先在其外荷载作用时的受拉区施加一对大小相等、方向相反的偏心压力N，梁跨中下边缘的预压应力为σ_{pc}［图7-1（a）］，而在外荷载单独作用下梁的下边缘将产生拉应力为σ_t［图7-1（b）］。预应力混凝土梁的受力即为上述两种状态的叠加［图7-1（c）］。此时，梁的下边缘的应力可能是数值很小的拉应力，也可能是压应力或应力为零。由此可见，由于预压应力σ_{pc}的作用，可全部或部分抵消外荷载引起的拉应力，从而延缓了混凝土构件的开裂。同时，由于偏心压力作用，梁使用前向上拱，使梁的挠度减小。

目前，预应力混凝土结构已广泛应用于建筑工程中，如预应力混凝土空心板、屋面梁、屋架及吊车梁等。同时，在交通、水利、海洋及港口工程中，预应力混凝土也得到了广泛的应用，这主要是由于预应力混凝土结构具有抗裂性能好、易于满足裂缝控制要求、能充分利用高强度材料、构件刚度大变形小、节省材料、自重轻等优点。但是也存在一些缺点，如设计计算及施工工艺较复杂、对质量要求较高、造价较高等。上述缺点正在不断地得以克服，这将使预应力混凝土发展前景更为广阔。

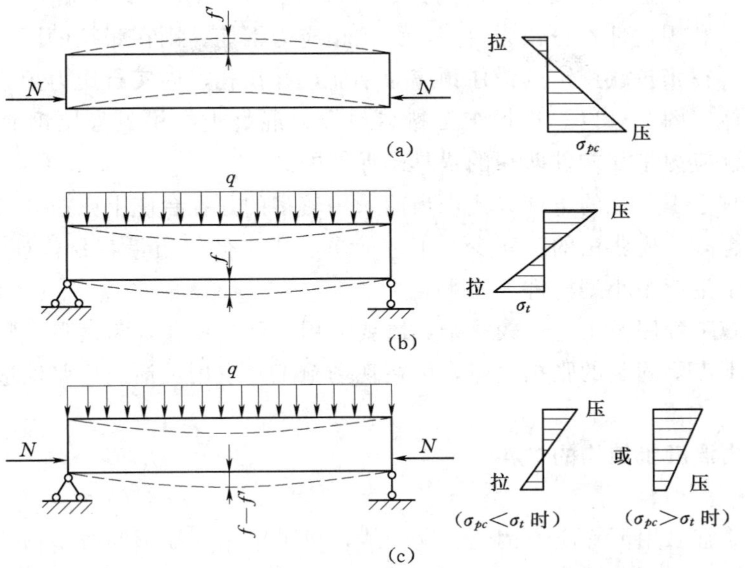

图 7-1 预应力混凝土的简支梁的受力原理

(a) 预压力作用下；(b) 荷载作用下；(c) 预压力和荷载共同作用下

二、施加预应力的方法

施加预应力一般采用张拉钢筋的方法。根据张拉钢筋和浇筑混凝土的先后顺序不同，可分为先张法和后张法。

(一) 先张法

先张法是浇筑混凝土前张拉钢筋的方法。其主要工序为：先在台座上或钢模内张拉预应力钢筋，并作临时锚固，然后浇筑混凝土，当混凝土达到其设计强度的 75%及其以上时切断预应力钢筋，预应力钢筋回缩挤压混凝土，使混凝土获得预压应力（图 7-2）。先张法构件的预应力是靠预应力钢筋与混凝土之间的黏结力而建立起来的。

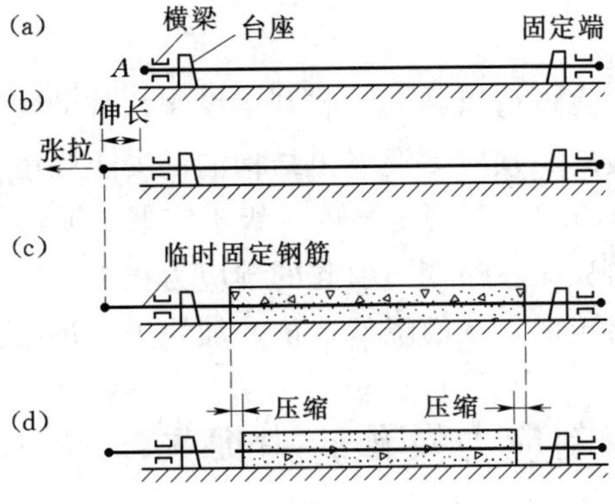

图 7-2 先张法工序示意图

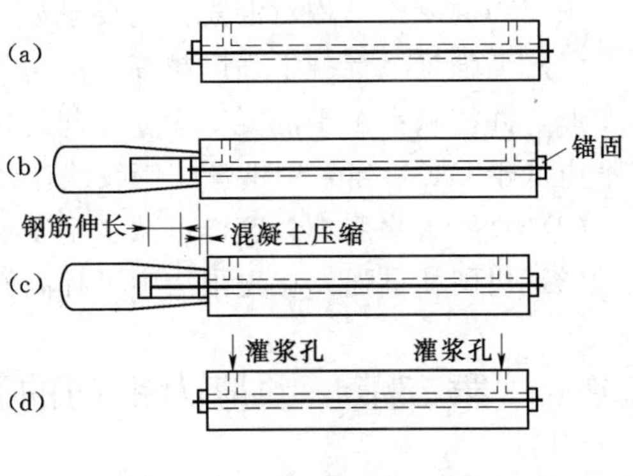

图 7-3 后张法工序示意图

(二) 后张法

后张法是混凝土结硬后在构件上张拉钢筋的方法。其主要工序为：先浇筑混凝土构件，在构件中预留孔道，当混凝土达到其设计强度的75%及其以上后，在孔道中穿入预应力钢筋，然后利用构件本身作为台座，张拉预应力钢筋，则在张拉的同时混凝土受到挤压。张拉完毕，在张拉端用锚具锚住预应力钢筋，并在孔道内实行压力灌浆使预应力钢筋与构件形成整体（图7-3）。若制作无黏结预应力混凝土结构，张拉钢筋后不必压力灌浆。后张法的预应力是靠构件两端的锚具来保持的。

先张法适宜于工厂化的生产方式，当前采用较多的是在台座上张拉，台座越长，一次生产的构件就越多。先张法的工序少、工艺简单、成本低、质量容易保证。为方便运输，先张法一般用于生产中小型构件。

后张法的施工程序及工艺比较复杂，需要专用的张拉设备，需大量的特制锚具，用钢量较大，但它不需要固定的张拉台座，可在现场施工，应用灵活。后张法适用于不便运输的大型构件。

三、预应力混凝土结构的材料

（一）钢筋

预应力钢筋宜采用消除应力钢丝、钢绞线，也可采用螺纹钢筋或钢棒。预应力混凝土结构对预应力钢筋的要求如下：

（1）高强度。预应力钢筋具有较高的抗拉强度时，便可通过张拉钢筋对混凝土施加较大的预压应力，以保证在发生各项预应力损失后仍能满足要求。

（2）具有一定的塑性。钢材强度越高，其塑性越低。钢材塑性用拉断钢筋时的延伸率来度量，要求具有一定的塑性是防止发生脆性破坏。当构件处于低温或受到冲击荷载作用时，更要求注意塑性及抗冲击性的要求。

（3）与混凝土之间具有良好的黏结强度。在先张法构件中预应力的传递是靠钢筋和混凝土之间的黏结力来完成的，因此，钢筋与混凝土之间必须具有良好的黏结强度。当采用光面高强度钢丝时，其表面应进行“刻痕”或“压波”处理。

（4）具有良好的加工性能。要求钢筋具有良好的可焊性，以及当采用镦头锚板时钢筋头部镦粗前后其力学性能应基本不变。

（二）混凝土

预应力混凝土结构对混凝土的要求如下：

（1）高强度。混凝土强度越高，则施加的预应力也可以越大，有利于控制构件的裂缝和变形，并能减小由于混凝土徐变引起的预应力损失。预应力混凝土结构的混凝土强度等级不应低于C30，当采用钢丝、钢绞线作预应力钢筋时，混凝土强度等级不宜低于C40。

（2）收缩、徐变小。这样可减少由于混凝土的收缩、徐变而引起的预应力损失。

（3）快硬、早强。在先张法中可提高设备的周转率，从而降低造价、加快施工进度。

第二节 预应力钢筋的张拉控制应力及预应力损失

一、预应力钢筋的张拉控制应力

张拉控制应力是指在张拉预应力钢筋时所要达到的最大应力，其值为张拉设备所控制的总张拉力除以预应力钢筋截面面积所得出的应力值，用σ_{con}表示。张拉控制应力的数值是根据设计和施工经验确定。σ_{con} 定得越高，混凝土所建立的预压应力就越大，构件的抗裂能力就越高。但若张拉控制应力过高，张拉时可能使钢筋应力达到屈服强度，产生塑性变形，反而达不到预期的预压应力效果。对于高强钢丝，过高的张拉应力甚至会引起断裂。另外张拉控制应力过高还存在施工阶段预拉区混凝土开裂、后张法构件端部混凝土局部受压承载力不足问题。因此，对预应力钢筋的张拉应力必须加以控制。张拉控制应力的大小与预应力钢筋种类、张拉方法有关。《规范》规定，预应力钢筋的张拉控制应力值 σ_{con} 不宜超过表 7-1 的数值，且不小于 $0.4f_{ptk}$。

表 7-1　张拉控制应力限值

预应力钢筋种类	张拉方法	
	先张法	后张法
消除应力钢丝、钢绞线	$0.75f_{ptk}$	$0.75f_{ptk}$
螺纹钢筋	$0.75f_{ptk}$	$0.70f_{ptk}$
钢棒	$0.70f_{ptk}$	$0.65f_{ptk}$

二、预应力钢筋的预应力损失

预应力损失是指预应力钢筋张拉后，由于材料特性、张拉工艺等原因，使预应力值从张拉钢筋开始直到构件使用的整个过程中逐渐降低的现象。预应力损失直接影响预应力效果从而降低预应力混凝土构件的抗裂性能和刚度。所以，研究预应力损失并采取措施减少预应力损失十分重要。产生预应力损失的因素很多，下面分项讨论预应力损失产生的原因及减小预应力损失的措施。

（一）张拉端锚具变形和钢筋内缩引起的预应力损失 σ_{l1}

在张拉预应力钢筋达到张拉控制应力 σ_{con} 后，把预应力钢筋锚固在台座或构件上。由于锚具、垫板与构件之间的缝隙被压紧，以及预应力钢筋在锚具中的滑动，造成预应力钢筋回缩而产生的预应力损失，其值以 σ_{l1} 表示。σ_{l1} 在先张法、后张法构件中都存在。

减小这项损失的措施有：①选用变形小及使预应力钢筋内缩小的锚具，尽量减少垫板的块数；②对于先张法构件，则应选择较长的台座。

（二）预应力钢筋与孔道壁之间的摩擦引起的预应力损失 σ_{l2}

采用后张法张拉预应力钢筋时，由于钢筋和孔道壁之间产生摩擦力，使预应力值随距张拉端距离的增加而减小，这种应力损失值，以 σ_{l2} 表示。σ_{l2} 主要产生于具有曲线孔道的构件中，对于直线孔道的构件，此项损失则是由孔道施工偏差所致，其值很小。σ_{l2} 的大小与孔道长度、孔道成型的方式以及曲线孔道弯曲的程度等因素有关。

在先张法构件中当采用折线形预应力钢筋时，应考虑加设转向装置处引起的摩擦损失，其值按实际情况确定。

减小这项损失的措施有：①对较长构件采用两端张拉。与一端张拉相比可减小 50% 的预应力损失；②采用超张拉工艺。超张拉顺序为先使张拉端钢筋应力由 0 加到 $1.05\sigma_{con}$，持荷 2min 后，再卸荷使张拉应力降到 σ_{con}，这样可使预应力钢筋中的预应力损失显著降低，也使应力沿构件分布得比较均匀。

（三）加热养护时，预应力钢筋与拉力设备之间的温差引起的预应力损失 σ_{l3}

对于先张法构件，预应力钢筋在常温下张拉并锚固在台座上，为了缩短生产周期，浇筑混凝土后常进行蒸汽养护。在养护的升温阶段，新浇的混凝土尚未硬结，台座长度不变，钢筋因温度升高而产生相对伸长，预应力钢筋中的应力降低，造成预应力损失即为 σ_{l3}。在降温时，混凝土与钢筋已黏结成整体，能够一起回缩，由于这两种材料温度膨胀系数相近，相应的应力就不再变化。σ_{l3}仅在先张法构件中存在。

减小此项损失的措施有：

（1）构件蒸汽养护时采用二次升温养护。即先将温度升至20℃，然后恒温养护。当混凝土的抗压强度达到7～10N/mm^{2}时，预应力钢筋与混凝土已黏结到一起，此时再第二次升温至规定温度。这时预应力钢筋与混凝土同时伸长，故不再产生预应力损失。

（2）采用钢模生产。钢筋锚固在钢模上，蒸汽养护时二者温度相同，无温差损失。

（四）预应力钢筋应力松弛引起的预应力损失σ_{l4}

在预应力混凝土构件中，钢筋在高应力状态下，其长度不变，应力随时间的增长而降低的现象称为钢筋应力松弛，所降低的预应力值即为预应力损失σ_{l4}。σ_{l4}在先张法、后张法构件中都存在，它与钢材的品种以及张拉方式（一次张拉或超张拉）等因素有关。

减小此项损失的措施有：①采用超张拉；②采用低松弛的钢筋。

（五）混凝土的收缩和徐变引起的预应力损失σ_{l5}

混凝土在结硬时要发生体积收缩，同时在预压力作用下，混凝土将沿压力作用方向产生徐变。收缩和徐变都使构件长度缩短，预应力钢筋也随之回缩，因而造成预应力损失，以σ_{l5}表示。σ_{l5}在先张法、后张法构件中都存在，它是各项损失中最大的一项。

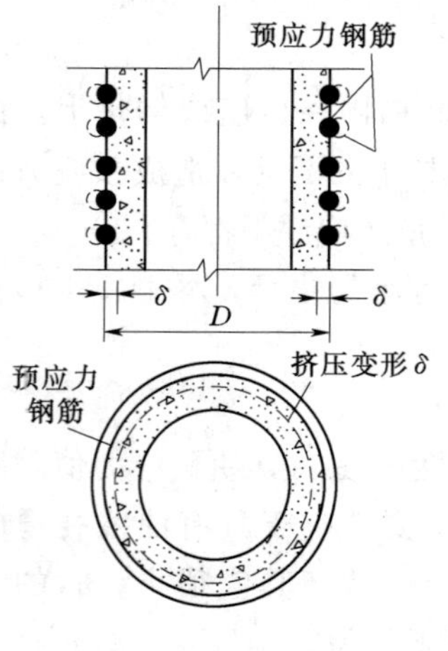

图7-4 环形配筋预应力构件

减小此项损失的主要措施有：①设计时尽量使混凝土的压应力不要过高；②采用高标号水泥，减少水泥用量，使水泥胶体所占的体积相对值减小；③采用级配良好的骨料，减小水灰比，加强振捣，提高混凝土的密实度；④加强养护，为使水泥水化作用充分，最好采用蒸汽养护，以防止水分散失过多。

（六）环形构件采用螺旋预应力钢筋时由局部挤压变形引起的预应力损失σ_{l6}

采用环形配筋的预应力混凝土构件如预应力管（图7-4），由于预应力钢筋对混凝土的局部压陷，使构件直径减小，造成预应力损失，以σ_{l6}表示。σ_{l6}仅在后张法构件中存在。预应力损失σ_{l6}与环形构件的直径D成反比，规范规定，当$D>3$m时则不计此项损失。

减小此项损失的措施有：采用级配良好的骨料、加强振捣、加强养护，以提高混凝土的密实性。

第三节 预应力混凝土结构的构造要求

一、一般构造要求

（一）截面形式和尺寸

对于预应力混凝土梁及预应力混凝土板，当跨度较小时多采用矩形截面；当跨度或荷载较大时，为减小构件自重，提高构件的承载能力和抗裂性能可采用T形、工字形或箱形截面。一般情况下，预应力混凝土梁的截面高度h可取（1/20～1/14）l（l为梁的跨度），翼缘宽度可取（1/3～1/2）h，翼缘高度可取（1/10～1/6）h，腹板宽度可取为（1/15～1/8）h。

（二）预应力纵向钢筋的布置

预应力纵向钢筋的布置方式有三种，即直线布置、曲线布置及折线布置。直线布置如图 7-5（a）所示，用于跨度及荷载较小时，施工简单，先张法、后张法均可采用。曲线布置用于跨度和荷载较大的情况，在预应力混凝土屋面梁、吊车梁等构件靠近支座的斜向主拉应力较大部位，将部分预应力钢筋弯起，使其形成曲线布置，如图 7-5（b）所示，一般用后张法施工。折线布置用于有倾斜的受拉边的梁，如图 7-5（c）所示，一般用先张法施工。

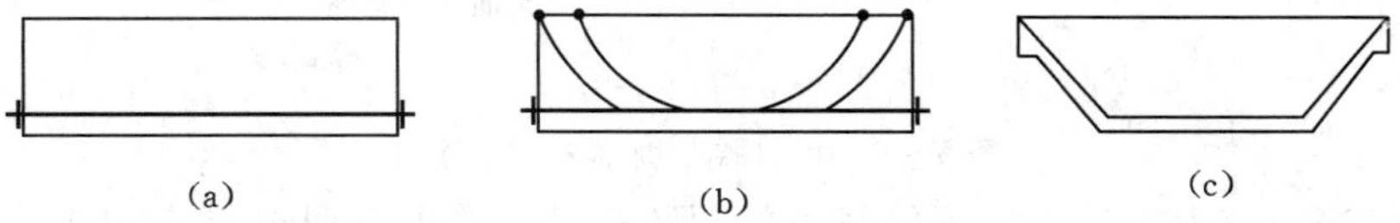

图 7-5 预应力纵向钢筋的布置
（a）直线布置；（b）曲线布置；（c）折线布置

（三）非预应力纵向钢筋的布置

为防止构件在制作、运输、堆放或吊装过程中预拉区混凝土开裂或裂缝宽度过大，可在构件预拉区配置一定数量的非预应力纵向钢筋。

二、先张法构件的构造要求

（一）预应力钢筋的净间距

先张法预应力钢筋之间的净间距，不应小于其公称直径或等效直径的 1.5 倍，且应符合下列规定：对螺纹钢筋及钢丝不应小于 15mm；对三股钢绞线不应小于 20mm；对七股钢绞线不应小于 25mm。

（二）构件端部加强措施

对先张法预应力混凝土构件，预应力钢筋端部周围混凝土应采取下列加强措施：

（1）对单根配置的预应力钢筋，其端部宜设置长度不小于 150mm 且不少于 4 圈的螺旋筋。亦可利用支座垫板上的插筋代替螺旋筋，但插筋数量不应少于 4 根，其长度不宜小于 120mm，如图 7-6（a）所示。

（2）对分散布置的多根预应力钢筋，在构件端部 $10d$（d 为预应力钢筋的公称直径）范围内应设置 3～5 片与预应力钢筋垂直的钢筋网，如图 7-6（b）所示。

（3）对采用预应力钢丝配筋的薄板，在板端 100mm 范围内应适当加密横向钢筋，如图 7-6（c）所示。

（4）槽形板类构件，应在构件端部 100mm 范围内沿构件板面设置附加横向钢筋，其数量不应少于 2 根，如图 7-6（d）所示。

三、后张法构件的构造要求

（1）后张法预应力钢筋的锚固应选用可靠的锚具，其形式及质量要求应符合现行有关标准的规定。

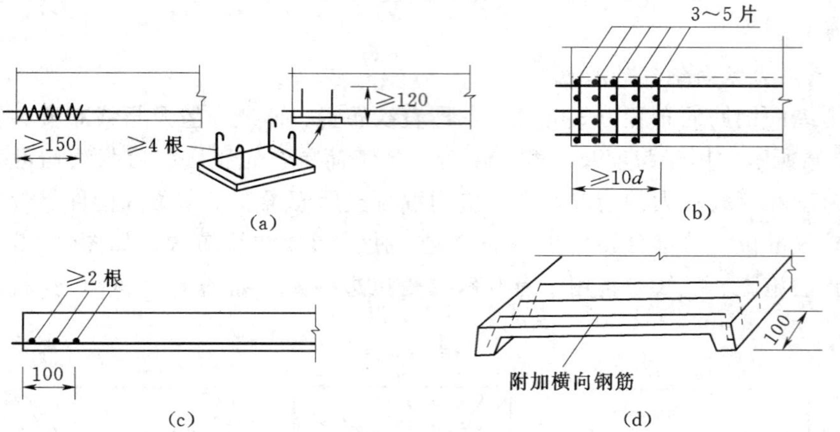

图 7-6 构件端部加强构造钢筋

(2) 后张法预应力钢丝束、钢绞线束的预留孔道应符合下列规定：

1) 对预制构件，孔道之间的水平净间距不宜小于 50mm；孔道至构件边缘的净间距不宜小于 30mm，且不宜小于孔道直径的一半。

2) 预留孔道的直径应比预应力钢丝束或钢绞线束外径及需穿过孔道的连接器外径大 10～15mm。

3) 在构件两端及跨中应设置灌浆孔或排气孔，其孔距不宜大于 12m。

(3) 后张法预应力混凝土构件，曲线预应力钢丝束、钢绞线束的曲率半径不宜小于 4m；对折线配筋的构件，在预应力钢筋弯折处的曲率半径可适当减小。

(4) 构件端部构造要求。

1) 对后张法预应力构件的端部锚固区，在构件端部长度不小于 $3e$（e 为截面重心线上部或下部预应力钢筋的合力点至邻近边缘的距离）且不大于 $1.2h$（h 为构件端部截面高度）、高度为 $2e$ 范围内，应均匀配置附加箍筋或网片，其体积配筋率不应小于 0.5%，如图 7-7 所示。

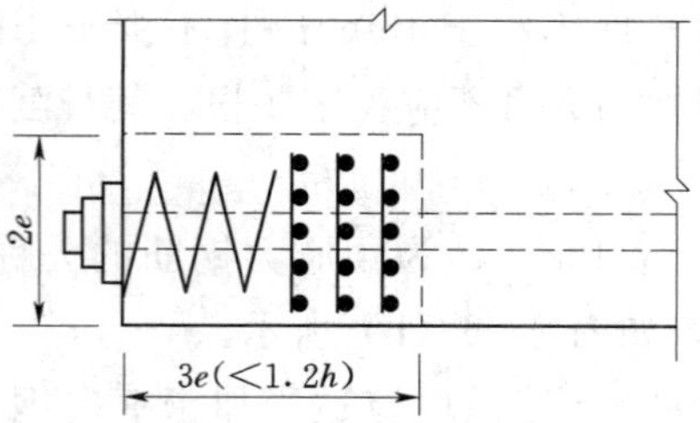

图 7-7 防止沿孔道劈裂的配筋范围

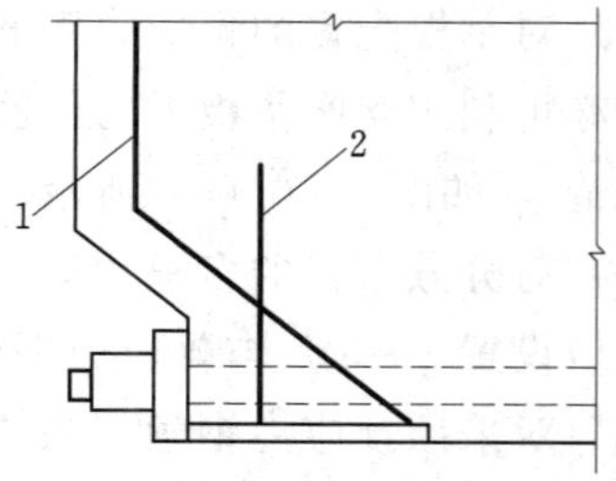

图 7-8 端部凹进处构造配筋

1—折线构造配筋；2—竖向构造配筋

2) 当构件在端部有局部凹进时，应增设折线构造钢筋（图 7-8）或其他有效的构造钢筋。

3) 当后张法预应力混凝土构件端部预应力钢筋需集中布置在截面下部，或集中布置在上部和下部时，应在构件端部 $0.2h$（h 为梁高）范围内设置附加竖向焊接钢筋网、封闭式箍筋或其他形式的构造钢筋，如图 7－9 所示。

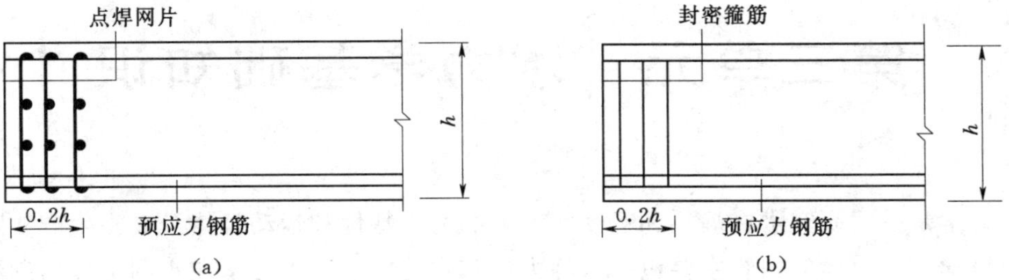

图 7－9　构件端部加强构造钢筋

4）在后张法预应力混凝土构件的预拉区和预压区中，应适当设置纵向非预应力构造钢筋；在预应力钢筋弯折处，应加密箍筋或沿弯折处内侧设置钢筋网片。

习　　题

一、填空题

1. 预应力混凝土结构是在构件承受荷载之前，预先对外荷载作用时的＿＿＿＿＿区混凝土施加压应力，造成一种人为的应力状态，以抵消或减小外荷载作用下产生的＿＿＿＿＿，从而控制裂缝开展。

2. 先张法是＿＿＿＿＿的方法。先张法构件的预应力是靠＿＿＿＿＿而建立起来的。后张法是＿＿＿＿＿的方法。后张法的预应力是靠＿＿＿＿＿来保持的。

3. 先张法适宜于＿＿＿＿＿的生产方式，一般用于生产＿＿＿＿＿构件。后张法可在现场施工，适用于不便运输的＿＿＿＿＿构件。

4. 先张法构件，对单根配置的预应力钢筋，其端部宜设置长度不小于＿＿＿＿＿mm且不少于 4 圈的＿＿＿＿＿。对分散布置的多根预应力钢筋，在构件端部＿＿＿＿＿范围内应设置 3～5 片与预应力钢筋垂直的＿＿＿＿＿。

二、选择题（单选或多选）

1. 下列减少锚具变形和钢筋内缩引起的预应力损失的措施不正确的是（　　）。

A. 选用变形小及使预应力钢筋内缩小的锚具　　B. 尽量减少垫板的块数

C. 对于先张法构件，则应选择较长的台座　　D. 在钢模上张拉预应力钢筋

2. 对混凝土构件施加预应力，下列叙述错误的是（　　）。

A. 提高了构件的抗裂能力　　B. 可以减少构件的刚度

C. 可以增大构件的刚度　　D. 可以充分利用高强钢筋

三、问答题

1. 为什么预应力混凝土必须采用高强度钢筋和高强度混凝土？

2. 预应力混凝土结构的主要优点是什么？

3. 先张法和后张法的主要区别是什么？

4. 什么是张拉控制应力？其大小与哪些因素有关？

5. 预应力损失有哪几种？减少各种预应力损失的措施有哪些？

第三单元　水力学基础知识

水力学是一门研究水在静止和运动状态下的力学特性和运动规律及其在生产实际应用的一门科学。水力学的内容主要包括水静力学和水动力学。水力学在水利工程的勘测、规划、设计、施工和运行管理中都有广泛的应用。通过本单元的学习，将为后续课程的学习和为从事水利工作打下基础。

第八章　水　静　力　学

【重点内容】　静水压强的概念、基本特性、计算，静水总压力的计算。

【学习目标】　熟悉静水压强的两个基本特性，了解静水压强方程式的意义，掌握静水压强的计算、静水压强分布图的绘制及压力图法求矩形平面上静水总压力的方法。

第一节　静水压强的基本规律

一、静水压力与静水压强

（一）静水压力

水处于静止状态时对接触面的压力称为静水压力。静水压力现象是随处可见的。在日常生活中，只要水箱中有一定的水量，打开水龙头，水就会流出来；游泳时水淹过胸口，人就会觉得憋气。在水利工程中，重力坝必须有足够的自重，以抵挡水的压力（推力）。

静水压力常以字母 P 表示，静水压力的单位为牛顿（N）或千牛顿（kN）。

（二）静水压强

在一微小面积 ΔA 上，作用的静水压力为 ΔP，则单位面积上的平均静水压强为

$$\bar{p} = \frac{\Delta P}{\Delta A} \tag{8-1}$$

由于受压面各点的静水压强一般不等，为了反映受压面各点压强的变化情况，须建立点静水压强的概念。当 ΔA 无限缩小并趋近于 0（一个点）时，$\Delta P/\Delta A$ 的极限值即为该点的静水压强，即

$$p = \lim_{\Delta A \to 0} \frac{\Delta P}{\Delta A} \tag{8-2}$$

静水压强以小写英文字母 p 表示，其单位为牛顿/米^2（N/m^2）或千牛顿/米^2（kN/m^2），分别又称为帕斯卡（Pa）或千帕斯卡（kPa）。

（三）静水压强的基本特性

静水压强有两个特性：

(1) 静水压强的方向垂直并指向受压面。不难理解，如果静水压强不与受压面垂直。则相应的静水压力也不垂直受压面。因此，该压力就必然可以分解成一个垂直受压面的分力和一个平行于受压面得分力。易流动性是液体的主要特性，静止状态下的液体不论受到多么微小的切向力的作用，液体就会发生流动。但水体是静止的，不存在任何方向的相对运动，即平行于受压面的分力必等于零，故静水压力是垂直于受压面的。所以，相应的静水压强也一定是垂直于受压面的。同时，静止水体不能承受拉力，只能承受指向受压面的压力。也就是说，静水压强的方向是垂直指向受压面的。

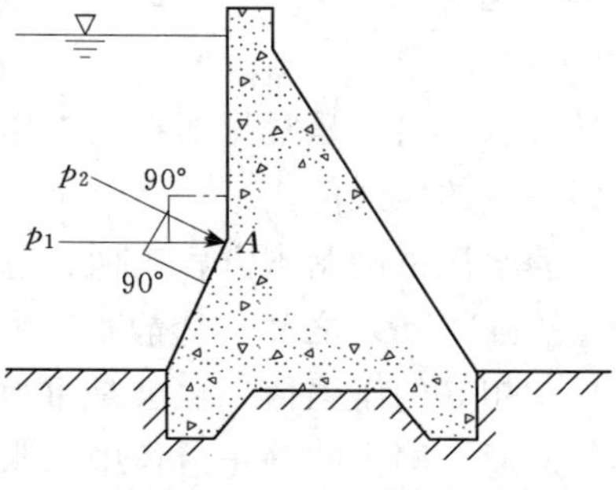

图 8-1 静水压强特性示意图

(2) 静水内部任一点处各个方向的压强大小都相等，即静水压强的大小与受压面的方位无关。水是均质的，又是各向同性的，即水在各部分和各个方向的物理性质是相同的，因而静水压强与受压面的方位无关。如图 8-1 所示，挡水坝边壁转折处的 A 点，对不同方位的受压面来说，其静水压强的作用方向不同（各自垂直于它的受压面），但静水压强的大小是相等的，即 $p_1=p_2$。

二、静水压强基本规律

（一）静水压强基本方程

在工程实际或日常生活中，许多液体都处于相对于地球没有运动的静止状态。对于这种静止状态下的液体，作用在液体上的质量力（大小与液体质量的大小成正比的力）只有重力而没有惯性力。下面讨论在质量力只有重力作用下的静止液体的平衡问题。

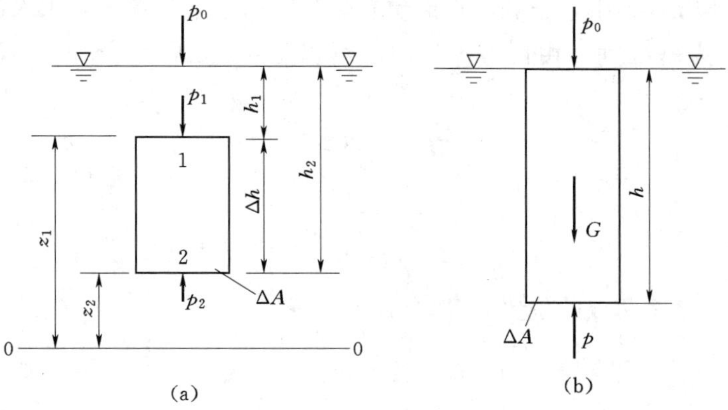

图 8-2 两点间静水压强关系示意图

图 8-2 (a) 为仅在重力作用下处于静止状态下的水体。1、2 两点压强的基本关系式为

$$p_2 = p_1 + \gamma\Delta h \tag{8-3}$$

上式表明：1、2 两点的压强差等于作用在单位面积上、高度为 Δh 的水柱的重量，因此称 $\gamma\Delta h$ 为液重压强。显然，水中深处的静水压强比浅处的静水压强大。

若根据表面的压强 p_0 推算水面下深度为 h 的任意一点的静水压强 p，如图 8－2（b）所示。此时 $h_1=0$、$h_2=\Delta h=h$、$p_1=p_0$、$p_2=p$，由式（8－3）得

$$p = p_0 + \gamma h \tag{8-4}$$

式（8－4）是常见的在重力作用下静水压强的基本方程式。利用它可以求出静止水体中任一点的压强值。

静水压强的基本方程表明：①在静水中，任一点的压强 p 等于表面压强 p_0 与该点的液重压强（γh）之和；②静水压强沿水深呈线性分布；③位于同一深度（$h=$常数）的各点具有相等的压强值，也就是重力作用下的静止液体其等压面是水平面。也可以说：在均质、连通、同类的静止液体中，水平面是等压面。

由式（8－4）可以看出：在静止液体中，表面压强 p_0 可以不变大小地传到液体内部的每一个点上。静止液体中压强的传递特性是制作油压千斤顶、水压机等许多液压机械的基本原理。

水的容重 γ 在一个标准大气压下 4℃时水的容重为 9.8kN/m^3，水银的容重 γ 为 133.3kN/m^3。

【例 8－1】 若液面压强 $p_0=1\times10^5\text{Pa}$，有清水和水银两种液体，求深度为 3m 处的压强。

解：清水中深 3m 处的压强为

$$p = p_0 + \gamma h = 1\times10^5 + 9.8\times10^3\times3 = 129.4\times10^3(\text{Pa})$$

水银中深 3m 处的压强为

$$p = p_0 + \gamma h = 1\times10^5 + 133.3\times10^3\times3 = 499.9\times10^3(\text{Pa})$$

（二）位置水头、压强水头、测压管水头

静水压强基本方程式中，任意一点的位置是从水面往下计算的，用水深表示。若取共同的水平面 0—0 为基准面，由图 8－2（a）可以看出：$\Delta h=z_1-z_2$，代入式（8－3），则有

$$p_1 - p_2 = \gamma(z_1 - z_2)$$

即

$$z_1 + \frac{p_1}{\gamma} = z_2 + \frac{p_2}{\gamma} \tag{8-5}$$

式中 z_1、z_2——1、2 两点的位置高度，m；

$\frac{p_1}{\gamma}$、$\frac{p_2}{\gamma}$——1、2 两点压强的液柱高度，m。

上式说明：在重力作用下，静止液体中不论哪一点的（$z+p/\gamma$）总是相等的，即是一个常数。在一个容器的侧壁上打一小孔，接上开口玻璃管与大气相通，就形成一根测压管。如果容器内装的是静止的液体，液面为大气压，则测压管无论连在哪一点上，测压管内的液面都是与容器内的液面齐平的，如图 8－3 所示。如基准面为 0—0，测压管液面到基准面的高度由 z 和 p/γ 两部分组成，z 表示该点位置到基准面的高度，p/γ 表示该点压

强的液柱高度。在水力学中常用"水头"代表高度，所以 z 又称位置水头，p/γ 又称压强水头，而（$z+p/\gamma$）称为测压管水头。由于 1、2 两点的位置是任意的，不难看出，式（8-5）可表示为

$$z+\frac{p}{\gamma}=C(C\text{为常数}) \tag{8-6}$$

式（8-6）表明：在静止、均质、连通的液体中，各点的测压管水头等于同一个常数。

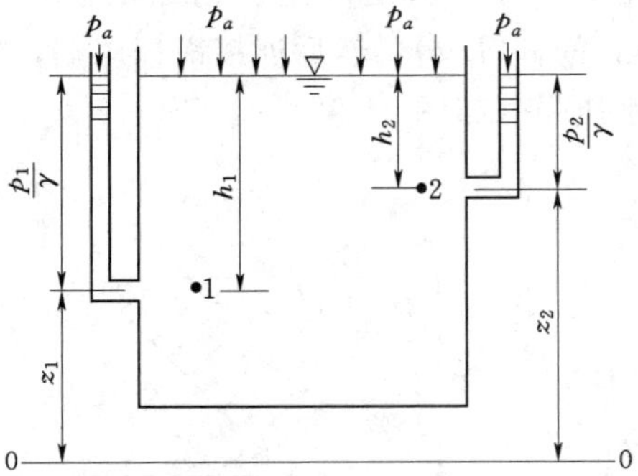

图 8-3 液面为大气压的水头示意图

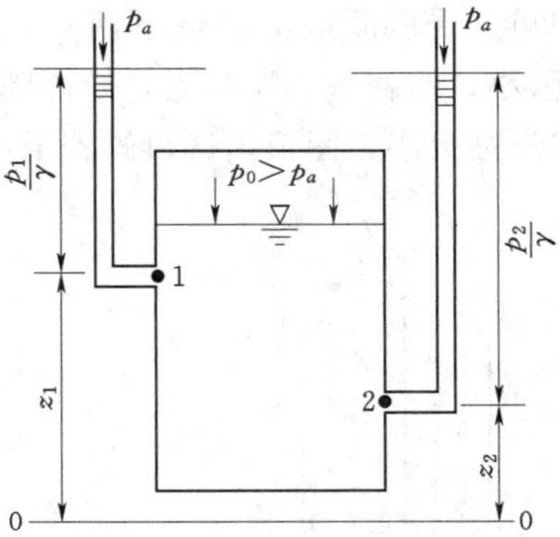

图 8-4 液面为非大气压的水头示意图

如果容器内液面压强 p_0 大于或小于大气压强（大气压强用 p_a 表示），则测压管内的液面会高于或低于容器液面，但不同点的测压管水头仍是常数。即各点的测压管液面位于同一水平面上，如图 8-4 中的 1 点和 2 点所示。

由于 z、p/γ 及 $z+p/\gamma$ 均为长度单位，它们的大小都可以用一段几何高度来表示，其物理意义为：位置水头 z 表示的是单位重量液体从某一基准面算起所具有的位置势能，简称为单位位能。压强水头 p/γ 表示的是单位重量液体所具有的压力势能，简称为单位压能。因为单位位能 z 和单位压能 p/γ 均为势能，故 $z+p/\gamma$ 称为单位势能。

显然，式（8-6）表明：在静止、均质、连通的液体中，各点的单位势能等于同一个常数。

第二节 静水总压力的计算

在工程实践中，我们不仅需要知道静水中任一点的压强及其分布规律，而且还要知道静水中的水工建筑物表面承受的静水总压力，它是在水工建筑物（如闸门、坝等）设计时必须考虑的主要荷载。静水总压力的计算实质上是根据静水压强的分布规律，确定静水总压力的大小、方向及作用点。

一、静水压强分布图的绘制

静水压强分布规律可用几何图表示，即按一定的比例尺，以线条长度代表静水压强的大小，用箭头标出静水压强的方向，并与受压面垂直。由于水工建筑物的受压面两侧一般均有大气压强作用，其效应可以相互抵消，因此，在实际工程中一般只绘出相对压强（以

当地大气压为零点计算的压强）分布图。静水相对压强基本方程为 $p=\gamma h$，压强沿水深按直线规律分布，如图 8-5（b）所示。若受压面不是铅直面，而是各种折面，静水压强分布图可同理绘出，如图 8-5（e）所示。

（一）相对压强绘制原则

用有向线段（称箭头）长度代表该点静水压强的大小；用箭头方向表示静水压强的方向，必须垂直并指向受压面。

（二）相对压强绘制方法

可选受压面最上和最下两点，用 $p=\gamma h$ 算出其大小，再定性给出两点的箭杆长度（压强小，箭杆短；压强大，箭杆则长；压强相等，箭杆等长），然后连接箭杆尾端，标注两点压强大小，图形内部再画若干箭头，即得静水压强分布图。

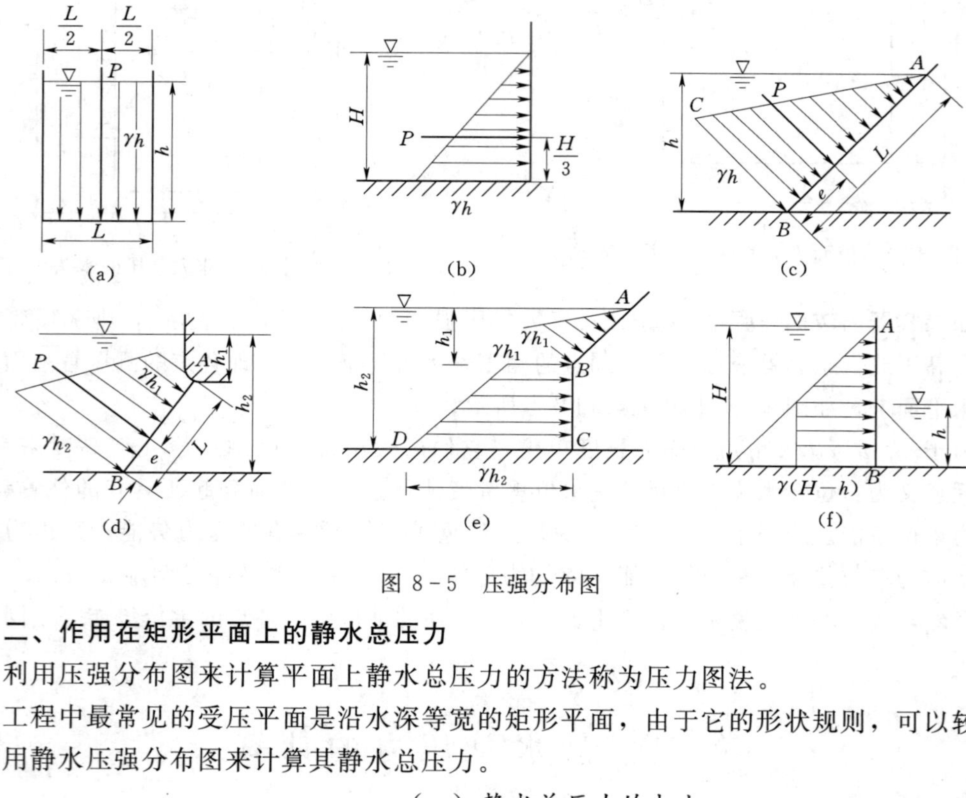

图 8-5　压强分布图

二、作用在矩形平面上的静水总压力

利用压强分布图来计算平面上静水总压力的方法称为压力图法。

工程中最常见的受压平面是沿水深等宽的矩形平面，由于它的形状规则，可以较简便地利用静水压强分布图来计算其静水总压力。

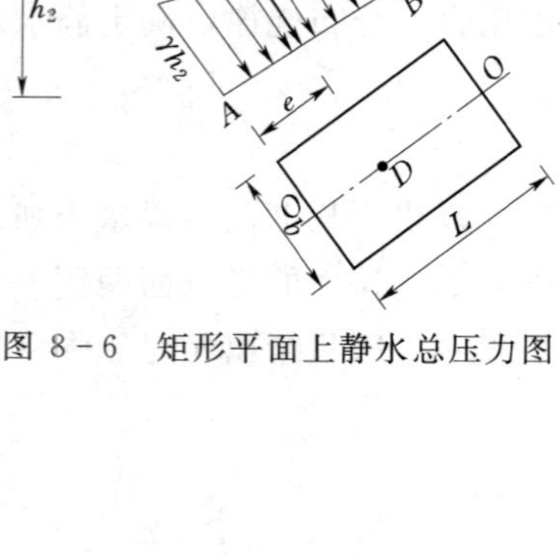

图 8-6　矩形平面上静水总压力图

（一）静水总压力的大小

图 8-6 为任意倾斜的矩形受压平面，宽为 b，长为 L，由于沿宽度方向同一水深的点压强的大小相等，故压强分布图的形状和大小沿宽度方向是不变的。从静水压强分布图可以看出，求静水总压力 P 实际上就是求平行分布力系的合力。

由静力学知，单位宽度上平行分布力的合力等于荷载分布图的面积。可见，压强分布图的面积就等于作用在矩形受压平面上单位宽度上的静水总压力。不难理

解，矩形受压面上静水总压力 P 的大小等于压强分布图的面积 S 与受压面宽度 b 的乘积，即

$$P = Sb \tag{8-7}$$

式中 S——压强分布图的面积（也是矩形受压面单位宽度上的静水总压力），N/m、kN/m；

b——受压面的宽度，m。

应当指出，Sb 实质上就是受压面上各点的压强所构成的压强分布体的体积。即矩形受压面上的静水总压力就等于压强分布体的体积。这个结论也适用于受压面为其他任意形状的平面或曲面。

（二）静水总压力的方向

因为静水总压力是一个垂直且指向受压面的平行分布力系的合力。根据静力学定理可知，静水总压力 P 也必然是垂直且指向受压面的。

（三）静水总压力的作用点

静水总压力的作用点，就是总压力的作用线与受压面的交点，称为压力中心，以 D 表示。总压力作用点的位置用压力中心 D 至受压面底边的距离 e 表示。可以证明，静水总压力的作用线必通过压强分布图的形心。因受压面为沿宽度方向对称的矩形平面，可见，静水总压力的作用点就是总压力的作用线与受压面纵对称轴的交点。

显然，要求具有纵对称轴的受压平面上静水总压力的作用点，关键是求压强分布图的形心。在图 8-5 中，由压强分布图的形心可知各种情况下静水总压力的作用点为：图 8-5（a）压强分布图为矩形，总压力的作用点在 $L/2$ 处；图 8-5（b）及图 8-5（c）压强分布图为三角形，总压力的作用点距受压面底缘的距离分别为 $e=H/3$ 及 $e=L/3$ 处；图 8-5（d）压强分布图为梯形，总压力的作用点距受压面底缘的距离 $e=\dfrac{L}{3}\dfrac{2h_1+h_2}{h_1+h_2}$。

综上所述，矩形受压面静水总压力的压力图法，步骤如下：

(1) 绘出静水压强分布图。

(2) 计算静水总压力的大小 $P=Sb$。

(3) 总压力的作用线通过压强分布图形心，且垂直指向受压面，作用线与受压面的交点即为压力中心，且压力中心落在受压面的对称轴上。

【例 8-2】 某引水涵洞的闸门为铅直的平板门，高 $h=2\text{m}$，宽 $b=3\text{m}$，上有胸墙，最大洪水位时上游水深 $H_2=5\text{m}$，如图 8-7 所示。试用压力图法求闸门关闭、下游无水时，闸门上所受的静水总压力。

解：(1) 静水总压力的大小为

$$\begin{aligned}P &= Sb\\ &=\frac{1}{2}\gamma(H_1+H_2)hb\\ &=\frac{1}{2}\times 9.8\times(3+5)\times 2\times 3\\ &=235.2(\text{kN})\end{aligned}$$

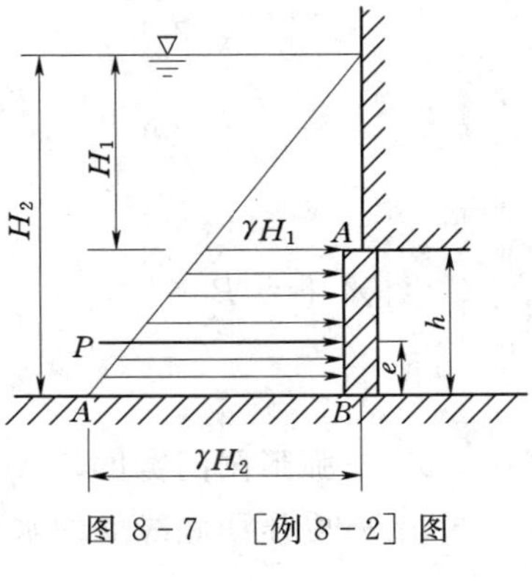

图 8-7 ［例 8-2］图

(2) 静水总压力的方向：静水总压力的方向是垂直且指向作用面。

(3) 静水总压力的作用点：总压力作用点距闸门底部的距离为

$$e=\frac{h}{3}\times\frac{2H_1+H_2}{H_1+H_2}=\frac{2}{3}\times\frac{2\times3+5}{3+5}=0.92(\mathrm{m})$$

【例 8-3】 图 8-8 为一挡水土坝，坝长 $l=100$m，坝前水深 $H=10$m，坡面与水平地面夹角 $\alpha=30°$，求坝体所受静水总压力 P 及水平推力 P_x。

解：静水压强分布图面积

$$S=\frac{1}{2}\gamma HH/\sin\alpha=\frac{\gamma H^2}{2\sin\alpha}$$

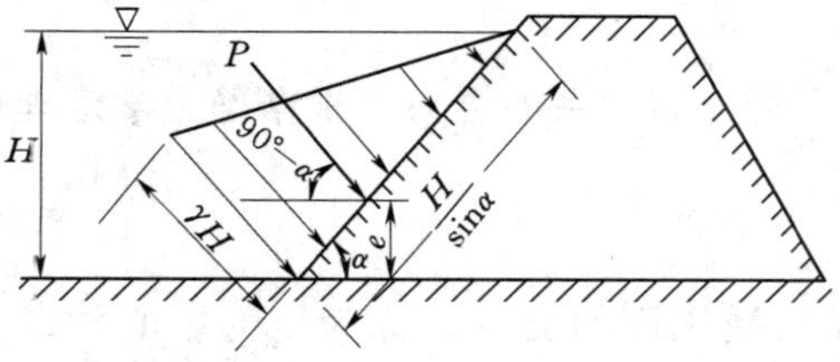

图 8-8 ［例 8-3］图

静水总压力

$$P=Sl=\frac{\gamma H^2}{2\sin\alpha}l=\frac{9.8\times10^2}{2\sin30°}\times100=9.8\times10^4(\mathrm{kN})$$

使坝体发生移动的水平推力

$$P_x=P\cos(90°-\alpha)=P\cos60°=4.9\times10^4(\mathrm{kN})$$

三、作用于曲面上的静水总压力

前面已经讲述了作用于平面的静水总压力，现在我们来讨论作用于曲面上的静水总压力。

以弧形闸门为例，来说明曲面壁上静水总压力的计算方法。如图 8-9 所示。由于曲面上静水压强分布图相当复杂，静水总压力不易由压强分布图求得，所以实际中往往总是先求出曲面所受水平分力 P_x 及铅直分力 P_z，然后再求合力。

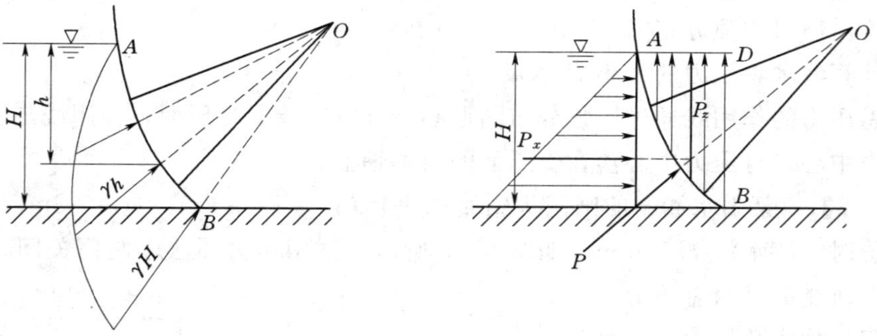

(a) (b)

图 8-9 曲面上静水总压力图

（一）水平力 P_x

$$P_x=\frac{1}{2}\gamma h^2 b \tag{8-8}$$

式中 b——弧形闸门宽度，m；

h——受压面底缘处的水深，m。

由此可见，P_x 等于曲面的铅直投影面的静水总压力，P_x 的求法与前面图 8－5 求铅直平面静水总压力的方法一致。

（二）铅直力 P_z

$$P_z = \gamma V_{ABD} \tag{8-9}$$

式中 P_z——铅直力，等于压力体内的水重；

V_{ABD}——表示宽度为 b、截面为 ABD 的水体体积，通称压力体。

压力体是一个重要的概念，是求铅直力 P_z 的关键，压力体是从曲面向水面或水面延展面作投影而形成的柱状体积，也就是说，压力体由下列各面组成：①曲面本身；②水面或水面的延展面；③通过曲面四周边缘向水面（或延展面）所作的铅直面。

至于 P_z 的方向，可根据静水压强特性作出判断，简单地说，水若向上压，则 P_z 方向向上；水若向下压，则 P_z 方向向下，如图 8－10 所示。

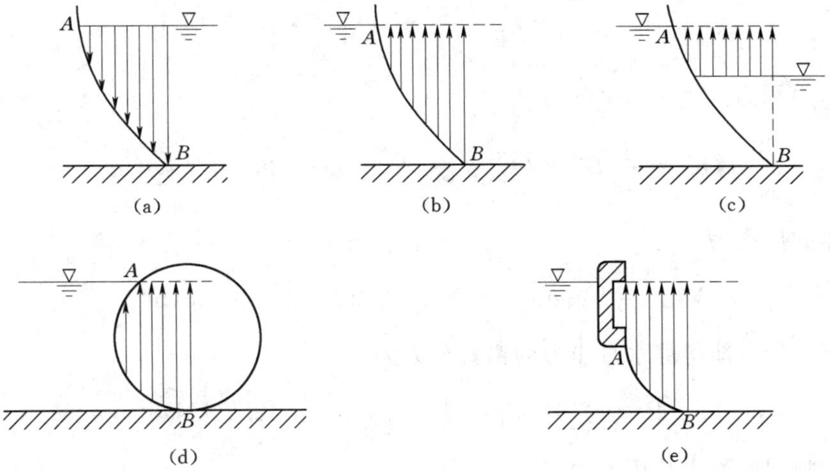

图 8－10 压力体图

（三）总压力 P

求得 P_z 之后，总压力的大小可通过求合力的方法求得

$$P = \sqrt{P_x^2 + P_z^2} \tag{8-10}$$

综上所述，曲面上静水总压力计算方法归纳如下：

（1）把作用在曲面静水总压力 P 分解为水平分力 P_x 和铅直 P_z。

（2）水平分力 P_x 等于曲面在铅直投影面上的静水总压力，计算方法和平面壁上静水总压力的计算方法一致。

（3）P_z 等于压力体的重量。

（4）静水总压力由 $P = \sqrt{P_x^2 + P_z^2}$ 求得。

【例 8－4】 某坝顶弧形闸门，如图 8－11 所示。闸门宽 $b=6$m，圆弧的半径 $R=4$m，闸门可绕 O 轴旋转。O 轴和水面在同一高程上。试求：当坝顶水头 $H=2$m 时，闸门上所受到的静水总压力。

解： 静水总压力的大小

(1) 静水总压力的水平分力为

$$P_x = \frac{1}{2}\gamma H^2 b = \frac{1}{2} \times 9.8 \times 2^2 \times 6 = 117.6(\text{kN})$$

(2) 静水总压力的铅直分力。绘制压力体剖面图，如图 8-11 中所示的 ABC 部分。

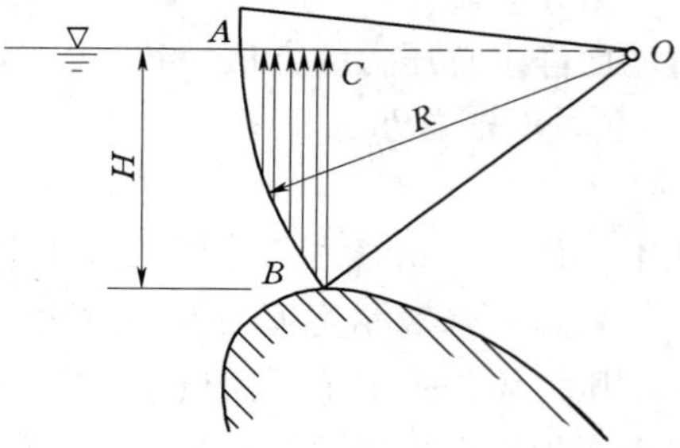

图 8-11 [例 8-4] 图

下面先计算压力体的体积：

因为压力体剖面图的面积为

$$S_{ABC} = \text{面积}\ ABC$$

面积 ABC＝扇形面积 AOB－三角形面积 BOC，已知 $BC=2\text{m}$，$OB=4\text{m}$，故知 $\angle AOB = 30°$，则扇形面积为

$$AOB = \frac{30°}{360°}\pi R^2 = \frac{1}{12} \times 3.14 \times 4^2 = 4.19(\text{m}^2)$$

三角形面积为

$$BOC = \frac{1}{2}\overline{BC} \times \overline{OC} = \frac{1}{2} \times 2 \times 4\cos 30° = 3.46(\text{m}^2)$$

所以压力体的体积为

$$V_{ABC} = S_{ABC} b = (4.19 - 3.46) \times 6 = 4.38(\text{m}^3)$$

由式 (8-9) 即得静水总压力的铅直分力为

$$P_z = \gamma \cdot V_{ABC} = 9.8 \times 4.38 = 42.9(\text{kN})$$

作用于闸门的静水总压力为

$$P = \sqrt{P_x^2 + P_z^2} = \sqrt{117.6^2 + 42.9^2} = 125.2(\text{kN})$$

习 题

一、填空题

1. 液体的__________是运动液体产生能量损失的根源。

2. 由公式 $p = \gamma h$ 知，压强沿水深按______规律分布，水深越大，压强______。

3. 在均质、连通、同类的静止液体中，水平面是______。

4. 在静水压强方程式中，z 称______水头，$\frac{p}{\gamma}$ 称______水头，$z+\frac{p}{\gamma}$ 称______水头，z、$\frac{p}{\gamma}$、$z+\frac{p}{\gamma}$ 的物理意义为______、______、______。

二、选择题

1. 根据静水压强的特性，静止液体中同一点各方向的压强（　　）。

A. 数值相等　　B. 数值不等

C. 仅水平方向数值相等　　D. 铅直方向数值最大

2. 处于平衡状态下的均质液体，其等压面一定是（　　）。

A. 水平面　　　B. 抛物面　　　C. 水平面或抛物面

3. 静水总压力的方向（　　）。

A. 垂直指向受压面　　　B. 倾斜 60°指向受压面

C. 垂直指向水体　　　D. 倾斜 60°指向水体

4. 平面壁静水总压力计算中压力图法适用于受压面为（　　）。

A. 矩形平面　　　B. 圆形平面　　　C. 任意形状

三、简答题

1. 静水压力与静水压强二者有何异同?

2. 绘制静水压强分布图的理论依据是什么?

3. 如图 8－12 所示，在水平桌上放置四个形状不同的容器，当水深 h 及容器底面积 A 都相同时，底面上静水压强是否相等? 底面上静水总压力是否相等? 底面上静水总压力大小与容器所盛液体总重量有无关系?

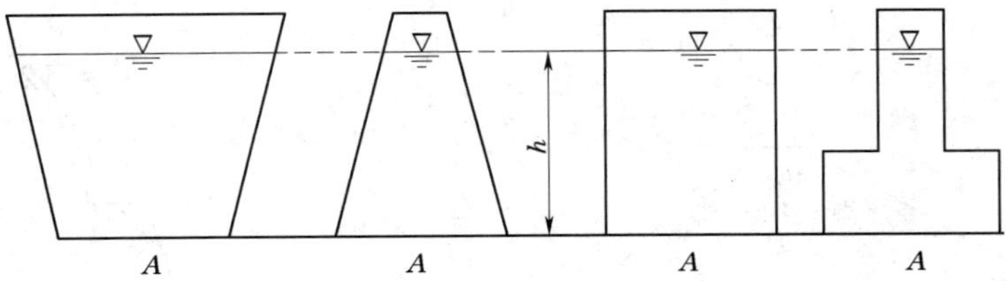

图 8－12

四、绘图题

1. 试绘制图 8－13 所示的指定挡水面上的压强分布图。

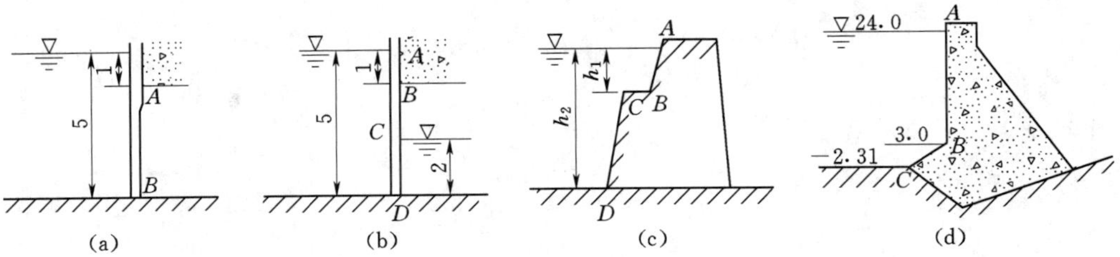

图 8－13

2. 试绘制图 8－14 中各种柱面上的压力体截面图及其在铅直投影面上的压强分布图。

五、计算题

1. 某蓄水箱底面积 $A=20\text{m}^2$，蓄水箱水面大气压强为 $9.8\times10^4\text{Pa}$，当水箱中水深 $h=10\text{m}$ 时，试求水箱底静水压强及静水总压力。

2. 如图 8－15 一挡水土坝，$\alpha=30°$，坝上游水深 $H=20\text{m}$，求 10m 宽坝面所受的静水总压力 P 及水平推力 P_x。

3. 有一扇形闸门如图 8－16 所示。已知：$h=3\text{m}$，$\alpha=45°$，闸门宽 $b=1\text{m}$，求作用在扇形闸门上的静水总压力。

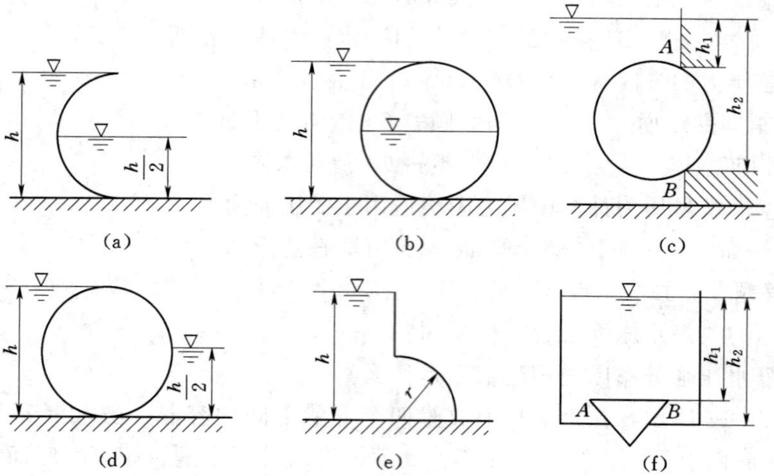

图 8-14

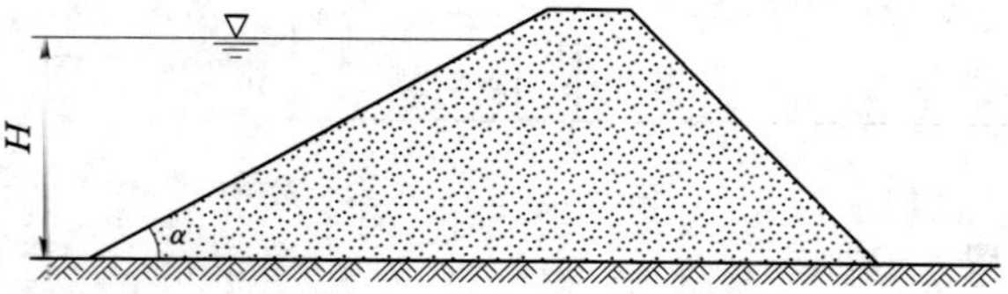

图 8-15

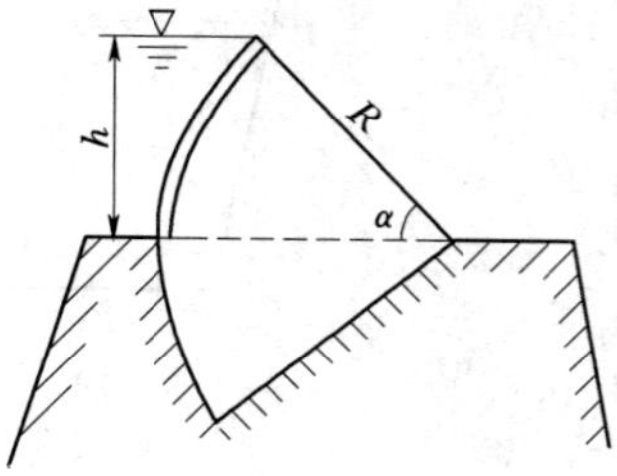

图 8-16

第九章　水动力学基本规律

【重点内容】　连续方程、能量方程、动量方程的运用；水头损失的计算。

【学习目标】　理解水流运动的基本概念，重点掌握连续方程、能量方程的运用，了解动量方程的运用，熟悉水头损失的分类及计算方法。

第一节　水流运动的基本概念

无论是在自然界或工程实际中，许多情况下水流均处在运动状态。水流的运动状态和运动形式是很复杂的，除受自身内在规律的支配外，还要受边界条件的制约。尽管如此，液体在作机械运动时，仍要服从于一般物体运动的普遍规律。如质量守恒定律、能量守恒定律和动量定律等。

复杂的水流现象，可用流速、加速度及动水压强等物理量来描述。这些物理量称为水流的运动要素。为便于研究运动要素随时间、空间的变化规律，应先了解水流运动的一些基本概念及分类。

一、流线与过水断面

（一）流线

流线是人们假想的用来描述流动场中某一瞬时所有水流质点流速方向的光滑曲线。即位于流线上的各水流质点，其流速的方向都与该质点在该曲线上的点的切线方向一致，如图 9-1（a）所示。流线既不能是折线，也不能彼此相交。可见，流线上的水流质点，都不能有横越流线的流动。

有了流线的概念，就能用它来描述水流现象。图 9-1（b）、（c）分别表示水流经过

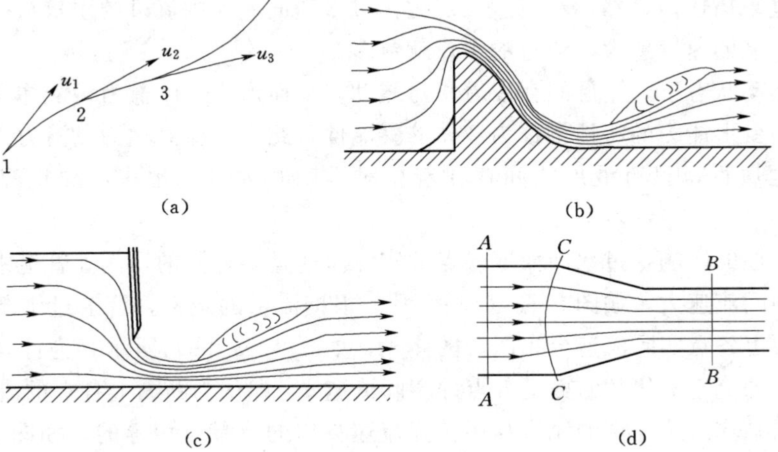

图 9-1　水流流线示意图

溢流坝和泄水闸时，用流线所描绘的流动情形，可清楚地看出水流运动的总体规律。

（二）过水断面

垂直于水流流向（即流线）的横断面称为过水断面。过水断面可以是平面，也可以是曲面，与流线分布情况有关，如图 9-1（d）所示。图中 A—A 及 B—B 过水断面为平面，C—C 过水断面为曲面。过水断面的面积用 A 表示。

应当指出，组成过水断面的周界可能全是固体边界，如图 9-2（c）所示；也可能一部分是固体边界，另一部分是自由液面，如图 9-2（a）、（b）、（d）所示。

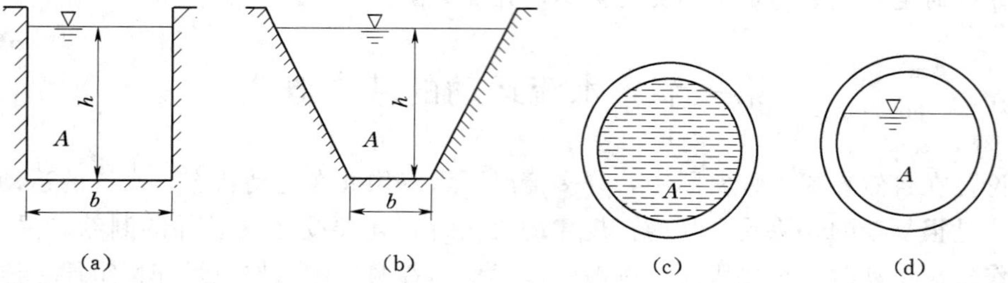

图 9-2 过水断面示意图

过水断面上与水流相接触的固体边界周长称为湿周，用 χ 表示。过水断面面积 A 与湿周 χ 之比称为水力半径，用 R 表示，即

$$R=\frac{A}{\chi} \tag{9-1}$$

式中 A——过水断面的面积，m^2；

R——水力半径，m；

χ——湿周，m。

在水力学中，把 A、R、χ 称为过水断面的水力要素。

二、流量与断面平均流速

（一）流量

单位时间内流过过水断面的水体体积称为流量，以 Q 表示。泄水建筑物过流能力的大小就用流量来描述。显然，当流速一定时，过水断面愈大则流过的水量愈多；当过水断面一定时，水流的速度愈大则流过的水量就愈多。

液体在运动状态下，流层间存在着相对运动，从而产生内摩擦力，液体这种内摩擦力具有抵抗剪切变形能力的特性，称为液体的黏滞性，此内摩擦力称为黏滞力。黏滞力是液体固有的物理属性，只有液层之间存在着相对运动时才显示出来，静止液体不显示黏滞性。

由于黏滞性的影响，过水断面上各点的实际流速是不相同的，例如管道中靠近管壁处流速小，而中间流速大，如图 9-3（a）所示。根据流量的定义，管道过水断面上的流量应为过水断面上各点实际流速分布图形的体积，如图 9-3（b）所示。为计算方便，工程上常用断面平均流速 v 代替断面上各点的实际流速 u，即认为断面上各点的流速都等于 v。显然，用断面平均流速计算的流量与用实际流速算出的流量是相等的，如图 9-3（c）所示。由此可得

$$Q = vA \tag{9-2}$$

式中 Q——流量，m^3/s；

v——断面平均流速，m/s。

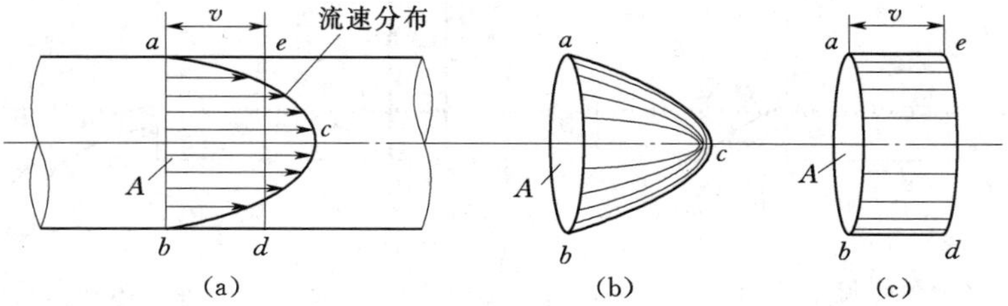

图 9-3 水流流速分布示意图

（二）断面平均流速

过水断面上的流量 Q 与过水断面面积 A 之比，称为过水断面的平均流速，简称断面平均流速，即

$$v = \frac{Q}{A} \tag{9-3}$$

应当指出，断面平均流速并不是断面上的实际流速，但用它既可以简化计算，又具有一定的实用意义。式（9-2）、式（9-3）是水力学中计算流量和断面平均流速的常用公式。

三、水流运动的分类

在实际工程中，由于边界情况是各式各样的，这就使水流运动具有多种多样的形式。各种运动要素（如流速、压强等）受到边界条件及水流本身特性的影响而不断变化。为便于研究水流运动的变化规律，必须对水流运动加以分类。

（一）恒定流与非恒定流

在水流的流动空间上，任一固定空间点处的运动要素不随时间发生变化的水流，称为恒定流；反之，称为非恒定流。

如图 9-4 所示，水从水箱的孔中流出，如水箱内的水不断补充且水位保持不变，则小孔的射流也将保持不变，流动空间上各固定空间点的速度及压强等运动要素也不随时间而变化。这种水流就是恒定流。

如图 9-5 所示，水箱充满后关掉进水阀，则随着时间的推移水箱水位不断下降，从而小孔的射流也会愈来愈小，射流的位置及各点的流速、压强等运动要素随着时间的推移都发生了变化。这种水流便是非恒定流。

对恒定流来说，由于任一固定空间点上的运动要素不随时间而变化，所以其流线也是不随时间而变化的。但对非恒定流来说，由于任一固定空间点上的运动要素随时间而变化，故不同时刻有不同的流线。可见非恒定流是非常复杂的，本书只介绍恒定流动问题。

一般说来，实际水流多为非恒定流，极少为恒定流。但在水利工程实践中，只要水流运动要素在相当长的时段内其平均值基本不变，或者随时间的变化非常缓慢，就可以按恒

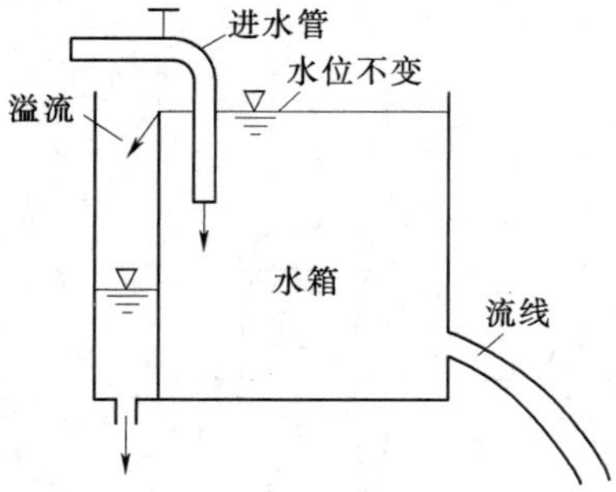

图 9-4 恒定流示意图

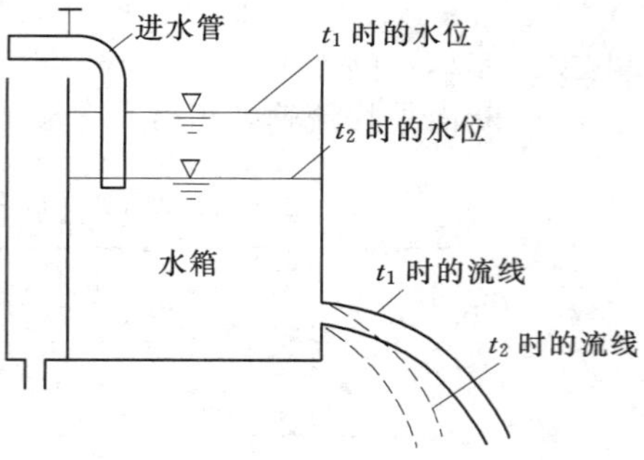

图 9-5 非恒定流示意图

定流来进行计算。

（二）均匀流与非均匀流

在流动过程中，水流运动要素沿流程不变的水流，称为均匀流。反之，称为非均匀流。

均匀流的特点是：流线为彼此平行的直线，与流线垂直的过水断面为一平面且大小沿流程不变。因此，也有人定义：流线为平行直线的水流叫均匀流；反之，称为非均匀流。

从流线的形状看，非均匀流有以下三种形式：

(1) 流线虽然是直线，但相互不平行，相邻流线之间有夹角。

(2) 流线彼此平行，但流线弯曲。

(3) 流线既不是直线，也不平行。

如河道的宽窄深浅沿流程有所不同，流速也必然沿流程有所变化，则属于非均匀流。在比较长直、断面不变、底坡不变的人工渠道或直径不变的长直管道里，除入口和出口外，其余部分的流速在各断面都一样，则这种水流是均匀流。

（三）渐变流与急变流

为便于研究水流运动，将非均匀流分为两种类型，即渐变流和急变流。

水流流线间的夹角很小，流线的弯曲不大，流线近似为平行直线的水流，称为渐变流；否则，称为急变流。如图 9-6 所示。

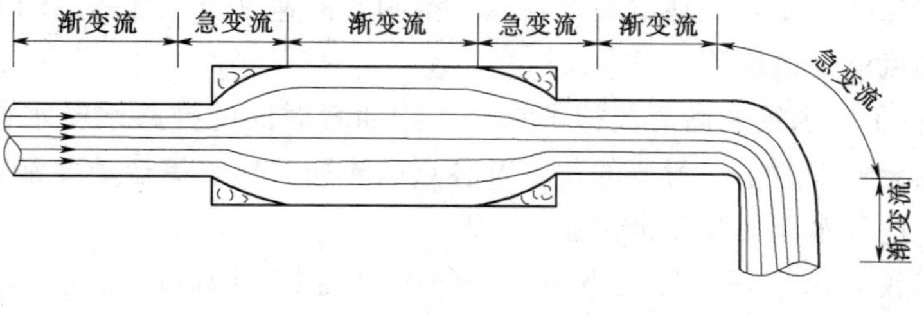

图 9-6 渐变流与急变流示意图

1. 渐变流的特性

根据渐变流的定义可知，渐变流具有如下特性：

(1) 因渐变流的流线近似为平行直线，故渐变流的过水断面近似为平面。

(2) 在渐变流中，由于流线的弯曲很小，水流的离心惯性力可以忽略不计，于是沿着渐变流的过水断面上，作用于水流各质点的力只有压力和重力。过水断面上的受力状况与静水时的受力状况相同。

2. 急变流的特性

因急变流和渐变流是两个完全不同的概念，故急变流与渐变流具有完全不同的特性：

(1) 因流线间的夹角较大，而过水断面要与流线（即水流方向）垂直，所以急变流的过水断面不是平面。

(2) 流线的弯曲较大，作用于水流各质点的力除了重力和压力外，还具有不能忽略的离心惯性力，因而其过水断面的受力状况与静水时的受力状况不同。

（四）有压流与无压流

根据水流运动的受力情况，水流运动可以分为有压流和无压流。

在无自由表面的固体边界内流动的水流，称为有压流。有压流又称为管流。如充满整个管道或隧洞断面的水流就是有压流。有压流的特点是：没有自由水面，过水断面上的压强一般都不等于大气压强；在流动过程中，水流要克服阻力而消耗机械能，所以有压流是在压力和阻力的共同作用下流动的。输送有压流的管道称为压力管道。如自来水管道、水电站的压力隧洞或压力钢管以及抽水机装置中的吸水管、压水管等，都属于压力管道。

在具有自由表面的固体边界内流动的水流，称为无压流。无压流又称为明渠水流。如天然河道、人工渠道等具有自由水面的水流，都是无压流。无压流的特点是：具有自由水面，水面的压强等于大气压强；在流动过程中，水流也要克服阻力而消耗机械能，所以无压流是在重力和阻力的共同作用下流动的。

第二节　恒定流的连续性方程

任何物质运动都遵守质量守恒定律，在运动过程中，物质既不能增加，又不会减少，其质量保持不变，这个道理是很好理解的。和其他物质一样，水流运动也同样遵循质量守恒定律，水流的连续方程式就是在此定律的基础上建立起来的。

所谓连续性原理是指在恒定流情况下，通过各断面的流量保持不变（图 9-7），在管流中选取两过水断面 A—A 和断面 B—B，过水面积分别为 A_1 和 A_2，平均流速分别为 v_1 和 v_2，根据连续性原理知

$$Q_1 = Q_2 \qquad (9-4)$$

$$A_1 v_1 = A_2 v_2 \qquad (9-5)$$

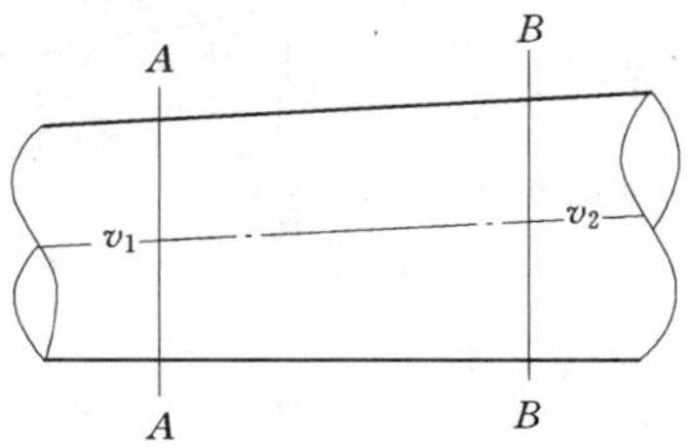

图 9-7　连续性方程推导示意图

上述两式是恒定流的连续方程式。其物理意义在于：在恒定流条件下，通过各断面的流量保持不变；或者说，在恒定流条件下，断面平均流速与过水断面面积成反比关系。

【例 9-1】　如图 9-8 所示的一小管与一大管相连。已知小管直径 d_1＝400mm，大管直径 d_2＝800mm，管中水流为恒定流。测得断面 2 的平均流速 v_2＝1m/s。求断面 1 的平均流速 v_1。

解： 1、2 两断面的面积分别为

$$A_1 = \frac{\pi}{4}d_1^2$$

$$A_2 = \frac{\pi}{4}d_2^2$$

代入式（9-5），则得

$$\frac{v_2}{v_1} = \frac{A_1}{A_2} = \frac{d_1^2}{d_2^2}$$

于是

$$v_1 = v_2\frac{d_2^2}{d_1^2}$$

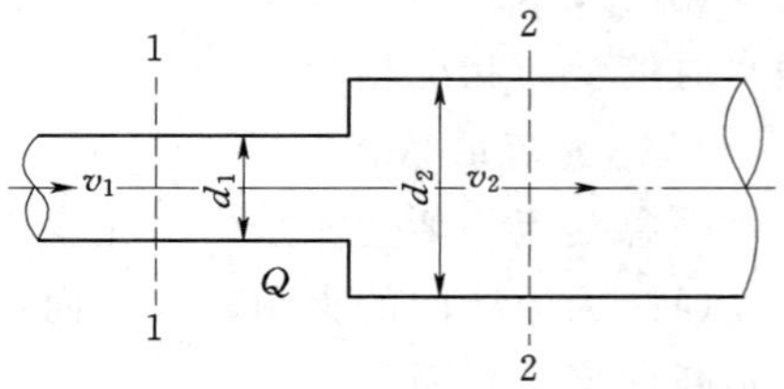

图 9-8 [例 9-1] 图

已知：$v_2=1\text{m/s}$，$d_1=400\text{mm}=0.4\text{m}$，$d_2=800\text{mm}=0.8\text{m}$ 代入上式，即得

$$v_1 = 1\times\frac{0.8^2}{0.4^2} = 4(\text{m/s})$$

第三节 恒定流的能量方程式

水流运动和其他物质运动一样，同样遵守能量转化与守恒定律。恒定流的能量方程式就是能量转化与守恒定律在水流运动中的具体表达形式。

现在，我们以管道中的恒定流为例，说明能量方程式各项的物理意义。如图 9-9 所示的管流中，断面 0—0 为基准面，断面 1—1 和断面 2—2 为任意取的两个断面。

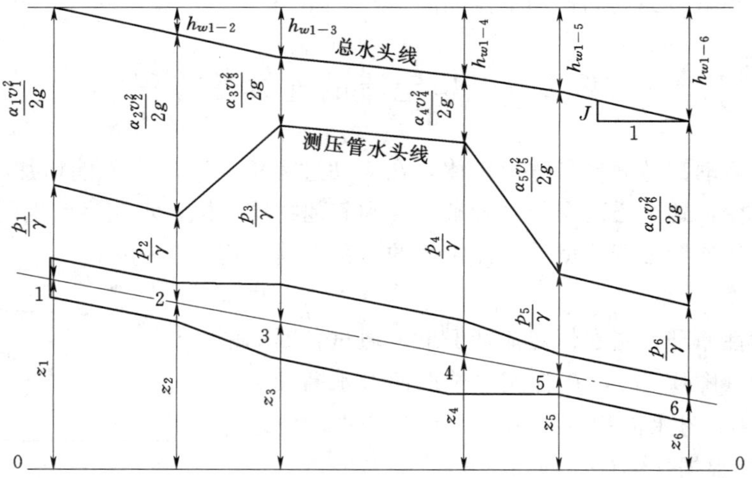

图 9-9 能量方程推导示意图

断面 1—1 的平均流速为 v_1，单位动能为$\frac{\alpha_1 v_1^2}{2g}$。中心点的动力压强为 p_1，位置高度为 Z_1，则断面 1—1 上单位重量水体总机械能：$E_1 = z_1 + \frac{p_1}{\gamma} + \frac{\alpha_1 v_1^2}{2g}$，断面 2—2 平均流速为 v_2，单位动能为$\frac{\alpha_2 v_2^2}{2g}$，中心点的动力压强为 p_2，位置高度为 z_2，则断面 2—2 上单位重量水体总机械能：$E_2 = z_2 + \frac{p_2}{\gamma} + \frac{\alpha_2 v_2^2}{2g}$，水流从断面 1—1 流到断面 2—2 过程中，必然要克服阻力，损

失一部分能量，用 h_{w1-2} 表示，那么，根据能量转化与守恒定律知：$E_1=E_2+h_{w1-2}$

即
$$z_1+\frac{p_1}{\gamma}+\frac{\alpha_1 v_1^2}{2g}=z_2+\frac{p_2}{\gamma}+\frac{\alpha_2 v_2^2}{2g}+h_{w1-2} \tag{9-6}$$

式中 z——单位重量水体的位能，又称位置水头；

$\frac{p}{\gamma}$——单位重量水体的压能，又称压强水头；

$\frac{\alpha v^2}{2g}$——单位重量水体的平均动能，又称流速水头；

α——动能修正系数，由过流断面流速分布的不均匀程度而定，流速分布越均匀，α 值越接近于1，流速分布越不均匀，α 值越大；一般计算中取 $\alpha=1.0$，即不考虑断面中流速分布的变化；

h_w——单位重量水体的能量损失，又称水头损失。

式（9-6）就是恒定流的能量方程式，它反映了在恒定流中，水流各种能量互相转化的规律。它是分析水流现象、解决工程实际问题的一个重要基本原理。

能量的转化与守恒是自然界的普遍规律，但恒定流的能量方程式是在一定的条件下推导出来的，因此也就有一定的应用范围：

（1）水流是恒定流。所选取的两个过水断面必须是渐变流断面，两断面间的水体可以不是渐变流。

（2）在所选取的两个过水断面之间，没有流量加入或分出，即流量一定。

应用恒定流能量方程式时应注意如下几点：

（1）基准面必须是水平的，可任意选择，但计算不同断面的位置高度 z 时，必须选取同一基准面。

（2）在计算过水断面 $z+\frac{p}{\gamma}$ 时，理论上可任选断面上一点，实际上应以计算方便为准则。对于管道一般可选择管轴中心点，对于有自由面的断面，可选在自由面上，因该点相对压强为零。

（3）列能量方程式时，应标明基准面、渐变流断面及势能计算点。

（4）所选的两个断面中，一般应有一个断面包含所求的物理量在内。这样便于应用能量方程式来解决问题。

（5）应尽可能选择未知量较少的断面，这样易于求解方程。

能量方程中的水头损失的计算，是一个比较复杂的问题。水头损失一般可分为沿程水头损失和局部水头损失。

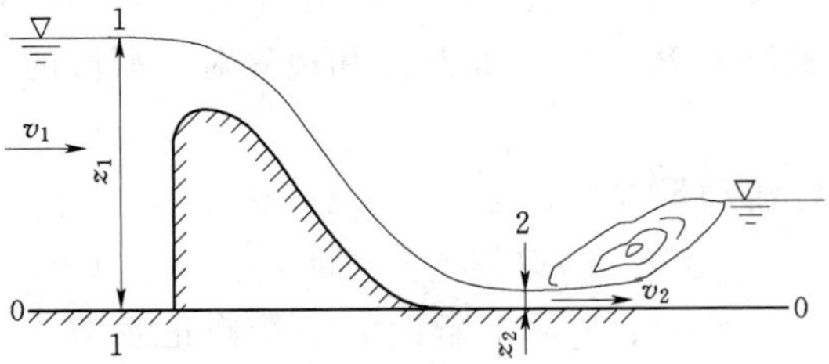

图 9-10 ［例 9-2］图

【例 9-2】 如图 9-10 所示为一滚水坝，取下游河床的底部为基准面，测得：坝上上游断面 1—1 的水面距基准面高度 $z_1=6\text{m}$，断面平均流速 $v_1=0.5\text{m/s}$，坝下游断面 2—2 的水面距基准面的高度 $z_2=0.4\text{m}$，断面平均流速 $v_2=7.3\text{m/s}$，已知断面 1—1 和断面 2—2 均为渐变流断面。试求该两断面上的各项单位能量。

解：由于坝上游断面1—1和下游断面2—2均为渐变流断面，可取断面上任一点作为计算代表点（简称为代表点）。因水面上的压强为大气压强，相对压强为零。故取水面点作为代表点，并取 $\alpha=1.0$。

(1) 计算1—1断面处的各项单位能量：

单位位能　$z_1=6\text{m}$

单位压能　$\dfrac{p_1}{\gamma}=0$

单位势能　$z_1+\dfrac{p_1}{\gamma}=6+0=6(\text{m})$

单位动能　$\dfrac{\alpha v_1^2}{2g}=\dfrac{1.0\times0.5^2}{2\times9.8}=0.013(\text{m})$

单位总机械能　$E_1=z_1+\dfrac{p_1}{\gamma}+\dfrac{\alpha v_1^2}{2g}=6+0+0.013=6.013(\text{m})$

(2) 计算2—2断面处的各项能量：

单位位能　$z_2=0.4\text{m}$

单位压能　$\dfrac{p_2}{\gamma}=0$

单位势能　$z_2+\dfrac{p_2}{\gamma}=0.4+0=0.4(\text{m})$

单位动能　$\dfrac{\alpha v_2^2}{2g}=\dfrac{1.0\times7.3^2}{2\times9.8}=2.719(\text{m})$

单位总机械能 $E_2=z_2+\dfrac{p_2}{\gamma}+\dfrac{\alpha v_2^2}{2g}=0.4+0+2.719=3.119(\text{m})$

第四节　恒定流的动量方程

根据物理学中的概念，物体的动量是指物体的质量 m 与其速度 v 的乘积 mv。恒定流的动量方程式是水流动量变化与作用力之间的关系式，它可以解决急变流中水流和周界之间的相互作用力问题。

如图9-11所示，为一段恒定水流的脱离体，断面1—1的面积为 A_1，流速为 $\boldsymbol{v}_1$，动水总压力 $\boldsymbol{P}_1$；断面2—2面积为 A_2，流速为 $\boldsymbol{v}_2$，动水总压力为 $\boldsymbol{P}_2$，脱离体自重 $\boldsymbol{G}$，边界对水流反作用力为 $\boldsymbol{R}$。以 $\sum\boldsymbol{F}$ 表示作用在该流段上所有外力的总和，其中包括动水压力 $\boldsymbol{P}_1$、$\boldsymbol{P}_2$、重力 $\boldsymbol{G}$ 和边界对该河段的总作用力 $\boldsymbol{R}$。

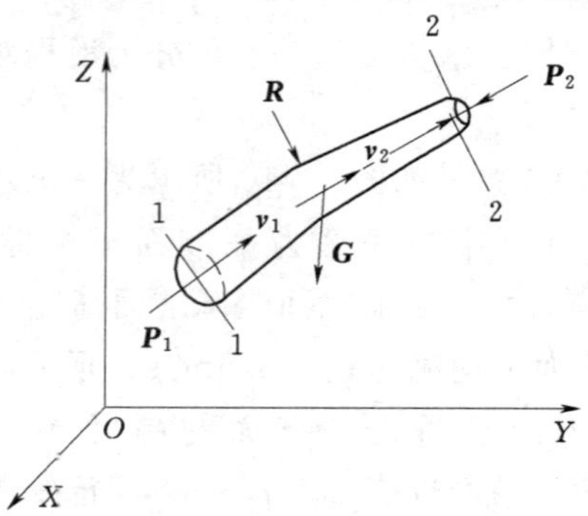

图9-11　计量方程推导示意图

则恒定流动量方程式为：

$$\sum\boldsymbol{F}=\rho Q(\beta_2\boldsymbol{v}_2-\beta_1\boldsymbol{v}_1)\tag{9-7}$$

式中　β_1、β_2——1、2两个断面的动量修正系数，一般取 $\beta_1=\beta_2=1$。

动量方程是一个矢量方程，若选用平面直角坐标系统，可写成 x 和 y 两轴方向的动量方程

$$\left.\begin{aligned}\sum F_x &= \rho Q(v_{2x} - v_{1x})\\ \sum F_y &= \rho Q(v_{2y} - v_{1y})\end{aligned}\right\} \tag{9-8}$$

式中　F_x、F_y——脱离体所受的一切外力在 x、y 轴上的投影量，N 或 kN；

v_{1x}、v_{2x}——断面 1—1 和断面 2—2 流速在 x 轴上的投影量，m/s；

v_{1y}、v_{2y}——断面 1—1 和断面 2—2 流速在 y 轴上的投影量，m/s；

ρ——密度，kg/m^3，水的密度一般状态下常取 $1000.0kg/m^3$。

为了更好地理解和运用动量方程式，应注意以下几点：

（1）选定坐标轴 x、y 的方向。至于各投影分量的正、负号确定是，与坐标轴正方向相同的为正，反之为负。

（2）动量的变化一定是流出的动量减去流入的动量。

【例 9-3】　某水电站压力水管的渐变段，如图 9-12（a）所示。已知直径 $d_1=200cm$，$d_2=150cm$，渐变段起点处压强 $p_1=310kPa$，管中通过的流量 $Q=3.2m^3/s$，不计渐变管段的水头损失。试求固定渐变管段的支座所承受的轴向力。

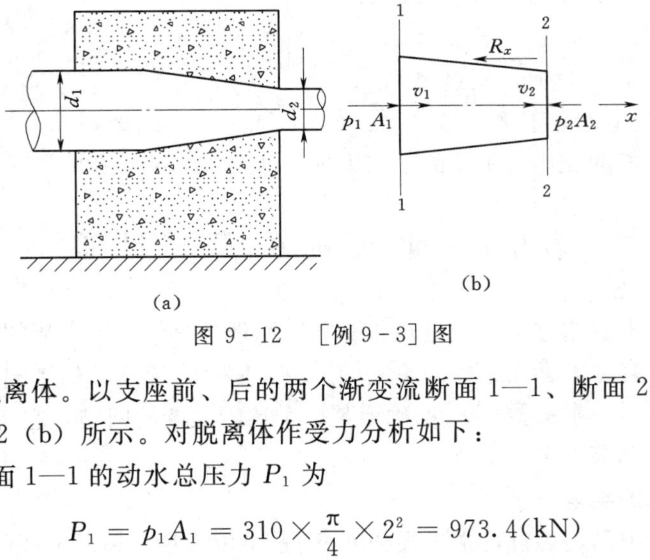

图 9-12　[例 9-3] 图

解：（1）取脱离体。以支座前、后的两个渐变流断面 1—1、断面 2—2 间的水体为脱离体，如图 11-12（b）所示。对脱离体作受力分析如下：

1）作用于断面 1—1 的动水总压力 P_1 为

$$P_1 = p_1 A_1 = 310 \times \frac{\pi}{4} \times 2^2 = 973.4(\text{kN})$$

2）作用于断面 2—2 的动水总压力 P_2。

两断面的断面平均流速分别为

$$v_1 = \frac{Q}{A_1} = \frac{3.2}{\frac{\pi}{4} \times 2^2} = 1.02(\text{m/s})$$

$$v_2 = \frac{Q}{A_2} = \frac{3.2}{\frac{\pi}{4} \times 1.5^2} = 1.81(\text{m/s})$$

为求断面 2—2 形心处的压强，以过管道轴线的水平面为基准面，两断面的中心点为代表点，取 $\alpha_1=\alpha_2=1.0$，对断面 1—1、断面 2—2 列能量方程，有

$$0+\frac{310}{9.8}+\frac{1\times 1.02^2}{2\times 9.8}=0+\frac{p_2}{9.8}+\frac{1\times 1.81^2}{2\times 9.8}+0$$

得

$$\begin{aligned}p_2&=9.8\times\left(\frac{310}{9.8}+\frac{1.02^2}{19.6}-\frac{1.81^2}{19.6}\right)\\&=9.8\times(31.63+0.053-0.167)\\&=308.85(\text{kPa})\end{aligned}$$

故

$$P_2=p_2A_2=308.85\times\frac{\pi}{4}\times 1.5^2=545.51(\text{kN})$$

3）固定渐变管的支座对水流的轴向作用力 R_x。R_x 为待求的未知力，先假定 R_x 的方向如计算简图所示。

（2）作计算简图，如图 9-12（b）所示。

（3）选坐标系。因只求轴向力，作水平向 x 坐标，如图 9-12（b）所示。

（4）求解轴向力。列 x 方向的动量方程，由式（9-8）

$$\sum F_x=\rho Q(v_{2x}-v_{1x})$$

有

$$P_1-P_2-R_x=\rho Q(v_2-v_1)$$

得

$$\begin{aligned}R_x&=P_1-P_2-\rho Q(v_2-v_1)\\&=973.4-545.51-1\times 3.2\times(1.81-1.02)\\&=425.36(\text{kN})\end{aligned}$$

R_x 为正，说明原假定方向正确。

即固定渐变管段的支座所承受的轴向力 $R_x'=425.36\text{kN}$，其方向与 R_x 相反。

第五节　水头损失及其计算

在本章第三节中，通过水流能量转化和守恒原理，得到了恒定流的能量方程式，它是解决实际工程中许多水力学问题的理论基础。由于实际水流运动的影响因素较多，在应用能量方程求解问题时，水头损失 h_w 的确定是一个比较复杂的问题，它与水流的物理性质、流动形态及边界状况等许多因素有关。

一、水头损失的类型

在本章第三节中已经讲过，水头损失 h_w 表示单位重量水体所损耗的机械能。

大家知道，机器运转时转动部件因摩擦而发热，这是机械能转化为热能的例子。水流运动也符合这个规律，但液流的摩擦不像固体那样发生在两个物体之间的接触面上，而是发生在液流的内部。由于黏滞性的存在，使液流在固体边壁的影响下流速分布产生不均匀现象。表明液体在流动时，流层有的快，有的慢，流层间存在着相对运动。流得快的流层将带动流得慢的流层，使慢层加快；而流得慢的流层又阻碍流得快的流层，使快层减慢。因而，导致快慢层之间产生内摩擦阻力。同时，液流在流动过程中，由于内部质点间极其复杂的相互摩擦、碰撞和混掺，又将使得液流产生质点间的混掺阻力。液体要维持流动，就必须克服这些阻力做功，做功就要消耗一定的机械能，从而也就形成了水头损失。

可见，液体的黏滞性是产生水头损失的根源；液体的相对运动是产生水头损失的条件；液体质点之间的摩擦、碰撞和混掺是产生水头损失的方式。

为了便于分析和计算，根据水流运动边界条件的不同，水头损失 h_w 分为如下两类：

（1）沿程水头损失。在均匀流和渐变流中，水流各层之间产生的摩擦阻力存在于整个流程上，这种阻力称为沿程阻力。单位重量液体克服沿程阻力做功而消耗的能量称为沿程水头损失，用 h_f 表示。它随流程长度的增加而增加，在较长的输水管道和河渠中的流动，都是以沿程水头损失为主的流动。

（2）局部水头损失。在流动的局部区域，如管道的突然扩大、缩小、转弯和阀门等处，由于边界形状的急剧改变，在局部区段内使水流运动状态发生急剧变化，形成较大的局部水流阻力，消耗较大的水流机械能，这种在局部边界急剧改变区段内形成的水流阻力称为局部阻力。单位重量液体克服局部阻力做功而消耗的机械能称为局部水头损失，用 h_j 表示。尽管局部水头损失是在一段流程上形成的，但在水力学中，为了方便起见，一般都近似认为它集中发生在突变断面处。

这样，水流流经整个流程的全部水头损失 h_w 就等于该流程上所有的沿程水头损失与所有的局部水头损失之和。可表示为

$$h_w = \sum h_f + \sum h_j \tag{9-9}$$

式中 $\sum h_f$ ——整个流程上各段沿程水头损失之和，m；

$\sum h_j$ ——整个流程上各类局部水头损失之和，m。

二、沿程水头损失的计算

由于实际水流非常复杂，实用中通常借助于试验和经验公式来计算沿程水头损失。

（一）沿程水头损失计算的达西—魏斯巴哈公式

根据恒定均匀层流的理论分析结论以及恒定均匀紊流的试验研究成果，得到恒定均匀流沿程水头损失 h_f 的计算公式，称为达西—魏斯巴哈公式。公式的形式为

$$h_f = \lambda \frac{l}{4R} \frac{v^2}{2g} \tag{9-10}$$

式中 λ——沿程水头损失系数；

l——计算段长度；

R——水力半径；

v——断面平均流速。

对于圆管，因为水力半径 $R = \dfrac{A}{\chi} = \dfrac{1}{4}\pi d^2/\pi d = \dfrac{d}{4}$，则式（9-10）可写为

$$h_f = \lambda \frac{l}{d} \frac{v^2}{2g} \tag{9-11}$$

达西—魏斯巴哈公式中管道或明渠长度 l、流速水头 $v^2/2g$ 以及水力半径 R 均容易求得，那么求沿程水头损失的关键是 λ 值的确定。

对层流而言，$\lambda = 64/Re$；对紊流而言，λ 一般由经验公式求出或实验测定。对于常见的几种管道，沿程阻力系数 λ 可近似采用表 9-1 的数据。

表 9-1 常见几种管道的沿程阻力系数 λ

混凝土管	1/45	木　管	1/52
生铁管或焊接钢管	1/50	铆接钢管	1/42

（二）沿程水头损失计算的谢才公式（经验公式）

1. 谢才公式

早在200多年以前，法国工程师谢才就提出了沿程水头损失计算的经验公式。谢才公式是建立在大量实际资料基础上的，虽然该公式在理论上尚存在缺陷，但它在一定范围内完全可以满足工程实际的需要，至今仍被广泛应用于河渠甚至是管道的沿程水头损失计算。

谢才在总结了大量河渠均匀流的资料后，提出了计算河渠均匀流断面平均流速 v 的基本公式，即

$$v = C\sqrt{RJ} \tag{9-12}$$

式中 v——断面平均流速，m/s；

C——谢才系数，$m^{1/2}/s$；

R——水力半径；

J——水力坡度。

对于均匀流，因 $J = h_w/l = h_f/l$ 代入式（9-12）得

$$h_f = \frac{v^2}{C^2 R} l \tag{9-13}$$

上式就是沿程水头损失计算的谢才公式，也称为沿程水头损失计算的经验公式。

其实，谢才公式（9-13）也可变为与达西—魏斯巴哈公式（9-10）完全相同的形式。将上式右边分子、分母同乘以 $8g$，即得

$$h_f = \frac{8g}{C^2}\frac{l}{4R}\frac{v^2}{2g} \tag{9-14}$$

令 $\lambda=8g/C^2$（或 $C=\sqrt{8g/\lambda}$），则上式就变成了式（9-10）的形式，即

$$h_f = \lambda \frac{l}{4R}\frac{v^2}{2g}$$

2. 谢才系数的计算——曼宁公式

$$C = \frac{1}{n} R^{1/6} \tag{9-15}$$

式中 n——糙率，是衡量边壁粗糙对水流影响的一个综合性系数。

糙率 n 值选择正确与否，对计算成果的影响较大，必须慎重选取。也可以说，糙率 n 是一个比较重要的技术经济指标。几种常用管道的糙率 n 值列于表 9-2，以供计算时选用。

【例 9-4】 求直径 $d=400$mm、长度 $l=986$m 的铸铁管，在流量 $Q=400$L/s 时的沿程水头损失 h_f。

解： 已知管径 $d=400\text{mm}=0.4\text{m}$，流量 $Q=400\text{L/s}=0.4\text{m}^3/\text{s}$，则水力要素为

$$A=\frac{\pi}{4}d^2=0.785\times0.4^2=0.1256(\mathrm{m}^2)$$

$$v=\frac{Q}{A}=\frac{0.400}{0.1256}=3.18(\mathrm{m/s})$$

$$R=\frac{d}{4}=\frac{0.4}{4}=0.1(\mathrm{m})$$

由表 9－2，取铸铁管的糙率 $n=0.0125$。由曼宁公式，得

$$C=\frac{1}{n}R^{1/6}=\frac{1}{0.0125}\times0.1^{1/6}=54.5(\mathrm{m}^{1/2}/\mathrm{s})$$

$$h_f=\frac{v^2}{C^2R}l=\frac{3.18^2}{54.5^2\times0.1}\times986=33.57(\mathrm{m})$$

表 9－2　　输水道表面各种材料的糙率 n 值

序　号	各　种　管　道	n
1	特别光滑的黄铜管、玻璃管、有机玻璃管	0.009
2	钢管、铸铁管	0.011～0.014
3	混凝土及钢筋混凝土管（抹灰的）	0.011～0.013
4	混凝土及钢筋混凝土管（不抹灰的）	0.013～0.017
5	带釉缸瓦管	0.013
6	石棉水泥管	0.012
7	木质管道	0.013

三、局部水头损失的计算

局部水头损失是由于水流边界突然改变，水流随之发生剧烈变化而引起的水头损失。局部水头损失一般都用一个流速水头与一个局部水头损失系数的乘积来表示，即

$$h_j=\zeta\frac{v^2}{2g}\tag{9-16}$$

式中　ζ——局部水头损失系数，ζ 由试验测定，各类局部水头损失系数列于表 9－3 中。

必须指出，ζ 是对应于某一流速水头而言的。因此，在选用时，应注意二者的关系，不要用错了流速水头，与 ζ 相应的流速水头在表 9－3 中已标明，若不加特殊标明者，该 ζ 值则是相应于边界突变后的流速水头而言。

表 9－3　　管道局部水头损失系数 ζ 值

名称	简　图	局部水头损失系数 ζ 值
断面突然扩大	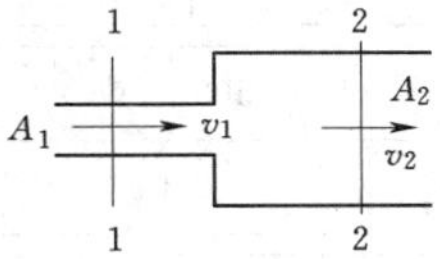	$\zeta'=\left(1-\frac{A_1}{A_2}\right)^2$（应用公式 $h_j=\zeta'\frac{v_1^2}{2g}$） $\zeta''=\left(\frac{A_2}{A_1}-1\right)^2$（应用公式 $h_j=\zeta''\frac{v_2^2}{2g}$）
断面突然缩小	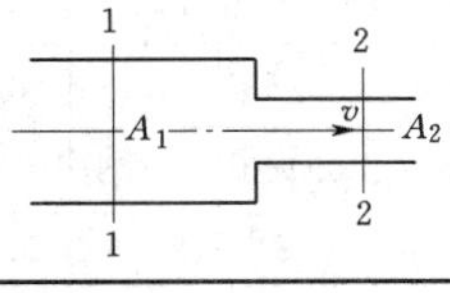	$\zeta=0.5\left(1-\frac{A_2}{A_1}\right)$

续表

名称	简图		局部水头损失系数ζ值
进口	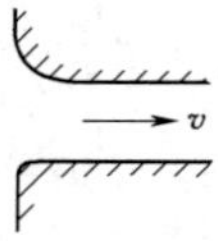	完全修圆	0.05～0.10
进口		稍微修圆	0.20～0.25
进口	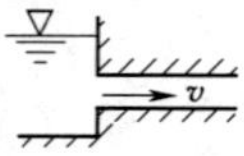	没有修圆	0.50
出口	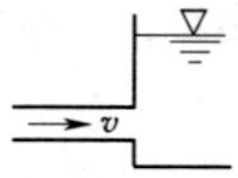	流入水库（池）	1.0

出口（续）：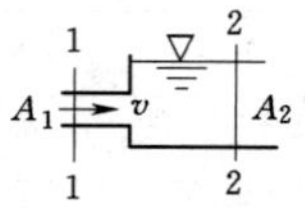 流入明渠

A_1/A_2	0.1	0.2	0.3	0.4	0.5	0.6	0.7	0.8	0.9
ζ	0.81	0.64	0.49	0.36	0.25	0.10	0.09	0.04	0.01

急转弯管：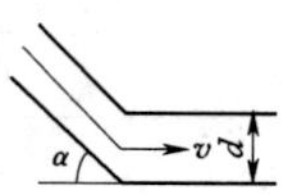

圆形

α°	30	40	50	60	70	80	90
ζ	0.20	0.30	0.40	0.55	0.70	0.90	1.10

矩形

α°	15	30	45	60	90
ζ	0.025	0.11	0.26	0.49	1.20

弯管：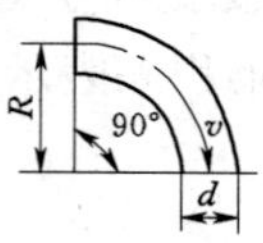 90°

R/d	0.5	1.0	1.5	2.0	3.0	4.0	5.0
ζ_{90°	1.20	0.80	0.60	0.48	0.36	0.30	0.29

弯管：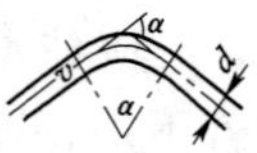 任意角度

$\zeta_{\alpha^\circ}=k\zeta_{90^\circ}$

α°	20	30	40	50	60	70	80	90	120	160	180
k	0.40	0.55	0.65	0.75	0.83	0.88	0.95	1.00	1.13	1.27	1.33

闸阀：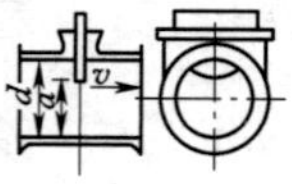 圆形管道

当全开时（$a/d=1$）

d（mm）	15	20～50	80	100	150	200～250
ζ	1.5	0.5	0.4	0.2	0.1	0.08

d（mm）	300～450	500～800	900～1000
ζ	0.07	0.06	0.05

当各种开度时

a/d	7/8	6/8	5/8	4/8	3/8	2/8	1/8
$A_{开启}/A_{总}$	0.948	0.856	0.740	0.609	0.466	0.315	0.159
ζ	0.15	0.26	0.81	2.06	5.52	17.0	97.8

续表

<table>
<tr><th>名称</th><th colspan="2">简图</th><th>局部水头损失系数ζ值</th></tr>
<tr><td>截止阀</td><td>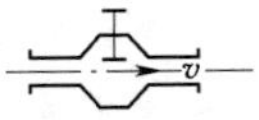</td><td>全开</td><td>4.3～6.1</td></tr>
<tr><td rowspan="2">莲蓬头
（滤水网）</td><td></td><td>无底阀</td><td>2～3</td></tr>
<tr><td>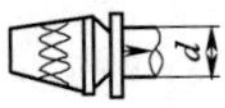</td><td>有底阀</td><td><table><tr><td>d
(mm)</td><td>40</td><td>50</td><td>75</td><td>100</td><td>150</td><td>200</td><td>250</td><td>300</td><td>350</td></tr><tr><td>ζ</td><td>12</td><td>10</td><td>8.5</td><td>7.0</td><td>6.0</td><td>5.2</td><td>4.4</td><td>3.7</td><td>3.4</td></tr></table></td></tr>
<tr><td>平板门槽</td><td>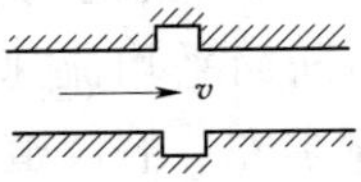</td><td></td><td>0.05～0.20</td></tr>
<tr><td>拦污栅</td><td colspan="2">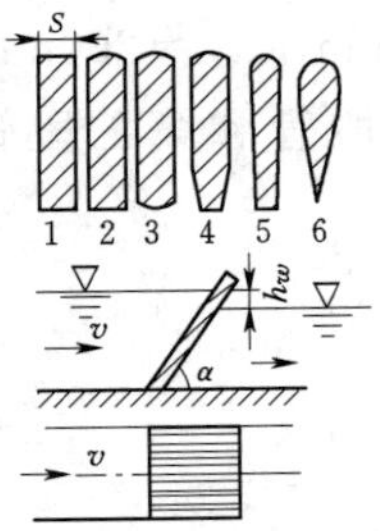</td><td>$\zeta=\beta\left(\frac{S}{b}\right)^{4/3}\sin\alpha$
式中　S—栅条宽度；
b—栅条间距；
α—倾角；
β—栅条形状系数，用下表确定<table><tr><td>栅条形状</td><td>1</td><td>2</td><td>3</td><td>4</td><td>5</td><td>6</td><td>7</td></tr><tr><td>β</td><td>2.42</td><td>1.83</td><td>1.67</td><td>1.035</td><td>0.92</td><td>0.76</td><td>1.79</td></tr></table></td></tr>
</table>

习　　题

一、选择题

1. 液体流动规律总是（　　）。

A. 从高处流向低处　　B. 从压强大处流向压强小处

C. 从流速大处流向流速小处　　D. 从单位机械能大处流向单位机械能小处

2. 过水断面是指（　　）。

A. 与流线平行的断面　　B. 与流线正交的横断面

C. 与流线斜交的横断面　　D. 与迹线正交的横断面

3. 能量方程中总水头线沿程变化的规律是（　　）。

A. 一定上升　　B. 一定下降

C. 有可能上升，有可能下降　　D. 不变

4. 能量方程中测压管水头线沿程变化的规律是（　　）。

A. 一定上升　　B. 一定下降

C. 有可能上升，有可能下降　　D. 不变

5. 水流在等直径管中作恒定流动时，其测压管水头线沿程（　　）。

A. 下降　　B. 不变　　C. 上升　　D. 可上升，亦可下降

6. 水流的流线稀疏，说明水流的流速（　　）。

A. 大　　B. 不一定　　C. 小　　D. 等于零

二、简答题

1. 什么是流量及断面平均流速？

2. 什么叫恒定流、非恒定流？什么叫均匀流和非均匀流？什么叫渐变流和急变流？什么叫有压流和无压流？

3. 应用能量方程时应注意哪些问题？

4. 产生水头损失的原因是什么？水头损失有哪几种？

三、计算题

1. 一河段水流由江心滩地将其分为左、右两汊道，如图 9-13 所示，据水文部门测验提供资料：断面 A—A 处右汊道中过水断面面积为 3000m^2，断面平均流速为 0.6m/s；左汊道的过水断面面积为 2300m^2，断面平均流速为 0.7m/s。试求左、右汊道的分流量及总流量。

2. 如图 9-14 所示，一压力管水流，已知 $d_1=300$mm，$d_2=200$mm，$d_3=100$mm，第三段管中平均流速 $v_3=1$m/s。试求管中流量及第一段管和第二段管的平均流速 v_1 及 v_2。

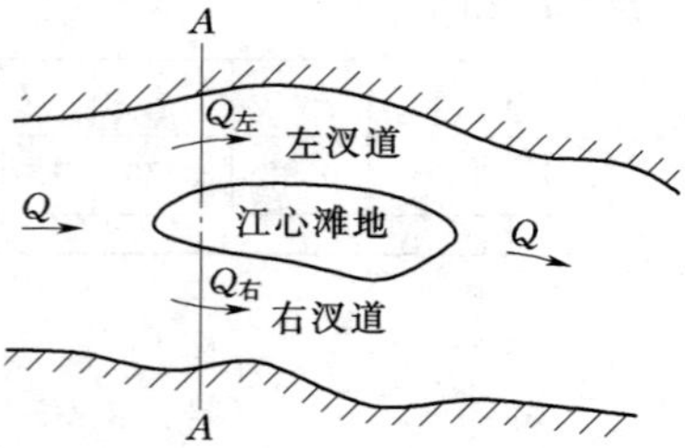

图 9-13

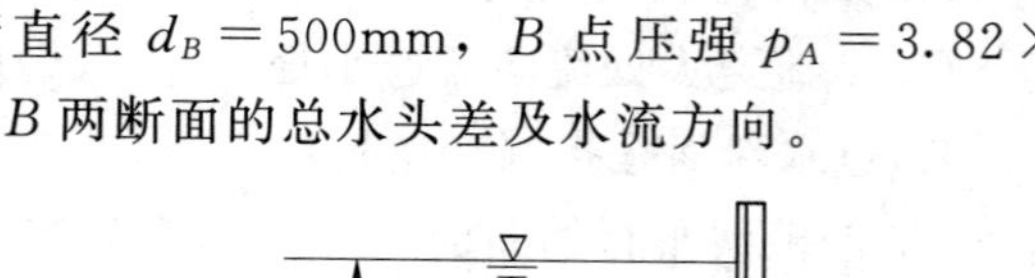

图 9-14

3. 如图 9-15 表示一弯曲水管，A 与 B 点的高差为 1m，已知，小管直径 $d_A=300$mm，A 点压强 $p_A=6.56\times10^4$ Pa；大管直径 $d_B=500$mm，B 点压强 $p_A=3.82\times10^4$ Pa，大管断面平均流速 $v_B=1$m/s。求 A、B 两断面的总水头差及水流方向。

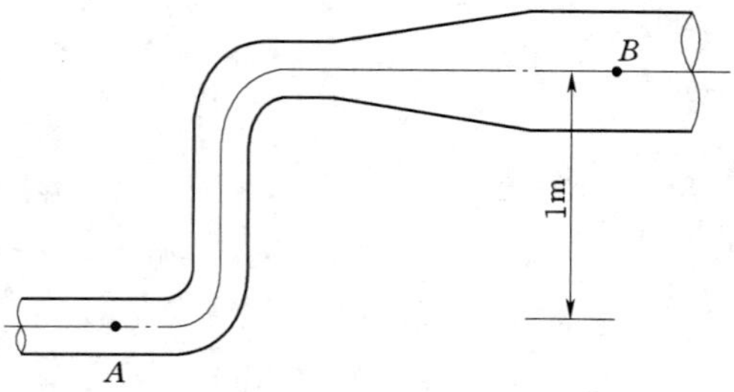

图 9-15

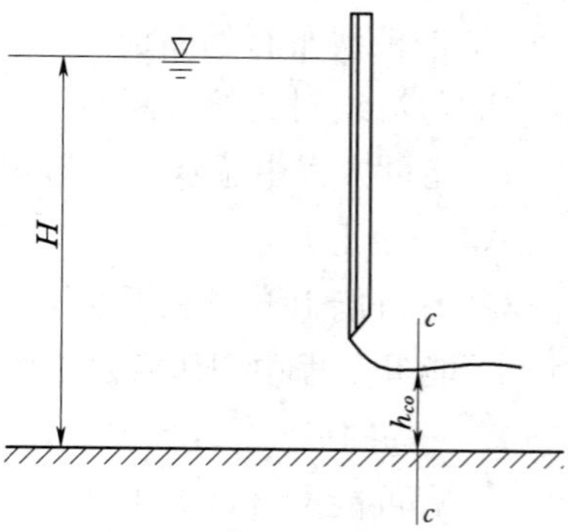

图 9-16

4. 如图 9-16 所示为一干渠上应用平板闸门控制水流，已知闸门宽为 1.5m，闸前水深 $H=4$m，当通过流量 $Q=6\text{m}^3/\text{s}$ 时，闸后收缩断面水深 $H_{co}=0.5$m，不考虑摩擦力的作用。求水流对闸门的作用力。

5. 某浆砌块石护面的矩形渠道，已知底宽 $b=2$m，水深 $h=1$m，$n=0.16$，通过的流量 $Q=2\text{m}^3/\text{s}$，试求 1000m 长直渠道上的水头损失。

第十章　河渠水流、管流和建筑物泄流

【重点内容】 明渠均匀流的概念、计算，有压管流的分类、计算公式，堰流、闸孔出流的判别。

【学习目标】 理解明渠均匀流的特点和产生条件，掌握明渠均匀流过流量的计算，了解有压管流的分类，熟悉管流的出流公式，了解堰流、闸孔出流的判别，了解水工建筑物下游常用的消能方式。

第一节　恒定明渠水流

具有与大气接触的自由表面的水流称为明渠水流。如天然河道、人工渠道、渡槽以及明渠隧洞等均属于明渠水流。明渠水流可分为恒定流和非恒定流，恒定流又可分为均匀流和非均匀流，非均匀流也可分为渐变流和急变流。

当明渠水流过水断面的平均流速及水深均沿程不变时，称为明渠恒定均匀流，通常也称为明渠均匀流。否则，称为明渠非均匀流。明渠均匀流是一种最简单、最基本的明渠水流，其理论是确定渠道断面的合理尺寸或其他水力要素的重要依据，同时也是研究河渠非均匀流的基础。实际上由于河道和河渠断面经常变化，坡度经常改变，河道底坡与岸坡的粗糙程度也在变化。加上修建闸坝、跌水等建筑物，因此明渠水流绝大多数是非均匀流，只有在较长的人工渠道的直线段才有可能出现明渠均匀流。

本节主要讨论人工渠道中的恒定均匀流和恒定非均匀流问题，并将这两种流动简称为明渠均匀流和明渠非均匀流。

一、明渠均匀流

（一）明渠的底坡

明渠渠底沿程倾斜的程度称为底坡，用 i 表示。i 的大小为任意两断面间渠底高程差（Z_1-Z_2）与两断面间渠道长度 L' 的比值，或者说，i 等于渠底线与水平线夹角 α 的正弦值，见图 10-1，即

$$i=\frac{Z_1-Z_2}{L'}=\sin\alpha \qquad (10-1)$$

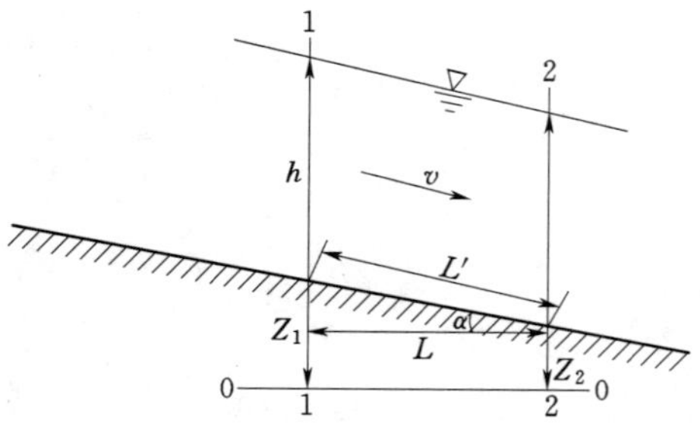

图 10-1　明渠底坡示意图

一般土渠底坡很小，即当夹角 α 很小或者底坡 $i\leqslant 0.1$ 时，常取 $\sin\alpha\approx\tan\alpha$，可认为渠底线的长度 L' 与该段的水平距离 L 相等，故

$$i=\sin\alpha\approx\tan\alpha=\frac{Z_1-Z_2}{L}=\frac{\Delta Z}{L} \qquad (10-2)$$

明渠底坡有三种类型：当渠底高程沿水流方

向降低时，称为正坡渠道，如图 10－2（a）所示，此时 $i>0$；当渠底高程沿水流方向不变，称为平坡渠道，如图 10－2（b）所示，此时 $i=0$；当渠底高程沿水流方向升高时，称为逆坡渠道，如图 10－2（c）所示，此时 $i<0$。

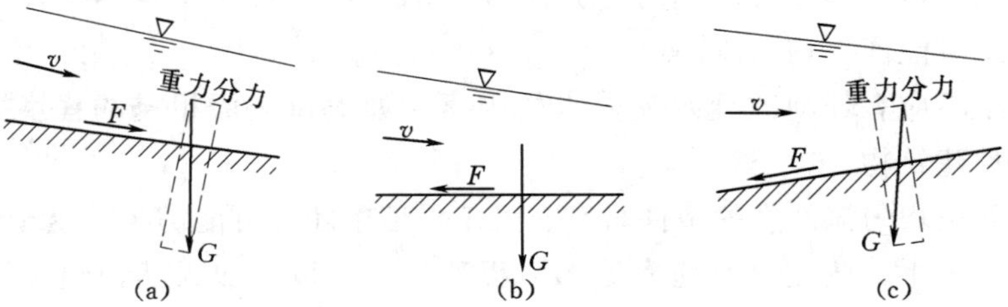

图 10－2　明渠底坡类型示意图

(a) $i>0$；(b) $i=0$；(c) $i<0$

对于天然河道，由于河底高低不平，底坡 i 沿流程变化。在进行河道水力计算时，可在一段河道内取底坡的平均值。

（二）明渠的横断面

人工河渠的横断面可根据工程要求和筑渠材料做成各种规则的形状。常见有梯形、矩形、圆形和拱形等（图 10－3）。

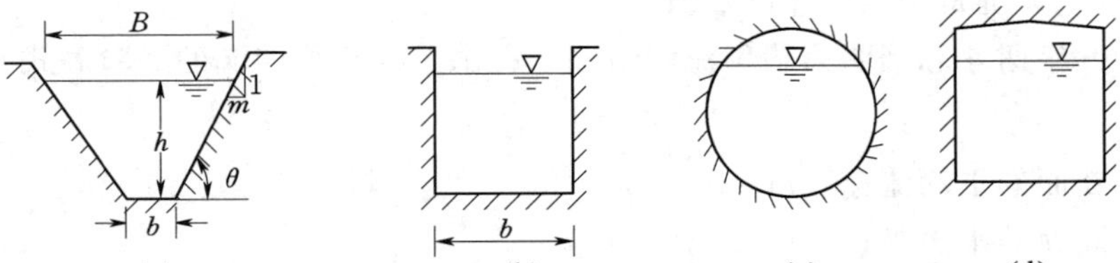

图 10－3　明渠断面图

(a) 梯形；(b) 矩形；(c) 圆形；(d) 拱形

一般土渠的横断面适宜做成梯形，它可根据土质的好坏选用不同的边坡，以保证运用时边坡稳定，且易于施工。矩形及圆形断面多用于混凝土渠、砌石渠或岩石中开凿的明渠。

二、明渠均匀流的特点和产生的条件

（一）明渠均匀流的特点

（1）水流各过水断面上的流速分布、过水断面的形状和大小、断面的平均流速、流量、水深等都一样。

（2）由于水深不变，所以水面线（与测压管水头线重合）和渠底线平行；又由于流速水头 $v^2/2g$ 也不变，所以总水头线也与水面线平行。这样，河渠均匀流的总水头线、水面线和渠底线三者平行，如图 10－4 所示。

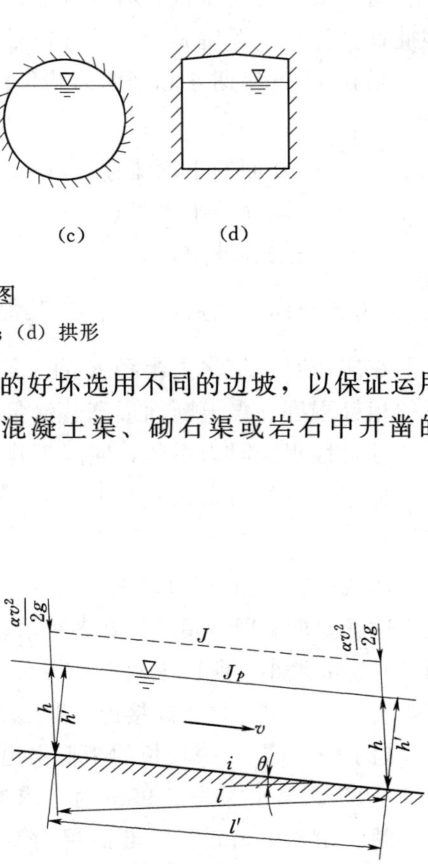

图 10－4　明渠均匀流特点示意图

（二）河渠水流形成均匀流，渠道应满足的条件

（1）水流必须是恒定流，流量沿程不变。

（2）渠道必须是正坡，平坡和逆坡不可能形成均匀流。

（3）渠道底坡应沿程不变。沿程各过水断面的形状、尺寸固定不变，即渠道要长而直，在弯道中不可能产生均匀流。

（4）河渠中不应有任何改变水流阻力的因素，如渠道表面粗糙的程度要均一，没有闸、坝等障碍性建筑物。

以上所述明渠均匀流产生的条件只有在人工渠道中才有可能满足。至于天然河道，因其断面的形状、大小、坡度以及糙率等都沿程变化，所以一般天然河道中不会产生均匀流。但在天然河道的一些较为顺直整齐的河段中，其水流可近似地视为均匀流。

（三）明渠均匀流计算公式

明渠均匀流水力计算主要解决过水能力问题，而过水能力又用流量来反映。

$$Q = Av \tag{10-3}$$

式中 Q——流量，m^3/s；

A——过水断面面积，m^2；

v——断面平均流速，m/s。

对明渠均匀流来说，各断面水深不变。只要知道断面形状、水深就可算出过水面积。因此计算流量，关键是求出流速的数值。

早在 1769 年谢才总结明渠均匀流的情况，得出了计算均匀流的经验公式

$$v = C\sqrt{Ri} \tag{10-4}$$

式中 v——断面的平均流速，m/s；

R——断面的水力半径，m；

i——渠底坡度；

C——谢才系数，$m^{1/2}/s$，其值用曼宁公式 $C = \frac{1}{n}R^{1/6}$ 来确定。

在应用时规定水力半径 R 的单位是 m，n 为糙率或称糙率系数，它是与渠道岸壁和渠底的粗糙程度、渠道断面形态、流量大小、水流含沙量多少以及渠底泥沙运动状态有关的一个综合性水流阻力系数，实际工作中可由表查得。

根据流量的关系式 $Q=Av$，可得明渠均匀流的流量基本公式为

$$Q = AC\sqrt{Ri} \tag{10-5}$$

由式（10-5）可以看出，当 A、n、i 一定时，要使过流流量最大，水力半径 R 必须最大，这就要求湿周 χ 最小。在各种形状的过水断面中，断面面积相等的情况下，断面形状为圆形其湿周最小，所以工程上常将水管做成圆形。由于将土质渠道做成半圆形，施工较为困难，所以土质渠道常做成接近半圆形的梯形，也是为了减少水流阻力，使过流能力最大。

【例 10-1】 一较长的矩形渠道用浆砌条石筑成，$n=0.028$，底宽为 8m，渠底坡为 $i=1/8000$。当水深为 3.95m 时，求通过流量。

解： 由于渠道较长，断面规则不变，底坡及糙率固定，故可视为均匀流。按均匀流公式 $Q=AC\sqrt{Ri}$ 计算流量：

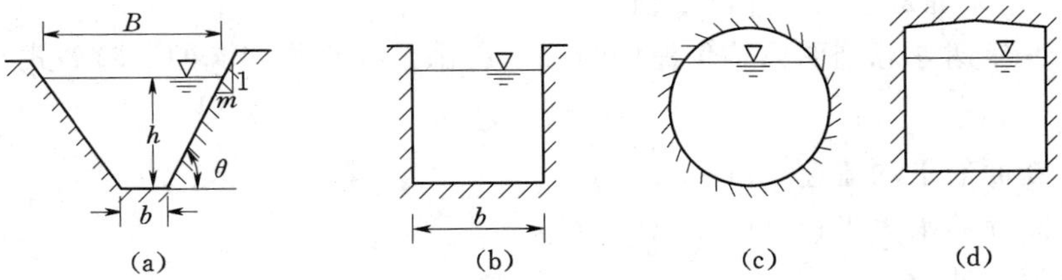

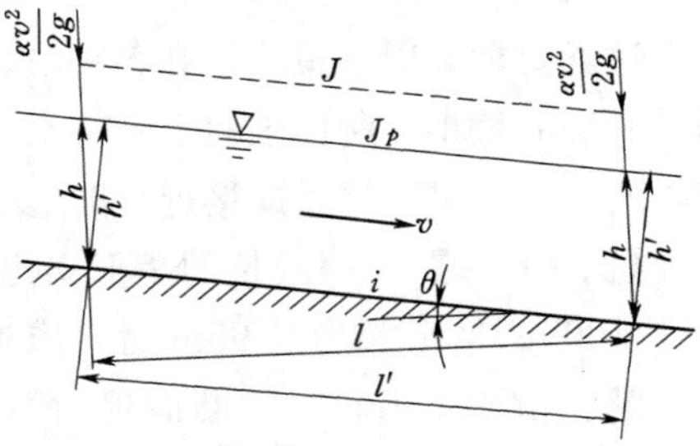

过水断面面积　$A=bh=8\times3.95=31.6(m^2)$

湿周　$\chi=b+2h=8+2\times3.95=15.9(m)$

水力半径　$R=\frac{A}{\chi}=\frac{31.6}{15.9}=1.99(m)$

谢才系数　$C=\frac{1}{n}R^{1/6}=\frac{1}{0.028}\times1.99^{1/6}=40.1(m^{1/2}/s)$

将以上求得的数值代入均匀流公式即得

$$Q=AC\sqrt{Ri}=31.6\times40.1\times\sqrt{1.99\times\frac{1}{8000}}=20.0(m^3/s)$$

三、明渠非均匀流

前面我们介绍了明渠恒定均匀流，明渠恒定均匀流的一个重要特征是流速水深沿程不变，但在实际的水利工程或天然河道中，常常在渠道上建有堰、闸等水工建筑物，还会因为各种实际需要而改变底坡、糙率，使渠道的断面形状、大小沿程发生变化。这就使渠道中的水流不能始终都保持均匀流动。即使是流量保持不变，由于边界条件发生了变化，在断面不断变化的上、下游的一定范围内，流速、水深沿程不断变化，这就形成了恒定非均匀流。按明渠恒定非均匀流水面线的变化，水面线可划分为两类：一类是水深沿流程增加的称壅水；另一类是水深沿流程减小的称降水（图 10-5）。

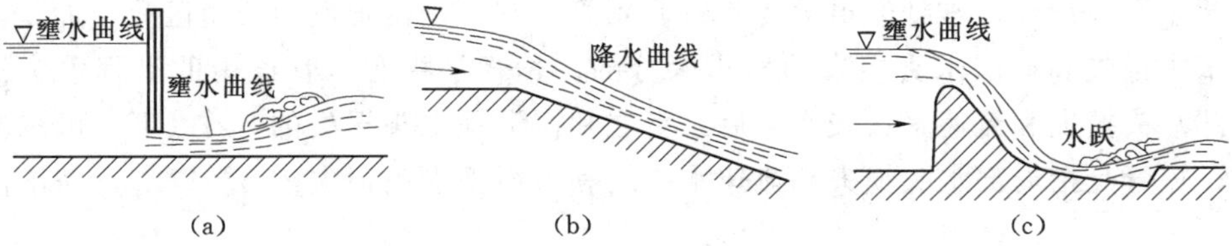

图 10-5　明渠非均匀流水面线变化示意图

按明渠水流变化的缓急程度，明渠恒定非均匀流分为渐变流和急变流两种。流速、水深沿流程逐渐变化，流线为近似平行直线的水流，称为明渠恒定非均匀渐变流；水流的流速、水深变化剧烈，流线曲度很大的水流，称为明渠恒定非均匀急变流。急变流发生在渠槽过水边界突变附近，如堰顶、过闸下泄的水流就是急变流。

第二节　压力管道恒定流

在生产和生活中，人们为了排水和供水的需要，常常设置各种有压输水管道。例如水库的泄洪隧洞，农业灌溉工程中的虹吸管、倒虹吸管，以及自来水管网等。这些管中的水流充满整个管道断面，称为有压流，又称为管流，其特点是没有自由表面。

按管道的布置情况，管道分为简单管道和复杂管道两种。简单管道指管径沿程不变的单根管道，如图 10-6（a）所示。复杂管道指两根以上管道组合而成的管道，复杂管道按不同的组合情况，又分为串联管道［图 10-6（b）］、并联管道［图 10-6（c）］和分叉管道［图 10-6（d）］三种最基本组合管道。此外，还有由简单管道和三种基本组合管道混合组成的管道，如自来水管网。在水力计算中，常把复杂管道分解成各个简单管道来计算。

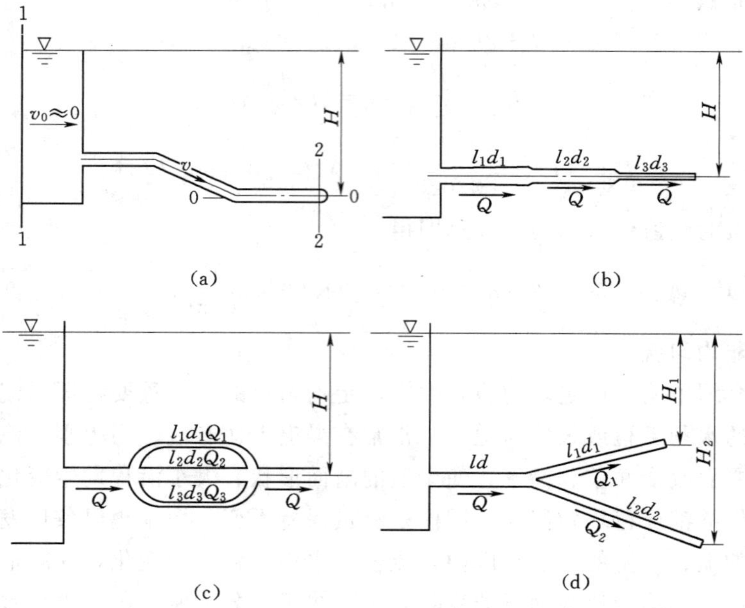

图 10-6 压力管道布置情况示意图

为便于水力计算，常把管道分为长管和短管，它不是按管道的长短区分，而是按管道中沿程水头损失和局部水头损失的大小区分的。长管是指有压管道中的沿程水头损失较大，局部水头损失和流速水头较小，后二者之和占沿程水头损失的5%以下，可忽略不计的管道；短管是指局部水头损失和流速水头之和占沿程水头损失的5%以上，而不能忽略的管道。

与前面河渠水流一样，管流也分恒定流和非恒定流，当管中各点流速、压强等随时间不变的流动称为恒定流，反之，称为非恒定流。在这只讨论恒定流中的简单管道水流。

恒定管流的水力计算按出流情况可分为两种：一种是管道的出口水流直接流入空气中的自由出流；另一种是出口在水面以下的淹没出流。

一、管道的水力计算

（一）短管

1. 管道自由出流计算公式［图 10-6 (a)］

$$v=\frac{1}{\sqrt{1+\lambda\dfrac{L}{d}+\sum\zeta}}\sqrt{2gH_0} \tag{10-6}$$

管道过水面积为 A，则流量为

$$Q=Av=\frac{A}{\sqrt{1+\lambda\dfrac{L}{d}+\sum\zeta}}\sqrt{2gH_0}$$

上式又可写为

$$Q=\mu_c A\sqrt{2gH_0} \tag{10-7}$$

其中
$$\mu_c=\frac{1}{\sqrt{1+\lambda\frac{L}{d}+\sum\zeta}}$$

式中　μ_c——管道的流量系数；

H_0——包括行近流速水头在内的总水头。

当行近流速水头 $\frac{v_0^2}{2g}$ 很小，可以忽略不计时，$H_0=H$，则式（10－7）可改写成

$$Q=\mu_c A\sqrt{2gH} \tag{10-8}$$

式中　H——管道出口断面中心与上游水面的高差。

2. 管道淹没出流计算公式（图 10－7）

$$v=\frac{1}{\sqrt{\lambda\frac{L}{d}+\sum\zeta'}}\sqrt{2gZ_0} \tag{10-9}$$

同样

$$Q=\mu_c A\sqrt{2gZ_0} \tag{10-10}$$

其中
$$\mu_c=\frac{1}{\sqrt{\lambda\frac{L}{d}+\sum\zeta'}}$$

式中　μ_c——流量系数。

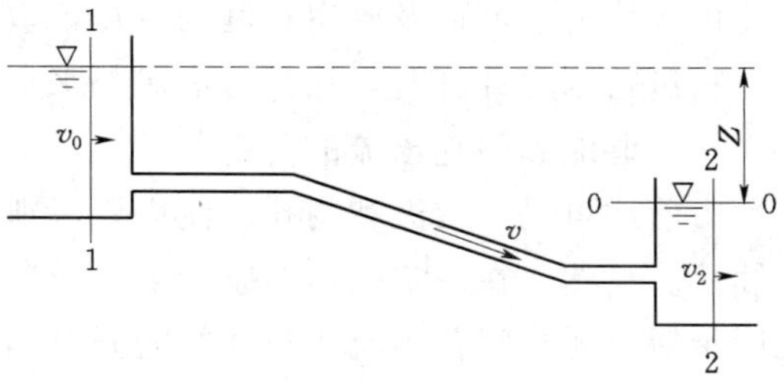

图 10－7　短管淹没出流示意图

$Z_0=Z+\frac{v_0^2}{2g}$为包括行近流速水头在内的上、下游水位差，当行近流速水头 $\frac{v_0^2}{2g}$ 很小，可以忽略不计时，$Z_0=Z$，则式（10－10）可改写为

$$Q=\mu_c A\sqrt{2gZ} \tag{10-11}$$

式中　Z——上、下游水位差。

第三节　堰流和闸孔出流

溢流坝和水闸是水利工程中最为常见的控制和调节建筑物。

水流受到溢流坝或两侧边墙束窄的阻碍，上游水位壅高，水流下泄时其溢流水面不受任何约束而具有连续的自由降落水面，这种水流称为堰流，如图 10－8 所示。

为了调节下泄流量，一般均在河渠上修建水闸。当水流受到闸门控制时，水流由闸门

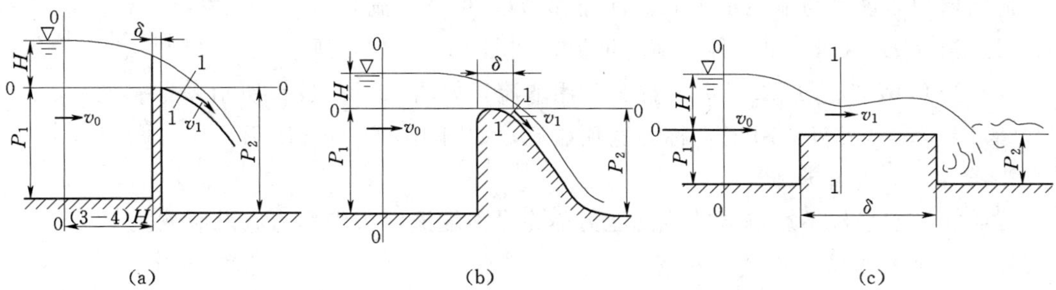

图 10－8　堰流示意图

底缘和闸底板之间的孔口流出，过水断面受到闸孔尺寸的限制，水流的自由表面不连续，这种水流称为闸孔出流，如图 10－9 所示。

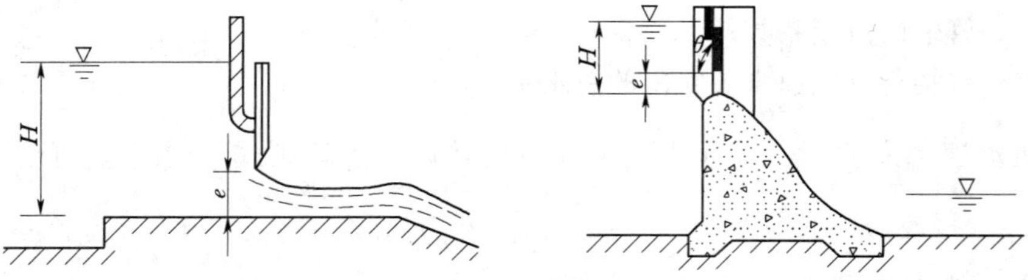

(a)　　(b)

图 10－9　闸孔出流示意图

由于堰的溢流面及闸室长度均较短，堰流和闸孔出流具有与孔口和管嘴出流相同的特点，在进行水力计算时，均只考虑局部水头损失的影响，而不计沿程水头损失的影响。

一、堰流和闸孔出流的判别

由前述可见，堰流和闸孔出流主要区别在于闸门的存在是否影响过坝水流自由表面的连续性。显然，在一定的边界条件下，堰流和闸孔出流是可以相互转化的。试验表明：水流属于堰流还是闸孔出流，与闸门的开启高度 e 和堰上水头 H 的比值 e/H，以及闸底坎的形式有关。其判别条件为

（1）当闸底坎为平顶坎时，如图 10－9（a）所示：

$$\frac{e}{H} \leqslant 0.65,\text{为闸孔出流}$$

$$\frac{e}{H} > 0.65,\text{为堰流}$$

（2）当闸底坎为曲线型坎时，如图 10－9（b）所示：

$$\frac{e}{H} \leqslant 0.75,\text{为闸孔出流}$$

$$\frac{e}{H} > 0.75,\text{为堰流}$$

二、堰流的水力计算

（一）堰流的类型

1. 堰流的分类

根据堰顶厚度 δ 与堰上水头 H 的比值 δ/H，可将堰流分为三种类型：

（1）当 $\delta/H<0.67$ 时，称为薄壁堰流，如图 10－8（a）所示。

（2）当 $0.67<\delta/H<2.5$ 时，称为实用堰流，如图 10－8（b）所示。

（3）当 $2.5<\delta/H<10$ 时，称为宽顶堰流，如图 10－8（c）所示。

2. 自由堰流与淹没堰流

若堰的下游水位不影响堰的过流能力称为自由堰流，否则称为淹没堰流。

3. 无侧收缩堰流与有侧收缩堰流

设堰的溢流宽度为 B，上游引水渠槽的来流宽度为 B_0。当 $B=B_0$ 时，称为无侧收缩

堰流；当 $B<B_0$ 时，称为有侧收缩堰流。

（二）堰流水力计算的基本公式

$$Q = mB\sqrt{2g}H_0^{3/2} \tag{10-12}$$

其中

$$H_0 = H + \frac{\alpha_0 v_0^2}{2g}$$

式中　m——堰的流量系数；

B——堰宽，m；

H_0——堰上作用水头；

v_0——堰前行近流速。

考虑到淹没及侧收缩导致实用堰过流能力减小的影响，引入淹没系数 σ_S 和侧收缩系数 ε，则由式（10－12）得实用堰水力计算的基本公式为

$$Q = \sigma_S \varepsilon mB\sqrt{2g}H_0^{3/2} \tag{10-13}$$

三、闸孔出流的水力计算

（一）闸孔出流的类型

1. 闸孔出流的分类

在闸孔出流中，闸孔底坎有平顶坎和曲线堰型底坎两种，根据底坎形式和闸门形式的不同，闸孔出流可分为如下四种类型：

（1）平顶坎、平面闸门闸孔出流，如图 10－10（a）所示。

（2）平顶坎、弧形闸门闸孔出流，如图 10－10（b）所示。

（3）曲线底坎、平面闸门闸孔出流，如图 10－10（c）所示。

（4）曲线底坎、弧形闸门闸孔出流，如图 10－10（d）所示。

2. 闸孔自由出流与闸孔淹没出流

当闸孔的下游水位升高到影响闸孔的过流能力时称为闸孔淹没出流；否则称为闸孔自由出流。

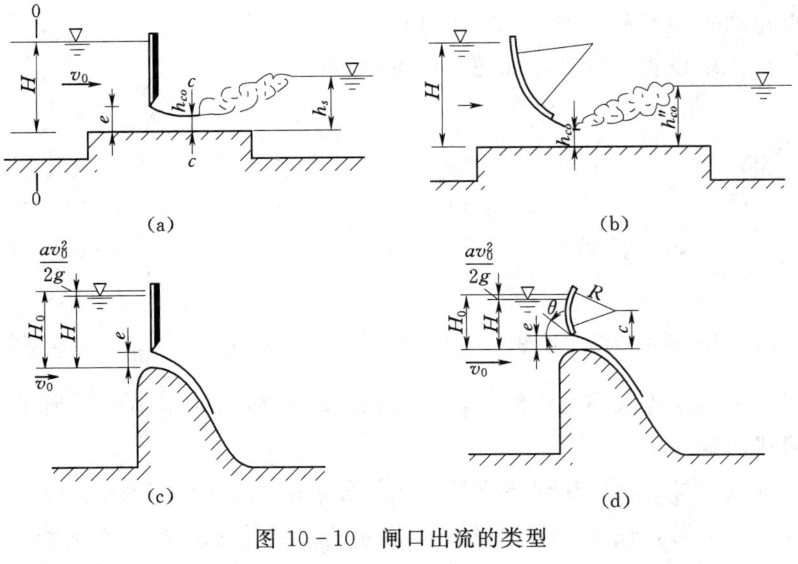

图 10－10　闸口出流的类型

（二）闸孔出流的水力计算公式

$$Q=\sigma_s\mu Be\sqrt{2gH_0} \tag{10-14}$$

其中
$$H_0=H+\frac{\alpha_0 v_0^2}{2g}$$

式中 e——闸门的开启度；

B——闸孔的溢流宽度；

μ——闸孔出流的流量系数；

σ_s——闸孔淹没系数；

H_0——闸孔的全水头。

第四节 水工建筑物下游消能

泄水建筑物（如闸、堰等）抬高了上游水位，增加了下泄的单宽流量，下泄的水流一般均为急流，具有很强的冲刷能力。因此，必须采取妥善措施消除下泄水流过多的能量，以减少其对河床的冲刷，并使下泄水流与下游河道的水流很好衔接，从而保证建筑物的安全。在水利工程中，消除水流过多能量的建筑物称为消能建筑物。目前，消能形式按下游水流衔接形式主要有以下三种。

一、底流式消能

底流式消能又称水跃消能。建筑物下泄的急流贴槽底射出，利用水跃原理，有控制地使之通过水跃转变为缓流，再与下游水流衔接，同时主流在水跃区扩散、掺混消能。在这种方式的衔接消能段中，高流速的主流位于底部，故称为底流式消能，如图 10－11 所示。底流式消能中一般应尽量采用淹没式水跃衔接下游水深。但若出现远离式水跃时，则应采取消力池等措施增加局部水深，设法形成淹没水跃。目前采用的基本措施包括以下几个方面：

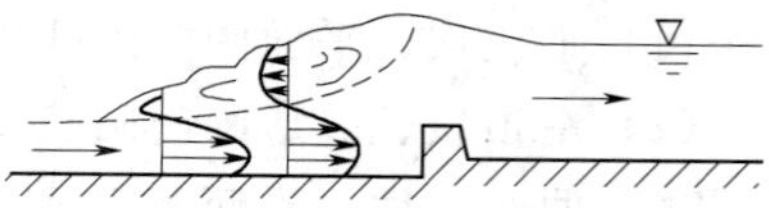

图 10－11 底流式消能示意图

（1）降低槽底护坦高程，如图 10－12 所示。

（2）在护坦末端设置消能墙，如图 10－13 所示。

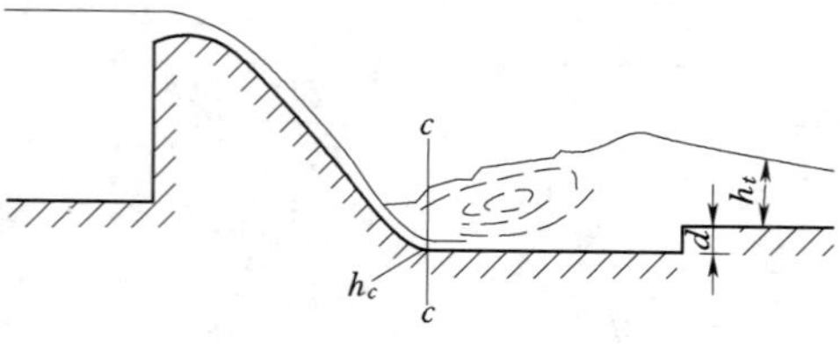

图 10－12 挖深式消力池示意图

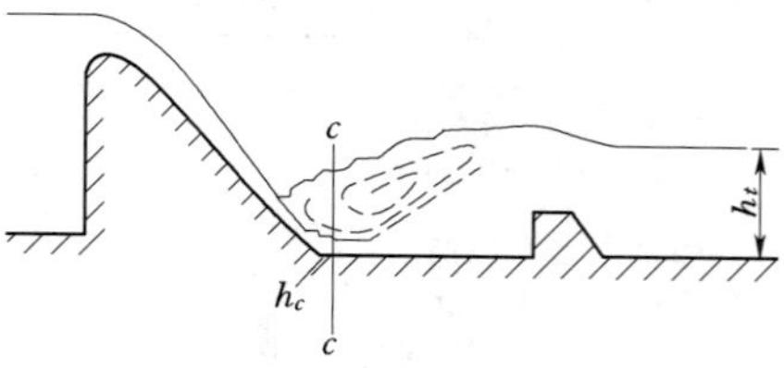

图 10－13 消力坎式消力池示意图

（3）既降低护坦高程又建造消能墙，形成综合消力池，如图 10－14 所示。

二、挑流式消能

利用泄出水流本身的动能在建筑物的出流部分采用挑流鼻坎将水流挑射入空中，降落在离建筑物较远的下游，使得对河床的冲刷位置离建筑物较远，而不致影响建筑物的安

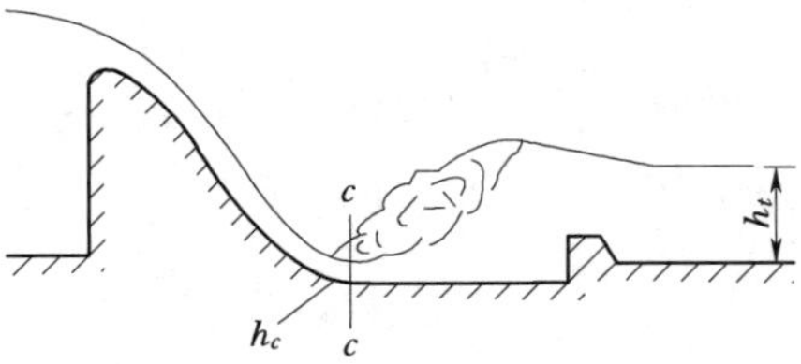

图 10－14　综合式消力池示意图

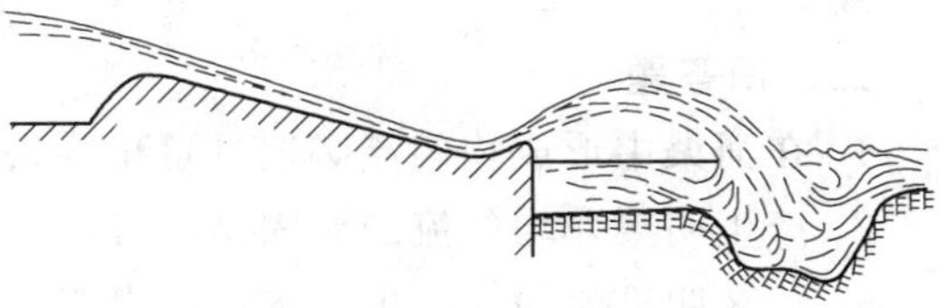

图 10－15　挑流式消能示意图

全。泄出水流的余能一部分在空中消耗，大部分则在水流跌入下游形成的水垫中消除。如图 10－15 所示。

三、面流式消能

在建筑物的出流部分采用鼻坎，将泄出的急流射入下游水域的上层，和河床隔离，以减轻对河床的冲刷。因消能段中表面部分流速较高，故称为面流式消能，如图 10－16 所示。

在实际工程中，除上述介绍的三种基本消能方式外，还有其他形式消能。例如：在消力池内装设一些消力墩，将水流分割成数股，促使水流形成更多的漩涡和加强水流的碰撞，以提高消能效率；对于拱坝，可把溢洪道布置在两个坝肩上形成水流对冲；在挑流式消能中把挑流鼻坎布置成高低间隔，使挑射出去的水流在空中碰撞等，都可提高消能效果。还有将基本的消能方式混合应用，如底流、挑流结合，面流、挑流结合等。总之，在实际工程中要根据具体条件，采用合理的消能措施，使水流衔接好，消能效果高，以达到保证建筑物安全的目的。

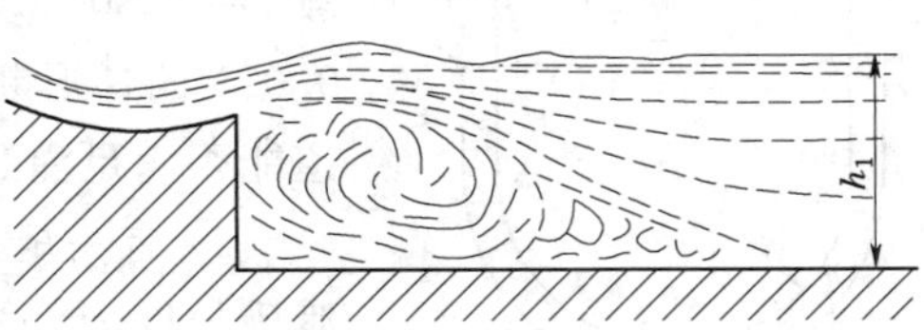

图 10－16　面流式消能示意图

习　　题

一、填空

1. 根据管道中水流的局部水头损失及流速水头所占沿程水头损失的比例大小，将管道分为长管和________。

2. 根据管流出口水流特点，可以将有压管流分为________和淹没出流两类。

3. 明渠渠道底部高程沿程降低时，称为顺坡明渠，此时底坡 i ____0。

4. 当闸底坎为曲线底坎时，闸门开启度和堰顶以上水头的比值 $e/H \leqslant 0.75$ 时，水流为________。

5. 明渠均匀流的主要特征中的三线平行是指渠底线、水面线和________线平行。

二、选择题

1. 明渠均匀流可产生于（　　）。

A. 底坡大于零的长直棱柱体渠道　　B. 非棱柱体渠道

C. 棱柱体平坡渠道　　D. 逆坡渠道

2. 当堰厚 δ 与堰上水头 H 关系为 $\delta < 0.67H$ 时，水流为（　　）。

A. 明渠水流　　B. 薄壁堰流　　C. 实用堰流　　D. 宽顶堰流

3. 过堰流量 Q 与堰顶全水头 H_0 的（　　）次方成正比。

A. 3/2　　B. 1/2　　C. 1/3　　D. 2/3

三、简答题

1. 在河渠中形成均匀流必须具备哪些条件？
2. 产生明渠非均匀流的原因是什么？
3. 什么叫管流的自由出流和淹没出流？
4. 什么叫堰流和闸孔出流？如何判别？
5. 常用的消能形式有哪几种？

四、计算题

1. 一混凝土 U 形渠道（图 10－17），宽 1.2m，渠中水深 0.8m，半圆以上水深 $h'=0.2m$，渠道底坡 $i=1/1000$，糙率 $n=0.017$，计算渠道的过水能力。

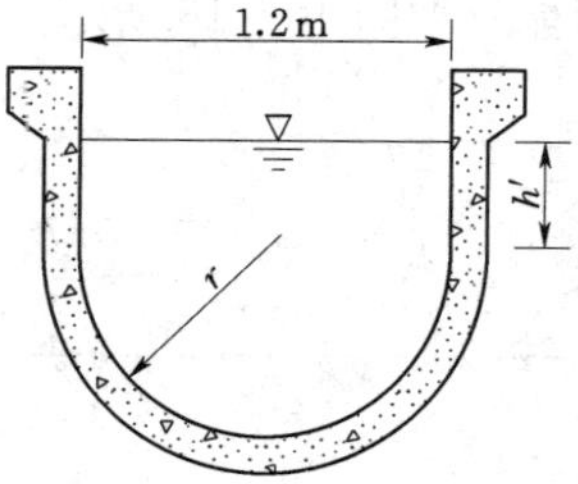

图 10－17

2. 某园艺场需苗木灌溉流量 $Q=1.1m^3/s$，今拟建一条底坡 $i=1/800$，底宽 $b=2.0m$，边坡系数 $m=2.5$，糙率 $n=0.025$ 的梯形断面渠道，当渠中正常水深 $h_0=0.5m$ 时，该渠道能否满足灌溉用水要求？

3. 有一矩形断面渡槽，糙率 $n=0.014$，槽宽 $b=1.6m$，渡槽长度 $l=120.0m$，当通过设计流量 $Q=7.7m^3/s$ 时，槽中正常水深 $h_0=1.75m$，已知渡槽进口处的槽底高程 $\nabla_{进}=82.26m$，试求渡槽的底坡及出口处的槽底高程。

第四单元　工程水文学基础知识

在水利工程的规划、设计、施工、运行管理都离不开河流的水情。工程水文学主要研究天然河流中的水流情况，直接为水利工程的规划、设计、施工和运行管理等提供正确、合理的水文数据，以达到充分开发和利用水资源，发挥工程效益的目的。

第十一章　水文基础知识与水文资料收集

【重点内容】　水资源及其特性，自然界的水文循环，河流及流域的特征，降水的形成，河川径流的形成，水位及流量的观测。

【学习目标】　了解水资源的特性，掌握径流的基础知识及水位、流量资料的收集。

第一节　水资源概述

一、水资源及其特性

（一）水

水常以液态、固态和气态三种聚集状态并存于自然界中。地球上一切生命活动都离不开水。水是生物机体的主要组成部分。哺乳动物体内的水分平均为体重的60%～70%。农作物体内的水分占体重的75%～85%。农作物没有足够的水就不能发芽、生长、发育和结实。任何生物，若缺水或失水都会使机体产生严重后果以至于机体死亡。海洋、河流、湖泊的水是廉价的运输载体。水还是动力和可再生的能源，水力发电在当代能源中占有一定的比重。水是生态环境的基本要素之一。水在吸热和散热过程中，参与了气温调解，使地球表面的温度不致出现剧烈的变化。

（二）地球上的水

水和人类的关系紧密，人类所居住的地球，海洋面积占地球总面积的71%。地球水圈中水的总量达13.86亿km^3。如果把地球水圈中所有的水均匀的分布在整个地球表面，水深平均可达约2800m！但是这么多的水并不能都为人类所利用。其中总水量中97.5%是咸水，储存在海洋及其他水体中，只有2.5%是淡水，而这些淡水中将近70%冻结在南极和格陵兰冰盖中，其余大部分是土壤水或者是不易开采利用的深层地下水。因此，可供人类利用的淡水资源在数量上是有限的，不足全球淡水储量的1%，相当于全球水储量的0.007%。

（三）水资源的特性

地球表层可供人类利用的水称为水资源。水资源包括水量、水质、水能资源和水域。

对人类最为实用的水资源是陆地上每年可以更新的降水量、江河流水量和浅层地下水的淡水量。江河径流是人类最重要和最经常利用的水资源。全球的江河年径流量为46.8万亿m^3，中国为2.7万亿m^3。其特性有以下几个方面。

1. 可恢复性和可更新性

水资源是由于水循环才得以存在的。当年水资源的耗用或流失，又可为来年的大气降水所补给，形成了水资源消耗和补给间的循环型，使得水资源不同于石油、煤炭等矿产资源而具有可恢复性，是可再生的资源。另外，水资源不仅具有量的可恢复性，还具有质的可更新性。每年的降水不仅恢复了水量，还更新了水质。

2. 有限性

水资源虽然由于水循环得以年复一年永远存在下去，但在某一特定时空范围内，降水总是有限的，因而决定了在该区域范围内水资源的有限性。水资源的超量开发消耗，或动用该区域范围内可能存在着的不参与水循环的静态淡水储量，必然造成超量部分难以恢复，甚至不可恢复，从而破坏自然环境的平衡，给人类带来难以估量的不利影响。

3. 时空变化的不均匀性和随机性

由于降水在时间和空间上的不均匀性和随机性，就导致了水资源在时空上的不均匀性和随机性。丰水区和枯水区的差别往往很大。再加上难以控制的随机性，使人类在开发利用水资源方面存在着许多困难。

4. 利害双面性

水资源虽然是人类生活、生产不可或缺的最重要资源之一，但水量过多则会造成洪、涝、渍灾害，直接危害人类的生活生产，给人类造成巨大的损失。事实上，自有人类以来，洪水问题就一直困扰着人类。这就是水资源的利害双面性，这也是水资源不同于其他资源的一个特性。

5. 多功能性

水资源不仅具有量的多少，还具有其他属性。如水面可用于通航和形成景观，水域可用于水产养殖，还是影响生态环境的因素之一，水能可用来发电或作其他动力。因此，水资源的开发利用应该是多方面的、综合的。

二、我国的水资源特点

1. 总量丰富，但人均、亩均占有量少

我国的水资源总量丰富，在全球46.8万亿m^3的江河年径流量中占2.71万亿m^3，与世界各国比较，仅次于巴西、俄罗斯、加拿大、美国及印度尼西亚，居世界第六位。但因为人口众多，人均年占有仅2220m^3，只有世界人均年占有量的1/4，排在世界百位以后。耕地平均分摊水量只有世界平均数的3/4。从相对意义上来讲，我国属于水资源短缺国。

2. 时空分布不均，水土匹配差

水资源的补给来源主要是降水。我国的降水在地区上分布很不均匀。西南和东南地区降水多，东南沿海部分地区年降水量超过1600mm；北方地区降水普遍较少，特别是西北地区，有些地方年降水量仅50mm左右。而我国的耕地、人口分布与水资源分布不匹配。

南方水多耕地少，北方水少耕地多。长江流域及以南地区年径流量占全国年径流量的82%，而耕地只占全国的35%；华北、东北及西北内陆诸河流域，耕地占全国的65%，但径流量只占全国的18%。特别是黄、淮、海流域，水量合计只占全国的5%，而耕地占全国的37%，人口占全国的30%，人均和亩均水资源量均远低于全国平均水平。

我国的降水在时间分布上也不均匀，南方多集中在4～8月，北方多集中在6～9月。此外，我国的降水在年际间差别也很大，丰水年与枯水年的水量有时相差10倍，经常造成洪灾与旱灾。

3. 多数河水含沙量较高，且存在水质污染问题

我国水土流失严重，造成多数河流含沙量高。含沙量最高的黄河，平均含沙量达37kg/m³。由于泥沙淤积，黄河和长江的部分河段的河床已高出地面，成为地上悬河。

水是人类赖以生存的主要物质，根据其用途，不仅有量的要求，而且必须有质的要求。天然的水不是化学的纯水，而是由许多溶解性和非溶解性物质所组成的极其复杂的综合物质，称为水质。我国河流的天然水质是相当好的，但由于人口的不断增长和工业的迅速发展，废污水的排放量增加得很快，造成了水体的水质污染。水资源污染后失去使用价值，被称为水资源污染性短缺。

第二节　水文循环与径流形成

一、自然界的水文循环

如前所述，水资源具有可恢复性和可更新性。其恢复和更新是由水文循环实现的。地球上各种水体在太阳辐射的作用下不断地蒸发变成水汽进入大气，并随气流的运动输送到各地，在适当的条件下凝结成雨雪，以降水的形式返还地面。落到地面的雨水，一部分渗入地下，另一部分形成地面径流沿江河回归大海。渗入地下的水，有的被土壤或植物根系吸收，然后通过蒸发或散发返回大气，有的渗透到较深的土层形成地下水并以泉水或地下水流的形式渗入河流回归大海。各种水体通过这种不断蒸发、降落、下渗、地面和地下径流的往复循环过程，称为水文循环，也称为水循环。

按水文循环的规模与过程，可分为大循环和小循环。从海洋蒸发的水汽，被气流输送到大陆形成降水，其中一部分以地面和地下径流的形式从河流汇归海洋，另一部分重新蒸发返回大气。这种海陆间的水分交换过程，称为大循环或外循环。在大循环运动中，水一方面在地面和上空通过降水和蒸发进行纵向交换，另一方面通过河流在海洋和陆地之间进行横向交换。海洋从空中向大陆输送大量水汽，陆地则通过河流把水输送到海洋里。陆地也向海洋输送水汽，但与海洋向陆地输送的水汽相比，其量很少，约占海洋蒸发量的8%，所以，海洋是陆地降水的主要水汽来源。海洋上蒸发的水汽在海洋上空凝结后，以降水的形式落到海洋里，或陆地上的水汽经蒸发凝结又降落到陆地上，这种局部的水文循环称为小循环或内循环。前者称为海洋小循环，后者称为内陆小循环。内陆小循环对内陆地区降水有着重要作用。因为内陆地区距离海洋很远，从海洋直接输送到内陆的水汽不多，通过内陆局部地区的水文循环，使水汽逐步向内陆输送，这是内陆地区主要的水汽来源。由于水汽在向内陆输送过程中，沿途会逐渐损耗，故内陆距海洋越远，输送的水汽量

越少，降水量越小。水文循环中的各种现象如图 11-1 所示。

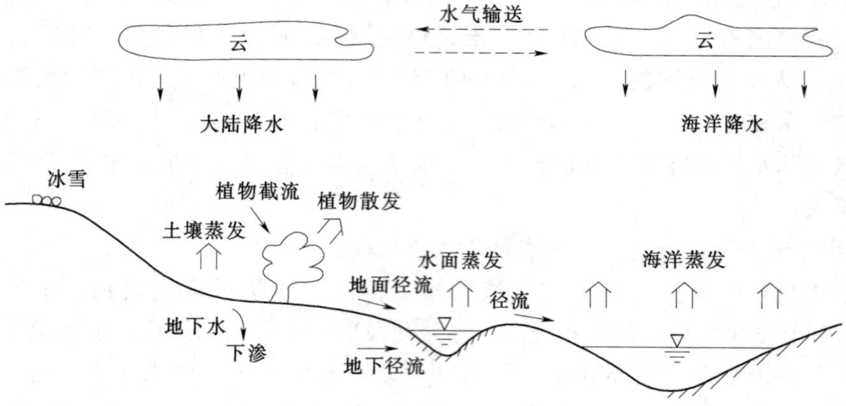

图 11-1 水循环示意图

水在自然界中的循环运动，为人类带来了取之不尽、用之不竭的水资源，对人类的生活和生产活动有着重大的影响。

二、河流

河流是水循环的重要环节，是陆地表面宣泄水流的通道，是溪、川、江、河的总称。

（一）河流的形成与分段

降落到地面的雨水，除下渗、蒸发等损失外，在重力的作用下沿着一定方向和路径流动，这种水流称为地面径流。地面径流长期侵蚀地面，冲成沟壑，形成溪流，最后汇集成河流。河流流经的谷地称为河谷，河谷底部有水流的部分成为河床或河槽。面向下游，左边的河岸称为左岸，右边的河岸称为右岸。

一条河流沿水流方向，自高向低可分为河源、上游、中游、下游和河口五段。河源是河流的发源地，多为泉水、溪涧、冰川、湖泊和沼泽等。上游紧接河源，多处于深山峡谷中，坡陡流急，河谷下切强烈，常有急滩或瀑布。中游河段坡度渐缓，河槽变宽，两岸常有滩地，冲淤变化不明显，河床较稳定。下游是河流的最下段，一般处于平原区，河槽宽阔，河床坡度和流速都较小，淤积明显，浅滩和河湾较多。河口是河流的终点，即河流注入海洋或内陆湖泊的地方。这一段因流速骤减，泥沙大量淤积，往往形成三角洲。注入海洋的河流，称为外流河，如长江、黄河等；流入内陆湖泊或消失于沙漠中的河流，称为内流河或内陆河，如新疆的塔里木河和青海的格尔木河等。

（二）河流基本特征

1. 河流的长度（L）

自河源沿主河道至河口的距离称为河流长度，简称河长，以 km 计。

2. 河网密度（D）

单位流域面积上的河流总长度称为河网密度，单位为 km/km^2。河网密度越大，排水能力越强，洪水涨落越快。

3. 河流断面

河流断面有横断面和纵断面。垂直于水流方向的断面称为横断面，简称断面。断面内自由水面高出某一水准基面的高程称为水位。枯水期水流所占部分为基本河床，或称为主槽。洪水泛滥所及部分为洪水河床，或称为滩地。只有主槽而无滩地的断面称为单式断面，有主槽又有滩地的断面称为复式断面。河流横断面能表明河床的横向变化。断面内通过水流的部分称为过水断面，其面积称为过水断面面积，以㎡计，它的大小随断面形状和水位而变。河流中沿水流方向各断面最大水深点的连线称为中泓线，沿中泓线的断面称为河流的纵断面。河流纵断面能反映河床的沿程变化。

4. 河流的比降（J）

河流的比降包括河流纵断面的比降和横断面的比降。河槽内水流除因重力作用产生向下移动的速度外，还呈螺旋形流动，这种现象叫水内环流。在河流的横断面上，由于水内环流的影响，使凹岸水面高于凸岸，从而产生横比降，也使得凹岸冲刷成深槽，凸岸淤积成浅滩。一般，河流的比降指的是河流的纵比降。

任意河段两端（水面或河底）的高差 Δh 称为落差，单位河长的落差称为河道纵比降，简称比降，用小数或千分数表示。常用的比降有水面比降和河底比降。河流沿程各河段的比降都不相同，一般自河源向河口逐渐减小。水面比降随水位的变化而变化，河底比降则较稳定。当河底高程沿程变化时，需用平均比降 $\overline{J}$ 表示。

5. 河系

脉络相通的大小河流所构成的系统称为水系、河系或河网。直接流入海洋或内陆湖泊的河流称为干流。汇入干流的河流称为干流的一级支流；汇入一级支流的河流称为干流的二级支流；依此类推。如长江水系直接入海的长江为干流，直接汇入长江的汉水为长江的一级支流，流入汉水的唐白河为二级支流，注入唐白河的白河为三级支流。水系的名称一般以干流的河名命名，而干流不同河段则可能有其他名称，如长江干流上游的名称有通天河、金沙江等，纳岷江以后始称长江，并以长江为水系名。

由于地形、地质构造的不同和气候等因素的影响，各个水系的形状各异，并形成各个水系所具有的独特水文情势。根据干支流的不同分布，水系有扇状、羽状、平行状、混合状等多种形状。

三、流域

（一）流域的定义及类型

汇集地面水和地下水的区域称为流域，也就是分水线包围的区域。流域的边界为分水线，分水线通常是流域四周的山脊线，如秦岭是长江与黄河的分水线。但平坦地区的分水线就不一定是山岭，也可能是河堤、湖泊等，如黄河与淮河分水的地方，是以黄河岸边大堤为界限。分水线有地面与地下之分，当流域的地面分水线与地下分水线完全重合，则该流域称为闭合流域。否则称为不闭合流域，不闭合流域在相邻流域间有水量交换，如图 11－2 所示。

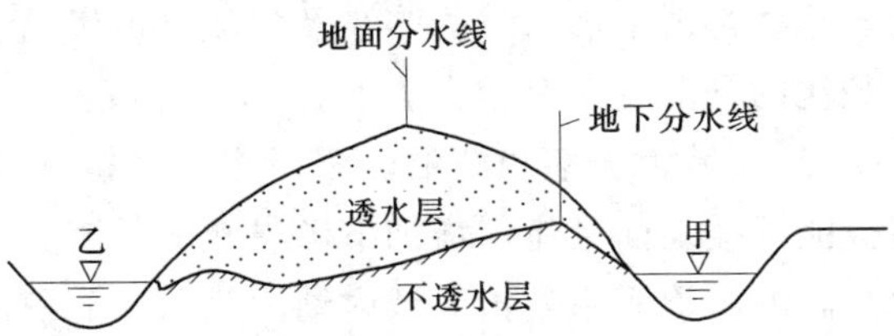

图 11－2　地面与地下分水线示意图

自然界很少有真正闭合的流域。在实际工作中，除有石灰岩溶洞等特殊地质情况外，对于一般流域，当对所论问题无太大影响时，多按闭合流域考虑。

流域是相对于某一出口断面的。对于

一条河流若指明是某断面的积水区域，则称为河流在该断面以上的流域，否则流域是对河口断面而言。干流的河口是入海处，支流的河口是指支流与干流的汇合处。

（二）流域特征

流域是河流的供水源地，因此河川径流情势取决于流域特征。流域特征包括几何特征、自然地理特征及人类活动影响。

1. 流域的几何特征

（1）流域面积（F）。流域面积是指地面分水线所包围的面积，以 km^2 计。流域面积是衡量河流大小的重要指标。

（2）流域长度（L）。流域长度一般是指流域的轴线长度，以 km 计。流域轴线的确定方法是以流域出口为中心向河源方向作一组不同半径的同心圆，在每个圆与流域分水线相交处作割线，各割线中点的连线即为流域轴线，其长度为流域长度。

（3）流域平均宽度（B）。流域平均宽度是流域面积与流域长度的比值，即 $B=F/L$，以 km 计。

（4）流域形状系数（K_f）。流域形状系数是流域平均宽度与流域长度的比值，即 $K_f=B/L$，无量纲。系数大时，表明流域外形接近方行，这种流域水量集中较快；系数小时，表明流域外形接近长条形，水量集中较慢。

（5）流域不对称系数。干流左右岸流域面积之差与全流域面积之比称为流域不对称系数，无量纲。系数愈大流域愈不对称，愈不易发生集中洪水，反之洪水愈易于集中。

2. 流域的自然地理特征

（1）流域的地理位置。流域的地理位置主要用地理坐标和距水汽来源（海洋）的距离表示。流域的地理位置不同，其降水、蒸发、气温等水文要素均有差异，河川径流及变化过程也有区别。

（2）流域的气候条件。流域的气候条件包括降水、蒸发、温度、风等，气候条件是影响径流变化的主要因素，其中尤以降水和蒸发的影响最大。

（3）流域的下垫面条件。流域下垫面包括地形、地质、土壤、植被、湖泊与沼泽等。

1）流域的地形特征。流域的地形特征除用地形图描绘外，还可以用流域平均高程和流域平均坡度来描述。而流域高程和流域坡度对径流作用最为明显。流域坡度越陡，水流集中越快，地面径流越多，表土越易流失，河流泥沙越多。河流高程的不同，又影响到降水、气温的变化，从而影响到径流的变化。

2）流域的地质与土壤特性。流域的地质包括岩石水理性质与地质构造。岩石水理性质，如透水性与给水性；地质构造，如褶皱、断层、节理等。土壤特性是指土壤的结构情况。这些都对下渗水量的多少及河流含沙量的多少起决定作用，因此它们对地面径流和地下径流的分配比例有较大影响。

3）流域植被率和湖泊、沼泽率。植被率是指流域内植被面积占流域面积的百分比。植被能减缓地面径流，增加下渗与地下径流，故有涵养水源减小洪水灾害和保持水土的作用。湖泊、沼泽率是指流域内湖泊、沼泽面积占流域面积的百分比。湖泊、沼泽对洪水有调蓄作用，湖泊、沼泽率大的流域，河流的洪峰较低，径流在年内分配较均匀。

3. 人类活动影响

人类在改造自然的活动中修建了不少水库、塘堰、梯田，以及造林、城市化等，明显改变了流域的自然地理面貌，因而使径流发生变化，影响到水量与水质。因此人类活动对径流的影响是间接的，主要是通过下垫面变化影响径流的时空分布。

四、降水

降水是自然界水循环和水量平衡的基本要素之一，是形成河川径流的先决条件。河流的水量来源于降水，所以降水是最重要的气象因素。降水是指液态或固态的水汽凝结物从云中降落到地面的现象，如雨、雪、霰、雹、露、霜等，其中以雨、雪为主。我国大部分地区，一年内降水以雨水为主，雪仅占少部分，所以，这里降水主要指降雨。

（一）降雨的成因和类型

1. 降水的成因

在水平方向物理性质（温度、湿度、气压等）比较均匀的大块空气叫气团。当带有水汽的气团在某种力的作用下上升时，由于四周气压逐渐下降，上升的空气不断膨胀，消耗内能，于是空气一面上升，一面因能量的消耗而冷却，称为动力冷却。当温度降低到露点（保持气压及水汽含量不变，降温使水汽刚达饱和时的温度）以下，使原来未饱和的空气达到饱和状态，造成大量水汽凝结成水滴。当水汽的重量大于空气托浮力时，便会降落到地面，形成降水。由此可见，水汽、上升运动和冷却凝结是形成降水的三个因素。空气上升引起绝热冷却是形成降水的主要条件，而气流中的水汽含量及冷却程度，则决定着降水量和降水强度的大小。

2. 降水的类型

按空气上升的原因，降雨可分为以下四种类型。

（1）锋面雨。当冷气团与暖气团相遇时，因两者的性质不同（冷气团的温度低、湿度小；暖气团的温度高、湿度大），在它们接触处所形成的不连续面，称为锋面。当冷气团势力强大，侵入暖气团的下部，暖气团被迫上升，形成的降雨叫冷锋雨。冷锋雨一般强度大，历时短，雨区范围小，常伴有雷电。当暖气团势力强大，暖气团将沿界面爬升于冷气团之上，形成的降雨叫暖锋雨。暖锋雨的强度小，历时长，雨区的范围大。我国大部地区居温带，属南北气流交汇区，经常发生锋面雨，其雨量约占全年雨量60%以上，因而锋面雨是形成我国河流洪水的主要来源。

（2）地形雨。当气团运行时遇到山岭的阻碍，被迫沿山坡上升，因动力冷却而形成的降雨，叫地形雨。地形雨多集中在山地的迎风坡，由于水汽大部分已在迎风坡凝结降落，而且空气过山后下降时温度增高，因此背风坡雨量锐减。

（3）对流雨。对流雨是指由于地面受热局部温度升高很快，四周地面空气向增温中心辐合，暖湿气团向上抬升，与上层冷空气产生热力对流交换作用而冷却所形成的雨。对流雨常出现在夏季的午后，其特点是雨强大、雨区范围小、历时短。对流雨在小流域易形成洪水，而对大流域影响则很小。

（4）台风雨。台风为热带海洋的低气压涡旋，多发源于菲律宾群岛附近的洋面上，发生在我国东南沿海地区。其特点是温度高、湿度大，常因气旋产生强烈的辐合上升运动形成动力冷却而降雨。在台风经过之处，狂风暴雨随之而来，暴雨中心1日雨量可达

1000mm 以上，是一种极易成灾的降雨。

此外，我国气象部门按一日雨量大小，把降雨分为以下类型：10mm 以下为小雨；10～25mm 为中雨；25～50mm 为大雨；50～100mm 为暴雨；100～200mm 为大暴雨；大于 200mm 为特大暴雨。

（二）降雨的基本要素和分析方法

降雨可通过雨量站进行观测。一个雨量站的实测雨量资料只能代表雨量器所在地的雨量，即“点雨量”。而河川径流是流域上的降雨形成的，因此，还要知道整个流域的雨量，即“面雨量”的大小和时空分布。

1. 点雨量要素和分析方法

点雨量要素可用降雨量、降雨强度、降雨历时、降雨面积及降雨中心来描述。

降雨量是指在一定时段内降落在单位水平面积上的水层深度，单位为 mm。在标明降雨量时一定要指明时段，常用的降雨时段有分、时、日、月、年等。降雨过程线是表示降雨量随时间变化的特征。多用直方图表示，也可用累积降雨过程线表示。

降雨历时是指一次降雨所持续的时间，以 min 或 h 计。降雨强度为单位时间内的降雨量，以 mm/min 或 mm/h 计，它包括平均雨强和瞬时雨强。降雨面积是指降雨笼罩的水平面积，单位为 km^2。降雨中心及暴雨中心，是指雨量集中且范围较小的地区。

2. 面雨量计算与分析方法

（1）降雨量等值线。某一地区或流域一定历时内的降雨量在空间的分布情况，可用降雨量等值线表示。降雨量等值线图可清楚地反映流域雨量的分布、降雨中心及某一雨量值的笼罩面积。

（2）面雨量的计算。面雨量在这里指流域平均降雨量，它的计算要根据流域内雨量站情况而定。当流域内雨量站较多，并能很好地控制面雨量时，常采用算术平均法、降雨量等值线图法与泰森多边形法计算；当流域内雨量站较少或雨量观测不同步时，可用降雨点面关系法求得面雨量。前者也称为直接计算法；后者也称为间接计算法。相关计算过程可参见有关教材。

五、蒸发与下渗

（一）蒸发

蒸发是指水由液态转化为气态的物理变化过程，是水分子运动的结果，它是水循环和水量平衡的基本要素之一，对径流形成来说蒸发是一种损失。一个流域的蒸发包括水面蒸发、土壤蒸发和植物散发。

1. 水面蒸发

水面蒸发是指发生在江河、水库、湖沼等水体表面上的蒸发现象。影响水面蒸发的主要因素有气温、湿度、风速等气象因素。

水面蒸发量可应用蒸发器或蒸发池直接观测。

2. 土壤蒸发

土壤蒸发是指水分从土壤中逸出的过程，它也是土壤失去水分、干化的过程。土壤蒸发除了受气象因素影响外，还受土壤含水量、土壤结构、土壤色泽等因素影响。单位时间土壤水分的蒸发量称为蒸发率。

3. 植物散发

植物散发是指植物从土壤中吸取水分，通过植物叶面气孔向大气中散发水分的过程。植物散发是在土壤—植物—大气之间发生的现象，因此植物散发受气象因素、土壤水分特性与植物生理条件的影响。不同的植物散发量不同；同一植物在不同生长阶段散发量也不同。

流域总蒸发量为水面蒸发、土壤蒸发和植物散发之和。其估算有两个途径：一是对流域内的各单项蒸发分别进行研究，然后进行组合而得。由于土壤蒸发和植物散发很难直接观测，目前这样做还很困难。另一途径是把流域当成一个整体进行研究，用水量平衡法或经验公式法，直接求得流域的总蒸发量。在实际工作中，基本上都采用后一种途径。

（二）下渗

下渗是指降落到地面上的雨水从地表渗入土壤内的运动过程。作为降雨径流形成过程中的一项重要因素，下渗不仅直接影响到地面径流量的大小，也影响到土壤含水量及地下径流量的消长。

1. 下渗的物理过程

下渗是水分在土壤中寻求平衡的过程，引起下渗运动的作用力有分子力、毛管力及重力。重力作用总是向下，毛管力则没有一定方向，它的趋势是使水分向土隙细小的地方运动。当雨降落在十分干燥土壤的表层后，初期渗入土壤的水分受土粒分子力作用吸附于土粒表面，称为吸着水；在剩余分子力的作用下，土粒继续吸持水分，并形成一层薄膜，称为薄膜水；当薄膜水的厚度达到最大，分子力基本消失。此后毛管力对继续下渗的水分起主导作用，受毛管力作用的水分称为毛管水，当土壤中的毛管被水全部充满，土壤中毛管水达到最大，这时的土壤含水量称为田间持水量。此后，毛管力作用减弱，土壤水分的下渗在重力作用下进行。

2. 下渗的变化规律

下渗量的大小可用下渗总量 F（mm）或下渗率 f（亦称下渗强度，mm/h）表示。下渗总量是指在一定时段内下渗至土壤中的水层深度，下渗率是指单位时间内的下渗量。由下渗的物理过程可知，在充分供水条件下，开始时因土壤表层十分干燥，水分主要在分子力的作用下迅速被表层土壤所吸收，此时下渗率最大。随着下渗的继续和土壤水分的增加，分子力和毛管力逐渐减弱，下渗率也随之递减。当土壤水分达到田间持水量以后，水分主要在重力作用下下渗，下渗率也逐渐趋于稳定，接近为常数，称为稳定下渗率。下渗是一个极为复杂的过程，不同的土壤，或同类土壤在不同水分条件下，其下渗过程都不相同。

六、径流

径流是自然界水循环和水量平衡的重要因素，是工程水文学的研究对象。

（一）河川径流的形成过程

河川径流是指降落到流域表面的雨水，由地表与地下注入河川，流经出口断面的水量。其中来自地表的部分称为地面径流；来自地下的部分称为地下径流。

雨水降落在流域表面上，满足流域蓄渗后，从流域地面与地下向流域出口断面汇集形成断面流量的整个过程，称为径流形成过程。径流形成过程是一个极为复杂的过程，为了便于分析研究，可概括为产流过程与汇流过程两个阶段。

1. 产流过程

当流域上发生降雨后，而降落到流域坡面上的雨水，首先要被植物枝叶截流一部分，称为植物截流量。降雨满足植物截流量后便落到地面上，开始下渗充填土壤孔隙。当降雨强度超过土壤的下渗能力时便在地面形成水流，沿坡面流动。在流动过程中有一部分水量要流到低洼的地方，并滞留其中，称为填洼量。还有一部分将以坡面漫流的形式流入河槽形成径流，称为地面径流。下渗到土壤中的雨水，按照下渗规律，先补充表层土壤的缺水量，使其饱和，然后继续向深层下渗。由于流域土壤一般上层比较疏松，下渗能力强，下层结构紧密，下渗能力弱，这样便在表层土壤孔隙中形成一定的水流沿孔隙流动，最后注入河槽，这部分径流称为壤中流。若降雨时间较长，继续下渗的雨水如果到达地下水位，便补充地下水，然后缓慢的渗入河槽，这部分径流称为浅层地下径流。

综上所述，由一次降雨形成的径流包括地面径流、壤中流和浅层地下径流三部分，总称为径流量，也称产流量或净雨量。降雨量与径流量之差称为损失量。它主要包括储存于土壤孔隙间的下渗量、植物截流量、填洼量和雨期蒸发量等。

2. 汇流过程

降雨经流域产流过程形成的各种径流成分，由流域汇入河网，通过河网由支流到干流，从上游到下游，最后全部流出流域的出口断面，称为流域的汇流过程。因为流域是由坡面和河网构成的，所以流域汇流又分为坡面汇流和河网汇流。坡面汇流是降雨产生的各种径流成分由坡地表面、饱和土壤孔隙及地下水分别注入河网，引起河槽中水量增大、水位上涨的过程。由于不同径流成分所流经的路线不同，各自的汇流速度也就不同。地面径流最快，壤中流次之，地下径流最慢。所以地面径流的汇入是河流涨水的主要原因。汇入河网中的水流，沿河槽继续下泄，便是河网汇流过程。在这个过程中，涨水时河槽可暂时滞蓄一部分水量而对水流起调节作用。当坡面汇流停止时，河网蓄水往往达到最大，此后则逐渐消退，直到恢复到雨前河水的基流上。这便形成了流域出口断面的一次洪水过程。

（二）径流的表示方法和度量单位

河川径流在一年内和多年期间的变化特性，称为径流情势，前者称为年内变化或年内分配，后者称为年际变化。河川径流情势，常用流量、径流量、径流深、径流模数、径流系数的大小来表示。

1. 流量（Q）及流量过程线（Q—t）

流量是指单位时间内通过河流某一过水断面的水体体积，单位为 m^3/s。根据某一断面时刻 t 测得的流量 Q 可绘出流量随时间变化过程的曲线，称为流量过程线。流量为瞬时值，有时也用时段平均值表示，如日、月、年与多年年平均流量等。

2. 径流量（W）

径流量是指某时段 T 内通过河流某一断面的总水量，单位为 m^3。有时也用时段平均流量与对应历时的乘积表示径流量的单位，如（m^3/s）·月、（m^3/s）·日等。径流量计算公式为

$$W = QT \tag{11-1}$$

式中 Q——时段平均流量，m^3/s；

T——计算时段，s。

3. 径流深（Y）

径流深是把时段内的径流量平铺在流域面积上所得的水层深度，单位为 mm。若时段径流量为 W（m^3），流域面积为 F（km^2），则径流深 Y（mm）的计算式为

$$Y = \frac{W}{1000F} \tag{11-2}$$

4. 径流模数（M）

径流模数为单位流域面积上所产生的流量，单位为 L/（s·km^2），计算式为：

$$M = \frac{1000Q}{F} \tag{11-3}$$

随着对 Q 赋予的不同意义，径流模数 M 也有不同的含义。当 Q 为洪峰流量时，则为洪峰径流模数；当 Q 为时段平均流量时，则为时段径流模数。径流模数反映流域的产水能力。

5. 径流系数（α）

径流系数是时段内的径流深（Y）与形成这一径流深的流域平均降雨量（H）的比值，即

$$\alpha = \frac{Y}{H} \tag{11-4}$$

α 表示降雨转化为径流的程度，小于 1.0，以小数计。

【例 11-1】　某流域多年平均流量 $\overline{Q}=15m^3/s$，流域面积 $F=1000km^2$，流域多年平均年降雨量 $\overline{H}=815mm$，试计算该流域多年平均年径流量 $\overline{W}$、年径流深 $\overline{Y}$、年径流模数 $\overline{M}$、年径流系数 $\overline{\alpha}$。

解： 一年的时间为 $T=365\times24\times3600=31.5\times10^6(s)$

多年平均年径流量 $\overline{W}=\overline{Q}T=15\times31.5\times10^6=4.73\times10^8(m^3)$

多年平均年径流深 $\overline{Y}=\dfrac{\overline{W}}{1000F}=\dfrac{4.73\times10^8}{1000\times1000}=473(mm)$

多年平均年径流模数 $\overline{M}=\dfrac{1000\overline{Q}}{F}=\dfrac{1000\times15}{1000}=15L/(s\cdot km^2)$

多年平均年径流系数 $\overline{\alpha}=\dfrac{\overline{Y}}{\overline{H}}=\dfrac{473}{815}=0.58$

第三节　水位观测与流量观测

一、水位观测

水位是指河流、湖泊、水库及海洋等水体的自由水面距固定基面的高程，以 m 计。水位计算的起点称为基面。目前全国统一采用青岛黄海基面作为计算标准。基面不同，计算的水位数值也就不同，因此使用水位资料时，必须注意其所采用的基面。

水位观测的作用一是直接为水利、水运、防洪、防涝提供具有单独使用价值的资料，如堤防、坝高、桥梁及涵洞、公路路面标高的确定，二是为推求其他水文数据而提供间接

运用资料，如水位流量关系曲线等。

（一）水位的观测

常用的水位观测设备有水尺和自记水位计两种。水尺按形式不同可分为直立式、倾斜式、矮桩式和悬锤式四种。自计水位计的形式有就地记录式和远传记录式两种。目前人工观测水位普遍采用直立式水尺。水尺观测水位的数值为

$$水位=水尺零点高程+水尺读数$$

其中水尺零点高程为水尺板上刻度为零点的高程，在水尺设置好后可通过水准测量测出。

水位的观测次数随水情变化而定。在水位变化较小时，规定每日 8 时、20 时观测两次。在汛期水位涨落变化较大时，应增加两次，以能测量水位变化控制点为原则。如对洪水过程而言，应测出起涨点、峰腰点、峰点等水位。

为了节省人力，最好采用自记水位计观测水位，它能自动将水位变化过程记录下来。远传式自记水位计还能将观测的水位，以数字或图像的形式传到数公里外的室内。但自记水位计在北方多沙河流上应用易出故障，使用时应该注意。

（二）日平均水位的计算

观测所得的是瞬时水位记录，还需要计算出日平均水位，其方法有两种。

1. 算术平均法

若一日水位变化缓慢，或水位虽然变化较大，但观测或从自记水位资料上摘录的间隔时距大致相等，可采用算术平均法。

2. 面积包围法

一日内水位变化较大，且观测时间间隔不相等，可采用面积包围法。此法是将 1 日 0～24 时内的水位过程线与横轴所包围的面积，除以 1 日时间而得。

二、流量测验与计算

观测流量的方法有很多。常用的方法是流速面积法，其中包括流速仪测流法、浮标测流法、比降面积法等。流速仪测流法和浮标测流法是通过测量流速和断面面积来推求流量，是我国目前使用最多的观测方法。

（一）流速仪测流法及流量计算

天然河道断面形状极不规则，受其影响的断面流速分布也很不均匀。流量的单位采用 m^3/s，故设想 1s 内全断面各点流速分布构成一个水量体积模型，其形状极不规则，要直接测算出体积比较困难。因此设想将其分成若干小块，然后再求出每个小块的体积，相加求出总体积。这便是流速仪测流法的基本思路。每小块的体积称为部分流量，可近似地用部分面积乘部分流速代替。断面流量就等于各部分流量之和。所以流速仪测流应包括断面测量、流速测量和流量计算三部分内容。

1. 断面测量

过水断面测量是按规范在断面上布设一定数量的测深垂线，施测每条垂线的水深和起点距。水深为水面至河底的深度；起点距为垂线至岸上基线上的某固定起点桩间的水平距离。在测水深的同时观测水位，用水位减去各垂线的水深便得各条垂线处的河底高程，据此便可绘出断面图，计算各部分面积。

（1）水深测量。测量水深的方法通常用测深杆或测深锤（铅鱼）直接测出每条测深垂线的水深。当水很深，流速很大时，可用回声测深仪测量水深。

（2）起点距的测量。起点距的测法有多种。中小河流可在断面上架设过河索道，并直接读出起点距，称此法为断面索法；这种方法适用于断面较窄，水上交通不多的河道测站，精度较高。大河上可用经纬仪测角交会法。把经纬仪架设在基线的另一端（起点是一端），观测测深垂线与基线之间的夹角。因基线长度已知，用三角关系即可计算出各测深垂线的起点距。目前最先进的是用全球定位系统（GPS）定位的方法，它是利用全球定位仪接受天空中的三颗人造定点卫星的特定信号来确定其在地球上所处位置的坐标，优点是不受任何天气气候的干扰，24h 均可连续施测，且快速、方便、准确。

2. 流速仪测速

流速仪是测定水流中任意点流速的仪器。我国应用最广的有旋杯式和旋桨式两类流速仪。流速仪的工作原理是：水流冲击仪器的旋转器，旋转器的转动速度随水流的流速大小而变，流速愈大，转动愈快，水流速度和单位时间内的转数呈线性关系。计算公式为

$$v = K\frac{N}{T} + C \tag{11-5}$$

式中　v——水流速度，m/s；

N——流速仪在 T 历时内的总转数，由信号数乘以每一信号所表示的转数求得；

T——测速历时，s，为了消除流速脉动影响，一般不应小于 100s；

K、C——流速仪常数，由厂家率定或有关部门率定。

目前，经过改进的流速仪可自动计算并显示流速，称直读式流速仪，使用起来很方便。

用流速仪测水下某点流速，首先应根据断面流速分布特点在测流断面上布设若干条测速垂线。其数目视水面宽、水深及测量精度要求而定。每条垂线上再布设测速点，其数目随水深不同而异。可用一点法（即测点应在水面以下相对水深为 0.6 的位置）、二点法（相对水深为 0.2、0.8 的位置）、三点法（相对水深为 0.2、0.6、0.8 的位置）等。

3. 流量计算

流速仪测流有专用的记录计算表格。待河道测验完毕，应按照以下步骤计算断面流量。

（1）审查野外测深测速纪录，复核原始数据。

（2）根据流速仪公式分别计算各测点流速。

（3）根据各测速垂线上的测点数，计算各垂线的平均流速 v_m。

$$\left.\begin{aligned} &\text{一点法} && v_m = v_{0.6} \\ &\text{二点法} && v_m = \frac{1}{2}(v_{0.2} + v_{0.8}) \\ &\text{三点法} && v_m = \frac{1}{3}(v_{0.2} + v_{0.6} + v_{0.8}) \end{aligned}\right\} \tag{11-6}$$

（4）计算各相邻测速垂线间部分平均流速。部分平均流速为相邻两条测速垂线的垂线平均流速的算术平均值。岸边部分面积的平均流速可由紧靠岸边一条垂线平均流速乘以岸边流速系数 α 求得。例如：$v_1 = \alpha v_{m1}$，式中岸边系数 α 与岸边性质有关。斜坡岸边 α 可用

0.7；不平整陡岸边用0.8；光滑陡岸边用0.9；死水边用0.6。

(5) 计算相邻测速垂线间的部分面积。岸边部分按三角形计算，中间部分按梯形计算。若岸边有死水，则部分面积只能计算到死水边。

(6) 计算部分流量。部分流量等于部分平均流速乘以部分面积。

(7) 计算断面流量、断面面积及断面平均流速。断面流量为断面上各部分流量之和。断面面积为各部分面积之和。断面流量除以断面面积即为断面平均流速。

(二) 浮标法测流及流量计算

浮标法测流是一种简便的测流方法。一般在水深流急或漂浮物很多，难以用流速仪测流时使用。

凡能漂浮在水面上的物体都可以制成浮标。用水面浮标测流时，测的是浮标在水面的漂移速度（即用上下浮标断面间距离除以浮标在其间的运行时间），该速度称为浮标虚流速。由虚流速计算的流量称为虚流量（$Q_{虚}$）。计算虚流量时，先借用最近施测的过水断面成果，绘制浮标虚流速横向分布图，用测深垂线划分部分面积，并在浮标虚流速分布图上内插出相应测深垂线处的浮标虚流速。从而计算部分虚流速、部分虚流量和断面的虚流量。因为浮标虚流速比垂线平均流速大，所以计算的断面虚流量也比断面实际流量（Q）大，因此断面虚流量应乘以一个小于1.0的浮标系数 K_f 才等于断面的实际流量，即

$$Q = K_f Q_{虚} \tag{11-7}$$

其中，浮标系数 K_f 值的大小与浮标形式及风力、风向等因素有关，一般在0.8～0.9范围内。其数值可通过浮标法和流速仪法同时比测确定。

习　　题

一、填空题

1. ____________称为水资源，水资源包括____________。
2. 水文循环是指____________。
3. 按水文循环的规模与过程，可分为____________。
4. 河流是____________。
5. 一条河流沿水流方向，自高向低可分为____________。
6. 根据干支流的不同分布，水系有____________。
7. 闭合流域是指____________。
8. 由一次降雨形成的径流包括____________。
9. 单位河长的落差称为____________。
10. ____________是形成降水的三个因素。
11. 降水通常按空气抬升形成动力冷却的原因分为____________。
12. 土壤水的类型有____________。
13. 径流的形成过程可概括为______和______两个阶段。
14. 水位观测的常用设备有______和______两大类。
15. 流速仪测流量一般包括______、______和______三个内容。
16. 流域是指____________。若流域的长度为260km²，平均

宽度为 150km²，则其形状系数 K_f 为＿＿＿＿＿＿。$K_f=1$，则流域的形状接近＿＿＿＿＿形，水流＿＿＿于集中。

17. 流域的蒸发包括＿＿＿＿＿＿＿＿、＿＿＿＿＿＿＿和＿＿＿＿＿＿＿。

二、选择题

1. （　　）是人类最重要和最经常利用的水资源。

A. 降水　　B. 江河径流　　C. 地下水

2. 水资源不同于石油、煤炭等矿产资源的基本特征是（　）。

A. 可恢复性和可更新性　　B. 有限性　　C. 时空变化的不均匀性　D. 利害双面性

3. （　　）是形成我国河流洪水的主要来源。

A. 对流雨　B. 台风雨　　C. 锋面雨　D. 地形雨

4. （　　）是把时段内的径流量平铺在流域面积上所得的水层深度。

A. 径流模数　B. 径流深　　C. 径流系数　D. 降水量

5. 反映流域的形状常用（　　）特征值。

A. 形状系数　　B. 平均高度　　C. 平均坡度　　D. 流域面积

三、问答题

1. 水资源的特性有哪些？

2. 我国水资源的分布有何特点？

3. 河流、流域各有哪些基本特征？

4. 降雨的基本要素有哪些？

5. 流速仪法测流的原理是什么？

四、计算题

已知某流域设计断面以上的集水面积 $F=132\text{km}^2$，多年平均降雨量 $\overline{H}=1350\text{mm}$，多年平均径流深 $\overline{Y}=743\text{mm}$。求算相应的多年平均 $\overline{W}$、$\overline{Q}$、$\overline{M}$、$\bar{\alpha}$。

第十二章 水 文 统 计

【重点内容】 频率和重现期的概念及相互关系，统计参数的意义及计算，现行频率计算方法，相关计算的图解法。

【学习目标】 掌握频率和重现期的意义，运用相关分析法展延插补资料系列

第一节 水文统计的基本概念

一、事件

在概率论中，对随机现象的观测叫做随机试验，随机试验的结果称为事件。事件可以是数量性质的，如某河某断面处最大洪峰流量值；也可以是属性性质的，如刮风、下雨等。事件可以分为三种：

(1) 必然事件。在每次试验中一定会出现的事件叫做必然事件。例如，长江汉口站年最大洪峰大于零，这是必然事件。

(2) 不可能事件。在任何一次试验中都不可能出现的事件叫不可能事件。例如，流域内普遍连续降雨而河道出口处水位下降，这是不可能事件。

(3) 随机事件。在一次随机试验中可能出现也可能不出现的事件叫做随机事件。例如，某河某断面每年出现的最大洪峰可能大于某一数值，也可能小于某一数值，事先不能确定，这叫随机事件。

二、概率

在同等可能的条件下，随机事件在试验的结果中可能出现也可能不出现，但其中可能与不可能的可能性大小也不相同。为了比较随机事件出现的可能性大小，必须有一个数量标准，这个数量标准就是随机事件的概率。随机事件的概率可由下式计算：

$$p(A) = \frac{k}{n} \tag{12-1}$$

式中 $p(A)$——在一定条件组合下，出现随机事件 A 的概率；

k——出现随机事件 A 的结果数；

n——在试验中所有可能出现的结果数。

式 (12-1) 只适用于古典随机性试验，即试验的所有结果都是等可能的，且试验可能结果的总数是有限的。例如掷骰子试验，所有可能出现的结果数 $n=6$，即可能出现 1、2、3、4、5、6 点。设事件 A 表示为 3 点出现，则所有可能出现的六种结果中属于 3 点出现的结果数为 $k=1$，因此 3 点出现的概率为 $p(A)=\frac{k}{n}=\frac{1}{6}$；若事件 A 表示大于 3 点的点数出现，则属于事件 A 可能出现的结果数为 $k=3$（即 4、5、6 点出现），因此 $p(A)=\frac{3}{6}$。若将骰子的 6 个面全部刻成 3 点，则 3 点可能出现的结果数为 $k=n=6$，此时 $p(A)$

$=\frac{6}{6}=1$，该事件为必然事件；除 3 点以外其他各点数出现的结果数均为 0，也就是 $k=0$，$p(A)=0$，说明其他各点数的出现是不可能事件。

事实上水文事件不一定具备这种性质。因为对于水文的复杂随机事件而言，通常试验所用可能结果数 n 是无限的，无法知道。因此，其出现的可能性大小无法用古典概型的概率来描述。为了计算在一般情况下随机事件的概率，下面提出随机事件频率的概念。

三、频率

设随机事件 A 在重复 n 次试验中出现了 m 次，则称

$$p(A)=\frac{m}{n} \tag{12-2}$$

为事件 A 在 n 次实验中出现的频率。

实践证明，当试验次数 n 不大时，事件的频率有明显的随机性，但当试验次数足够大时，随机事件 A 出现的频率有一定的稳定性。随着试验次数的无限增大随机事件的频率稳定在某一个数值附近，这个稳定值便是事件发生的概率。正因如此，对于水文现象，可以把频率作为概率的近似值。如掷硬币试验，从理论上将，事件正面（或反面）出现的概率为 0.5 [即 $n=2$，$k=1$，$p(A)=\frac{1}{2}$]，以前曾有人做过掷硬币试验 4040 次、12000 次和 24000 次，分别统计正面出现的次数为 2048 次、6019 次和 12012 次，相应频率为 0.5080、0.5016 和 0.5005。可见，随着试验次数的增多，频率越来越接近于事件的概率 0.5。

四、重现期

由于频率是概率论中的一个概念，比较抽象，因此水文分析中常用“重现期”代替频率表示随机事件（或随机变量取值）出现的机会。所谓重现期，是指某随机事件（或随机变量取值）在长期过程中平均多少年出现一次，称“多少年一遇”，用字母 T 表示。例如，$p=5\%$表示平均 100 年可能出现 5 次，或平均 20 年出现一次，即重现期 $T=20$ 年，称“20 年一遇”。

频率与重现期的关系，在不同的情况下有不同表示方法。在研究暴雨、洪水时一般设计频率 $p<50\%$，其重现期为

$$T=\frac{1}{p}(\text{年}) \tag{12-3}$$

例如，某防洪工程设计依据的洪水频率 $p=5\%$，则重现期 $T=\frac{1}{0.05}=20$ 年，即该洪水是平均 20 年一遇，表示在长期过程中，平均 20 出现一次大于或等于该级别的洪水。

在灌溉、发电、供水工程规划设计时，需要研究枯水问题，一般设计频率 $p>50\%$，其重现期为

$$T=\frac{1}{1-p}(\text{年}) \tag{12-4}$$

例如，某灌区设计依据的枯水频率 $p=95\%$，则其重现期 $T=\frac{1}{1-95\%}=20$ 年，表示以 20 年一遇的枯水作为设计标准。对用水部门来说，所关心的是多少年一遇的枯水，

即小于或等于某一级别的枯水径流量是多少年一遇。本例 20 年一遇的枯水，表示在 20 年中只有一年供水不足，其余 19 年用水则可以得到保证，故设计枯水频率表示用水得到保证的概率。

必须指出，因为水文现象一般并无固定周期，所谓“多少年一遇”是指长期过程中的平均情况。如 100 年一遇的洪水，表示大于或等于某一级别的洪水是 100 年出现一次，但并不意味着每隔 100 年就必须会遇到一次。此处着重强调的是长期过程中的平均情况，对于某个具体的 100 年，大于或等于这个级别的洪水可能会出现几次，也可能一次都不出现。

第二节　水文样本的频率分析

一、随机变量、总体和样本

随机试验的结果一般为一个数量。若结果不是数量，可以通过适当方式，转换为数量表示。这样的量随着试验的重复可以取得不同的数值，而且带有随机性，我们称这样的变量为随机变量。简言之，随机变量是在随机试验中测量到的数量。水文现象中的随机变量一般是指某种水文特征值，如某水文站的年径流、洪峰流量等。

通常用大写字母表示随机变量，其取值用相应的小写字母表示。如某随机变量为 X，其取值可以记为 x_i，$i=1$，2，…，n。一般将 x_1，x_2，…，x_n 称为随机系列，简称系列。

在数理统计中，把随机变量所有取值的全体称为总体。从总体中任意抽取的一部分称为样本，样本的项数称为样本容量。而水文变量的总体都是无限的，实际上无法获得。例如某地的年降水量是随机变量，其总体是指自古到今以至未来无限年代的所有降水量，人类是不可能全部观测得到的。目前设站所观测到的几十年甚至是上百年降水量资料，只不过是总体中的一小部分，是一个很有限的样本。因此，我们通过各种途径收集来的水文资料都是样本资料。

总体和样本之间既有区别又有联系。由于样本是总体中的一部分，因而样本的特征在一定程度上反映了总体的特征，故总体的规律可以借助样本来逐步地认识。这就是我们目前用已有水文资料来推断总体或预估未来水文情势的依据。但样本只是总体中的一部分，当然不能完全代表总体的情况，其中存在着一定的差别。这种差别是由随机抽样而引起的，故称之为抽样误差。因此一般来讲，样本系列越长，抽样误差将越小，样本对总体的代表性也就越好；反之，样本系列越短，抽样误差越大，样本对总体的代表性也就越差。可以相信，随着科学技术的发展，随着资料和经验的积累，总体的规律将愈来愈为人们所认识。

二、样本的统计参数

水文样本系列是水文随机变量的一组取值。水文随机变量取值应有一定的规律，这种规律的数字特征叫统计参数。样本系列常用的统计参数有算术平均数、均方差、变差系数和偏差系数。

1. 算术平均数（$\overline{x}$）

算术平均数 $\overline{x}$ 表示样本系列的平均情况，反映系列总体水平的高低。设随机变量的

样本系列为 x_1，x_2，…，x_n，则其算术平均数为

$$\overline{x}=\frac{x_1+x_2+\cdots+x_n}{n}=\frac{1}{n}\sum_{i=1}^{n}x_i \tag{12-5}$$

例如，甲乙两条河流的多年平均流量分别为 $1000m^3/s$ 和 $100m^3/s$，就说明甲河流域的水资源比乙河流域丰富得多。

2. 均方差与变差系数

(1) 均方差 (σ)。均方差 σ 表示系列均值相等时各个取值相对于均值的离散程度，其计算公式为

$$\sigma=\sqrt{\frac{\sum_{i=1}^{n}(x_i-\overline{x})^2}{n-1}} \tag{12-6}$$

例如有甲、乙两个系列，甲系列数值为：5，10，15；乙系列数值为：2，10，18。两个系列的均值都是 10，两系列的均方差可按式 (12-6) 计算

$$\sigma_{甲}=\sqrt{\frac{(5-10)^2+(10-10)^2+(15-10)^2}{3-1}}=5$$

$$\sigma_{乙}=\sqrt{\frac{(2-10)^2+(10-10)^2+(18-10)^2}{3-1}}=8$$

可见，$\sigma_{甲}<\sigma_{乙}$，说明甲系列的离散程度小，乙系列的离散程度大。

(2) 变差系数 (C_V)。变差系数 C_V 表示系列均值不等时各个取值相对于均值的离散程度，其计算公式为

$$C_V=\frac{\sigma}{\overline{x}}=\frac{1}{\overline{x}}\sqrt{\frac{\sum_{i=1}^{n}(x_i-\overline{x})^2}{n-1}}=\sqrt{\frac{\sum_{i=1}^{n}(k_i-1)^2}{n-1}} \tag{12-7}$$

其中
$$k_i=\frac{x_i}{\overline{x}}$$

例如有丙、丁两个系列，丙系列数值为：5，10，15；丁系列数值为：995，1000，1005。两系列的均值分别为 $\overline{x}_{丙}=10$，$\overline{x}_{丁}=1000$，均方差分别为 $\sigma_{丙}=5$，$\sigma_{丁}=5$，用式 (12-7) 求得两系列的变差系数分别为 $C_{V丙}=0.5$，$C_{V丁}=0.005$，这就说明丙系列的离散程度远比丁系列的离散程度大。

在水文学中，计算出某样本系列的变差系数后，通常需要分析其在地区上的变化规律，和邻近流域的变差系数进行比较，所以经常使用变差系数来反映样本系列的离散程度。

3. 偏差系数 (C_S)

偏差系数 C_S 反映系列中各值在均值两侧对称程度的一个参数，其计算公式为

$$C_S=\frac{\sum_{i=1}^{n}(x_i-\overline{x})^3}{(n-3)\,\overline{x}^3C_V^3} \tag{12-8}$$

当样本系列中各值在均值两侧对称分布时，$C_S=0$，称为正态分布；若分布不对称时，$C_S\neq 0$，称为偏态分布。其中 $C_S>0$，表示随机变量大于均值的取值比小于均值的取值机会少，这种系列称为正偏分布；反之，$C_S<0$，称为负偏分布。水文现象大都属正偏分布。

三、水文样本的频率分布

水文随机变量取值的特征，不仅可以用系列的统计参数来描述，还可以用随机变量的频率分布来进一步表现。为了便于理解，下面结合具体实例来进行说明。

【例 12-1】 已知某站 1935～1998 年共 64 年的年降水量，如表 12-1 所示，试分析该样本系列的频率分布规律。

解：（1）为了使研究问题简单而实用，将年降水量分组并统计各组出现次数和累积次数，拟定分组的组距 $\Delta x=100$mm，统计结果列于表 12-2 中的①、②、③、④栏。

表 12-1　　某站年降水量表

年份	年降水量（mm）	年份	年降水量（mm）	年份	年降水量（mm）	年份	年降水量（mm）	年份	年降水量（mm）
1935	476	1948	285	1961	549	1974	841	1987	556
1936	486	1949	528	1962	702	1975	386	1988	526
1937	905	1950	583	1963	563	1976	565	1989	548
1938	207	1951	618	1964	612	1977	623	1990	627
1939	472	1952	388	1965	760	1978	558	1991	672
1940	513	1953	609	1966	658	1979	585	1992	514
1941	598	1954	817	1967	528	1980	784	1993	346
1942	580	1955	464	1968	802	1981	561	1994	530
1943	436	1956	626	1969	554	1982	488	1995	491
1944	229	1957	446	1970	643	1983	543	1996	512
1945	328	1958	457	1971	592	1984	629	1997	726
1946	331	1959	641	1972	586	1985	410	1998	545
1947	430	1960	481	1973	745	1986	663		

（2）计算各组出现的频率和累计频率。各组出现的频率均按 $p(A)=\frac{m}{n}$ 计算，并表示成百分数。

第一组（900～999mm）出现的频率为

$$p(900\leqslant x\leqslant 999)=\frac{1}{64}=1.6\%$$

第二组（800～899）出现频率为

$$p(800\leqslant x\leqslant 899)=\frac{3}{64}=4.7\%$$

……

表 12-2　　　　某站年降水量分组统计表

序号	年降水量 x_i（组距 $\Delta x=100$）(mm)	各组出现次数（次）	累积出现次数（次）	各组出现频率（%）	累积频率 p（%）
①	②	③	④	⑤	⑥
1	900～999	1	1	1.6	1.6
2	800～899	3	4	4.7	6.3
3	700～799	5	9	7.8	14.1
4	600～699	12	21	18.7	32.8
5	500～599	23	44	36	68.8
6	400～499	12	56	18.7	87.5
7	300～399	5	61	7.8	95.3
8	200～299	3	64	4.7	100
		64		100	

将计算结果填入表中⑤栏，累积次数实际含义是降水量大于或等于某个数值出现的次数。同样，累积频率就是降水量大于或等于某个数值出现的频率，可表示为 $p(x \geqslant x_i)=\frac{m}{n}$，式中 m 为累积次数，按此式计算累积频率填入表中第⑥栏。

(3) 绘图：由表 12-2 中②栏和⑤栏绘成年降水量频率分布直方图，如图 12-1 所示；②栏和⑥栏绘成累积频率阶梯图，如图 12-2 所示。

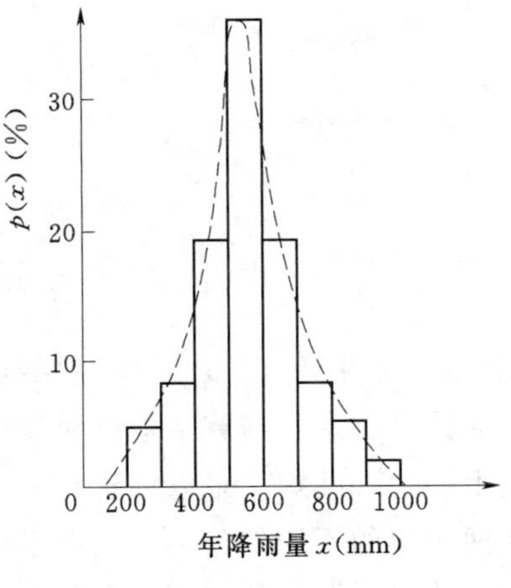

图 12-1　某站年降水量频率分布直方图

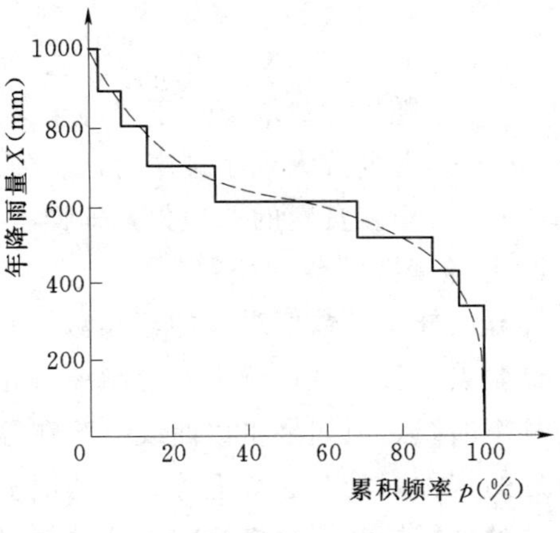

图 12-2　某站年降水量累积频率分布图

从图 12-1 中可以看出，直方图呈中间高两边渐低的形状，表示 500～599mm 的降水量出现机会最大，而最大组和最小组降水量出现的机会均很小；从图 12-2 中可以看出，累积频率分布图为一阶梯状图，每一台阶的宽度也就反映了该组降水量出现的频率，其分布的规律和直方图规律是一致的。因此可以说频率分布直方图和累积频率分布图的作用是相同的，它们都反映了随机变量取值与其频率之间对应关系的发布规律，只是表现的形式不同。如果资料再加多，分组值 Δx 再取小，则图 12-1 的外包线可以接近于比较光滑的铃形曲线（图中的虚线），称为频率密度曲线；图 12-2 中的台阶高度也将逐渐变小，其外包线也就近似于一条S形曲线（图中的虚线），称为累积频率分布曲线。在水文计算中，一般不绘制随机变量的频率密度曲线，而是习惯用累积频率分布曲线，简称频率曲线。

四、经验频率曲线与理论频率曲线

水利工程规划、设计、施工和运营中，常需要知道大于或等于（小于或等于）某一特征值（最大流量或最低水位等）的频率是多少，也就是要提供一定频率的水文数值。这就需要绘制频率曲线。通常由实测资料（样本）所绘制的频率曲线称为经验频率曲线，由数学方程所表示的频率曲线称为理论频率曲线。

（一）经验频率曲线

1. 经验频率计算

绘制经验频率曲线，首先要计算经验频率。所谓的经验频率是指根据实测样本资料所求的水文变量大于或等于某一取值的频率，如表 12-2 中的累积频率。但在一般情况下，现有的水文资料系列较短，仅几十年，故在统计时不一定要分组，而是将样本中水文变量的各个取值按由大到小的顺序列为 x_1，x_2，…，x_m，…，x_n，其中某一取值 x_m 的序号 m，也正是在 n 次观测中，水文变量大于或等于该值的次数。这就可以用频率的定义式（12-2）计算水文变量大于或等于某一取值的频率，即经验频率。但当 $m=n$ 时，则 $p=100\%$，即表示随机变量取大于或等于样本中最小值的事件是必然事件，或者也可以说该水文站再也不会出现比这个实测值更小的数值。这显然是不合乎实际的。因此用式（12-2）计算经验频率对总体来说是合适的，但对于样本系列则要进行修正。生产上计算样本的经验频率改用频率的数学期望公式计算，即

$$p=\frac{m}{n+1}\times 100\% \tag{12-9}$$

式中 p——随机变量取值大于或等于某值的经验频率；

m——系列按大到小排序时，各值对应的序号；

n——观测资料的总项数，即样本系列的容量。

2. 经验频率曲线的绘制

计算出样本各数值对应的经验频率后，就可点绘相应的坐标点（p_i，x_i），这些点简称为经验点，目估过点群中心绘制一条光滑的累积频率曲线，在水文计算中把该曲线称为经验频率曲线。但如果将该曲线点绘在等分格的坐标纸上，两端陡峭，难以外延。为了克服外延的这种困难，通常把等分格的横坐标改为中间密两边疏的不均匀分格，表示累积频率，这种坐标纸叫频率格纸。在这种频率格纸上绘制频率曲线，两端的坡度比在普通方格纸上绘制大大变缓，对曲线的外延是较为有利的。所以在频率计算时，一般都是把频率曲线点绘在频率格纸上。

3. 经验频率曲线在应用中存在的问题

由于经验频率曲线是目估过点群中心绘制的，因此曲线的形状会因人而异，尤其是经验点比较分散时。这样，由一定的频率 p 在曲线上查得的随机变量 x_p 就会有所不同。另外，由于样本系列长度有限，据此绘出的经验频率曲线往往不能满足工程设计的需要。如

水利工程设计洪水的频率可小至1%、0.1%、0.01%，一般在经验频率曲线上查不出相应的值。若将曲线延长，则因无控制点任意性更大，会直接影响设计成果的正确性。

（二）理论频率曲线

为了克服经验频率曲线的上述缺点，使设计成果标准统一，便于综合比较，实际工作中常采用数理统计中已知的频率曲线来拟合经验点，这种曲线习惯上称为理论频率曲线。

水文计算中所谓的理论频率曲线，是指用数学方程式表示的频率曲线。它并不是从水文现象的物理成因方面推导出来的，而是根据大量实测资料的分布趋势从数学中已知频率曲线中挑选出来的。因此，它不能从根本上揭示水文现象的总体分布规律，只是作为一种数学工具，以达到延长经验频率曲线的目的。

数学上有很多类型的频率曲线，究竟哪一条可以应用到水文上来，主要是看该曲线的形状与水文变量的分布规律是否吻合。按此原则，我国水文界应用最为广泛的为皮尔逊—Ⅲ型频率曲线，简称P—Ⅲ型曲线。它是英国生物学家皮尔逊于1895年在分析大量实际资料的基础上建立起来的曲线簇中的一种线型，方程中除频率和相应的变量外，还包含三个统计参数，即均值$\overline{x}$、变差系数C_V和偏差系数C_S。其方程经过数学推导后为

$$x_p = K_p \overline{x} \tag{12-10}$$

式中 K_p——模比系数，与p、C_V和C_S/C_V有关。

现已把K_p与影响因素之间的关系制成了专用的表格，$C_S=2C_V$时的K_p见表12-3，其他情况查有关资料。

可见，P—Ⅲ型曲线是由三个统计参数决定的。只要知道三个统计参数$\overline{x}$、C_V、C_S，就可以通过查表得到不同频率p与相应的K_p，然后由式（12-10）计算出相应的变量值x_p，有了与p和相应的变量值x_p，就可绘出一条P—Ⅲ型曲线。

五、现行频率计算方法——适线法

绘制理论频率曲线的主要目的是为了解决经验频率曲线的外延问题。目前普遍选用的理论频率曲线为P—Ⅲ型曲线，它是由三个统计参数（$\overline{x}$、C_V、C_S）决定的。三个参数从理论上讲应是总体的统计参数，但水文变量的总体是无法知道的，通常只能由样本资料用公式求出其三个统计参数，而样本统计参数都具有抽样误差，这就使由样本统计参数确定的P—Ⅲ型曲线不能很好地反映总体的分布规律。生产上通常采用调整样本的统计参数及相应的P—Ⅲ型曲线来拟合样本的经验频率点据，以尽可能减少参数估计的抽样误差和系统误差，进一步探求总体的概率分布，这个过程在水文上称为适点配线法，简称适线法。其步骤为

（1）点绘经验频率点据。将审查后的水文样本资料按由大到小的顺序排列，按式（12-9）计算各值的经验频率，然后将（p_i，x_i）点绘在频率格纸上。

（2）估算统计参数初值。根据样本资料系列，用式（12-5）和式（12-7）计算均值$\overline{x}$和变差系数C_V，作为适线的初值。至于偏差系数C_S，用式（12-8）计算的抽样误差很大，一般不用公式计算，而是根据经验选定C_S与C_V的倍比值（C_S/C_V）。

（3）适线。即由统计参数初值$\overline{x}$、C_V、C_S查附表，按式（12-10）计算并绘制P—Ⅲ型曲线，判断该曲线与经验点配合情况，若配合良好，则表明该线就是所求的频率曲线；若配合不好，则要依据三个统计参数对P—Ⅲ型曲线的影响，调整统计参数，再次适线，直至曲线与经验点据配合最佳为止（因为公式计算的$\overline{x}$误差相对较小，一般不调整，主要是调整

C_V 和 C_S）。把这条配合最佳的曲线作为采用的频率曲线，相应于该曲线的统计参数便可看成是水文总体统计参数的最佳估计值。

适线法层次清楚，图像直观，方法灵活，操作容易。目前在水文计算中被广泛采用。

表 12－3　　皮尔逊Ⅲ型频率曲线的模比系数 K_p 值表

p（%）/ C_V	0.01	0.1	0.2	0.33	0.5	1	2	5	10	20	50	75	90	95	99
$C_S=2C_V$															
0.05	1.20	1.16	1.15	1.14	1.13	1.12	1.11	1.08	1.06	1.04	1.00	0.97	0.94	0.92	0.89
0.10	1.42	1.34	1.31	1.29	1.27	1.25	1.21	1.17	1.13	1.08	1.00	0.93	0.87	0.84	0.78
0.15	1.67	1.54	1.48	1.46	1.43	1.33	1.33	1.26	1.20	1.12	0.99	0.90	0.81	0.77	0.69
0.20	1.92	1.73	1.67	1.63	1.59	1.52	1.45	1.35	1.26	1.16	0.99	0.86	0.75	0.70	0.59
0.25	2.22	1.96	1.87	1.81	1.77	1.67	1.58	1.45	1.33	1.20	0.98	0.82	0.70	0.63	0.52
0.30	2.52	2.19	2.08	2.01	1.94	1.83	1.71	1.54	1.40	1.24	0.97	0.78	0.64	0.56	0.44
0.35	2.86	2.44	2.31	2.22	2.13	2.00	1.84	1.64	1.47	1.28	0.98	0.75	0.59	0.51	0.37
0.40	3.20	2.70	2.54	2.42	2.32	2.15	1.98	1.74	1.54	1.31	0.95	0.71	0.53	0.45	0.30
0.45	3.59	2.98	2.80	2.65	2.53	2.33	2.13	1.84	1.60	1.35	0.93	0.67	0.48	0.40	0.26
0.50	3.98	3.27	3.05	2.88	2.74	2.51	2.27	1.94	1.67	1.33	0.92	0.64	0.44	0.34	0.21
0.55	4.42	3.58	3.32	3.12	2.97	2.70	2.42	2.04	1.74	1.41	0.90	0.59	0.40	0.30	0.16
0.60	4.85	3.89	3.59	3.37	3.20	2.89	2.57	2.15	1.80	1.44	0.89	0.56	0.35	0.26	0.13
0.65	5.33	4.22	3.89	3.64	3.44	3.09	2.74	2.25	1.87	1.47	0.87	0.52	0.31	0.22	0.10
0.70	5.81	4.56	4.19	3.91	3.68	3.29	2.90	2.36	1.94	1.50	0.85	0.49	0.27	0.18	0.08
0.75	6.33	4.93	4.52	4.19	3.93	3.50	3.06	2.46	2.00	1.52	0.82	0.45	0.24	0.15	0.06
0.80	6.85	5.30	4.84	4.47	4.19	3.71	3.22	2.57	2.06	1.54	0.80	0.42	0.21	0.12	0.04
0.85	7.41	5.69	5.17	4.77	4.46	3.93	3.39	2.68	2.12	1.56	0.77	0.39	0.18	0.10	0.03
0.90	7.93	6.08	5.51	5.07	4.74	4.15	3.56	2.78	2.19	1.58	0.75	0.35	0.15	0.08	0.02
0.95	8.59	6.48	5.86	5.38	5.02	4.38	3.74	2.89	2.25	1.60	0.72	0.31	0.13	0.07	0.01
1.00	9.21	6.91	6.22	5.70	5.30	4.61	3.91	3.00	2.30	1.61	0.69	0.29	0.11	0.05	0.01
1.05	9.86	7.35	6.59	6.03	5.59	4.84	4.08	3.10	2.35	1.62	0.66	0.26	0.09	0.04	0.01
1.10	10.52	7.79	6.97	6.37	5.88	5.08	4.26	3.20	2.41	1.63	0.64	0.23	0.07	0.03	0.00
1.15	11.21	8.24	7.36	6.71	6.19	5.32	4.44	3.30	2.46	1.64	0.61	0.21	0.06	0.02	0.00
1.20	11.90	8.70	7.76	7.06	6.50	5.57	4.62	3.41	2.51	1.65	0.58	0.18	0.05	0.02	0.00
1.25	12.63	9.18	8.16	7.41	6.32	5.81	4.80	3.51	2.56	1.65	0.55	0.16	0.04	0.01	0.00
1.30	13.36	9.67	8.57	7.76	7.14	6.06	4.98	3.61	2.60	1.65	0.52	0.14	0.03	0.01	0.00
1.35	14.13	10.17	8.99	8.13	7.46	6.31	5.16	3.71	2.65	1.65	0.50	0.12	0.02	0.01	0.00
1.40	14.90	10.67	9.41	8.50	7.78	6.56	5.35	3.81	2.69	1.64	0.47	0.10	0.02	0.01	0.00
1.45	15.71	11.20	9.85	8.89	8.11	6.82	5.54	3.91	2.73	1.64	0.44	0.09	0.01	0.00	0.00
1.50	16.53	11.73	L0.30	9.27	8.44	7.08	5.73	4.00	2.77	1.63	0.42	0.07	0.01	0.00	0.00

第三节 相 关 分 析

一、相关关系的概念

自然界中的许多现象之间有着一定的联系，它们之间既不是函数关系，也不是完全无关。例如，降水与径流之间、上下游洪水之间、水位与流量之间等都存在着这样的联系。相关分析就是要研究两个或多个随机变量之间的联系。

在水文计算中，经常遇到某一水文要素的实测资料系列很短，样本资料对总体的代表性较差，或在实测资料中存在某些年份或时段由于人为因素或客观因素造成资料缺测、漏测，使得样本系列不连续。对于这些情况，可采用相关分析法分析水文变量之间的相关关系，并用相关直线、相关曲线或与其相应的数学关系式来描述这种关系，以此对样本资料系列进行插补和延长，以达到提高样本系列代表性，从而提高频率计算成果精度的目的。

研究两个变量的相关关系，一般称为简单相关。若研究 3 个或 3 个以上变量的相关关系，则称为复相关。在相关关系的图形上可分为直线相关和曲线相关两类。用相关分析插补延长资料时遇到最多的是简单直线相关。

二、简单直线相关

简单直线相关即两个变量间的直线相关。设两个水文变量 X、Y 的同步（期）观测资料系列有 n 对（x_i、y_i，$i=1,2,\cdots,n$），以变量 x 为横坐标，变量 y 为纵坐标，将相关点（x_i，y_i）点绘到方格纸上，根据点的分布情况判断是否属直线相关，如果呈直线相关，则可用下述直线方程来描述

$$y = a + bx \tag{12-11}$$

其中 a、b 为待定系数。它们可分别用图解法和计算法求出。

在数学上，式（12－11）称为因变量 Y 倚自变量 X 的回归方程，相应的相关直线称为回归线，因此随机变量间的相关分析也称为回归分析。

（一）相关图解法

该法是将相关点（x_i，y_i）点绘在方格纸上，过点群中心目估定相关直线，并以经过均值点（$\overline{x}$，$\overline{y}$）为控制，使相关点均匀分布在相关线的两侧，且尽量使 $\sum(+\Delta y_i)$ 与 $\sum(-\Delta y_i)$ 的绝对值都最小，绘出一条直线，然后在图上量得直线的斜率 b，直线与纵轴的截距 a，则直线方程式 $y=a+bx$ 即为所求的相关方程。该法简便实用，精度尚可。

【例 12－2】 某设计雨量站有 13 年（1986～1998 年）实测年降水量资料。同一气候区、自然地理条件相似区域内的一邻近雨量站有 64 年（1935～1998 年）降水量资料，如表 12－1 所示，经分析代表性较好。两站年降水量同步观测资料系列见表 12－4。试用直线相关图解法建立相关直线及其回归方程式，并将设计站年降水量资料系列延长。

表 12－4 某地设计站和参证站年降水量表 单位：mm

年份	①	1986	1987	1988	1989	1990	1991	1992	1993	1994	1995	1996	1997	1998
参证站 x	②	663	556	526	548	627	672	524	346	530	491	512	726	545
设计站 y	③	728	596	599	610	773	847	496	412	652	560	535	717	560

解：（1）设计站的年降水量用 y 表示，邻近雨量站作为参证站，其年降水量用 x 表示。

（2）点绘相关图。以 y 为纵坐标，x 为横坐标，定好比例，将表 12-4 中②、③栏同步系列对应的数值点绘在图 12-3 上，共得到 13 个相关点，并由表 12-4 的资料计算

$$\overline{x} = \frac{x_1 + x_2 + \cdots + x_n}{n} = \frac{1}{n}\sum_{i=1}^{n} x_i = \frac{1}{13} \times 7256 = 558(\text{mm})$$

$$\overline{y} = \frac{y_1 + y_2 + \cdots + y_n}{n} = \frac{1}{n}\sum_{i=1}^{n} y_i = \frac{1}{13} \times 8085 = 622(\text{mm})$$

（3）绘相关直线。从图 12-3 上可看出，相关点分布基本上呈直线趋势，可过点群中心，即考虑点分布在直线两边的数目大致相等，并且目估纵向正负离差分布均匀，过均值点（558，622）定出一条直线，如图 12-3 中线（1）所示。

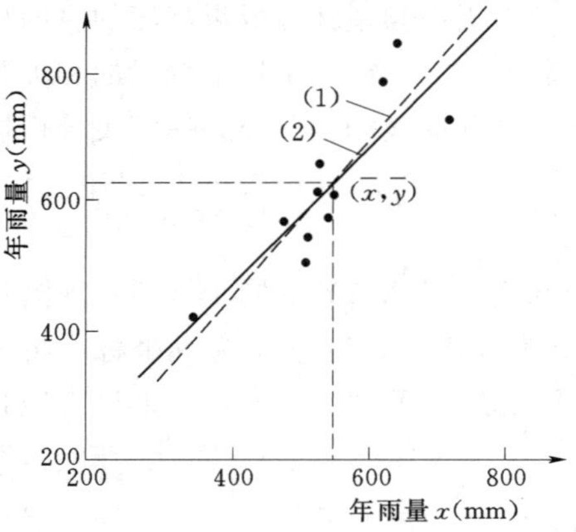

图 12-3　某设计站和参证站年降水量相关图

（4）建立直线方程。根据所绘直线，在图上查算出参数 $a=8$，$b=1.10$，则直线方程式为：$y=1.10x+8$。

（5）延长设计站年降水量资料系列。将参证站的年降水量 x_i 分别代入直线方程，可求出设计站相应的年降水量 y_i，计算结果略。

（二）相关计算法

相关图解法虽然简单明了，但在相关点较少或者比较分散时，目估定线往往有较大的偏差。所以实际工作中常用相关计算法。它和图解法的主要区别是：根据实测同步资料用数学公式计算求得直线方程 $y=a+bx$ 中的参数 a 和 b，从而得到相关直线的回归方程。其计算公式可参考有关教材。

根据［例 12-2］的资料，用相关计算法求出相关直线的回归方程为 $y=1.084x+17.1$，其显然与图解法所得的方程式不同，结果如图 12-3 中线（2）所示。

此外，复相关也是水文上常用的相关形式。由于它的相关分析比较复杂，实际工作中通常采用图解法定相关线。

习　　题

一、填空题

1. 事件可以分为________________三种。
2. 频率是指________________。
3. 所谓重现期是指________________。
4. $p=95\%$，其重现期________，表示________________。
5. $p=5\%$，其重现期________，表示________________。
6. 总体是指____________，样本是指________________，样本系列越长，

抽样误差将________，样本对总体的代表性________________。

7. 研究两个变量的相关关系，一般称为______________________。

8. 在相关关系的图形上可分为______________________。

二、选择题

1. （　　）表示系列均值相等时各个取值相对于均值的离散程度。

A. 均方差　　B. 变差系数　　C. 偏差系数

2. 必然事件的概率（　）。

A. 等于 0　　B. 等于 1　　C. 介于 0 到 1 之间

三、问答题

1. 什么是统计参数？有哪几种？各种统计参数的物理意义是什么？

2. 什么是适线法？其步骤有哪些？它在水利水电工程规划设计中有何作用？

3. 什么是相关分析法？它在水利水电工程规划设计中有何作用？

四、计算题

某以发电为主的工程，根据实测资料，已求得设计断面处年径流量的统计参数 $\overline{Q}=51.1m^3/s$，$C_V=0.35$，采用 $C_S=2C_V$，试分别推求 $p=10\%$、$p=90\%$的设计年径流量。

第十三章 工程水文相关计算

【重点内容】 水库的特征水位和特征库容，设计标准，设计年径流年内分配的计算，等值线图法计算设计年径流量。

【学习目标】 掌握水库特征水位与特征库容的含义，会进行设计年径流的计算。

第一节 概 述

一、水库特征水位与特征库容

反映水库工作状况的水位，称为特征水位；相应的库容，称为特征库容。水库的特征水位及其特征库容如图 13－1 所示。

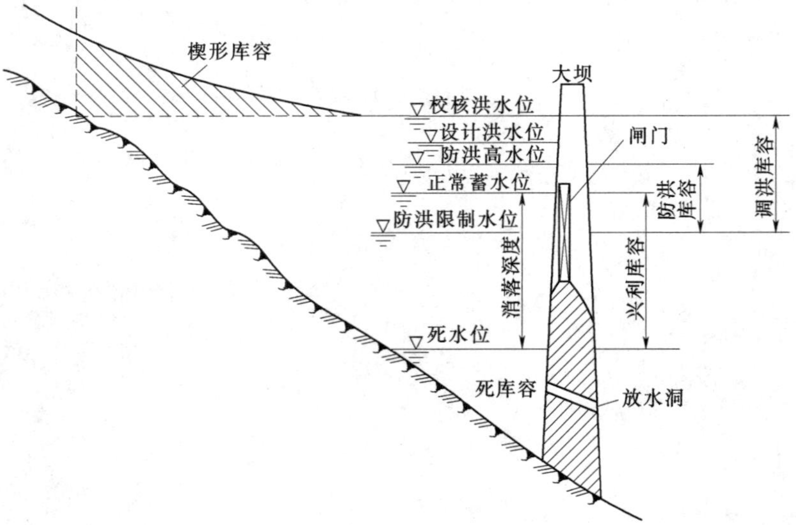

图 13－1 水库特征水位与特征库容示意图

(1) 死水位与死库容。在正常运用情况下，水库允许消落的最低水位，称为死水位。死水位以下的库容称为死库容。死库容一般不允许随意动用，只有遇到特别干旱年份等特殊需要时，才可动用部分死库容。

(2) 正常蓄水位与兴利库容。水库正常运用情况下，为满足设计的兴利要求，在开始供水时应蓄到的水位，称为正常蓄水位。正常蓄水位与死水位之间的库容称为兴利库容。其间的深度称为水库的消落深度。兴利库容供灌溉、发电、给水等兴利部门调节径流之用。

(3) 防洪限制水位。为了满足防洪要求，水库在汛期洪水来临前允许兴利蓄水的上限水位，称为防洪限制水位，简称汛限水位。该水位以上的库容用来调节洪水，只有汛期正在发生洪水时，为了蓄滞洪水，库水位才允许超过防洪限制水位。但在汛期当中，一旦洪水开始消退，水库应尽快泄洪，使库水位回到防洪限制水位，以便对付下一次洪水的来临。

（4）防洪高水位与防洪库容。防洪高水位是指在水库下游有防洪任务时，水库遇到下游防护对象的设计洪水，按下游安全泄量控制进行洪水调节，坝前达到的最高水位。防洪限制水位至防洪高水位之间的库容称为防洪库容。

（5）设计洪水位与拦洪库容。设计洪水位是指遇到大坝设计洪水时，水库从防洪限制水位开始对该洪水进行调节，正常泄洪设施全部打开时坝前达到的最高水位。该水位与防洪限制水位之间的库容，称为拦洪库容，也叫设计调洪库容。

（6）校核洪水位与调洪库容。校核洪水位是指遇到大坝校核洪水时，水库自防洪限制水位开始对该洪水进行调节，正常泄洪设施和非常泄洪设施先后投入运用，水库坝前所达到的最高洪水位。防洪限制水位至校核洪水位之间的库容，称为校核调洪库容，简称调洪库容。水库在校核洪水位以下的库容称为总库容。由设计洪水位或校核洪水位加上各自的风浪爬高和安全超高，取两者较大者，即为坝顶高程。

二、设计标准

在水利水电工程规划设计阶段，最主要的任务是合理地确定工程的规模。而工程规模是由设计标准决定的。所谓的设计标准就是指各用水部门和水利水电工程自身、下游防护对象允许破坏的程度。这种允许破坏的程度是建立在频率基础上的。水利水电枢纽工程广义上的设计标准分为兴利标准和防洪标准两种。

（一）兴利标准

兴利标准是用设计保证率来表示的。设计保证率是指各用水部门在未来多年期间内，按规定用水量保持正常工作而不受破坏的频率。通常有年保证率和历时保证率两种表示方法。设计保证率的选定，实质上是一个确定缩减用水合理程度的经济权衡问题。设计保证率若选得过低，则正常用水遭受破坏的机会将增加，从而引起国民经济的损失。相反，设计保证率若选得过高，虽然用水部门的用水保证率得到提高，但要增加工程投资和其他费用。因此，设计保证率应该通过技术经济比较分析，并考虑其他影响来选择。然而这种经济论证，无论在方法上还是技术上都很复杂。在实际工作中，设计保证率是通过国家规范的形式，根据各部门的用水性质、要求和重要性，以及生产实践中所积累的经验来确定。

（二）防洪标准

水利水电枢纽工程除了兴利外，另一个主要作用就是防洪。水利水电工程建筑物防洪标准分为正常运用和非常运用两种。按正常运用洪水标准算出的洪水称为设计洪水；按非常运用洪水标准算出的洪水称为校核洪水。

第二节　设计年径流的计算

一、概述

（一）年径流

在一个年度内，通过河流某一断面的水量，称为该断面以上流域的年径流量，简称为年径流。年径流可以用年平均流量（m^3/s）、年径流总量（m^3）、年径流深（mm）和年径流模数［L/（s·km^2）］表示。

在水文年鉴和水文资料数据库中，年径流资料是按照日历年统计的。年径流的特征值及其年内变化均列在"逐日平均流量表"中。在水文水利计算中年径流量通常是按水文年或水利年度统计的。水文年度是以水文现象的循环规律来划分，也就是一个水文年度内的径流应该是该水文年度的降水所产生的；在我国融雪径流不明显的地区，是以一年最枯水的日期划分水文年度，即从每年汛期开始到下一年汛期开始前止；在北方具有春汛的河流，则是以冬季降雪开始日期来划分水文年度。由于我国南北气候的差异，各地的水文年度或水利年度起止日期不统一。

（二）影响年径流的因素

影响年径流的主要因素有气候因素和流域下垫面因素。

1. 气候因素

气候因素中的年降水量和年蒸发量是影响年径流量的主要因素。但由于流域所处的地理位置的不同，其气候特性的差异，使这种影响的程度也有所差别。如在湿润地区，年降水量较大，年径流系数较高，年径流与年降水量之间一般都具有较密切的相关关系；在干旱地区，年降水量较小，而且大部分消耗于蒸发，年径流系数较小，因此，年径流量不仅与年降水量有关，而且与年蒸发量也有明显的关系。

2. 流域下垫面因素

流域下垫面因素包括地形、地质、土壤、植被、湖泊、沼泽及流域面积大小等，它对年径流的影响主要表现在流域蓄水能力上，同时也通过降水与蒸发等气候因素的改变，间接地影响年径流。

除了气候因素和下垫面因素外，人类活动对年径流的影响也越来越大。它主要表现在各种水利水电工程和水保生态工程上，短期改变流域的下垫面条件，影响年径流量及年内年际变化。长期而言，可以在一定程度上改变局部气候条件而影响年径流。

（三）设计年径流计算的任务及其内容

年径流年内和年际的变化，对水资源的利用和确定工程规模均有不同的影响。如丰水年的降雨量多，河流的水量丰富，且作物要求的灌溉水量较少，来水与用水矛盾不突出，解决这种丰水年份的灌溉要求，所需的工程规模（如水库的库容）较小。相反，在枯水年份，降雨量少，河流的水量也较少，且由于气温高，蒸发量大，作物要求的灌溉水量很大，来水与用水的矛盾就很突出，为了满足这种枯水年份的灌溉要求，水库的库容就要大一些。

在同样的干旱年份，即使年来水量相同，但由于径流的年内分配不同，对库容大小也有影响，往往径流年内分配不均匀的年份所需库容较大。

由此可见，在规划设计阶段，水利水电工程的规模是由来水、用水和希望解决来用水矛盾的程度来决定的。当用水过程一定时，假定用水部门每年用水的设计保证率与提供用水的年径流每年出现的频率相等。这样，工程规模就可以简化为由符合设计保证率的年径流即设计年径流及其年内分配来具体确定。设计年径流计算的任务就是分析和预测工程使用期限内的年径流及其变化，为合理确定水利水电工程规模提供正确的水文依据。

在实际工作中，经常遇到具有长期实测径流资料、具有短期实测径流资料和缺乏实测径流资料三种情况。

通过相关分析，可以把短期实测径流资料展延成长期径流资料系列，因此，本节仅对具有长期径流资料和缺乏实测径流资料两种情况的设计年径流及其年内分配进行介绍。

（四）年径流资料审查

年径流资料是水资源评价及水文水利计算的基础。因此，年径流资料很有必要进行审查，主要从资料的可靠性、一致性和代表性三方面进行。

1. 资料的可靠性

主要是对原始资料可靠程度的鉴定，从资料的来源、资料的测验与整编方法等方面进行检查，并通过上下游、干支流水量平衡来检查是否合理。

2. 资料的一致性

年径流计算所用的资料必须具有一致的成因基础。若设计流域的气候条件和下垫面因素是稳定的无明显变化，则其成因是一致的，否则资料的一致性就遭到破坏。例如，设计地点的上游修建了引水工程，使河流的年径流量减小。为保持资料的一致性，修建引水工程后的年份，应根据引水渠道观测或调查资料，对年径流资料进行还原计算。

3. 资料的代表性

是指作为一个样本的实测年径流系列与总体之间的离差情况。离差愈小，两者愈接近，说明该样本代表性高；反之，代表性差。当代表性差或资料短缺时，需根据相似流域参证站的长期资料，通过相关计算展延设计站的年径流系列，以增加其代表性。

二、设计年径流计算

设计年径流量是指相应于设计保证率的年径流量 Q_p 或 W_p。设计年径流计算内容包括设计年径流量计算和设计年内分配推求。

（一）具有实测资料时设计年径流计算

1. 设计年径流量计算

当具有长系列实测年径流资料时，可直接用前述频率计算方法求得设计年径流量；其步骤为：①资料的“三性”审查；②年径流量频率计算；③成果的合理性分析。

2. 设计年径流年内分配的推求

设计年径流年内分配的推求，一般是采用缩放代表年的方法来确定。其步骤是：①选择代表年；②计算缩放系数；③用同倍比或同频率法缩放代表年。

（1）代表年的选择。代表年是从实测年径流资料中选取，并要求符合以下原则。

1）水量相近原则。即选取代表年的年径量或时段径流量与设计值相接近的年份。这是因为水量相近的年份，径流形成条件可能相似，年内分配亦较相近。

2）对工程较为不利的原则。因为在典型年中水量相同的年份可能不止一个，为了安全起见，应从中选取在年内分配对工程不利的作为代表年。例如，对于灌溉工程，应选灌溉需水期来水量比较少和非灌溉期来水量比较多的年份作为代表年；对于水电站和城镇、工矿用水，要选枯水期长、枯水流量最小的年份作为代表年；对于丰水年一般选择汛期长、峰高而水量大的年份作为代表年。

（2）设计年内分配推求。

1）同倍比法。同倍比法是按同一倍比系数缩放代表年的径流过程，从而得到设计年径流的年内分配。如果以年水量控制，缩放倍数为 $K_{年}$，若以供水期某时段水量控制，缩放倍数为 K_T。$K_{年}$、K_T 按下式计算

$$K_{年}=\frac{Q_p}{Q_d} \quad 或 \quad K_T=\frac{W_{Tp}}{W_{Td}} \tag{13-1}$$

式中 Q_p、Q_d——设计年径流量与代表年年径流量；

W_{Tp}、W_{Td}——设计时段径流量与代表时段径流量。

【例 13-1】 某水文站有 31 年径流年内分配资料。已知年径流 $\overline{Q}=78.5\text{m}^3/\text{s}$，$C_V=0.38$，$C_S=2C_V$，推求设计频率 $p=90\%$ 的设计年平均流量及设计年径流量的年内分配。

解：（1）设计年径流量计算。根据年径流的统计参数 $\overline{Q}=78.5\text{m}^3/\text{s}$，$C_V=0.38$，$C_S=2C_V$ 与设计频率，查表得出 K_p，应用 P—Ⅲ型曲线简化公式，可计算出设计年径流量为 $Q_{90\%}=43.2\text{m}^3/\text{s}$。

（2）代表年的选择。从实测资料中，按代表年的选择原则选 1974～1975 年为枯水年代表年，过程从略。

（3）推求设计年径流年内分配。根据选定的代表年，用年水量控制进行缩放，用缩放倍数 $K_{年}$ 乘以代表年各月流量，即得设计年径流年内分配。计算成果如表 13-1 所示。

表 13-1　某水文站设计年径流年内分配计算表

年型＼月	月平均流量（m^3/s）												年平均流量（m^3/s）
	3	4	5	6	7	8	9	10	11	12	1	2	
枯水年代表年（1974～1975）	43.3	66.0	24.1	20.3	23.2	95.3	124.0	60.2	25.4	18.1	20.2	29.9	46.0
缩放比 K	0.939	0.939	0.939	0.939	0.939	0.939	0.939	0.939	0.939	0.939	0.939	0.939	
设计枯水年	40.7	62.0	22.6	20.0	21.8	89.5	116.5	56.5	23.8	17.0	19.0	28.1	43.2

2）同频率法。上述同倍比法所求的设计年内分配，只有年或某一时段径流量符合设计要求。有时需要所求的设计年内分配，无论是年径流量，还是时段径流量均要满足设计要求，这就需要采用同频率法。即用不同的缩放倍比系数分段控制缩放设计代表年的各月流量，使年径流量与各时段径流量均符合设计频率标准，各时段的缩放倍比系数为

最小 1 个月倍比为

$$K_1=\frac{W_{1p}}{W_{1d}} \tag{13-2}$$

最小 4 个月包括最小 1 个月，其余 3 个月的倍比为

$$K_{4-1}=\frac{W_{4p}-W_{1p}}{W_{4d}-W_{1d}} \tag{13-3}$$

同理，可计算出其他控制时段的倍比系数，全年余下 8 个月的倍比为

$$K_{12-4}=\frac{W_{12p}-W_{4p}}{W_{12d}-W_{4d}} \tag{13-4}$$

式中 W_{1p}、W_{4p}、W_{12p}——最小 1 月、4 月、全年设计径流量；

W_{1d}、W_{4d}、W_{12d}——最小 1 月、4 月、全年代表年径流量。

【例 13-2】 资料同［例 13-1］，年径流频率计算的成果为 $p=90\%$ 的设计年径流量 $Q_{90\%}=43.2m^3/s$，连续最枯 4 个月设计径流量 $W_{4p}=90.8$ (m^3/s) ·月，试用同频率法推求 $p=90\%$ 的设计年径流的年内分配。

解：(1) 选择代表年与计算缩放倍比系数。按代表年选择原则仍然以 1974～1975 年为代表年，统计其连续最枯 4 个月径流量 $W_{4d}=93.6$ (m^3/s) ·月，则连续最枯 4 个月缩放倍比系数 $K_4=90.8/93.6=0.970$；其余 8 个月的缩放倍比系数 $K_{12-4}=(12\times43.2-90.8)/(12\times46.0-93.6)=0.933$。

(2) 用同频率法计算年内分配，如表 13-2 所示。

表 13-2 同频率法计算设计年径流量的年内分配表

月份	3	4	5	6	7	8	9	10	11	12	1	2	全年
枯水代表年 Q (m^3/s)	43.3	66.0	24.1	20.3	23.2	95.3	124.0	60.2	25.4	18.1	20.2	29.9	552.0
缩放倍数 K	0.933	0.933	0.933	0.933	0.933	0.933	0.933	0.933	0.97	0.97	0.97	0.97	
设计枯水年 Q (m^3/s)	40.4	61.6	22.5	18.9	21.6	88.9	115.7	56.2	24.6	17.6	19.6	29.0	518.6

（二）缺乏实测资料时设计年径流计算

在中小型水利水电工程规划设计中，经常遇到缺乏实测径流资料的情况，或者虽有短期实测资料，但无法展延。在这种情况下，设计年径流量及年内分配只有通过间接途径来推求。目前常用等值线图法和水文比拟法来估算年径流的 3 个统计参数，然后计算出设计年径流量，进一步推求设计年径流的年内分配。

1. 等值线图法

各省市（区）《水文手册》（图集）中，均有多年平均年径流深等值线图、年径流变差系数 C_V 等值线图和偏态系数分区图，可供缺乏资料的地区设计时查用。

(1) 多年平均年径流量估算。年径流量等值线图以多年平均年径流深表示。对于某一点的水文特征值（如降水量、蒸发量等），可将观测值直接标注在地图上的观测点处，然后绘出该特征值的等值线图。但对于径流量来说，河流任一测流断面的径流量是由断面以上流域各点的径流汇集而成的，径流量不是该断面处的数值，而是流域的平均值。所以在绘制多年平均年径流深等值线图时，不应将数值点绘在测流断面处，而应点绘在流域的形心处。所谓流域形心，就是沿任意几个方向都能将流域面积划分成两等份的几条直线的交点。在山区，径流有随高程的增加而加大的趋势，故常将数值点绘在流域平均高程处。

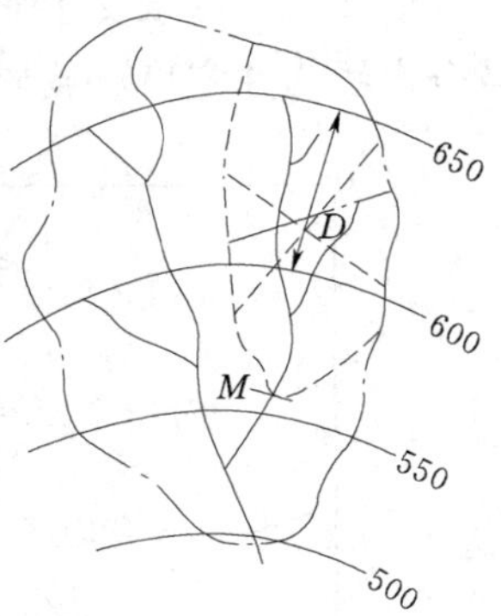

图 13-2 某地区多年平均年径流深等值线图（单位：mm）

由于多年平均年径流深等值线图是按上述原则绘制的，因此，在应用该图来推求缺乏实测径流资料情况下设计断面处的多年平均年径流量时，先在等值线图上勾绘出设计流域工程所在断面以上的流域分水线，并找出流域形心位置。当流域面积较小，穿过流域内的等值线条数较少时，可直接采用直线内插法查读出流域形心处的数值，即为设计流域多年平均年径流深。如图 13-2 所示，M 为设计断面，D 为设计流域面积的形心，位于等值线 600mm 和 650mm 之间，并靠近 600mm 等值线 1/3 的间距。用直线内插法即可求得 D 点的数值为 617，即 M 设计断面以上流域的多年平均径流深为 617mm。

当设计流域面积较大，穿过流域内的等值线条数较多时，则应采用面积加权平均法来计算设计流域的多年平均年径流深 $\overline{y}$（mm），即

$$\overline{y} = \frac{y_1 f_1 + y_2 f_2 + \cdots + y_n f_n}{F} \tag{13-5}$$

其中 $$F = f_1 + f_2 + \cdots + f_n$$

式中 y_1，y_2，…，y_n——相邻两条径流深等值线的数值，mm；

f_1，f_2，…，f_n——相邻两条等值线间包围的部分流域面积，m^2；

F——流域全面积。

（2）年径流变差系数 C_V 的估算。如前所述，影响年径流变化的主要因素是气候条件。因此，在一定程度上也可以用等值线图来表示年径流的 C_V 值在地区上的变化规律。

年径流变差系数 C_V 等值线图的绘制方法和查用方法，与多年平均年径流深等值线图相似。但应注意，年径流量 C_V 等值线图的精度一般较低，特别是用于小流域。由于小流域支流少，水量丰枯补偿小，同时地下水补给也少，使小流域年径流的 C_V 大于大中流域。因此把依据中等流域资料绘制的年径流量 C_V 等值线图用于小流域时，由图上查读的 C_V 值可能比实际的偏小，必须结合具体条件加以修正。

（3）年径流量偏差系数 C_S 的估算。年径流量偏差系数 C_S 一般在地区上变化规律不明显，通常表示为分区图（表）。可直接选用 C_S/C_V 的倍比。年径流计算多采用 $C_S=2C_V$。

（4）设计年径流量及其年内分配的计算。可直接通过查等值线图或分区图（表）得到 3 个统计参数后，根据指定的设计频率，查 P—Ⅲ型曲线模比系数 K_p 值表确定 K_p，按式（12-10）就可计算出设计年径流量 Q_p。为配合参数等值线图的应用，各省（区）《水文手册》（图集）中，均按气候和地理条件划分了水文分区，并概化出了各分区的丰、平、枯各种年型径流的典型分配过程，可供无资料流域推求设计年径流年内分配时查用。

【例 13-3】 某流域缺乏实测径流资料，拟在某河流 A 断面处修建水库，流域面积 $F=176km^2$。试推求设计坝址断面处 $p=90\%$的设计年径流量及其年内分配。

解：（1）在水文手册多年平均年径流深等值线图和变差系数 C_V 等值线图上勾绘出流域分水线，并定出流域形心位置，如图 13-3 所示。

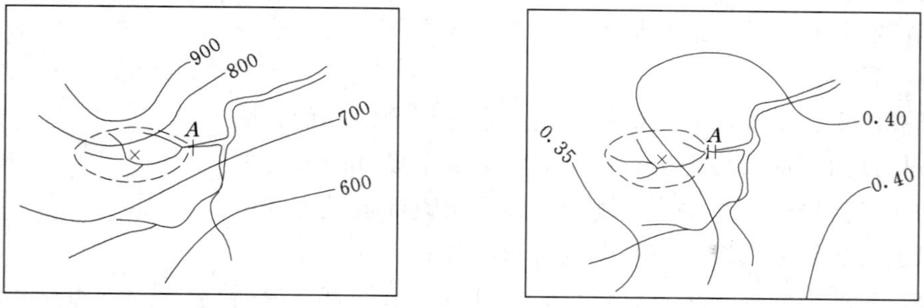

(a) (b)

图 13-3 某地区多年平均年径流深 $\overline{y}$ 及年径流 C_V 等值线图（单位：mm）

（2）用直线内插法求出流域形心处的 $\overline{y}$ 为 780mm，C_V 为 0.39。采用 $C_S=2C_V$。

（3）计算设计年径流量 Q_p。先计算出设计年径流深 y_p，方法是根据 $p=90\%$，$C_V=0.39$，$C_S=2C_V$ 查附录中 P—Ⅲ曲线的 K_p 表，得 $K_p=0.54$，则 $p=90\%$的设计年径流 $y_p=K_p\overline{y}=0.54\times780=421.2$（mm）。

然后换算成设计年径流量 Q_p

$$Q_p=\frac{1000y_pF}{T}=\frac{1000\times421.2\times176}{31.54\times10^6}=2.4(\mathrm{m^3/s})$$

表 13-3　　某站 $p=90\%$设计年径流量年内分配计算表

月　份	4	5	6	7	8	9	10	11	12	1	2	3	合计
枯水代表年各月分配比（$Q_月/Q_年$）	1.88	3.44	3.71	0.46	0.03	0.00	0.00	0.01	0.04	0.03	0.16	2.24	12
$p=90\%$设计年各月流量（$\mathrm{m^3/s}$）	4.51	8.26	8.90	1.10	0.07	0.00	0.00	0.02	0.10	0.07	0.38	5.38	28.79

（4）查该区水文手册得，流域所在分区枯水代表年的年内分配比如表 13-3 所示。将表 13-3 中各月分配比乘以设计年径流量 2.4$\mathrm{m^3/s}$，就可得到 $p=90\%$的设计年内分配过程，见表 13-3。全年各月流量之和为 28.79$\mathrm{m^3/s}$，除以 12 得 2.4$\mathrm{m^3/s}$，等于设计年径流量，计算无误。

2. 水文比拟法

水文比拟法是把参证流域的水文特征值移用到设计流域的一种方法。此法的关键是选择恰当的参证流域。参证流域应具有较长的实测径流资料，且年径流的影响因素与设计流域相似，也就是说参证流域的气候、下垫面条件应与设计流域基本相近，否则会造成较大的误差。流域面积也不宜相差过大。参证流域选定后，可直接或修正后移用。

年径流的 C_V 及 C_S/C_V 值也可以用水文比拟法去移用。对于无资料地区的设计年径流的年内分配，广泛采用水文比拟法。

第三节　设计洪水的计算

一、概述

（一）洪水及设计洪水

流域内的暴雨、融雪形成的大量径流急剧地汇入河流，使河道流量猛增、水位上涨，这就形成了洪水。

流域内发生一次洪水，可在河流测流断面上测到一条相应洪水的流量过程线，如图 13-4 所示。洪水在 A 点起涨，流量不断增大，到 B 点达到最大值，然后流量逐渐减少，直至 C 点落平，一次洪水结束。一次洪水流量的最大值 Q_m 称为洪峰流量。在洪水过程线上 $A\sim B$ 段为涨水段，其相应的历时称为涨水历时；$B\sim C$ 段为退水段，相应的历时称为退水历时；涨水历时和退水历时之和就是一次洪水的总历时 T。一次洪水流过的总水量称为洪水总量，它是洪水过程线与横坐标轴所包围的面积。洪峰流量、洪水总量和洪水过程线称为洪水三要素，简称峰、量、型。

当河槽里的洪水流量超过该河段河槽的宣泄能力时，就会泛滥成灾，给人们的生命财产和国民经济造成巨大的损失。因此，在河流上修建的任何水利工程，设计时必须在充分了解和掌握洪水规律的基础上，正确地预估工程建成后所能防御洪水的能力，以便合理地确定工程的布局及其规模。一般根据工程所在河段未来可能发生洪水的特性，并结合工程的规模和要求，拟定一个比较合理的洪水作为防洪安全的依据，这种洪水称为设计洪水。设计洪水是确定防洪措施规划设计参数和管理运用效果的依据。

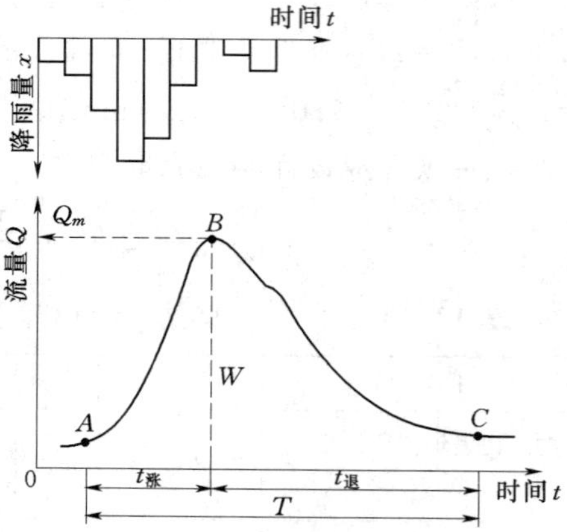

图 13-4 降雨及流量过程

（二）设计洪水的计算方法

我国计算设计洪水的方法，根据不同的资料条件大致有以下几种。

1. 由流量资料推求设计洪水

由流量资料推求设计洪水的计算包括设计洪水峰、量频率计算和设计洪水过程线的推求。这种方法适用于有较长实测洪水资料的流域。

(1) 设计洪水峰、量频率计算。设计洪水峰、量频率计算的具体方法与由年径流资料推求设计年径流时大体相似。先采用年最大值法选取洪峰和各时段洪量样本，组成洪峰或时段洪量系列，然后用频率计算的方法计算出设计洪峰流量、各时段设计洪量。不同点是：目前在设计洪水计算中，需对历史上的特大洪水进行调查处理，确定其重现期，并加入到实测洪水系统中进行频率计算，以提高系列的代表性和成果的稳定性。

所谓特大洪水，目前还没有一个非常明确的定量标准，通常是指比系列中一般洪水大得多的稀遇洪水。它可以是出现在实测资料系列中的实测特大洪水，也可以经调查考证而获得的历史特大洪水。

特大洪水和一般实测洪水加在一起，可以组成一个洪水系列，由于特大洪水的重现期大于一般实测洪水的个数，故使该系列成为不连序系列。如何利用这样的系列作频率计算，其计算方法可参考有关教材。

(2) 设计洪水过程线推求。设计洪水过程线是确定水库防洪库容必不可少的基本资料。其推求方法是在实测洪水过程中挑选能代表本流域大洪水规律的，且对工程安全不利的洪水，如峰高量大且主峰偏后的典型洪水过程线。然后经洪水放大求得设计洪水过程线。其放大方法有：

1) 同倍比放大法。同倍比放大法又分为按峰和按量控制放大两种方法。

2) 同频率放大法。同频率放大法是将洪峰与各时段洪量分别用不同放大倍比系数控制放大典型洪水过程线，使放大后的洪峰及各时段洪量均符合某一设计标准。其计算方法与设计年径流年内分配的计算方法相似。

2. 由暴雨资料推求设计洪水

当实测洪水流量资料短缺，而暴雨资料充足时，可由暴雨资料推求设计洪水。由于降雨形成径流的过程可概化为产流与汇流两个阶段，因此，由暴雨资料推求设计洪水包含设计暴雨计算、产流和汇流计算三个环节。设计暴雨的计算是经频率计算推求出，其方法与洪量频率计算相同，而产流与汇流计算见有关书籍，在此不作介绍。

3. 小流域设计洪水计算

（1）小流域设计洪水计算的特点。小流域设计洪水计算是目前国民经济生产实际工作中一个极为重要的问题。农田水利建设中众多小型排水和蓄水工程的设计；铁路和公路的小桥涵孔径设计；城市、机场、矿区及施工基坑的排水设计等均与小流域设计洪水有关。小流域一般是指流域面积小于 200km^2 的流域。小流域设计洪水计算有以下特点：①小流域通常缺乏实测雨洪资料。所以，不能直接用频率计算的方法推求小流域设计洪水；②小流域建设，一般工程数量多，规模小，所以要求计算方法简单；③因小流域工程规模小，调洪能力差，故设计洪水主要是推求设计洪峰流量。

（2）小流域设计洪水的计算方法。小流域设计洪水的计算方法很多，这里简单介绍经验公式法。本法是一种直接建立流量与有关因素（如流域面积、河道坡度、降水特征、流域形状等）之间的经验公式，采用的有关因素可以是一个或多个。公式是根据地区的实测或调查资料制订的，可由当地《水文手册》查得，使用时必须注意到公式的适用范围。由于公式结构形式简单，计算方便，易于掌握，多适用于小型水利和桥涵工程推求设计洪峰流量。

习　　题

一、填空题

1. ______称为特征水位；________称为特征库容。
2. ________称为正常蓄水位。
3. 所谓的设计标准就是指____________。
4. 水利水电枢纽工程广义上的设计标准分为____________。
5. 设计保证率是指____________。
6. 水利水电工程建筑物防洪标准分为____________。
7. 年径流量指____________________。
8. 年径流可以用____________表示。
9. 影响年径流的因素有____________。
10. 水文资料的审查包括____________。
11. 水文比拟法是____________________。
12. 洪水三要素是指____________。

二、选择题

1. 正常蓄水位与（　　）之间的库容称为兴利库容。

A. 防洪限制水位　　B. 设计洪水位　　C. 校核洪水位　D. 死水位

2. 兴利标准是用（　　）来表示的。

A. 设计保证率　　B. 设计洪水　　C. 校核洪水

三、问答题

1. 水库的兴利和防洪特征水位及相应特征库容有哪些？试图示出来。

2. 设计年径流计算的内容有哪些？推求设计年径流量时为什么要推求年内分配？
3. 试简述设计年径流年内分配计算的方法和过程。
4. 当缺乏实测年径流资料时设计年径流如何计算？
5. 为什么要计算设计洪水？推求设计洪水的途径有哪些？

四、计算题

某水库具有18年的年、月径流资料，计算时段采用年、最小3个月、最小5个月，经过频率计算，得到其 $p=10\%$、$p=90\%$ 的设计年径流量见表13-4。另外，从实测资料中已选出1975～1976年为丰水代表年，1964～1965年为枯水代表年，其年内分配见表13-5。试用同倍比法和同频率法分别推求 $p=10\%$、$p=90\%$ 的设计年径流量的年内分配过程。

表 13-4　某水库时段径流量频率计算成果

计算时段＼参数	径流量均值	C_V	C_S/C_V	$p=10\%$的径流量	$p=90\%$的径流量
12个月	132 (11.0)	0.32	2.0	188.4 (15.7)	81.8 (6.82)
最小5个月	18.0	0.47	2.0		8.45
最小3个月	9.10	0.50	2.0		4.00

注　括号中为年平均流量，单位为 m^3/s。

表 13-5　代表年的年内分配过程　单位：m^3/s

年型＼月	3	4	5	6	7	8	9	10	11	12	1	2	平均
丰水代表年	22.4	37.1	58.0	23.9	10.6	12.4	6.26	8.51	7.30	7.54	3.12	5.56	16.9
枯水代表年	9.91	12.5	12.9	34.6	6.90	5.55	2.00	3.27	1.62	1.17	0.99	3.06	7.87

第五单元　工程地质学基础知识

工程地质学是研究与工程建筑有关的地质问题的科学。它是地质学的一门分支学科。工程地质学的主要任务是查明与工程建筑有关的工程地质条件，分析可能存在的地质问题，并提出防治不良地质现象的措施，为工程建筑的合理规划、正确设计、顺利施工和安全运行提供可靠的地质科学依据。简而言之，工程地质学即是分析工程地质条件，解决工程地质问题，为工程建设服务的学科。

第十四章　工 程 地 质 条 件

【重点内容】　地形地貌及特征；岩浆岩、沉积岩和变质岩的物质组成、结构、构造及鉴定方法；岩层产状、产状要素及产状要素的测量方法；各种地质构造的特征；地下水的形成条件及地下水的基本类型、潜水和承压水的特征、地下水对工程的影响；崩塌、滑坡、泥石流和岩溶的形成条件；地震震级及烈度的概念。

【学习目标】　了解水利工程建设中常见的地貌及其特征。掌握主要造岩矿物的物理性质及三大类岩石的物质组成、结构和构造特征及肉眼鉴定方法。掌握地质构造的类型，岩层产状要素测定方法，各种类型地质构造的特征，并熟悉它们对工程的影响。掌握地下水的形成条件及类型，潜水和承压水的特征。了解地下水对工程的影响。掌握崩塌、滑坡、泥石流和岩溶的形成条件及防治措施。掌握地震震级及烈度的概念。

第一节　地　形　地　貌

一、地球概述

地球是太阳系中的一颗行星，是一个具有圈层结构的旋转椭球体。以地表为界，分为外圈和内圈。外圈又分为大气圈、水圈和生物圈；内圈分为地壳、地幔和地核三个圈层（图 14－1）。地壳和地幔之间的分界面叫莫霍面，地幔和地核之间的分界面叫古登堡面。

地壳位于莫霍面之上，由固体岩石及岩石风化后所形成的土层组成，是人类生活和生产的主要场所。其平均厚度约 16km，仅占地球半径的 1/400，而且各地差异也很大，陆地上较厚，平均为 33km，海洋处较薄，平均为 6km。由此可见，地壳是地球表层很薄的一层坚硬固体外壳。

组成地壳的化学元素有上百种，其中最主要的有 10 种，它们约占地壳总质量的 99%以上（表 14－1）。地壳中的化学元素往往聚集起来形成矿物，各种矿物又自然集合形成岩石。矿物种类不同，组成的岩石也就不一样，对工程的影响就会有差异。所以，需对矿物及岩石进行研究，以分析其工程性质。

二、地形地貌

地貌是指地球表面的形态。地球表面是高低不平的，而且差距很大，总的来说分为大陆和海洋两部分。其中海洋面积占71%，陆地面积占29%。陆地多集中在北半球，海洋多集中于南半球。

地球上陆地并非一个整体，而是被海水分割成许多巨大的陆地和较小的陆地，前者叫大陆，后者称岛屿。大陆地貌错综复杂、种类繁多、形态各异。在水利工程建设中，常遇到的地貌形态有构造与剥蚀地貌、斜坡堆积地貌、河流地貌、岩溶地貌等。

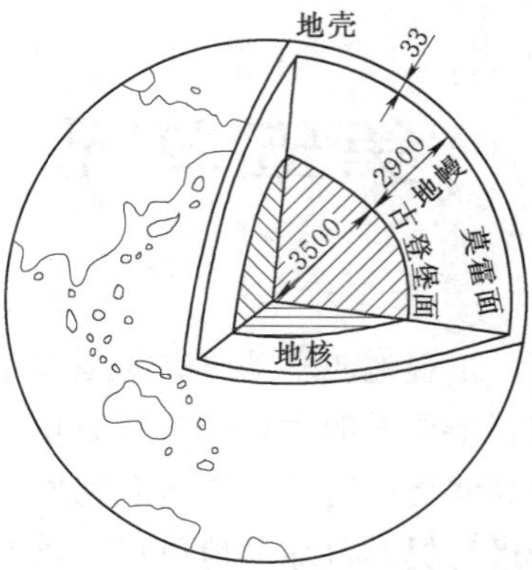

图 14-1 地球的内部构造

表 14-1 地壳主要元素的平均含量 %

元素	氧 (O)	硅 (Si)	铝 (Al)	铁 (Fe)	钙 (Ca)	钠 (Na)	钾 (K)	镁 (Mg)	钛 (Ti)	氢 (H)
含量	46.95	27.88	8.13	5.17	3.65	2.78	2.58	2.06	0.26	0.14

（一）构造与剥蚀地貌

构造与剥蚀地貌是指由地质构造运动和剥蚀作用所形成的地表形态。按其高程和起伏情况，可分为山地、高原、丘陵、平原和盆地，见表 14-2。

表 14-2 构造与剥蚀地貌形态分类

地貌形态名称	山地			高原	丘陵	平原	
	高山	中山	低山			高平原	低平原
绝对高度（m）	>3500	1000～3500	500～1000	>600	<500	>200	<200
相对高度（m）	>1000	500～1000	200～500	>200	<200		

（1）山地。陆地上海拔高度在500m以上的高地。它以较小的峰顶面积区别于高原。山地按绝对高程还可以分为高、中、低山。在山区修建水利工程时，应注意考查岩石的工程性质、查明山体的稳定程度、是否有滑坡、崩塌及泥石流等不良地质现象的发生等。

（2）高原。海拔在600m以上、相对高度超过200m，顶部平坦、面积较大的高地。在高原上修建工程时，要注意周围的冲沟侵蚀和边坡稳定等问题。

（3）丘陵。海拔小于500m、相对高度在200m以下的低矮山丘。在丘陵地区修建工程，一般土石方工程量较大，应注意地基的不均匀沉陷，同时还要考查滑坡、崩塌及水土流失等不良地质现象对工程的危害。

（4）平原。地势低平、高差很小的宽广平展地带。在该地区建筑时，应注意松散岩层相应的地质问题，另外，还要注意防洪和排涝。

（5）盆地。四周被山岭或高地环绕、中间地势低平、外貌似盆的地形。盆地是地下水汇集的场所，所以，工程中应注意地下水对工程的不利影响。

（二）斜坡堆积地貌

斜坡堆积地貌是指由地质作用形成的物质，堆积在斜坡地段所形成的地表形态。常见的有以下几种：

（1）倒石堆。是由山体崩塌下来的物质在坡脚平缓地带堆积成的锥体形态。堆积物大小混杂、无分选性、透水性强。

（2）坡积裙。它是由雨水将岩石的风化物携带到坡地平缓处或山坡下，并围绕坡脚堆积，形成的裙状地貌。坡积物分选、磨圆差，压缩性大、强度低、不均匀变形明显。

（3）洪积扇。它是由山间洪水流出山口后，将所携带的碎屑物质沉积下来，形成的一种外似扇形的地貌（图 14－2）。扇顶物质颗粒大、强度高、透水性强；扇前物质颗粒细、强度低、变形大、透水性差。上述特点，为地下水的储存提供了条件。

（三）河流地貌

河流地貌指由河流地质作用所塑造的地貌，常见的有以下几种。

（1）河谷：河水流经的槽形凹地，由谷底和谷坡组成（图 14－3）。

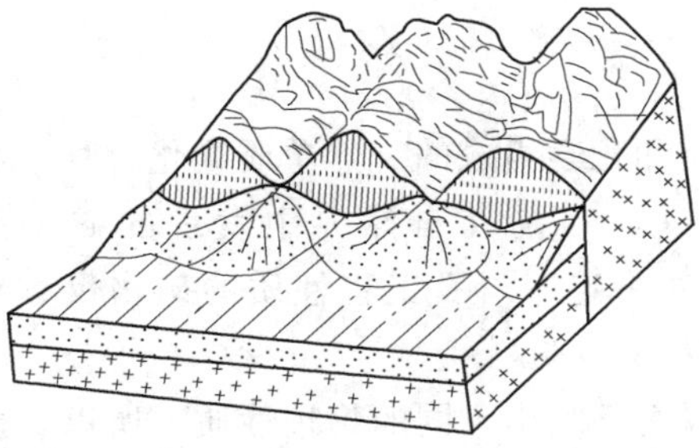

图 14－2　洪积扇示意图

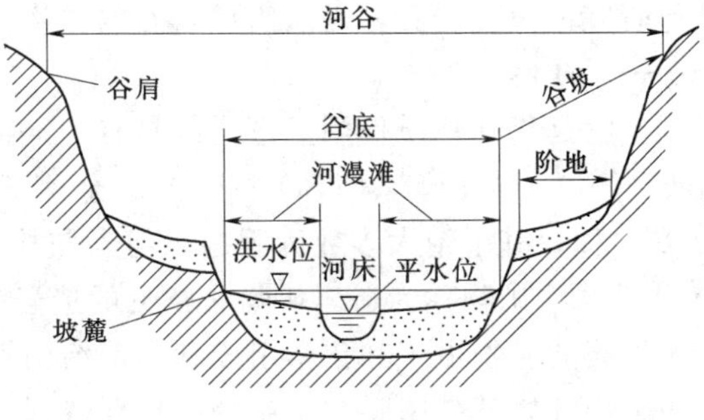

图 14－3　河谷要素

（2）河床：指平水期河水所占据的谷底。

（3）河漫滩：指河床两侧洪水期被淹没、平水期则露出水面的谷底部分。

（4）阶地：指谷坡下部常年洪水不能淹没、有陡坎的沿河平台。但不是所有河段都有。

（5）牛轭湖：河道裁弯取直后，所废弃的部分（图 14－4）。

（6）河口三角洲：河流入海或入湖处，由其沉积物形成的一个三角形区域。

河流的沉积物大小不一，透水性强，所以应特别注意其渗漏、渗透变形及不均匀沉降等问题。

（四）岩溶地貌

岩溶地貌指岩溶作用所塑造的各种地貌形态。常见的有溶沟、石芽、岩溶漏斗、落水洞、石林、峰林、孤峰、溶隙、溶洞、暗河、石钟乳等（图 14－5）。

岩溶地貌为库水的渗漏提供了便利，所以应特别注意。

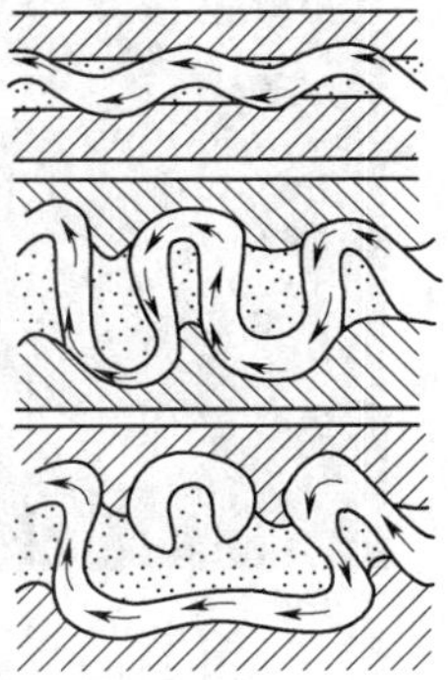

图 14－4　牛轭湖的形成

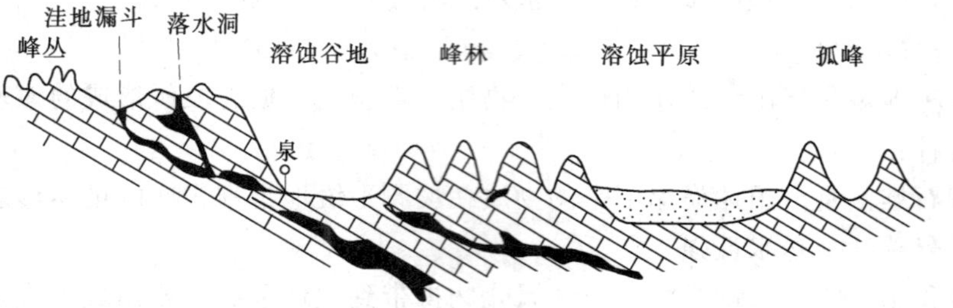

图 14-5 各种岩溶地貌示意图

第二节 岩 石 性 质

一切工程建筑都修建在地壳之上，那么构成地壳的岩石必将作为建筑物的地基、环境及常用的建筑材料。自然界中岩石种类繁多，不同岩石的工程性质也存在着差异，从而会对工程产生不同的影响。所以，为保证建筑物的安全及正常运用，必须对岩石的工程性质进行研究。研究岩石，需从组成岩石的矿物开始。

一、矿物

矿物是指在地质作用下形成的具有一定物理性质和化学组成的天然单质或化合物。如石英（SiO_2）、石膏（$CaSO_4 2H_2O$）、金刚石（C）等。目前在自然界中发现的矿物约3000多种，其中绝大多数为固态。但参与构成岩石并决定着岩石工程性质的矿物仅有约30种，这些矿物称为造岩矿物。常见的造岩矿物见表14-4。

不同的矿物由于其化学组成和内部结构不同，因而反映出不同的物理性质。所以，矿物的物理性质就是肉眼鉴定矿物的重要依据。

矿物的物理性质包括如下几个方面。

（一）形态

矿物的形态是指矿物的单个晶体或集合体的形态。常见的晶体形态有片状（云母）、柱状（角闪石、长石）、六棱柱（石英）、菱面体［方解石（图14-6）］等，集合体形态有纤维状（石膏）、块状（石英）和土状［高岭石（图14-7）］等。

图 14-6 方解石晶体

图 14-7 高岭石集合体

（二）颜色

颜色是指矿物新鲜面呈现的颜色，如肉红色（正长石）。当矿物含杂质时呈现的颜色称他色，鉴定时应加以区别。

（三）条痕

条痕是指矿物粉末的颜色。通常是矿物在白色无釉板上刻划后所留下的色痕。

（四）光泽

光泽是指矿物表面反光的能力。按其强弱可分为金属光泽、半金属光泽和非金属光泽。造岩矿物绝大多数属于非金属光泽。非金属光泽进一步可分为如下几种类型：

（1）金刚光泽。矿物表面反光极强，光耀夺目，如金刚石。

（2）珍珠光泽。如同蚌壳内表面珍珠层上所呈现的光泽，如云母。

（3）玻璃光泽。像玻璃表面的反光，如方解石、角闪石等。

（4）油脂光泽。矿物表面好像涂上一层油脂而显出的光泽，如石英的断口。

（5）丝绢光泽。纤维状集合体矿物所呈现的像丝绢一样的光泽，如纤维状石膏。

（6）土状光泽。暗淡无光，像泥土一样，如高岭石等。

（五）硬度

硬度是指矿物抵抗外力刻划和研磨的能力。一般通过用摩氏硬度计（表 14-3）中的矿物和被测矿物的相互刻划来确定其相对硬度。

表 14-3　矿物硬度表

硬度	1	2	3	4	5	6	7	8	9	10
矿物	滑石	石膏	方解石	萤石	磷灰石	长石	石英	黄玉	刚玉	金刚石

此外，我们也可以用一些常用的物品来确定矿物的相对硬度，如指甲（2～2.5）、玻璃（5.5～6）及小钢刀（6～7）。

（六）解理和断口

解理是指矿物在外力作用下，沿着一定方向破裂成光滑平面的性质［图 14-8（a）、（b）］。破裂面称为解理面。根据解理面方向的数目多少，可分为一组解理（云母）、两组解理（长石）和三组解理（方解石）；根据解理面产生的难易和平整光滑程度又可分为极完全解理、完全解理、中等解理、不完全解理。如果矿物受外力后产生的破裂面呈凹凸不平的形状，则称为断口。如石英的贝壳状断口［图 14-8（c）］。

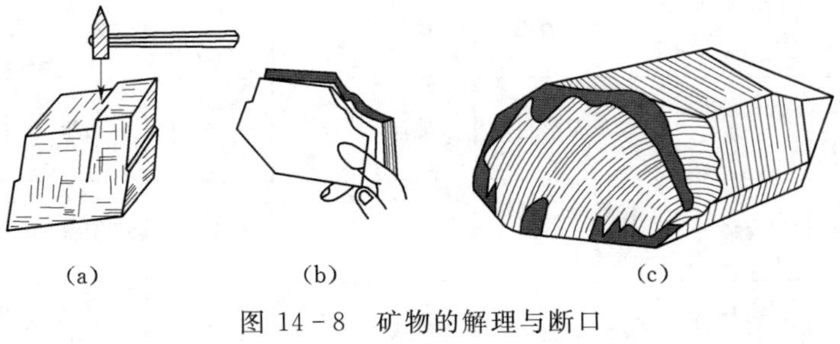

(a)　(b)　(c)

图 14-8　矿物的解理与断口

（a）方解石的解理；（b）云母的解理；（c）石英的贝壳状断口

另外，一些矿物的其他特性对鉴定矿物也相当重要。如云母的弹性、滑石的滑感、方解石与稀盐酸能剧烈反应等。

常见主要造岩矿物的鉴定特征如表 14－4 所示。

表 14－4　　主要造岩矿物的鉴定特征

序号	矿物名称	形态	颜色	光泽	硬度	解理与断口	其他特征
1	石英	晶体六棱柱状、致密块状、粒状集合体	纯者无色、乳白色，含杂质时颜色各异	晶面玻璃光泽、断口油脂光泽	7	无解理，贝壳状断口	坚硬、透明者称水晶
2	正长石	柱状、板状	肉红、浅玫瑰	玻璃	6	两组	易风化成高岭石
3	斜长石	板状、短柱状	灰白、白	玻璃	6	两组	解理面有晶纹
4	白云母	薄片状	无、白	珍珠	2.5～3	一组	薄片有弹性
5	黑云母	片状	黑	珍珠	2.5～3	一组	薄片有弹性
6	方解石	晶体菱面体、致密块状、粒状集合体	无、白，含杂质时颜色各异	玻璃	3	三组	与稀盐酸剧烈反应
7	白云石	晶体菱面体、致密块状、粒状集合体	白、灰白、淡黄	玻璃	3	三组	与稀盐酸微反应
8	石膏	板状、纤维状	无、白，含杂质时常呈黄褐色、红色	玻璃、集合体呈丝绢光泽	2	一组	
9	滑石	致密块状、片状集合体	灰白、淡红	油脂或珍珠	1	一组	有滑感
10	高岭石	土状、致密块状	白，含杂质时常呈黄、浅褐色	蜡状或土状	1～3	土状断口	有滑感、粘舌、易吸水
11	蒙脱石	土状、鳞片状集合体	白、浅灰、浅粉红或微带绿色	土状或蜡状	2～2.5	土状断口、鳞片状者一组	极易吸水且体积膨胀
12	伊利石	土状、鳞片状集合体	白、浅黄	土状或蜡状	1～2	土状断口、鳞片状者一组	亲水性介于上述两种矿物之间
13	角闪石	长柱状、纤维状集合体	深绿至黑色	玻璃	6	两组	
14	辉石	短柱状、粒状集合体	绿黑至黑色	玻璃	6	两组	
15	橄榄石	粒状集合体	橄榄绿、淡绿至黑绿	玻璃	6.5～7	无解理	
16	绿泥石	片状、鳞片状集合体	深绿至黑绿	珍珠	2～2.5	一组	

二、岩石

岩石是矿物的集合体，不同的矿物组合在一起形成不同的岩石。岩石按其成因分为岩浆岩、沉积岩和变质岩三大类。认识岩石，需了解它的成因、产状、成分、结构和构造等基本属性。

（一）岩浆岩

1. 成因

地壳之下，存在着一种高温、高压的熔融硅酸盐物质—岩浆，当地壳发生变动时，岩浆会沿着断裂带或薄弱带侵入地壳或喷出地表冷凝而形成岩石，称之岩浆岩。侵入地壳的岩浆岩称为侵入岩，它又分为深成岩（通常是距地表 3km 以下）和浅成岩（一般是距地表 3km 以内）；喷出地表的岩浆岩称为喷出岩（或火山岩）。

2. 产状

岩浆岩的产状是指岩浆岩体的大小、形态及其与周围岩石的相互接触关系。岩浆岩的产状可以反映岩浆岩形成时所处的地质环境。常见岩浆岩的产状如图 14－9 所示。岩基和岩株是深成岩的产出形状；岩床、岩盖、岩墙和岩脉则多是浅成岩的产出形态；而熔岩流和火山锥则是喷出岩的产出形态。

3. 矿物组成

构成岩浆岩的主要矿物有：浅色矿物——石英、正长石、斜长石和白云母等；深色矿物——角闪石、辉石、橄榄石和黑云母等。

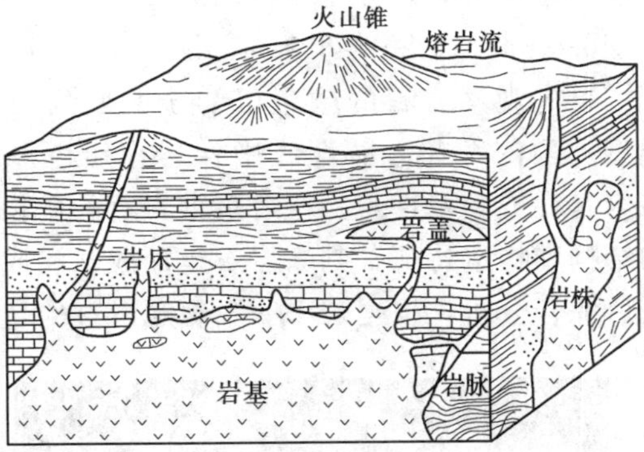

图 14－9　岩浆岩的产状

4. 岩浆岩的结构

结构是指岩石中矿物的结晶程度、颗粒大小、形状及其之间的相互组合关系。岩浆岩常见的结构有以下几种：

（1）显晶质结构。岩石中的矿物凭肉眼或借助于放大镜即能辨认［图 14－10（a）］。多为深成岩所具有，浅成岩中也可见。

（2）隐晶质结构。岩石中的矿物颗粒细小，肉眼或放大镜均不能分辨［图 14－10（b）］。多为喷出岩所具有，浅成岩中也可见。

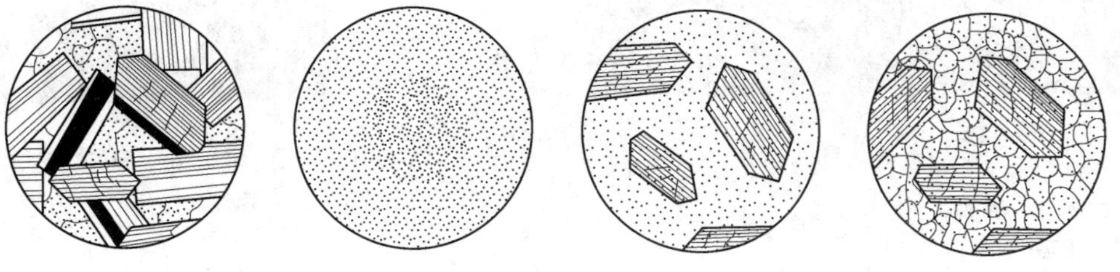

(a)　(b)　(c)　(d)

图 14－10　岩浆岩的主要结构类型

（a）显晶质结构；（b）隐晶质结构；（c）斑状结构；（d）似斑状结构

（3）斑状结构。岩石由两类直径相差悬殊的矿物颗粒组成。大晶粒矿物散乱分布在细小矿物中，大的叫斑晶，细小的叫基质。基质为隐晶质或玻璃质的，称为斑状结构［图14－10（c）］；基质为显晶质的，则称为似斑状结构［图14－10（d）］。斑状结构多为浅成岩具有，部分喷出岩中也可见；似斑状结构主要见于浅成岩，少量深成岩也具有。

（4）玻璃质结构。岩石几乎全部由玻璃质所组成。为喷出岩所特有。

5．岩浆岩的构造

构造是指矿物在岩石中的排列与充填方式。岩浆岩常见的构造有以下几种：

（1）流纹构造。因熔岩流动，造成一些不同颜色的矿物及拉长的气孔，沿着熔岩流动方向作平行排列所形成的一种构造（图14－11）。多见于喷出岩。

（2）气孔和杏仁构造。岩石中分布有大小不同的圆形或椭圆形孔洞称为气孔构造（图14－12）；若气孔被后来的物质所充填，则称为杏仁构造（图14－13）。多见于喷出岩。

（3）块状构造。岩石中矿物的排列无规律性，均匀分布。多见于侵入岩。

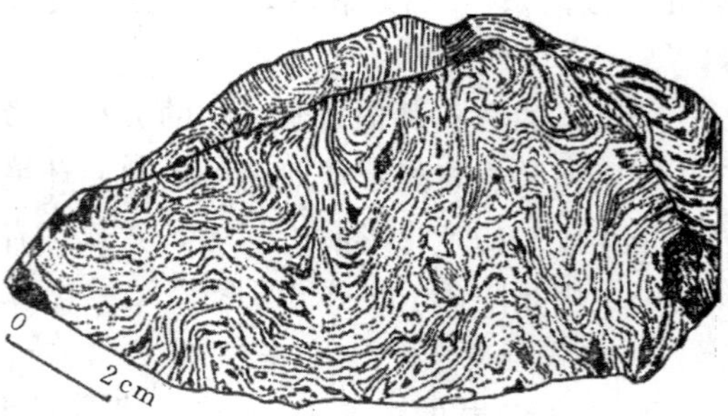

图14－11 流纹构造

6．岩浆岩的分类和鉴定

首先观察岩石的颜色以初步判断岩石的类型。颜色浅者为酸性或中性岩，颜色深者多为基性或超基性岩。接着观察岩石的矿物成分，据此可确定岩石类型。进一步观察岩石的结构和构造特征，判断岩石是深成、浅成还是喷出岩（在野外还可以根据产状来判断）。最后综合分析，根据表14－5确定岩石的名称。

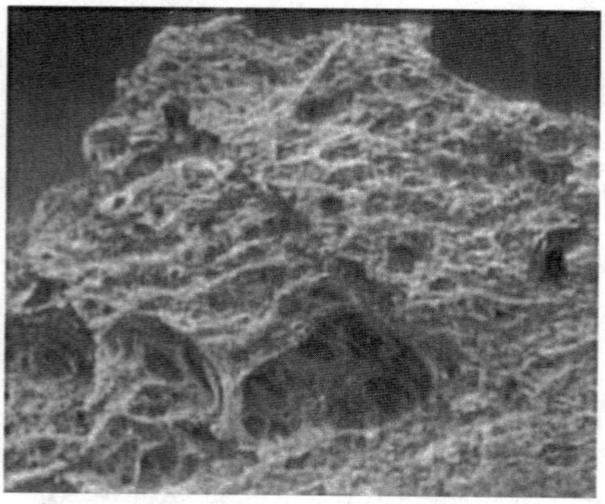

图14－12 气孔构造

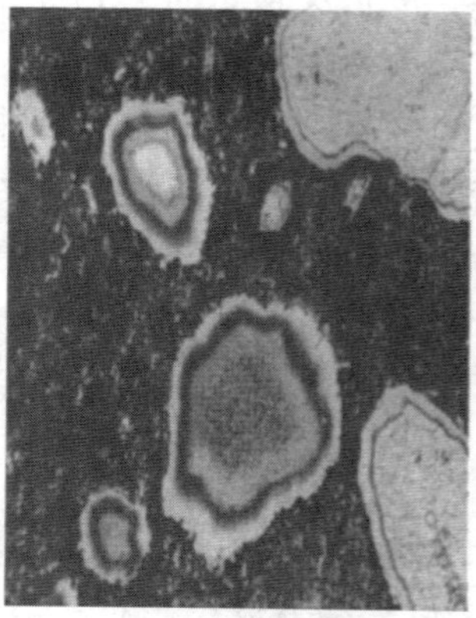

图14－13 杏仁构造

（二）沉积岩

1．成因

地壳表层的岩石在常温、常压条件下，经过风化、搬运、沉积和硬结成岩等一系列地质作用而形成的岩石称之沉积岩。沉积岩在地表分布极广，约占陆地面积的75％。

表 14-5　　岩浆岩的分类鉴定表

<table>
<tr><td colspan="5">岩石类型</td><td>酸性岩</td><td colspan="2">中性岩</td><td>基性岩</td><td>超基性岩</td></tr>
<tr><td colspan="5">SiO_2 含量（%）</td><td>＞65</td><td colspan="2">65～52</td><td>52～45</td><td>＜45</td></tr>
<tr><td colspan="5">颜色</td><td colspan="3">浅色（浅红、浅灰、灰白等）</td><td colspan="2">深色（深灰、黑、暗绿等）</td></tr>
<tr><td colspan="5">主要矿物</td><td>石英
正长石</td><td>正长石</td><td>斜长石
角闪石</td><td>斜长石
辉石</td><td>辉石
橄榄石</td></tr>
<tr><td rowspan="4">岩石的成因、产状、结构及构造</td><td rowspan="2">喷出岩</td><td rowspan="2">熔岩流
火山锥</td><td>玻璃质结构</td><td rowspan="2">气孔、杏仁、流纹构造</td><td colspan="5">火山岩（浮岩、黑曜岩等）</td></tr>
<tr><td>隐晶质结构</td><td>流纹岩</td><td>粗面岩</td><td>安山岩</td><td>玄武岩</td><td>少见</td></tr>
<tr><td>浅成岩</td><td>岩墙
岩床
岩盘</td><td>斑状结构</td><td>块状构造</td><td>花岩斑岩</td><td>正长斑岩</td><td>闪长玢岩</td><td>辉绿岩</td><td>少见</td></tr>
<tr><td>深成岩</td><td>岩基
岩株</td><td>显晶质结构</td><td>块状构造</td><td>花岗岩</td><td>正长岩</td><td>闪长岩</td><td>辉长岩</td><td>辉岩
橄榄岩</td></tr>
</table>

2. 产状

沉积岩多呈层状产出（图 14-20、图 14-21）。层状分布是沉积岩的重要特征之一。

3. 矿物组成

构成沉积岩的矿物较多，按成因可分为三类：碎屑矿物（原岩经风化后保留下来的矿物，如石英、长石等），黏土矿物（原岩经风化后形成的新矿物，如高岭石、蒙脱石和伊利石）和化学生物成因矿物（由化学沉积和生物作用形成的矿物，如方解石、石膏、石油等）。

4. 结构

沉积岩的结构分为以下几种：

（1）碎屑结构。碎屑物质被胶结物胶结而形成的一种结构（图 14-14）。具有这种结构的岩石称碎屑岩。根据碎屑颗粒的大小又进一步分为砾状结构（粒径大于 2mm）、砂状结构（粒径 2～0.05mm）和粉砂状结构（粒径 0.05～0.005mm）。常见的胶结物有硅质、钙质、铁质、泥质和石膏质等。

（2）泥质结构。几乎全部由粒径小于 0.005mm 的黏土矿物组成的结构。具有这种结构的岩石称为黏土岩。

图 14-14　碎屑结构

（3）化学结构。由化学沉积的结晶矿物（如方解石、白云石等）组成的结构。它是化学岩特有的结构。

（4）生物结构。由生物的遗体或碎片组成的结构。如贝壳和珊瑚结构等。

5. 构造

沉积岩最主要的构造是层理构造。根据层理的形态，分为水平层理、斜层理和交错层理（见图 14-15）。沉积岩的表面上常见波痕、雨痕和泥裂等，称之层面构造。沉积岩还含有生物化石等。这些构造特征是沉积岩区别于其他两大类岩石的重要标志。

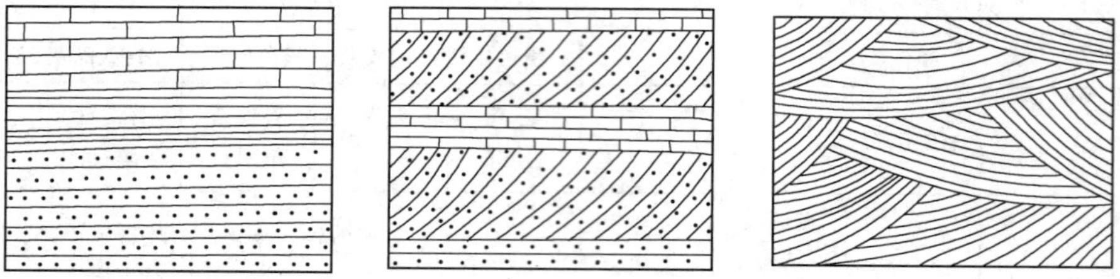

(a) (b) (c)

图 14-15 沉积岩的层理结构

(a) 水平层理；(b) 斜层理；(c) 交错层理

6. 沉积岩的分类和命名

沉积岩主要是根据其结构来进行分类和命名的（表 14-6）。

表 14-6 主要沉积岩分类和命名表

类别	结构特征		岩石名称
碎屑岩	碎屑结构	砾状结构	砾岩
		砂状结构	砂岩
		粉砂状结构	粉砂岩
黏土岩	泥质结构		泥岩
			页岩
化学岩	化学结构		石灰岩
			泥灰岩
			白云岩
生物岩	生物结构		煤、油页岩

（三）变质岩

1. 成因

地壳中原有的岩石，由于地壳运动和岩浆活动等作用，导致其所处的环境发生变化，致使岩石的矿物成分、结构和构造发生一系列改变而形成的新岩石称之变质岩。

2. 产状

变质岩是原岩在固体状态下变质而成，所以变质岩的产状同原岩的产状基本一致。

3. 矿物组成

变质岩的矿物成分较复杂，既有原岩（岩浆岩、沉积岩）中保留下来的，如石英、长石、角闪石、方解石等；也有在变质过程中形成的新矿物（称为变质矿物），如滑石、绿泥石等。

4. 结构

变质岩的结构分为以下几种：

(1) 变晶结构。原岩在固体状态下发生重结晶形成的结构。这是变质岩中最常见的结构。

(2) 变余结构。原岩变质不彻底，部分结构被保留下来。

(3) 碎裂结构。原岩在动力地质（如断层）作用下，被挤压破碎而形成的结构。

5. 构造

变质岩的构造是鉴定变质岩的主要特征，也是区别于其他岩石的重要标志。变质岩的构造有以下几种：

(1) 片麻状构造。指石英、长石等浅色粒状矿物和黑云母、角闪石等暗色片状、柱状矿物相间定向排列所形成的断续条带状构造。

（2）片状构造。指岩石中片状、柱状、纤维状矿物定向排列所形成的薄层状构造（图14-16）。片理面上光泽较强。

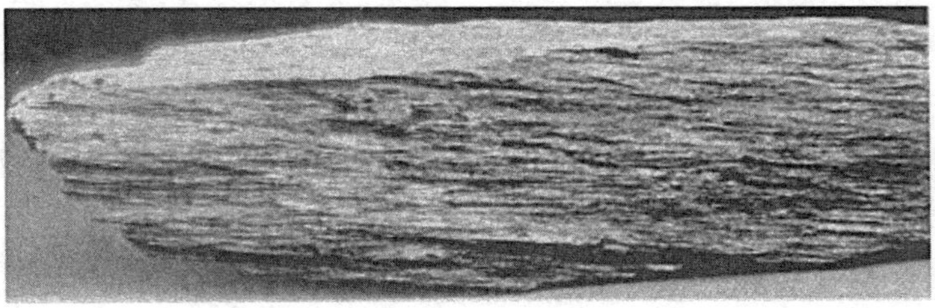

图14-16　片状构造

（3）千枚状构造。指由细小片状矿物（肉眼难以分辨）定向排列所形成的一种构造。片理面上具有丝绢光泽。

（4）板状构造。指岩石结构致密、矿物颗粒细小（肉眼难以分辨），易沿片理面形成较为平整的薄板状。片理面上光泽微弱。

（5）块状构造。岩石中矿物分布均匀、无定向排列，也不能定向裂开。

6. 变质岩的分类和鉴定

变质岩主要是根据其构造来进行分类和命名的（表14-7）。

表14-7　主要变质岩分类和命名表

类　别	构造特征	岩石名称
片理状岩类	片麻状构造	片麻岩
	片状构造	片岩
	千枚状构造	千枚岩
	板状构造	板岩
块状岩类	块状构造	石英岩
		大理岩
		碎裂岩
		糜棱岩

（四）岩石的工程地质性质

1. 岩浆岩的工程地质性质

（1）深成岩。颗粒粗大均匀、裂隙少、透水性弱、强度高，是建筑物的良好地基。如三峡大坝就建在花岗岩上。但深成岩的抗风化能力差，易风化破碎，应注意考察其风化程度及深度。

（2）浅成岩。浅成岩常具细晶隐晶质结构及斑状结构，所以这类岩石的工程性质各不相同。一般情况下，中细晶质和隐晶质结构的岩石透水性小、强度高、抗风化能力较深成岩强；而斑状结构的岩石，透水性和强度变化较大，特别是岩脉类，岩体小且穿插于不同的岩石中，易风化，使得强度降低，透水性增强。

（3）喷出岩。喷出岩由于结构和构造多种多样，产状不规则，厚度变化大，岩性很不均匀，所以其强度和透水性相差悬殊。如致密状玄武岩，强度高，抗风化能力强，是良好的地基和建筑材料。而具有气孔构造和原生柱状节理的玄武岩，则强度低，透水性强。

2. 沉积岩的工程地质性质

（1）碎屑岩类。此类岩石的工程性质主要取决于胶结物的成分和类型。如硅质胶结的岩石强度高，钙质、泥质及石膏质胶结的岩石强度低。

（2）黏土岩类。这类岩石的强度低、受力变形大、遇水易软化和泥化，因此不宜作为水利建筑的地基。但其透水性小，故可作为防水层或隔水层。

（3）化学岩类。石灰岩和白云岩致密坚硬、强度较高。泥灰岩强度低、遇水易软化。这类岩石易发生岩溶。

3. 变质岩的工程地质性质

变质岩的工程性质与原岩密切相关，往往与原岩的性质相似或相近。一般岩石的强度较变质前有所提高，但在变质过程中，若形成软弱矿物（如绿泥石、滑石等），则强度相对降低。另外，片理构造的岩石，易沿片理方向发生滑动，不利于边坡和坝基的稳定。通常而言，板岩、片岩及千枚岩的性质较差，片麻岩、石英岩和大理岩的性质较好。

第三节 地 质 构 造

地质构造是指由于地壳运动使岩层发生变形或变位后形成的各种构造形态。地质构造有五种基本类型：水平构造、倾斜构造、直立构造、褶皱构造和断裂构造。这些地质构造不仅改变了岩层的原始产状、破坏了岩层的连续性和完整性，甚至降低了岩体的稳定性和增大了岩体的渗透性。因此研究地质构造对水利工程建筑有着非常重要的意义。要研究上述五种构造必须了解地质年代和岩层产状的相关知识。

一、地质年代和地层单位

地球形成至今已有46亿年，对整个地质历史时期而言，地球的发展演化及地质事件的记录和描述需要有一套相应的时间概念，即地质年代。同人类社会发展历史分期一样，可将地质年代按时间的长短依次分为宙、代、纪、世不同时期（表14－8），对应于上述时间段所形成的岩层（即地层）依次称为宇、界、系、统，这便是地层单位。如太古代形成的地层称为太古界，石炭纪形成的地层称为石炭系等。

二、岩层产状

（一）岩层产状要素

岩层产状指岩层在空间的位置，用走向、倾向和倾角表示，称为岩层产状三要素。

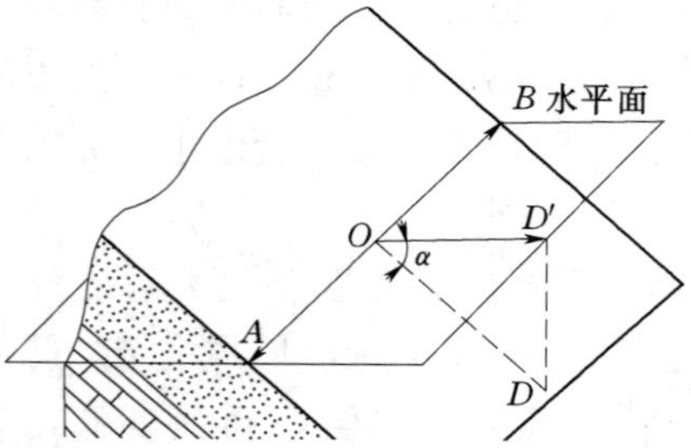

图14－17 岩层产状要素图

AOB—走向线；*OD*—倾向线；*OD′*—倾斜线在水平面上的投影，箭头方向为倾向；α—倾角

（1）走向。岩层面与水平面的交线叫走向线（图14－17中的*AOB*线），走向线两端所指的方向即为岩层的走向。走向有两个方位角数值，且相差180°。如NW300°和SE120°。岩层的走向表示岩层的延伸方向。

（2）倾向。层面上与走向线垂直并沿倾斜面向下所引的直线叫倾斜线（图14－17中的*OD*线），倾斜线在水平面上投影（图14－17中的*OD′*线）所指的方向就是岩层的倾向。对于同一岩层面，倾向与走向垂直，且只有一个方向。岩层的倾向表示岩层的倾斜方向。

表 14－8　　　　**地 质 年 代 表**

地质年代					国际代号		距今年龄（100 万年）	生物界	
宙（宇）	代（界）	纪（系）		世（统）				植物	动物
显生宙	新生代（K_Z）	第四纪		全新世 更新世	Q	Q_4 $Q_{1\sim3}$	0.01～3	被子植物	人类
		第三纪	晚第三纪	上新世 中新世	N	N_2 N_1	25		哺乳动物
			早第三纪	渐新世 始新世 古新世	E	E_3 E_2 E_1	40 60 80		
	中生代（M_Z）	白垩纪		晚白垩世 早白垩世	K	K_2 K_1	140	裸子植物	爬行动物
		侏罗纪		晚侏罗世 中侏罗世 早侏罗世	J	J_3 J_2 J_1	195		
		三叠纪		晚三叠世 中三叠世 早三叠世	T	T_3 T_2 T_1	230		
	古生代（P_z）	晚古生代	二叠纪	晚二叠世 早二叠世	P	P_2 P_1	280	蕨类植物	两栖类动物
			石炭纪	晚石炭世 中石炭世 早石炭世	C	C_3 C_2 C_1	350		
			泥盆纪	晚泥盆世 中泥盆世 早泥盆世	D	D_3 D_2 D_1	410		鱼类
		早古生代	志留纪	晚志留世 中志留世 早志留世	S	S_3 S_2 S_1	440	孢子植物高级藻类	海生无脊椎动物
			奥陶纪	晚奥陶世 中奥陶世 早奥陶世	O	O_3 O_2 O_1	500		
			寒武纪	晚奥陶世 中奥陶世 早奥陶世	Є	$Є_3$ $Є_2$ $Є_1$	600		
隐生宙	元古代（P_t）	晚	震旦纪		Z		800	真核生物（绿藻）	
		中					1900		
		早					2500		
	太古代（A_r）						4000	原核生物（菌藻类）	
	地球初期发展阶段						4600	无生物	

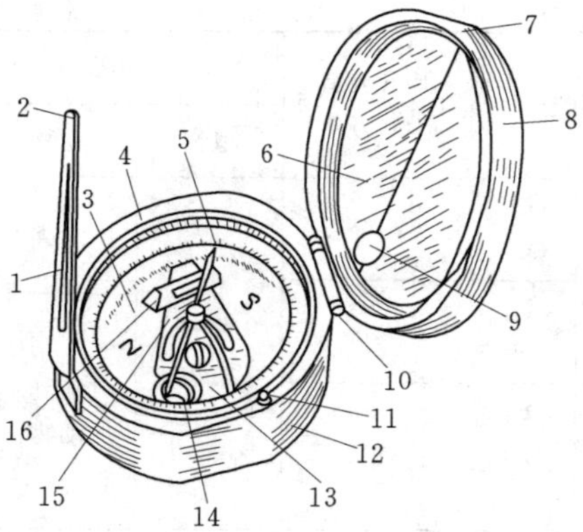

图 14-18 地质罗盘

1—长照准合页；2—短照准合页；3—方向盘；4—刻度环；5—磁针；6—反光镜；7—照准尖；8—上盖；9—反光镜观测孔；10—连接合页；11—磁针锁制器；12—壳体；13—倾角指示盘；14—圆水准泡；15—测角旋钮（仪器背面）；16—长水准泡

(3) 倾角。是指岩层面和水平面所夹的最大锐角（或二面角）（图 14-17 中的 α 角）。

除岩层面外，岩体中其他面（如节理面、断层面等）的空间位置也可以用岩层产状三要素来表示。

（二）岩层产状要素的测量

岩层产状要素需用地质罗盘测量（图 14-18)。地质罗盘的主要构件有磁针、刻度环、方向盘、倾角旋钮、水准泡、磁针锁制器等。刻度环和磁针是用来测岩层的走向和倾向的。刻度环按方位角分划，以北为 0°，逆时针方向分划为 360°。在方向盘上用四个符号代表地理方位，即 N（0°）表示北，S（180°）表示南，E（90°）表示东，W（270°）表示西。方向盘和倾角旋钮是用来测倾角的。方向盘的角度变化介于 0°～90°。测量方法如下（图 14-19)：

(1) 测量走向。罗盘水平放置，将罗盘与南北方向平行的边与层面贴触（或将罗盘的长边与岩层面贴触），调整圆水准泡居中，此时罗盘边与岩层面的接触线即为走向线，磁针（无论南针或北针）所指刻度环上的度数即为走向。

(2) 测量倾向。罗盘水平放置，将方向盘上的 N 极指向岩层层面的倾斜方向，同时使罗盘平行于东西方向的边（或短边）与岩层面贴触，调整圆水准泡居中，此时北针所指刻度环上的度数即为倾向。

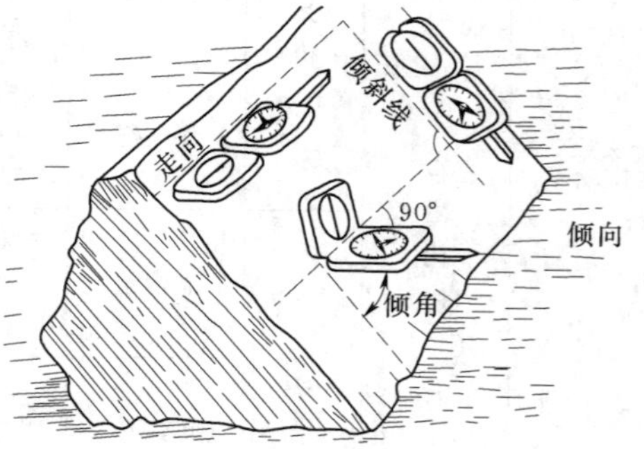

图 14-19 岩层产状要素测量

(3) 测量倾角。罗盘侧立摆放，将罗盘平行于南北方向的边（或长边）与层面贴触，并垂直于走向线，然后转动罗盘背面的测角旋钮，使长水准泡居中，此时倾角旋钮所指方向盘上的度数即为倾角大小。若是长方形罗盘，此时桃形指针在方向盘上所指的度数，即为所测的倾角大小。

（三）岩层产状的记录方法：

岩层产状的记录方法有以下两种：

(1) 象限角表示法。一般以北或南的方向为准，记走向、倾向和倾角。如 N30°E，NW∠35°，即走向北偏东 30°、向北西方向倾斜、倾角 35°。

(2) 方位角表示法。一般只记录倾向和倾角。如 SW230°∠35°，前者是倾向的方位角，后者是倾角，即倾向 230°、倾角 35°。走向可通过倾向±90°的方法换算求得。上述记录表示岩层走向为北西 320°，倾向南西 230°，倾角 35°。

三、水平构造、倾斜构造和直立构造

(一) 水平构造

岩层产状呈水平（倾角 $\alpha=0°$）或近似水平（$\alpha<5°$）如图 14-20 所示。岩层呈水平构造，表明该地区地壳相对稳定。

图 14-20 水平岩层

图 14-21 倾斜岩层

(二) 倾斜构造（单斜构造）

岩层产状的倾角 $0°<\alpha<90°$，岩层呈倾斜状（图 14-21）。

岩层呈倾斜构造说明该地区地壳不均匀抬升或受到岩浆作用的影响。

(三) 直立构造

岩层产状的倾角 $\alpha\approx90°$，岩层呈直立状（图 14-22）。

岩层呈直立构造说明岩层受到强有力的挤压。

四、褶皱构造

褶皱构造是指岩层受构造应力作用后产生的连续弯曲变形。绝大多数褶皱构造是岩层在水平挤压力作用下形成的，如图 14-23 所示。褶皱构造是岩层在地壳中广泛发育的地质构造形态之一，它在层状岩石中最为明显，在块状岩体中则很难见到。褶皱构造的每一个向上或向下弯曲称为褶曲。两个或两个以上的褶曲组合叫褶皱。

(一) 褶皱要素

褶皱构造的各个组成部分称为褶皱要素（图 14-24）。

(1) 核部。褶曲中心部位的岩层。

图 14-22 直立岩层

图 14-23 褶皱构造

（2）翼部。核部两侧的岩层。一个褶曲有两个翼。

（3）翼角。翼部岩层的倾角。

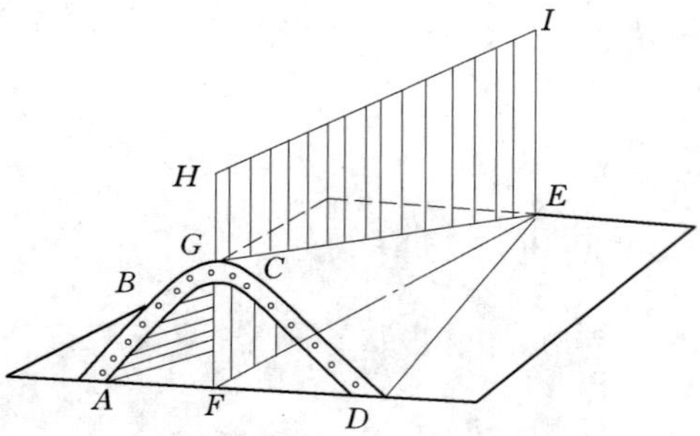

图 14-24 褶皱要素示意图

AB—翼；被 ABGCD 包围的内部岩层—核；BGC—转折端；EFHI—轴面；EF—轴线；EG—枢纽

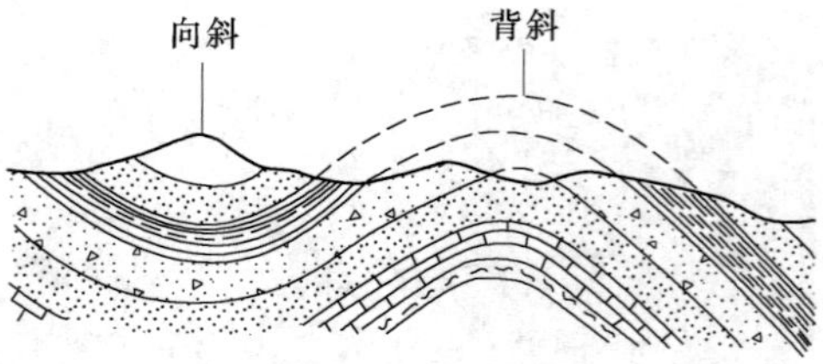

图 14-25 背斜和向斜

（4）轴面。对称平分两翼的假象面。轴面可以是平面，也可以是曲面。轴面与水平面的交线称为轴线；轴面与岩层面的交线称为枢纽。

（5）转折端。从一翼转到另一翼的弯曲部分。

（二）褶皱的基本形态

褶皱的基本形态是背斜和向斜（图 14-25）。

（1）背斜。岩层向上弯曲，两翼岩层常向外倾斜，核部岩层时代较老，两翼岩层依次变新并呈对称分布。

（2）向斜。岩层向下弯曲，两翼岩层常向内倾斜，核部岩层时代较新，两翼岩层依次变老并呈对称分布。

（三）褶皱的类型

根据轴面产状和两翼岩层的特点，将褶皱分为直立褶皱、倾斜褶皱、倒转褶皱、平卧褶皱、翻卷褶皱（图 14-26）。

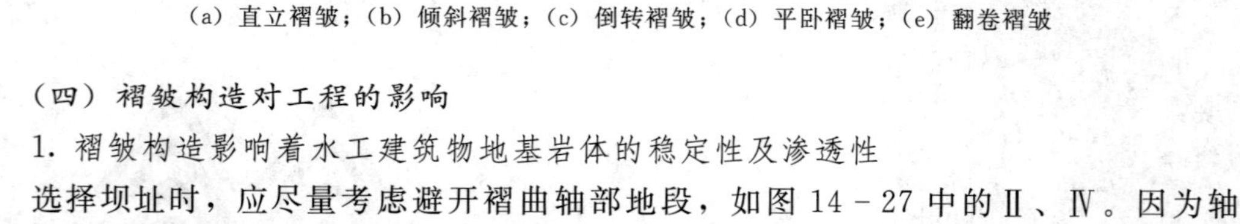

图 14-26 根据轴面产状褶皱的分类

（a）直立褶皱；（b）倾斜褶皱；（c）倒转褶皱；（d）平卧褶皱；（e）翻卷褶皱

（四）褶皱构造对工程的影响

1. 褶皱构造影响着水工建筑物地基岩体的稳定性及渗透性

选择坝址时，应尽量考虑避开褶曲轴部地段，如图 14-27 中的Ⅱ、Ⅳ。因为轴部节理发育、岩石破碎，易受风化、岩体强度低、渗透性强，所以工程地质条件较差。当坝址选在褶皱翼部时，若坝轴线平行岩层走向，则坝基岩性较均一。再从岩层产状考虑，岩层倾向上游，倾角较陡时，对坝基岩体抗滑稳定有利，也不易产生顺层渗漏，如

图 14 - 27 中的Ⅰ；当倾角平缓时，虽然不易向下游渗漏，但坝基岩体易于滑动。岩层倾向下游，倾角又缓时，岩层的抗滑稳定性最差，也容易向下游产生顺层渗漏，见图 14 - 27中的Ⅲ。

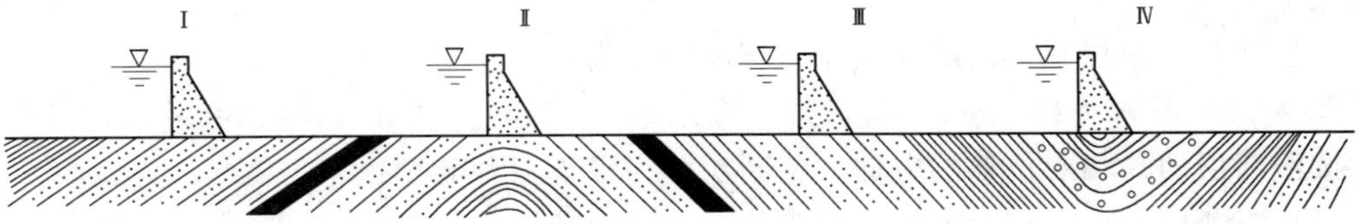

图 14 - 27　褶皱不同部位筑坝剖面图

2. 褶皱构造与其蓄水的关系

褶皱构造中的向斜构造，是良好的蓄水构造，在这种构造盆地中打井，地下水常较丰富。

五、断裂构造

岩层受力后产生变形，当作用力超过岩石的强度时，岩石就会发生破裂，形成断裂构造。断裂构造的发生，必将对岩体的稳定性、透水性及其工程性质产生较大影响。根据破裂之后的岩层有无明显位移，将断裂构造分为节理和断层两种形式。

（一）节理

没有明显位移的断裂称为节理。节理按照成因分为三种类型：第一种为原生节理：岩石在成岩过程中形成的节理，如玄武岩中的柱状节理；第二种为次生节理：风化、爆破等原因形成的裂隙，如风化裂隙等；第三种为构造节理：由构造应力所形成的节理。其中，构造节理分布最广。构造节理又分为张节理和剪节理。张节理由张应力作用产生，多发育在褶皱的轴部，其主要特征为：节理面粗糙不平，无擦痕，节理多开口，一般被其他物质充填，在砾岩或砂岩中的张节理常常绕过砾石或砂粒，节理一般较稀疏，而且延伸不远。剪节理由剪应力作用产生，其主要特征为：节理面平直光滑，有时可见擦痕，节理面一般是闭合的，没有充填物，在砾岩或砂岩中的剪节理常常切穿砾石或砂粒，产状较稳定，间距小、延伸较远，发育完整的剪节理呈 X 形。

（二）断层

有明显位移的断裂称之为断层。

1. 断层要素

断层的基本组成部分叫断层要素（图 14 - 28）。断层要素包括断层面、断层线、断层带、断盘及断距。

（1）断层面。岩层发生断裂并沿其发生位移的破裂面。它的空间位置仍由走向、倾向和倾角表示。它可以是平面，也可以是曲面。

（2）断层线。断层面与地面的交线。其方向表示断层的延伸方向。

（3）断层带。包括断层破碎带和影响带。破碎带是指被断层错动搓碎的部分，常由岩块碎屑、粉末、角砾

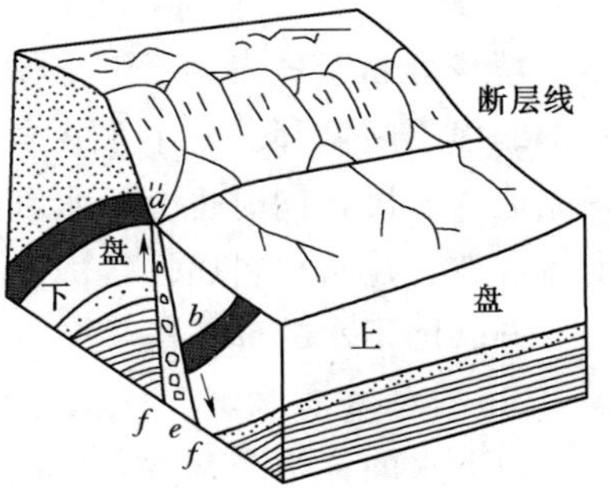

图 14 - 28　断层要素图
ab—断距；*e*—断层破碎带；
f—断层影响带

及黏土颗粒组成，其两侧被断层面所限制，如图 14－28（*e*）所示。影响带是指靠近破碎带两侧的岩层受断层影响裂隙发育或发生牵引弯曲的部分，如图 14－28（*f*）所示。

（4）断盘。断层面两侧相对位移的岩块称为断盘。其中，断层面之上的称为上盘，断层面之下的称为下盘。

（5）断距。断层两盘沿断层面相对移动的距离。

2. 断层的基本类型

按照断层两盘相对位移的方向，将断层分为以下三种类型：

（1）正断层。上盘相对下降，下盘相对上升的断层［图 14－29（a）］。

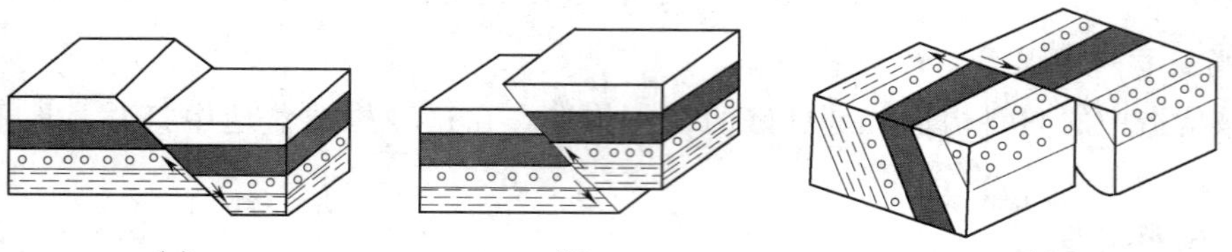

图 14－29 断层类型示意图

（a）正断层；（b）逆断层；（c）平移断层

（2）逆断层。上盘相对上升，下盘相对下降的断层［图 14－29（b）］。

（3）平移断层。是指两盘沿断层面作相对水平位移的断层［图 14－29（c）］。

（三）断裂构造对工程的影响

节理和断层的存在，破坏了岩石的连续性和完整性，降低了岩石的强度，增强了岩石的透水性，给水利工程建设带来很大影响。如节理密集带或断层破碎带，会导致水工建筑物的集中渗漏、不均匀变形、甚至发生滑动破坏。因此在选择坝址、确定渠道及隧洞线路时，要尽量避开大的断层和节理密集带，否则必须对其进行开挖、帷幕灌浆等方法处理，甚至调整坝或洞轴线的位置。不过，这些破碎地带，有利于地下水的运动和汇集。因此，断裂构造对于山区找水具有重要意义。

第四节 地　下　水

埋藏分布于地表之下岩土体空隙中的水称之地下水。地下水并不孤立存在，它与自然界中的水不断循环。地下水在岩层中以气态水、液态水和固态水多种形式存在。地下水不仅能造福于民，同时也会给水利工程带来不利的影响，如能引起库水渗漏、基坑涌水、岩土体滑坡、建筑材料腐蚀等。

一、地下水的形成条件

（一）补给来源

地下水的补给来源主要有大气降水、地表水（江、河、湖等）、冰雪融水及含水层之间的补给等。

（二）含水层

含水层是指能够透过并能给出相当数量重力水的岩层。它是地下水储存和渗流的主要场所。构成含水层的条件，一是岩层中要有空隙的存在，并能储存相当数量的重力水；二是这些水能够在空隙中自由移动。

（三）隔水层

隔水层是指不透水且不能给出水的岩层。隔水层并不是滴水不漏，只是相对含水层来讲透水性弱而已。

二、地下水的基本类型

地下水按照埋藏条件可分为包气带水、潜水和承压水；按含水介质可分为孔隙水、裂隙水和岩溶水。下面仅重点介绍潜水和承压水的相关概念及特征。

（一）潜水

潜水是指埋藏在地表以下第一个连续稳定的隔水层之上，具有自由水面的重力水（图16-30）。

潜水的特征：潜水具有自由水面，随地形的起伏而变化，可由水位高的地方向水位低处流动；潜水可直接接受大气降水和地表水的补给，其水位、水量随季节而变；潜水水质一般易受污染。

（二）承压水

承压水是指充满在两个稳定隔水层之间的含水层中，具有静水压力的地下水（图14-30）。

承压水的特征：承压水具有承压性能，其水面为非自由水面；承压水可由水压高的地方向水压低处流动；承压水可接受大气降水、地表水、潜水及承压含水层的补给，补给区与承压区不一致，其水量较稳定；水质较好，不易污染。

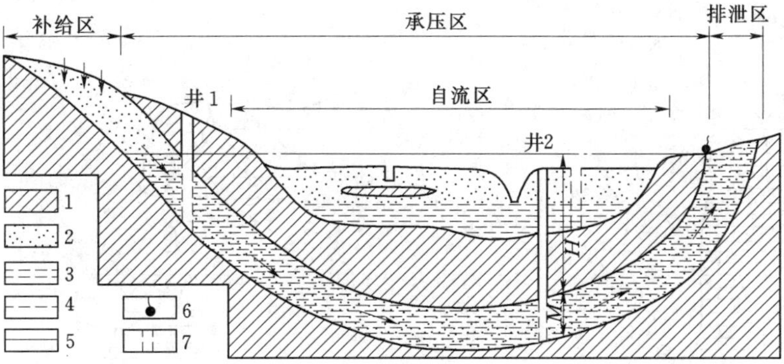

图 14-30 潜水和承压水

1—隔水层；2—透水层；3—饱水部分；4—潜水位；5—承压水水位；6—泉；7—水井

H—承压水头；M—含水层厚度；井1—承压井；井2—自流井

三、地下水的化学成分及侵蚀性

地下水主要含有 K^+、Na^+、Ca^{2+}、Mg^{2+}、Cl^-、SO_4^{2-}、HCO_3^- 七种离子，除此之外，可能还含有 O_2、N_2、CO_2 及 H_2S 等气体。

地下水的侵蚀性是指地下水对混凝土及钢筋等建筑材料的侵蚀破坏能力，主要有两种类型：

(1) 硫酸型侵蚀。若水中 SO_4^{2-} 过量时，它就会与混凝土中的水泥作用，生成硫酸盐结晶（如石膏 $CaSO_4 \cdot 2H_2O$），造成体积膨胀，使混凝土遭到破坏。所以，这种情况下应用抗硫酸盐的水泥。

(2) 碳酸盐侵蚀。主要指水中 H^+ 浓度（pH 值）、HCO_3^- 及 CO_2 气体对混凝土中的碳酸钙进行溶解、分解，使混凝土遭受破坏。

第五节 物理地质作用

物理地质作用是指由自然界中各种动力引起的地质作用。如果这种作用危害到工程建筑，甚至造成生命财产损失，则成为地质灾害。本节主要介绍与水利工程建筑有关的物理地质作用，如崩塌、滑坡、泥石流、岩溶和地震等。

一、崩塌

崩塌是指斜坡上的岩（土）体在自身重力作用下，突然脱离母体，快速倾倒、翻滚坠落于坡脚的地质现象（图 14-31、图 14-32）。大规模的崩塌称为山崩；小型崩塌称为坠石。

崩塌多发生在坡度很陡（大于 60°～70°）的斜坡地带的前缘，地形切割越强烈，高差越大越易形成崩塌；裂隙发育的岩层、厚层坚硬脆性的岩石（图 14-31）或软硬互层的岩层（图 14-32）构成的边坡易发生崩塌。另外，风化作用、水、人为因素（如爆破）及地震对崩塌的形成也起了促进作用。

防治崩塌的措施有坡面加固、拦截防御、排水、削坡等。

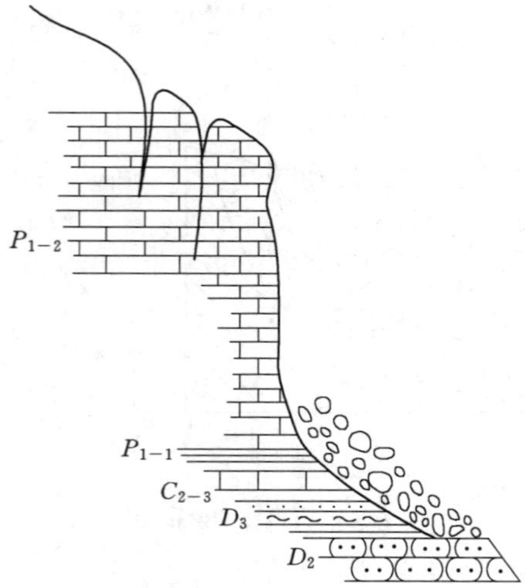

图 14-31 厚层石灰岩陡坡的崩塌

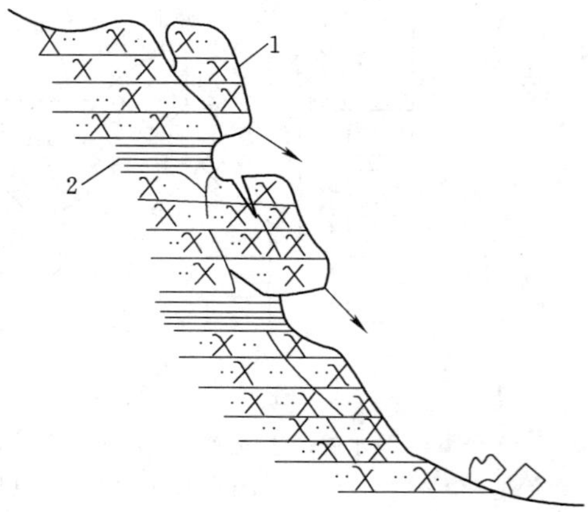

图 14-32 软硬相间岩层的陡坡崩塌

1—砂岩；2—页岩

二、滑坡

滑坡是指斜坡上的岩土体，在重力作用及其他因素的影响下，沿一定的滑动面整体向下滑移的现象。

（一）滑坡要素（图 14－33）

（1）滑坡体。与原岩土体分离并向下滑动的土石体。

（2）滑动面。滑坡体沿不动岩土体下滑的分界面。

（3）滑坡床。指滑动面之下未滑动的岩土体。

（二）影响滑坡的因素

1．岩土类型

结构松软、抗风化能力低、在水的作用下易发生变化的岩、土（如松散覆盖层、黄土、泥岩、页岩、片岩等）及软硬相间的岩层构成的边坡易发生滑坡。

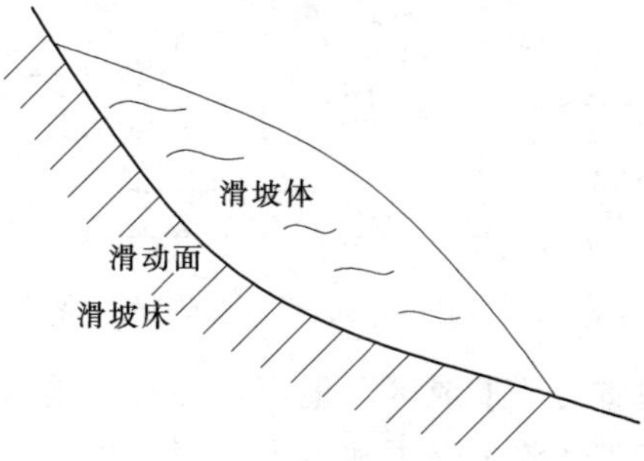

图 14－33　滑坡要素示意图

2．地质构造

在褶皱、断裂等构造发育地区，有利于滑坡的形成。

3．地形地貌

通常地形坡度越陡、坡高越大，对边坡稳定愈不利。

4．水的作用

水是产生滑坡的重要条件。地表水的侵蚀、冲刷作用，可造成坡脚掏空，影响边坡稳定；地下水可软化泥土、增加岩土体的重量、产生浮托力和渗透力，并且还起到润滑作用等。

5．其他因素

风化作用可使岩石破碎，人为开挖和爆破可促使边坡失稳，地震的发生有利于滑坡的形成等。

（三）防治措施

防渗与排水（图 14－34）、削坡减重与反压（图 14－35）、修建支挡工程（图 14－36）和锚固（图 14－37）及其他措施（如化学加固等）。

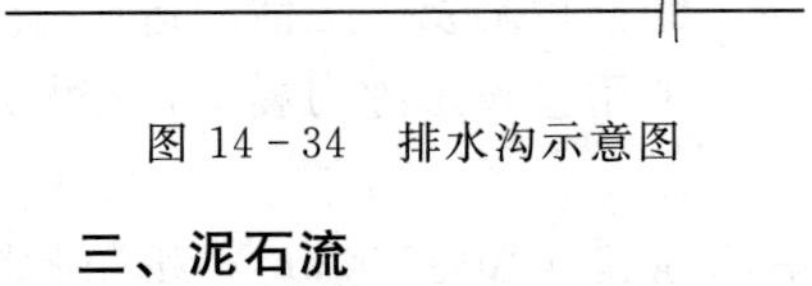

图 14－34　排水沟示意图

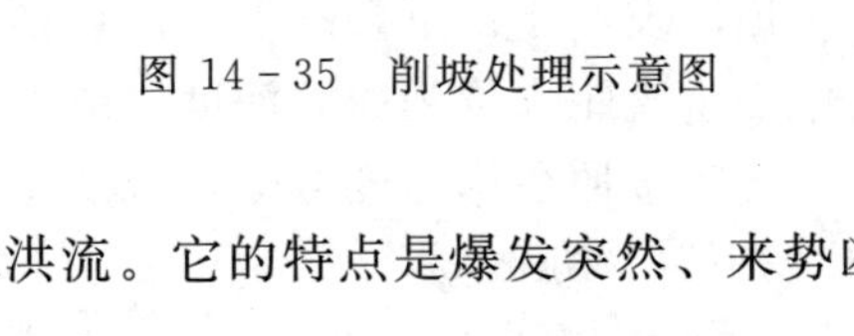

图 14－35　削坡处理示意图

三、泥石流

泥石流是一种泥沙、石块和水混杂在一起的特殊洪流。它的特点是爆发突然、来势凶猛、破坏力极大。

泥石流的形成必须同时具备三个条件：有大量的松散固体物质聚集；有一个储存松散

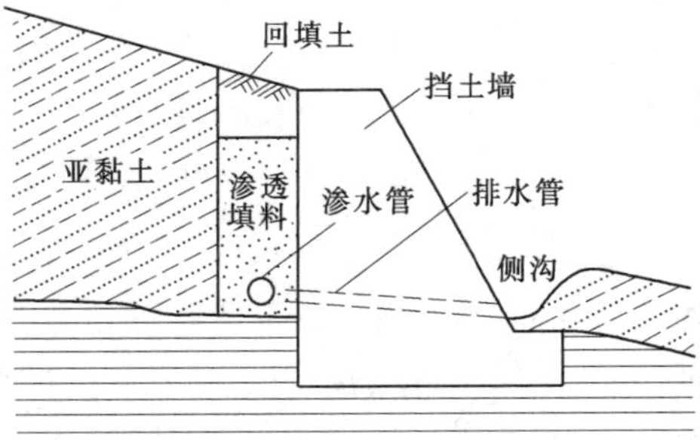

图 14-36 挡墙示意图

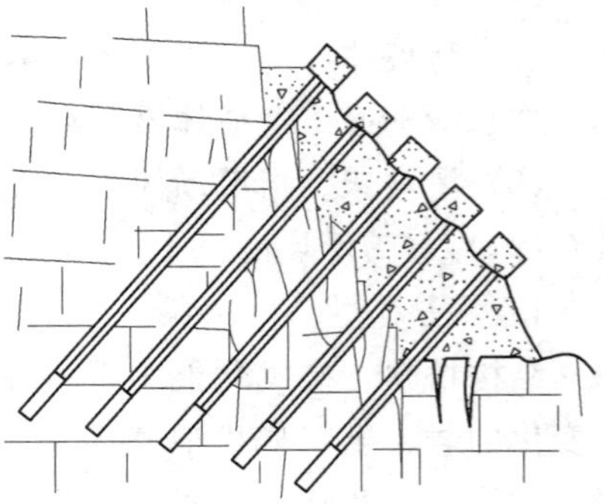

图 14-37 锚固示意图

物质的“形成区”地形，并有陡峭的流通沟谷；有足够的水分，并能在短时间内获得，其主要来源是暴雨和冰雪急剧融化。

泥石流的防治措施有生物措施（造林、护草）、拦挡措施（修建拦沙坝）、排导措施（修排导沟）、跨越措施（修建桥梁）和穿过措施（修建隧洞）等。

四、岩溶

岩溶是指地下水对可溶性岩石进行的侵蚀、搬运、沉积作用及其所产生的各种奇特地貌现象的总称。岩溶的发生导致岩石中产生大量的溶隙、溶洞及溶沟（图 14-38），所以对岩石的工程性质将产生巨大影响。

岩溶的发育条件：岩石必须具备可溶性（如石灰岩、大理岩和白云岩等）和透水性（有大量裂隙存在且连通）；水必须具备侵蚀性（含 CO_2）和流动性。

岩溶的防治措施有堵塞、疏导、跨越及加固等方法。

图 14-38 岩溶地貌

五、地震

（一）地震的概念

地震是地球内部积聚的应力突然释放所引起地壳的快速振动。地震的破坏力极强，对人们的生命、财产及工程建筑能带来毁灭性的灾害。如 1976 年 7 月 28 日，唐山发生 7.8 级地震，造成 24 万人死亡；2008 年 5 月 12 日，四川汶川发生 8.0 级地震，造成近 9 万人死亡。

地震一般是由地质构造所引起，极少数是由火山喷发、地面塌陷及人工活动造成。

地震发源于地下某一点，该点称为震源，震源在地面上的垂直投影称为震中，震源至震中的垂直距离称为震源深度（图 14-39）。

地震按照震源深度可分为浅源地震（0～70km）、中源地震（70～300km）和深源地震（300～700km）。

（二）地震的震级与烈度

地球上的地震有强有弱。用来衡量地震强度大小的尺子有两把，一把叫地震震级，另

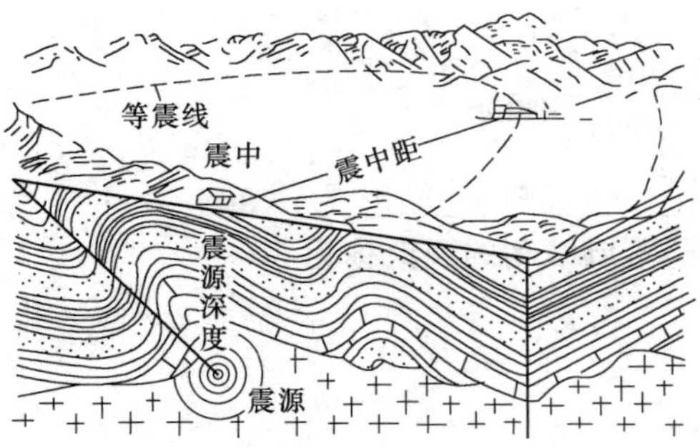

图 14-39 震源、震中及震源深度示意图

一把叫地震烈度。举个例子来说，地震震级好像不同瓦数的电灯泡，瓦数越高，亮度越大。烈度好像屋子里受光亮的程度，对同一盏电灯来说，距离电灯越近，光度越大，离电灯越远，光度越小。

1. 地震震级

震级是指一次地震时释放出的能量大小，可由地震仪测得。震级用里氏震级表示，每一次地震只有一个震级。地震释放的能量越多，震级就越高。迄今为止世界上记录到最大的地震震级为 8.9 级，是 1960 年发生在南美洲的智利地震。一般 7 级以上的浅源地震称为大地震。

2. 地震烈度

地震烈度是指地震时地面及房屋等建筑物受到的影响及破坏程度，烈度用“度”表示，共分为 12 个等级。

Ⅰ～Ⅲ度：震动微弱，少有人察觉。

Ⅳ～Ⅵ度：震动显著，有轻微破坏，但不引起灾害。

Ⅶ～Ⅸ度：震动强烈，有破坏性，引起灾害。

Ⅹ～Ⅻ度：严重破坏性地震，引起巨大灾害。

对于同一次地震，不同的地区，烈度大小是不一样的。距离震源近，破坏就大，烈度就高；反之，距离震源远，破坏就小，烈度就低。

习　题

一、名词解释

1. 河漫滩和阶地　2. 造岩矿物　3. 岩石的结构和构造　4. 地质构造
5. 背斜和向斜　6. 断层　7. 潜水和承压水　8. 震级和烈度

二、填空题

1. 洪积扇是由________形成的地貌。
2. 坡积裙主要分布在________。
3. 摩氏硬度计的 10 种矿物是________________。
4. 遇稀盐酸发生剧烈反应的矿物是________。
5. 岩浆岩根据化学成分（SiO_2）可分为________、________、________和________。
6. 流纹构造是________岩所具有的构造。
7. 某种岩石的颗粒成分以黏土矿物为主，并具有泥质结构、页理构造。该岩石是________。
8. 碎屑岩类的工程性质主要取决于________。
9. 国际上统一使用的地质年代单位是________，地层单位是________。
10. 两侧岩层向外相背倾斜，中心部分岩层时代较老，两侧岩层依次变新的构造是

________。

11. 上盘相对上移，下盘相对下移的断层是________。

12. 地下水的侵蚀类型有________和________两种。

13. 地下水按照埋藏条件可分为________、________和________。

14. 岩体在重力作用下，突然脱离母岩向下坠落或滚动的现象称为________。

15. 水中的________成分有利于岩溶的发生。

16. 地震的强弱用________来衡量。

三、简答题

1. 何谓工程地质条件？包括哪些方面？

2. 简要叙述河流地貌。

3. 常见的造岩矿物有哪些？肉眼如何鉴定这些矿物？

4. 对比下列矿物，指出它们的不同点。

A. 方解石、石膏、石英　　B. 正长石、斜长石、白云石

C. 角闪石、辉石、黑云母

5. 岩浆岩有哪些主要的矿物、结构和构造类型？

6. 沉积岩的组成物质、结构和构造有哪些特征？

7. 沉积岩区别于岩浆岩和变质岩的主要特征有哪些？

8. 变质岩的主要构造有哪些？

9. 试述三大岩类的主要工程性质。

10. 试述岩层产状三要素。

11. 褶皱构造的基本类型有哪些？其特征是什么？

12. 断裂构造的主要类型有哪些？各有何特征？

13. 地下水是怎样形成的？潜水和承压水的特征有哪些？

14. 什么是崩塌？形成崩塌的条件是什么？崩塌的防治措施有哪些？

15. 何谓滑坡？影响滑坡发生的因素有哪些？滑坡的防治措施有哪些？

16. 水对滑坡的形成起到了哪些作用？

17. 岩溶和泥石流的形成条件是什么？

18. 地震的震级和烈度有何区别和联系？

第十五章　水利工程主要地质问题

【重点内容】 坝的沉降稳定分析，坝基滑动边界条件，坝区渗漏及渗透变形类型。水库渗漏、水库浸没、水库淤积及库岸坍塌分析。渠道、隧洞相关的地质问题。

【学习目标】 了解坝基沉降原因及渗透变形类型，熟悉渠道、隧洞选线所要考虑的地质因素，掌握坝基及水库相关地质问题。

第一节　坝的工程地质问题

坝的工程地质问题主要包括坝基的沉降稳定、坝基的抗滑稳定、坝区渗漏和坝基渗透稳定等问题。

一、坝基的沉降稳定问题

坝基的沉降稳定问题是指坝基岩体在建筑物自重及其他荷载作用下，所产生的垂直压缩变形问题。一般均匀的小量沉降，不会对大坝的安全构成威胁，但沉降量较大特别是发生不均匀沉降时，可导致坝体产生裂缝、倾斜甚至破坏。

一般由坚硬均质岩石组成的坝基，沉降量较小；坝基岩体中有厚度较大的软弱夹层时［图 15-1 (a)］，沉降量较大；若坝基岩体岩性软硬不一时，则造成不均匀沉降［图 15-1 (b)、(c)］。

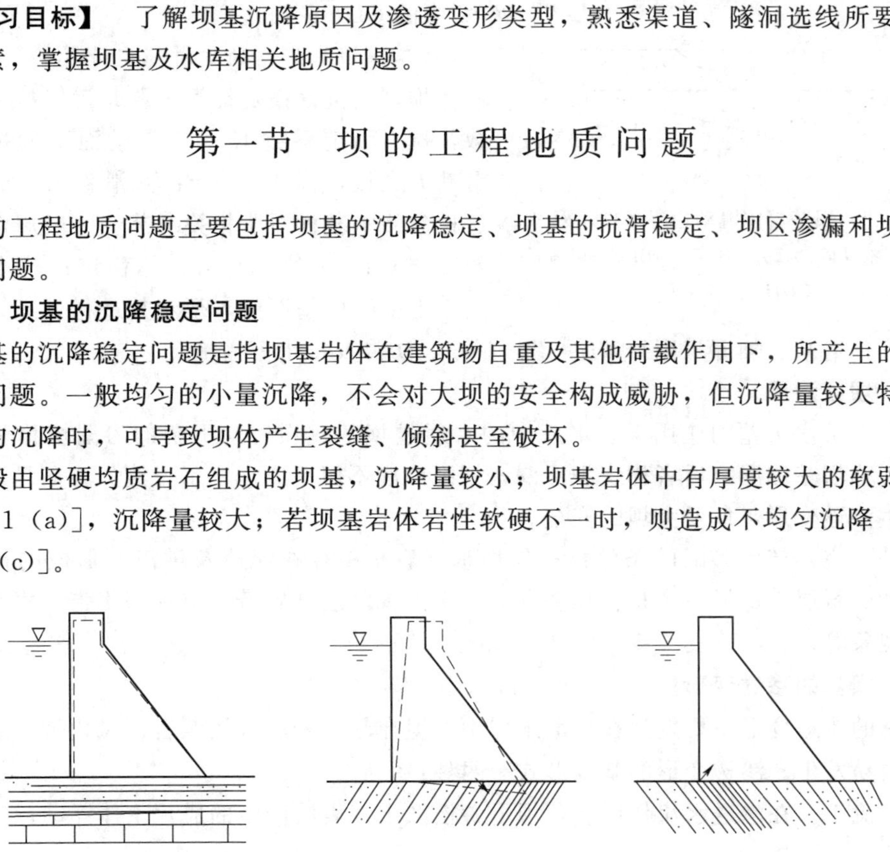

图 15-1　软弱岩层产状和分布位置与地基沉降稳定示意图

二、坝基的抗滑稳定

大坝由于承受很大的水压力，在此力作用下，可能会引起坝基岩体发生滑动破坏。所以，抗滑稳定问题是混凝土坝最主要的地质问题。

坝基岩体发生滑动破坏的形式有：坝体沿着与坝基接触面发生的表层滑移；发生在浅层部位的浅层滑移和发生在较深层部位的深层滑移。

（一）坝基岩体滑动的边界条件

坝基岩体滑动的边界条件应具有滑动面、切割面和临空面（图 15-2），三者缺一不可。

(1) 滑动面。指滑移体沿之滑动，并产生较大摩擦阻力的结构面（图 15-2 中的 ABCD 面）。常由缓倾角的软弱结构面构成。

(2) 切割面。指滑移体与周围岩体分离的结构面（图 15-2 中的 ADE、BCF 和 ABFE 面）。常由倾角较陡甚至直立的结构面构成。

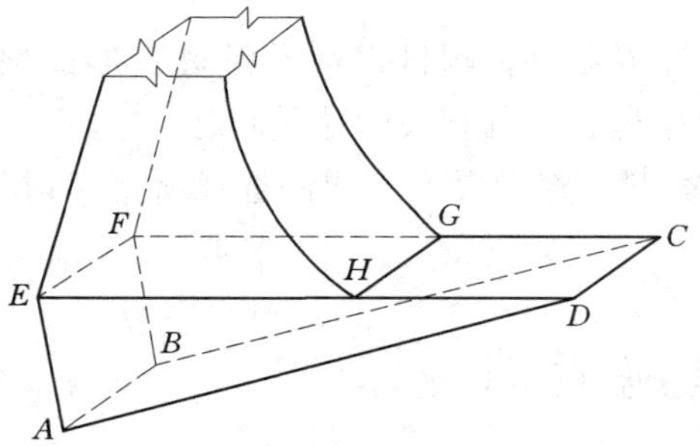

图 15-2 坝基岩体滑动边界条件示意图
ABCD—滑动面；ADE、BCF、ABFE—切割面；CDHG—临空面

(3) 临空面。指滑移体与变形空间相邻的面。变形空间一般是指滑移体向之滑动不受阻力或阻力很小的自由空间。如下游河床地面（图 15-2 中的 CDHG 面）。

（二）坝基岩体的抗滑稳定计算

坝基的抗滑稳定计算主要是确定抗滑稳定系数，抗滑稳定系数 K 等于滑动面上的抗滑力与滑动力之比，即 K = 抗滑力/滑移力。具体计算过程参阅本教材下册相关章节。一般规定，当 $K \geqslant 1.05 \sim 1.10$ 时，表示岩体稳定；若小于该范围，则说明坝基不稳，须对其进行处理。处理方法有：开挖清基、加固（固结灌浆、锚固等）、防渗及排水等措施。

三、坝区渗漏

在上下游水头差的作用下，水库中的水通过坝基或坝肩向下游的渗漏统称为坝区渗漏。前者称坝基渗漏，后者称绕坝渗漏，坝区渗漏不但造成水库水量流失，而且还可能使坝基产生渗透变形，危及大坝的安全。

坝基（肩）产生渗漏的条件：一是坝基（肩）中存在河流及洪流所形成的松散沉积物，如砂砾石层等；另一个是在坝基（肩）中出现断层破碎带、节理密集带、岩石风化带及岩溶现象等。

四、坝基的渗透变形

坝基的渗透变形主要发生在松散土层中，但在软弱岩层（如泥岩、风化带、断层破碎带）中也易发生。渗透变形的基本形式有两种：

(1) 流土。在渗透水流作用下，坝下游松散土基表层产生的成片土体浮动，甚至被冲走的现象。

(2) 管涌。在渗透水流作用下，坝基岩土体中的细小土粒，通过大土粒间的孔隙发生移动或被水流携带走的现象。

第二节 水库的工程地质问题

水库蓄水后，库区及邻近地区的水文条件和地质环境都发生了改变，如果库区存在某些不利的地质因素，就会产生各种地质问题。常见的有水库渗漏、库区浸没、水库塌岸和水库淤积等。

一、水库渗漏问题

水库渗漏主要指库水通过渗漏通道向库外邻谷或洼地的渗漏。这种渗漏直接导致库水量的损失，影响水库的效益。

1. 地形地貌

山区水库，若四周山体单薄，邻近有低谷或洼地，且其底面高程低于水库正常水位（图 15-3），则库水有可能渗漏；当水库位于河湾处时，库水有可能通过河湾间的单薄山体向下游河谷渗漏（图 15-4）。

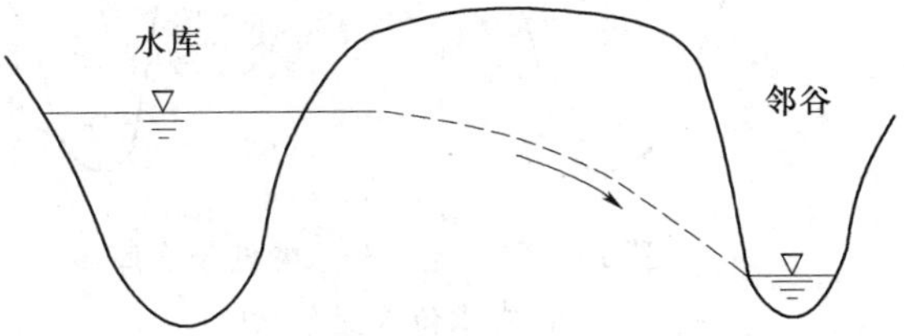

图 15-3　邻谷高程与水库渗漏的关系

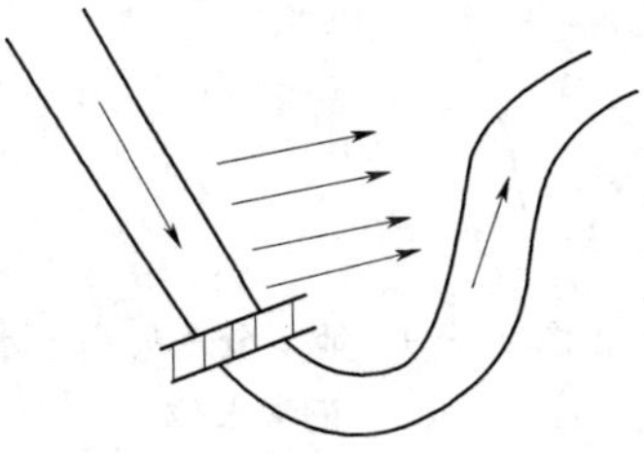

图 15-4　河湾间渗漏途径示意图

2. 岩土性质

造成水库渗漏的岩土主要有两类；其一是松散沉积物，特别是河流沉积物中的卵砾石和砂土层，它们常以古河道形式埋藏或隐伏，并沟通库内外；其二是岩层中的破碎带、裂隙或岩溶发育的岩层。

3. 地质构造

地质构造对水库渗漏有较大的影响。如背斜谷有向两侧产生渗漏的可能（图 15-5）；向斜谷封闭条件较好，不利于库水渗漏（图 15-6）；单斜谷有向水库一侧邻谷或向下游渗漏的可能（图 15-7）；断层若与邻谷相连且导水时，也可造成水库渗漏（图 15-8）。

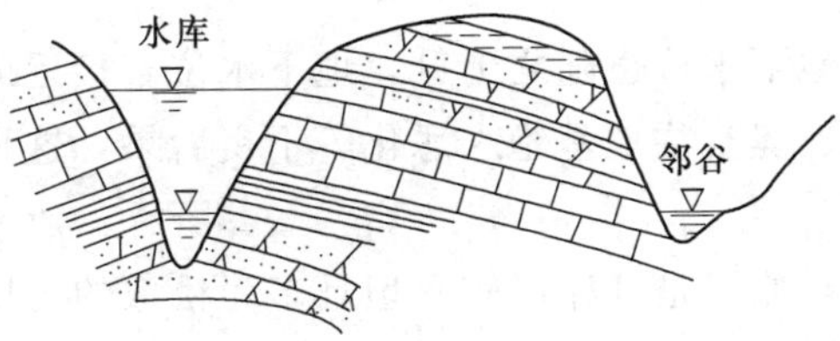

图 15-5　背斜谷可能导致库水渗漏

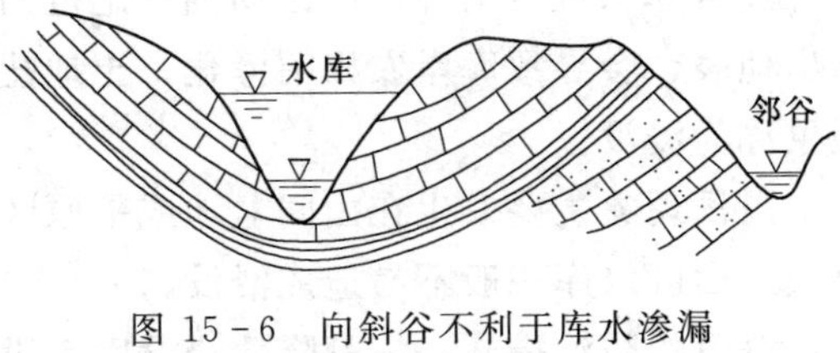

图 15-6　向斜谷不利于库水渗漏

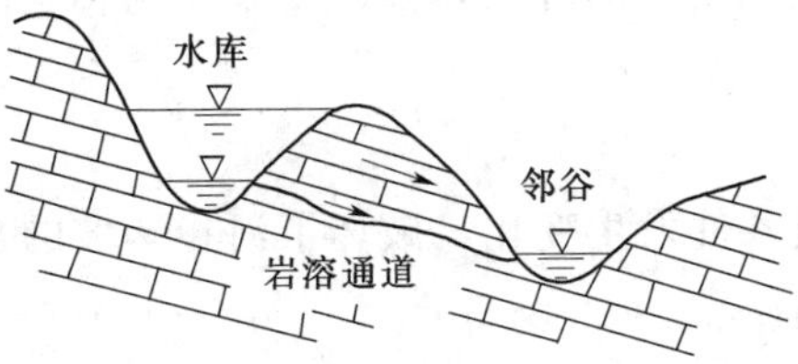

图 15-7　单斜谷可能导致库水渗漏

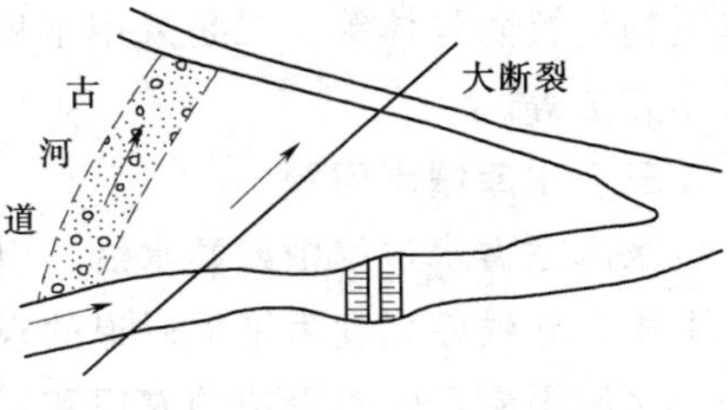

图 15-8　断层导致的库水渗漏

4. 水文地质条件

库区地下水的埋藏与运动特点是判断库水是否外渗的重要标志。如水库蓄水后，河间地块存在地下水分水岭，而且分水岭处地下水位高于水库正常高水位时，则不会产生渗漏

(图 15-9)；若水库蓄水后，河间地块没有地下分水岭存在，而且水库水位高于邻谷水位时，库水将产生渗漏（图 15-10）。

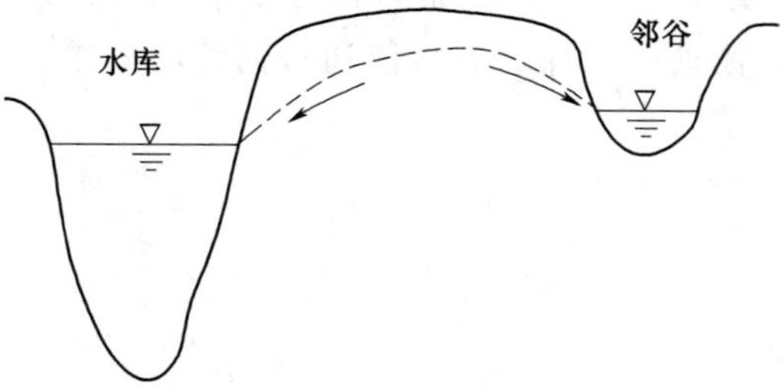

图 15-9 地下分水岭高于水库正常水位

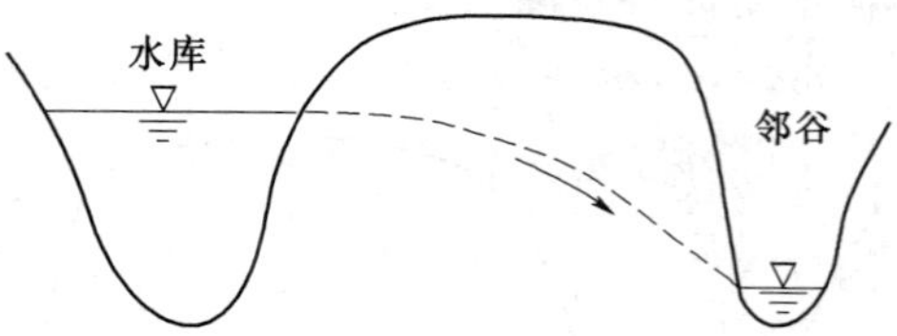

图 15-10 地下分水岭低于水库正常水位或无分水岭

上述四个条件，是库水向邻谷或洼地渗漏的必要条件。实际应用时，应把它们联系起来，综合分析，才能得出正确的结论。

实际上完全不漏水的水库是没有的。一般情况下，只要渗漏总量（包括坝区渗漏）不超过该河流多年平均流量的 5%，则是可以允许的。对于渗漏量超标的，则需进行工程处理。

5. 防渗措施

对松散岩土体，可采用不同材料铺盖、截水墙或灌浆帷幕；对裂隙发育的岩体可采用灌浆帷幕；对岩溶渗漏地带，在查明确切渗漏部位后，可采用封堵进、出口或主要通道的方法，也可采用灌浆帷幕。

二、库区浸没问题

随着库水位的抬升，库区周围一定范围内的地下水位也随之上升，地下水位若接近或高出地表，会导致库岸农田沼泽化、土地盐碱化、建筑物地基饱水恶化等不良后果，这种现象称为浸没。

浸没现象主要发生在山间盆地或平原区水库，原因是其库岸较平坦且多为松散的土层组成。山区水库一般不易造成浸没。

浸没的防治措施：一是降低浸没库岸段的地下水位，如布设排渗和疏干工程、对重要建筑物设置防渗体等；二是采用工程措施与农业措施相结合的方法，如改变农作物种类和耕作方法等。

三、水库塌岸问题

水库在蓄水过程中或蓄水后，引起库岸工程地质条件发生变化，破坏了河谷岸坡的自然平衡，导致库岸发生坍塌后退的现象，称为水库塌岸。

水库塌岸不仅对岸边的农田和建筑物等造成威胁和破坏，而且坍塌物淤积于库中将减小库容。规模大的塌岸（如崩塌和滑坡），不仅会危及大坝和水库的安全，而且有可能造成人员伤亡。如意大利的瓦依昂特水库，坝高 266m，库容 1.65 亿 m^3，1962 年建成并开始蓄水，1963 年 10 月水库左岸山体发生滑坡，滑坡体体积达 2.4 亿 m^3，不仅填满了水库，而且造成下游 2400 多人死亡。

影响塌岸的因素是多方面的。一般岸坡越陡越高，愈易坍塌。松散岩层构成的岸坡，塌岸最严重，而由岩层构成的边坡，当其中存在不利结构面时，易发生滑坡或崩塌。其他影响因素参阅第十四章第五节。

防治措施：在塌岸段修造防护体，以减缓或阻止库水对岸坡的侵蚀，如采用抛石、草皮护坡、修建护岸墙等。

四、水库淤积问题

水库建成后，上游河水携带的大量泥沙及其他松散物沉积在水库中，这种现象称为水库淤积。它既减少了水库库容，又缩短了水库寿命。黄河上的水库，淤积问题尤为突出。淤积产生的原因主要是河流携带的泥沙入库所致，其次是库岸的坍塌。

防治措施：①开展水土保持工作，如植树造林、种草、修建梯田及拦沙坝等；②在水利工程建设中，增设清淤排沙工程等，如小浪底水库大坝上的排沙洞。

第三节　输（泄）水建筑物的工程地质问题

输（泄）水建筑物一般由渠道、输水隧洞、闸及渡槽等组成。本节主要介绍渠道和隧洞。

一、渠道的工程地质问题

渠道的工程地质问题主要有渠道选线、渗漏及边坡稳定等。

（一）渠道选线

渠道选线应尽量避开高山深谷及地形切割强烈的丘陵山区，应在工程地质条件较好的岩土层中通过，尽量避开不良地质条件地段，如大断层破碎带、强震区、强透水层分布区及岩溶发育地区等。

（二）渠道渗漏

傍山渠道的渗漏主要是断层破碎带、裂隙密集带及岩溶所致，平原型及谷底型渠道的渗漏主要由松散物质（如沙、砾石、碎石等）引起。还有少量是由于施工未采取防渗措施而造成的渗漏。

防渗措施：结合实际情况，就地取材，推行诸如干砌卵石灌浆、块石、夯实黏土、塑料薄膜、混凝土板、草皮、沿渠植柳等多种措施。

二、隧洞的工程地质问题

隧洞的工程地质问题主要有隧洞选线、隧洞围岩稳定等。

（一）隧洞选线

洞线选择的一般原则具体如下：

(1) 地形上要求山体完整，洞室周围（包括洞顶及傍山侧）应有足够的山体厚度。隧洞进出口地段的边坡应下陡上缓，无滑坡、崩塌等现象存在，洞口岩石应直接出露。

(2) 洞室位置应尽量选在坚硬完整岩石中，松散及破碎的岩石应避开。

(3) 尽量避开地质构造复杂的地段，若遇到断层破碎带，洞轴线应垂直穿过；若遇到褶皱，洞轴线应避开其轴部，布置在翼部。

(4) 洞室最好选在地下水位以上的干燥岩体中，或地下水量不大、压力不高的岩体内。

(5) 应注意沿线可能影响洞室稳定的不良地质条件，如有害气体、岩爆等。

(6) 洞线应尽量采用直线，避免或减少曲线和弯道。

在生产实践中，常选择几条洞线进行方案比较，最后确定最优方案。

(二) 围岩稳定

洞室开挖前岩体处于平衡状态，开挖后这种平衡遭到破坏，洞室周围的岩石由于失去支撑，就会向洞内方向产生变形甚至发生坍塌（洞顶坍塌和侧壁滑塌）。所以，围岩稳定将直接影响到洞室的安全和正常运用。

为防止这种破坏，常采取如下方法：

(1) 支撑。在洞室开挖过程中，用以稳定围岩用的临时性措施，常用的有木支撑、钢支撑及混凝土支撑等。

(2) 衬砌。是加固围岩的永久性工程措施。衬砌材料有混凝土、钢筋混凝土、浆砌条石等。在坚硬完整的岩体中，若围岩的自稳能力高，也可不衬砌。

(3) 喷锚支护。是在洞室开挖后，及时地向围岩表面喷一薄层混凝土（一般厚度为5～20cm），有时再增加一些锚杆，以达到支护的目的。

另外，还可以通过选择合理的施工方法（如新奥法、盾构法）来保护围岩的稳定。

习　题

一、名词解释

1. 临空面
2. 流土和管涌

二、填空题

1. 坝的主要工程地质问题有________、________、________和________。
2. 坝基渗透变形的破坏形式有________和________。
3. 坝基滑动的边界条件有________、________和________。
4. 水库的主要工程地质问题有________、________、________和________。
5. 水库产生淤积的主要原因是________和________。

三、简答题

1. 水利工程建设中常见的地质问题有哪些？
2. 试述水库产生渗漏的条件及防渗措施。
3. 渠道及隧洞选线应考虑哪些地质问题？
4. 隧洞围岩不稳定的防治措施有哪些？

参 考 文 献

[1] 林贤根．土木工程力学．北京：机械工业出版社，2006.
[2] 徐广民．工程力学．北京：中国铁道出版社，2001.
[3] 秦克丽，徐水平．工程力学．西安：西安地图出版社，2006.
[4] 范继昭．建筑力学．北京：高等教育出版社，2003.
[5] 刘燕．工程力学．北京：中国建筑工业出版社，2003.
[6] 孔七一．应用力学．北京：人民交通出版社．2005.
[7] 范钦珊．工程力学．北京：中央广播电视大学出版社，1991.
[8] 吴叶莹．工程力学与建筑结构．北京：中国水利水电出版社，2005.
[9] 彭明，郑元锋．建筑结构．北京：中国水利水电出版社，2006.
[10] 张誉．混凝土结构基本原理．北京：中国建筑工业出版社，2006.
[11] 侯治国．混凝土结构．武汉：武汉理工大学出版社，2004.
[12] 水工混凝土结构设计规范（SL/T 191—2009）．北京：中国水利水电出版社，2009.
[13] 混凝土结构设计规范（GB 50010—2002）．北京：中国建筑工业出版社，2002.
[14] 水工建筑物荷载设计规范（DL 5077—1992）．北京：中国电力出版社，2000.
[15] 水利水电工程等级划分及洪水标准（SL 252—2000）．北京：中国水利水电出版社，2000.
[16] 罗向荣．钢筋混凝土结构．北京：高等教育版社，2007.
[17] 龚伟．建筑结构．北京：高等教育版社，2001.
[18] 李转学．建筑结构基础．北京：中国水利水电出版社，2008.
[19] 徐江柳．土建专业岗位人员基础知识．北京：中国建筑工业出版社，2008.
[20] 许荫椿，胡德保，薛朝阳．水力学（第三版）．北京：科学出版社，1990.
[21] 张耀先，丁新求．水力学．郑州：黄河水利出版社，2002.
[22] 张竞超．水力学．郑州：黄河水利出版社，2005.
[23] 丁新求．水力学基础．北京：中国水利水电出版社，2007.
[24] 吴中贻．水力学与水文测验基础知识．郑州：黄河水利出版社，2006.
[25] 陈再平．水利水电工程基础．北京：中国水利水电出版社，2003.
[26] 耿鸿江．工程水文基础．北京：中国水利水电出版社，2006.
[27] 丁炳坤．工程水文学（第三版）．北京：中国水利水电出版社，2000.
[28] 王启亮．工程地质与土力学．北京：中国水利水电出版社，2007.
[29] 吴绍宽．工程地质与水文地质．北京：水利电力出版社，1992.
[30] 王启亮．工程地质．郑州：黄河水利出版社，2007.
[31] 凌浩美．工程地质．郑州：黄河水利出版社，2008.
[32] 陈南祥．工程地质与水文地质．北京：中国水利水电出版社，2007.